Einführung in die mathematische Behandlung naturwissenschaftlicher Fragen

Alwin Walther

o. Professor für Mathematik
an der Technischen Hochschule Darmstadt

Erster Teil

Funktion und graphische Darstellung

Differential- und Integralrechnung

Mit 174 Abbildungen

Berlin

Verlag von Julius Springer

1928

Sonderausgabe des gleichnamigen Beitrages in der
Methodik der wissenschaftlichen Biologie, Band I.

ISBN-13: 978-3-642-47315-9   e-ISBN-13: 978-3-642-47772-0

DOI: 10.1007/978-3-642-47772-0

Vorwort.

Die vorliegende Einführung ist aus den Vorlesungen und Übungen hervorgegangen, die ich vom Wintersemester 1924/25 bis zum Sommersemester 1926 in Göttingen gehalten habe, um Physikern, Chemikern und Biologen die Mathematik nahezubringen. Niedergeschrieben habe ich sie in den Monaten Februar bis Juni 1927 während eines durch den International Education Board ermöglichten einjährigen Aufenthaltes in Dänemark. Ich folgte dabei einer freundlichen Aufforderung von Herrn Professor T. Péterfi in Berlin, welcher das von ihm bei Julius Springer herausgegebene Sammelwerk „Methodik der wissenschaftlichen Biologie" durch einen mathematischen Abschnitt zu eröffnen wünschte. Zu meiner Freude waren Herr Péterfi und der Verlag damit einverstanden, daß der Beitrag auch in einer Sonderausgabe erscheint.

Für meine Ziele und Wege mag im ganzen das Buch selbst sprechen. Nur einiges wenige will ich ausdrücklich hervorheben. Es kommt mir darauf an, dem Leser nicht Formelkram und lediglich handwerksmäßige Geschicklichkeit zu geben, sondern ihm den Sinn der mathematischen Methoden zu erschließen. Deshalb habe ich ganz besondere Sorgfalt darauf verwandt, die (meistens reichlich vernachlässigten) verbindenden Zwischenüberlegungen zwischen der mathematischen Theorie und den naturwissenschaftlichen Anwendungen oder umgekehrt zwischen dem naturwissenschaftlichen Problem und der mathematischen Formulierung herauszuschälen.

Daß mir Anschaulichkeit am Herzen liegt, beweist die Anzahl 174 der Abbildungen. Anschaulichkeit allein aber tut's meines Erachtens nicht. Man muß sich vielmehr, so meine ich, entschließen, neben den üblichen formelmäßigen Verfahren als gleichberechtigt und ebenso wichtig die zeichnerischen und numerischen anzuerkennen und sie von vornherein organisch in den ganzen Aufbau einzugliedern, statt sie aus einer Art Pariastellung erst dann herbeizurufen, wenn „edlere" Methoden versagen. Ich habe mich hierbei vor einem gewissen Radikalismus nicht gescheut, z. B. bei der Einführung der Ableitung oder bei der Zurückdrängung der Differenzier- und Integrierregeln.

Großen Nachdruck habe ich auf Begriff, Ausdeutung und Anwendung des Differentials gelegt, weil dieses, systematisch und folgerichtig benutzt, neben seinen sonstigen Vorzügen der naturwissenschaftlichen Denkart aufs feinste angepaßt ist und eine ihr vollkommen entsprechende mathematische Ausdrucksweise gestattet.

Manche Dinge sind mit der „Methode des Erzählens" ohne Beweise, aber unter möglichst klarer Umschreibung ihres Gehaltes und ihrer Bedeutung gebracht. Ich hoffe, hierdurch einmal dem Lernenden Ausblicke auf mathematische Bezirke zu geben, die ihm sonst anfangs oder überhaupt unzugänglich bleiben würden, und so seine „allgemeine Bildung" in mathematicis zu heben. Zum anderen läßt sich natürlich auf diese Weise das Wesentliche schärfer herausarbeiten und ein größerer Stoff bewältigen, und, wenn man schon Arbeitsteilung in der Wissenschaft einführen will, von wem sollte man dann lieber etwas auf Treu und Glauben hinnehmen als vom Fachmathematiker?

Ein Buchverfasser hat vielen zu danken. Mein aufrichtiger Dank gilt in allererster Linie der Verlagsbuchhandlung JULIUS SPRINGER, die gleich Herrn PÉTERFI in endloser Langmut das Anschwellen des Manuskriptes weit über den vereinbarten Rahmen hinaus zugelassen hat, bei Satz und Korrektur allen meinen Wünschen entgegengekommen ist und für das Äußere des Buches das Beste gerade für gut genug hielt. Ich danke weiterhin den Herren, die meine Göttinger Vorlesung gefördert haben, insbesondere Herrn Geheimrat G. TAMMANN, Herrn Professor R. COURANT und Herrn Professor J. FRANCK, ferner Herrn COURANT dafür, daß er die Verbindung mit Herrn PÉTERFI und der Verlagsbuchhandlung angebahnt hat, meiner Schülerin Fräulein cand. math. INGE SEYNSCHE in Göttingen für ihre treue und aufopfernde Hilfe beim Zeichnen eines Teiles der Abbildungen, bei der Korrektur und bei der Anfertigung des Sachregisters, meinen Freunden Professor F. HUND in Rostock, Studienrat Dr. F. SEYFARTH in Göttingen und Dr. H. SPÄTH in Tübingen für ihre Mitwirkung bei der Korrektur. Schließlich, aber nicht zuletzt sei für vieles meiner Frau gedankt, der ich gerade vor einem Jahre in einer Sturmnacht am Kattegat bei Kerzenschein den Rohentwurf der letzten Bogen diktieren konnte.

Hoffentlich kann ich diesem ersten, in sich abgeschlossenen Teile der Einführung bald einen weiteren folgen lassen, der Kollektivtheorie, Wahrscheinlichkeitsrechnung, Ausgleichsrechnung und ähnliche Dinge behandeln soll.

Möge das Buch vielen zur Freude und zum Nutzen sein.

Darmstadt, 24. Juni 1928.

ALWIN WALTHER.

Inhaltsverzeichnis.

Seite

Vorbemerkungen ... 1

I. Funktion und graphische Darstellung ... 2

    A. Was ist eine Funktion? ... 2
        Zuordnungen 2. — Definition der Funktion 2. — Beispiele 3. — Warnungstafeln 3. — Bezeichnungen 3. — Nähere Kennzeichnung einer Funktion 4.

    B. Funktionstafel und graphische Darstellung ... 4
        Funktionstafel 4. — Beispiel 4. — Schaubild 5. — Das rechtwinklige Koordinatensystem 5. — Darstellung einer Funktion durch eine Kurve im rechtwinkligen Koordinatensystem 6. — Entspricht jeder gezeichneten Kurve eine Funktion? 6. — Koordinatograph 7. — Millimeterpapier 7. — Praxis der graphischen Darstellung 7. — Beispiele für graphische Darstellung 7. — Weiteres Beispiel: Barometerstand. Pathologische Kurven und Funktionen 8. — Stetigkeit 9. — Beispiel für Unstetigkeit durch Sprung: Zugversuch 10. — Wie stellt sich der Naturwissenschaftler zur Stetigkeit? 10. — Funktion gegeben durch Zeichnung 11.

    C. Formeln und ähnliches für Funktionen ... 11
        Festlegung einer Funktion durch eine Formel, Definition o. dgl. 11. — Beispiele 11. — Mathematisch definierte Funktionen. Absoluter Betrag 11. — Prinzipielles über Formeln. Stellung des Naturwissenschaftlers zu ihnen 12.

    D. Implizite Funktion, Umkehrfunktion, zusammengesetzte Funktion ... 13
        Implizit gegebene Funktionen 13. — Wie verhält sich der Naturwissenschaftler bei impliziter Definition einer Funktion? 14. — Umkehrfunktion. Monotonie 15. — Beispiel: Quadrat und Quadratwurzel 16. — Anschluß an die implizite Definition einer Funktion 17. — Zusammengesetzte Funktion 17. — Warum sind Umkehrung und Zusammensetzung von Funktionen für den Naturwissenschaftler wichtig? 18.

    E. Polarkoordinaten und Winkelmessung ... 18
        Was sind Polarkoordinaten? 18. — Wann gebraucht man Polarkoordinaten? 19. — Umrechnung von Polarkoordinaten in rechtwinklige Koordinaten 19. — Winkelmessung. Bogenmaß 19.

    F. Funktionsleitern ... 21
        Die Funktionsleiter 21. — Logarithmische Leiter 23. — Zwei gleichsinnige Leitern mit zusammenfallenden Anfangspunkten 23. — Zwei gleichsinnige Leitern mit verschiedenen Anfangspunkten 24. — Gegensinnige Leitern 24.

    G. Rechenschieber und Rechenmaschinen ... 25
        Die vier Hauptleitern des Instruments 25. — Läufer. Quadrieren und Quadratwurzelziehen 25. — Gleichmäßige Leiter und trigonometrische Leitern 25. — Drei Läuferstriche 25. — Multiplikation und Division durch festen Divisor 26. — Gegenläufige Zunge. Festes Produkt und Division bei festem Dividenden 26. — Kubikwurzeln 26. — Allgemeine Ratschläge 26. — Rechenmaschinen 26.

    H. Proportionalität, lineare Funktion und Potenz ... 27
        Konstante 27. — Proportionalität 27. — Lineare Funktion. Darstellung durch eine gerade Linie 28. — Gleichförmige Vorgänge 28. — Bedeutung der Konstanten a und b 29. — Gleichförmige Bewegung 29. — Abgeleitete Kurve 29. — Allgemeine lineare Gleichung 30. — Zwei gerade Linien. Graphische Lösung eines Gleichungssystems 30. — Abschnittsform 31. — Bedeutung der Proportionalität und linearen Funktion für den Naturwissenschaftler 31. — Lineare Inter-

Seite

polation 31. — Ausgleichungsgerade 32. — Potenz $y = x^\alpha$, α positiv 33. — Gleichseitige Hyperbel $y = \dfrac{1}{x}$ 34. — Das Zeichen ∞. Unstetigkeit durch Unendlichwerden. Asymptoten 35. — Umgekehrte Proportionalität 35. — Die Funktion $y = \dfrac{1}{x^2}$ 35. — Rechenregeln für Potenzen 36. — Auftreten der Potenz in den Naturwissenschaften 36.

J. Logarithmenpapier 38
Beschreibung eines funktionalen Zusammenhangs mit Hilfe der Potenz 38. — Zwei Sorten Logarithmenpapier 40. — Gerade auf Logarithmenpapier. Exponentialfunktion 40. — Wie gebraucht der Naturwissenschaftler Logarithmenpapier? 42. — Beispiel 42. — Wachstums- und Ertragsgesetze 43. — Beispiel 43.

K. Polynome. Interpolation 44
Polynome. Allgemeine Parabeln 44. — Anwendung zur graphischen Auflösung von Gleichungen 44. — Allgemeines über Interpolation 45. — Newtonsches Interpolationspolynom. Differenzenquotienten 45. — Differenzenquotientenschema 46. — Sonderfall der linearen Interpolation 46. — Äquidistante Argumente. Differenzen und Differenzenschema 46. — Beispiel: Ausdehnung des Wassers 47. — Interpolationsformel von Stirling 48.

L. Trigonometrische und zyklometrische Funktionen 49
Definition der trigonometrischen Funktionen 49. — Periodizität und ähnliches. Sonderwerte 50. — Graphische Darstellung 51. — Phasenverschiebung 52. — Bedeutung des Sinus und Kosinus für den Naturwissenschaftler. Formelzusammenstellung 52. — Trigonometrische Funktionen für kleines Argument 53. — Zyklometrische Funktionen 55.

M. Funktionen von zwei und mehr Veränderlichen 55
Definitionen 55. — Beispiele mit formelmäßiger Zuordnung 56. — Andere Beispiele 56. — Tabellarische Darstellung. System von Tabellen 56. — Tafel mit doppeltem Eingang 56. — Räumliches Koordinatensystem 57. — Geometrische Darstellung einer Funktion von zwei Veränderlichen durch eine Fläche 58. — Andeutung über den n-dimensionalen Raum 58. — Stetigkeit 58. — Bemerkung über implizit definierte Funktionen einer Veränderlichen 58. — Implizite Definition einer Funktion zweier Veränderlicher 59. — Zustandsgleichung und Zustandsfläche 59. — Räumliche Polarkoordinaten und Kugelkoordinaten 60. — Funktionen des Ortes 60. — Netztafeln 61. — Netztafel als Darstellung einer Fläche in kotierter Projektion durch Schichtlinien 61. — Netztafeln auf Logarithmen- und Dreieckspapier 62. — Nachteile der Netztafeln 63. — Allgemeines über Leitertafeln 64. — Zwei wichtige Typen von Leitertafeln. Beispiele 65.

II. Differential- und Integralrechnung 67

A. Ableitung und unbestimmtes Integral 67
Steigen und Fallen einer Kurve 67. — Steigungsmaß der überall gleichmäßig ansteigenden geraden Linie 68. — Gleichförmige Bewegung. Geschwindigkeit 69. — Ansteigen einer beliebigen Kurve. Ableitung und abgeleitete Kurve 69. — Ableitung als Geschwindigkeit 70. — Stammfunktion oder unbestimmtes Integral 70. — Integrationskonstante. Integration als Umkehroperation zur Differentiation 71. — Beispiele. Differenzieren des Quadrates, des Sinus und Kosinus 72. — Etwas über Differenzier- und Integrierregeln. Summe und konstanter Faktor 73. — Anwendung: Oberfläche einer rotierenden Flüssigkeit 76. — Nichtdifferenzierbarkeit 76. — Bemerkungen zur Praxis des Differenzierens 77. — Differenzieren von Funktionen mehrerer Veränderlicher. Partielle Ableitungen 78.

B. Verschiedene Anwendungen der Ableitung. Höhere Ableitungen 79
Positive Ableitung bedeutet Steigen, negative Fallen einer Kurve 79. — Gipfel- und Talpunkte (Maxima und Minima) 80. — Veranschaulichungen 81. — Beispiele 81. — Extrema in Ecken und Spitzen 81. — Bemerkungen über den Sprachgebrauch 81. — Größter und kleinster Wert einer Funktion 82. — Wagerechte Tangente nicht immer gleichbedeutend mit Extremum 82. — Zweite Ableitung. Beschleunigung 82. — Steigen und Fallen der ersten abgeleiteten Kurve. Erhabenheit und Hohlheit der Urkurve 83. — Nochmals Maximum und Minimum. Beispiele 83. — Beispiel: Methode der kleinsten Quadrate, direkte Beobachtungen gleicher Genauigkeit 84. — Wann hat eine quadratische Gleichung reelle Wurzeln? 84. — Wendepunkte 85. — Punkte, in denen mehrere Ableitungen verschwinden.

Höhere Ableitungen 86. — Maxima und Minima bei Funktionen mehrerer Veränderlicher. Sattelpunkte 86. — Beispiel: Ausgleichungsgerade durch einen Punkthaufen. Korrelationskoeffizient. Vermittelnde Beobachtungen 87. — Etwas über Variationsrechnung 88. — Kurvendiskussion 89. — Näherungsweise Auflösung von Gleichungen 90. — Newtonsches Verfahren 90. — Regula falsi 90. — Beispiel 91.

C. Differential und Funktionsdifferenz 91
Was ist ein Differential? 91. — Ableitung als Differentialquotient. Differential bei der Stammfunktion 92. — Differenzierregel für die Umkehrfunktion 93. — Quadratwurzel und zyklometrische Funktionen 94. — Subtangente und Subnormale der Parabel 95. — Anlaufen von Metallen 95. — Bedeutung des Differentials. Funktionsdifferenz und Differential 96. — Ersatz der Funktionsdifferenz durch das Differential. Fehlerrechnung 97. — Rechnen mit kleinen Größen 99. — Grundformel der Differentialrechnung 103. — Proportionalität im Kleinen und Linearisierung 103. — Beispiel: Lichtdurchgang durch eine Platte 104. — Rechnerische Erklärung der Ableitung 104. — Warnungstafeln. Natürlicher Wert unbestimmter Ausdrücke. Unendlich kleine Größen 106. — Sekante und Tangente 108. — Mittlere Geschwindigkeit und Momentangeschwindigkeit 108. — Höhere Differentiale 109. — Mittelwertsatz 110. — Taylorsche Entwicklung 110. — Andeutung über Fouriersche Reihen 114. — Differential bei Funktionen mehrerer Veränderlicher 115.

D. Bestimmtes Integral und Fundamentalsatz der Differential- und Integralrechnung. 117
Differential als Rechtecksstreifen an der abgeleiteten Kurve 117. — Differentialsumme als Rechteckssumme und als Erhebungssumme 118. — Fundamentalsatz der Differential- und Integralrechnung, erste Fassung 119. — Bestimmtes Integral. Fundamentalsatz, zweite Fassung 120. — Beispiel 122. — Anwendung: Mechanische Arbeit 122. — Allgemeines Integrationsprinzip. Beispiele 124. — Positive und negative Flächen. Ecken und Sprünge 126. — Beliebige Rechteckstreppen 127. — Trapezregel 128. — Simpsonsche Regel 130. — Beispiel für Trapezregel und Simpsonsche Regel: Berechnung von π 130. — Rechteckstreppen zu einem Sehnenzuge und zu einer Tangentenkette der Urkurve 131. — Graphische Integration 133. — Flächeninhalt als Stammfunktion. Das bestimmte Integral als Funktion der oberen Grenze. Fundamentalsatz, dritte Fassung 135. — Grundsätzliches zur Differentialmethode 137.

E. Differenzier- und Integrierregeln. 138
Allgemeines 138. — Differenzieren und Integrieren einer Summe 138. — Differenzieren eines Produkts. Ableitung der Potenz. Binomialformel 139. — Integration der Potenz. Fläche der Parabel. Inhalte von Kegel und Kugel 142. — Teilintegration 143. — Differenzieren eines Quotienten. Fehler bei der Dichtebestimmung nach der Auftriebsmethode 145. — Ableitung des Kehrwertes. Kompressibilität eines Gases 146. — Etwas über das Potential 147. — Ableitung des Tangens. Tangentenbussole 148. — Differenzieren der Umkehrfunktion 149. — Differenzieren der zusammengesetzten Funktion. Kettenregel und Invarianz des Differentials 150. — Beispiele zur Kettenregel 152. — Spiegelungs- und Brechungsgesetz 153. — Minimalablenkung beim Prisma 154. — Geschwindigkeit und Beschleunigung in Polarkoordinaten 155. — Elastische Schwingungen und ihre Differentialgleichung 156. — Etwas vom Wechselstrom 158. — Differenzieren einer Gleichung 159. — Differenzieren und Integrieren einer Potenz mit gebrochenem Exponenten. Arbeit bei adiabatischer Ausdehnung eines Gases 160. — Einführung einer neuen Veränderlichen in einem Integral (Substitutionsregel). Trennung der Veränderlichen in einer Differentialgleichung 161. — Beispiele 162. — Anwendung: Arbeit eines elektrischen Stromes 163.

F. Natürlicher Logarithmus und Exponentialfunktion 165
Problem der Integration von $\frac{1}{x}$ 165. — Hyperbeltrapez $\ln x$ als Stammfunktion zu $\frac{1}{x}$ 166. — Zeichnerische und numerische Untersuchung von $y = \ln x$ 167. — $\ln x$ als Logarithmus 169. — Anwendung: Arbeit bei isothermer Ausdehnung eines Gases. Carnotscher Kreisprozeß 171. — Logarithmisches Differenzieren 172. — Umkehrfunktion des natürlichen Logarithmus: natürliche Exponentialfunktion 172. — Natürlicher Logarithmus und Zehnerlogarithmus 173. — Potenzreihe für $\ln(1 + x)$ 174. — Barometrische Höhenformel 174. — Poissonsches

Seite

Gesetz für adiabatische Ausdehnung eines Gases 176. — Ableitung des Zehnerlogarithmus. Genauigkeit des Rechenschiebers 177. — Beliebige Logarithmen 177. —
Anschauliches zur Exponentialfunktion 178. — Differenzieren und Integrieren
der Exponentialfunktion 179. — Beispiele: Gedämpfte Schwingungen, Gaußsche
Fehlerkurve, Plancksches Strahlungsgesetz 179. — Hyperbelfunktionen 181. —
Potenzreihe für e^x. Berechnung von e 183. — Grenzwertdarstellungen für e
und e^x 183. — Anwachsen eines Kapitals. Organisches Wachstum 184. — Differentialgleichung der Exponentialfunktion 186. — Beispiele: Lichtabsorption,
Kolorimetrie, Radiumzerfall, langsame Entladung einer Leidener Flasche, barometrische Höhenformel, Seilreibung 187. — Exponentielle Annäherung an einen
Grenzwert. Ertragsgesetz von Mitscherlich 189. — Beispiele: Einschalten eines
elektrischen Stromes. Fall mit Luftwiderstand. Abkühlungsgesetz von Newton.
Weber-Fechnersches Gesetz der Psychologie. Noch einmal Mitscherlichs Ertragsgesetz 191. — Zuckerinversion 195. — Chemische Reaktionen. Massenwirkungsgesetz 196. — Zweimolekülreaktion 198. — Wachstumsgesetz von Robertson 201.

Schlußbemerkung 202

Namen- und Sachverzeichnis 203

Vorbemerkungen.

1. Der Leser mache sich von der psychologischen Hemmung frei, die „höhere" Mathematik sei schwer. Schwer waren Teile der früheren Schulmathematik mit ihren verzwickten, oft auf bloßes Rätselraten hinauslaufenden Dreieckskonstruktionen u. dgl. Demgegenüber ist die höhere Mathematik eigentlich nur die systematische und präzise Herausarbeitung und Zusammenfassung von Dingen, die jedem Naturwissenschaftler, ja überhaupt jedem, der sich irgendwie mit Kopf oder Hand, nach Erkenntnis strebend oder werktätig schaffend mit der Natur auseinandersetzt, ohne weiteres geläufig sind.

2. Wenig hat vielleicht die Ausbreitung der Mathematik in weiteren Kreisen mehr gehindert als das — meist nicht mit tieferer Sachkenntnis verbundene — Rühmen ihrer logischen Schlußkette, bei der sich mit euklidischer Strenge und Folgerichtigkeit ein Glied ans andere reihe, das Reden vom Ariadnefaden, der von einer mathematischen Wahrheit zur nächsten hinleite, und was dergleichen Wendungen mehr sind. Glaubt doch daraufhin der Anfänger, er müsse zur Erwerbung mathematischer Kenntnisse und mathematischen Könnens mühsam Stein auf Stein aufeinandersetzen, mehr praktisch ausgedrückt: er müsse beim Lesen eines mathematischen Buches langsam und schrittweise Zeile nach Zeile, Seite nach Seite bewältigen und sich zu eigen machen. Nun trifft er ziemlich sicher bereits auf den ersten Seiten eine Einzelheit, die er nicht sofort versteht; er bemüht sich hartnäckig; es mißlingt immer wieder, und in der falschen Meinung, unter diesen Umständen auch von Späterem keinen Gewinn mehr haben zu können, legt er das Buch weg — vielleicht mit der Entschuldigung, zur Mathematik gehöre eben doch eine besondere Begabung.

In Wirklichkeit läßt sich die Mathematik weit besser als mit einer Kette mit einem Netze oder Gewebe vergleichen, bei dem alle Maschen und Fäden miteinander zusammenhängen und alles mit allem in Verbindung steht. So beginne man denn auch das Lesen eines mathematischen Buches *an möglichst vielen Stellen gleichzeitig*; man suche sich fesselnde Abbildungen, Auseinandersetzungen, die mit dem eigenen Arbeitsgebiete Berührungspunkte haben. Dadurch wird sozusagen die Festung von vielen Seiten sturmreif gemacht — denn etwas versteht man sicher —, und eines Tages hat man sie plötzlich nahezu völlig im Besitze; die restlichen Bastionen fallen dann von selbst.

Und man lese *rasch*, gehe über Schwierigkeiten zunächst ruhig hinweg. D'Alembert hat gesagt: „*Allez, Monsieur, allez, et la foi vous viendra*", frei übersetzt: „Niemals hängenbleiben oder sich über etwas allzu viel Kopfschmerzen machen; mit der Zeit klärt sich alles von selbst auf." Das ist ein goldenes Wort für mathematisches Studium. Denn nur so kann man zu einem wirklichen Überblick gelangen und statt einer Sammlung einzelner Teile von vornherein etwas Ganzes in die Hand bekommen, kann sehen, warum der oder jener Begriff eingeführt wird, wozu er nütze ist, was man mit ihm erreicht. Dinge, die fürs erste ganz unverständlich erscheinen, werden vielleicht schon durch den nächsten Satz oder auf der nächsten Seite geklärt; eine zunächst ruhig unverstanden hingenommene Tatsache bietet sich nach einigen Tagen in neuer Beleuchtung dar, und siehe da, alle Wolken zerteilen sich.

3. Mathematik kann nur *erarbeitet*, nicht erlesen werden; *Selbsttätigkeit* muß die Losung sein. Stets habe man Papier und Bleistift zur Hand, um alles selbst mit- und nachrechnen zu können; dabei empfiehlt es sich, auch das Äußere nicht zu vernachlässigen und sich für Zahlenrechnungen zweckmäßige, ein für allemal festzuhaltende Rechenschemata zurechtzulegen. Allgemeine Begriffe verdeutliche man sich an selbstgebildeten Beispielen. Figuren sind nur dann einprägsam, wenn man sie selbst noch einmal entwirft, und zwar sowohl als Faustskizzen wie auch als sorgfältige Reinzeichnungen.

Insbesondere übe man sich im elementaren Zahlen- und Buchstabenrechnen, Klammerauflösen, Behandeln von linearen und quadratischen Gleichungen, Umgehen mit trigonometrischen Formeln u. dgl. Denn wie ein Klavierspieler niemals zu künstlerischer Vollkommenheit gelangen kann, wenn er technisch nicht wenigstens die Anfangsgründe beherrscht, so ist es lästig, sich bei elementaren und an sich unwesentlichen Dingen fortgesetzt zu verrechnen oder jedenfalls unerwünscht aufgehalten zu werden.

4. Mathematische Beweise sind nur für denjenigen da, der das Bedürfnis nach ihnen empfindet. Die wenigsten Menschen wissen oder haben auch nur Interesse dafür, wie eigentlich die üblichen Multiplikations- und Divisionsregeln zustandekommen, und doch verwendet jedermann sie fortgesetzt und ersprießlich. Ähnlich vermag man sehr wohl gewinnreich höhere Mathematik zu treiben, ohne die vom Laien so sehr gefürchteten Schlußketten mathematischer Herleitungen oder Beweise durchlaufen zu müssen. Es gibt eine höhere mathematische Einsicht, als sie das ziemlich wertlose Nachprüfen von Formeln o. dgl. bringen kann. Worauf es ankommt, ist: den *eigentlichen Kern* der Sache zu erfassen, die *Sache selbst*, nicht das Beweisbeiwerk sich so klar und anschaulich zu machen, daß sie als völlig *selbstverständlich* erscheint, kurz: auf einen Standpunkt *über* der Sache zu gelangen. Nur vor einem hüte man sich dabei: versteckte Möglichkeiten zu übersehen, deren Ausschluß vielleicht gerade den eigentlichen Inhalt des mathematischen Beweises bildet.

Wer unerbittlich nach restloser *Anschaulichkeit* strebt, bleibt einerseits davor bewahrt, sich jenen ganz unmodernen, mystischen und in sich widerspruchsvollen Methoden aus der Frühzeit der höheren Mathematik vor reichlich 200 Jahren auszuliefern, welche leider gerade dem Naturwissenschaftler noch heute in vielen für ihn bestimmten „mathematischen" Büchern dargeboten werden — diese geben höchstens formale Fertigkeit, aber keine wirkliche begriffliche Erkenntnis. Zum anderen wird er dadurch befähigt, die Mathematik wirklich *anzuwenden* (wozu auch die beste Vertrautheit mit der, als Kunstwerk betrachtet, so wundervollen „reinen" Mathematik nicht ausreicht). Denn wenn Justus von Liebig ihm allzu eifrig erscheinenden Lobrednern der Mathematik entgegnete: „Nun, sie ist ein Federmesser", so muß das genauer dahin umschrieben werden, daß der Naturwissenschaftler mit diesem Federmesser *schneiden*, nicht nur seine Konstruktion oder kunstreiche Verzierungen auf ihm betrachten will.

5. Der Naturwissenschaftler kann selbstverständlich nicht beständig die ganze Mathematik gedächtnismäßig bereit haben. Das ist aber auch gar nicht nötig. Es genügt vollkommen, wenn er weiß, daß es die oder jene Formel oder Betrachtungsweise überhaupt gibt, wenn er ihre Bedeutung und Tragweite einzuschätzen vermag und die Kunst beherrscht, sich in einer Formelsammlung oder einem mathematischen Buche zurechtzufinden. Vor allem aber muß sein ganzes Werk vom *Geiste* der Mathematik durchtränkt sein, „sub specie matheseos" stehen; dann wird er bei technisch-mathematischen Schwierigkeiten in jedem Augenblicke für wohl umschriebene Fragestellungen leicht die Hilfe des Fachmathematikers in Anspruch nehmen können — in einem Zusammenarbeiten, das gegenwärtig noch viel zu wenig gepflegt wird!

I. Funktion und graphische Darstellung.

A. Was ist eine Funktion?

1. Zuordnungen. Dem Naturwissenschaftler begegnet auf Schritt und Tritt der Sachverhalt, daß verschiedenen Werten einer Größe x Werte einer anderen Größe y *zugeordnet* sind. Beispielsweise liest der Physiker bei der Prüfung des Ohmschen Gesetzes neben verschiedenen Werten $x_1, x_2, \ldots$ der Spannung x am Voltmeter die *zugehörigen* Werte $y_1, y_2, \ldots$ der Stromstärke y am Amperemeter ab. Oder der Chemiker verfolgt den Verlauf einer chemischen Reaktion, indem er mehrmals die Zeit x und die *entsprechende* bis dahin entstandene Menge y des Reaktionsproduktes feststellt; ein andermal studiert er die *Abhängigkeit* zwischen dem Mischungsverhältnis x zweier Stoffe und der Schmelztemperatur y des Gemisches. Dem Biologen ist es belangreich, daß und wie Nährstoffgabe x und Ertrag y an Trockensubstanz *verknüpft* sind. Oder er ermittelt durch Auszählen in einer vorgegebenen Menge von Individuen, sagen wir 1000 Blüten einer Pflanzensorte, welche *Beziehung* zwischen einem veränderlichen Merkmal x, etwa der Zahl der Staubgefäße, und der zugehörigen Anzahl y von Exemplaren, der sog. Häufigkeit oder Frequenz, besteht.

2. Definition der Funktion. Die Mathematik hat für derartige *Zuordnungen* von Werten einer Größe y zu den Werten einer Ausgangsgröße x, die sprachlich auch noch in mannigfacher anderer Weise umschrieben werden, den Begriff der *Funktion* oder des *funktionalen Zusammenhanges* geprägt. *Man nennt y eine Funktion von x und schreibt symbolisch*

$$y = f(x)$$

(sprich: y gleich f von x), *wenn jedem in Betracht gezogenen Werte von x ein Wert von y zugeordnet ist.* Die Ausgangsgröße x heißt *unabhängige Veränderliche, unabhängige Variable* oder *Argument*, die zugeordnete Größe y *abhängige Veränderliche, abhängige Variable* oder *Funktion*; x und y zusammen werden als *Veränderliche* oder *Variable* bezeichnet und die Gesamtheit der Werte, welche x annehmen kann, als der *Definitionsbereich* der Funktion.

3. Beispiele. So ist z. B. beim Ohmschen Gesetz die Stromstärke y eine Funktion der Spannung x oder in der Biologie die Häufigkeit y eine Funktion des Merkmals x. Bedeutet dieses die Zahl der Staubgefäße, so wird der Definitionsbereich offenbar durch gewisse positive ganze, nicht zu große Zahlen gebildet, weil die Zahl x der Staubgefäße nur positiv ganz sein kann.

Beim Ohmschen Gesetz kann die symbolische Beziehung $y = f(x)$ durch die viel präzisere Aussage $y = \dfrac{x}{R}$ ersetzt werden, wobei R den in Frage kommenden Widerstand bedeutet, z. B. $R = 20\,\Omega$. Diese Gleichung besagt nicht nur, daß überhaupt eine Zuordnung besteht, sondern sie kennzeichnet darüber hinaus ganz genau deren Art. Wir vermögen mit ihrer Hilfe zu jedem x das zugehörige y zu *berechnen*, z. B. zur Spannung $x = 10$ Volt die Stromstärke $y = 0{,}5$ Amp., ferner zu schließen, daß der doppelten Spannung die doppelte Stromstärke entspricht usw.

Die Anzahl der Beispiele für den Funktionsbegriff ließe sich leicht beliebig vermehren. Insbesondere kann man sagen, eine der Haupttätigkeiten des Naturwissenschaftlers sei die Beschäftigung mit Funktionen.

4. Warnungstafeln. Bei Anwendung der Wörter „*unabhängig*" und „*abhängig*", ebenso bei der sehr gebräuchlichen Ausdrucksweise: „*y hängt von x ab*" und ähnlichen Redewendungen hüte man sich, an kausale Verknüpfung zu denken. Mit Kausalität hat der Funktionsbegriff nichts zu tun.

Weiter ist die „Funktionsgleichung" $y = f(x)$, welche nur symbolisch ausdrückt, daß jedem x ein y entspricht, oder eine entsprechende Sondergleichung wie $y = \dfrac{x}{R}$ beim Ohmschen Gesetz nicht zu verwechseln mit „Gleichungen", welche durch algebraische Umformungen entstehen, z. B.

$$(a + b)^2 = a^2 + 2ab + b^2,$$

oder mit „Bestimmungsgleichungen" zur Bestimmung von einer oder mehreren Unbekannten. Derartige Gleichungen, etwa eine quadratische Gleichung

$$x^2 - 5x + 6 = 0,$$

oder ein System von 2 Gleichungen mit 2 Unbekannten

$$2x + y = 1,$$
$$3x + 2y = 4,$$

fordern die Ermittlung von solchen Werten der Unbekannten, daß beim Einsetzen dieser Werte und Zusammenrechnen auf beiden Seiten des Gleichheitszeichens dasselbe herauskommt (in den Beispielen trifft dies für $x = 2$ und $x = 3$ bzw. für $x = -2$, $y = 5$ zu). Hingegen darf bei einer Funktion für x ein ganz beliebiger Zahlenwert (für den die Funktion erklärt ist) gewählt werden. Ihm entspricht ein gerade durch den funktionalen Zusammenhang festgelegter Wert von y, der z. B. beim Ohmschen Gesetz $y = \dfrac{x}{R}$ durch Rechnung gefunden werden kann[1].

5. Bezeichnungen. Zur Bezeichnung des funktionalen Zusammenhanges dienen außer f auch andere Buchstaben, etwa

$$y = \varphi(x),\; y = F(x),\; y = \Phi(x),\; y = \psi(x),\; y = g(x),\; y = h(x).$$

---

[1] Vgl. zu dieser Nummer I D 1, 2 (S. 13—15), I H 9 (S. 30—31), I K 2 (S. 44—45), II B 13 (S. 84—85), II B 20—23 (S. 90—91).

Mit Vorliebe schreibt man auch
$$y = y(x)$$
und hat hierin eine besonders präzise Ausdrucksweise dafür, daß die Aufmerksamkeit auf das Verknüpftsein von y mit x gerichtet ist. Das Argument wird zuweilen nicht in Klammern geschlossen, sondern als *Marke* (*Index, Zeiger*) angehängt, z. B. $y = l_x$. Statt x und y treten natürlich auch andere Buchstaben auf, die gern in Anlehnung an die Anfangsbuchstaben zugehöriger sprachlicher Wendungen gewählt werden.

6. Nähere Kennzeichnung einer Funktion. In der konkreten Wirklichkeit des Naturwissenschaftlers bietet sich freilich, wie schon die Beispiele lehren, eine Funktion in keiner dieser abstrakten, nur zur mathematischen Untersuchung nützlichen Gestalten $y = f(x)$ usw. dar. Will man mit einer Funktion wirklich arbeiten, so genügt das bloße Wissen, daß eine Zuordnung der y-Werte zu den x-Werten vorliegt, oder das Aufschreiben der verhältnismäßig wenig besagenden Gleichung $y = f(x)$ ebensowenig. Der Zusammenhang zwischen x und y muß näher charakterisiert werden. Z. B. läuft ein beträchtlicher Teil naturwissenschaftlicher Untersuchungen darauf hinaus, von der bloßen Kenntnis, daß überhaupt eine Funktion $y = f(x)$ vorliegt, zu präziseren Aussagen über sie vorzudringen. Solche genauere Kennzeichnung einer Funktion kann auf mannigfache Weise geschehen — die gewöhnlich in den Vordergrund geschobene Kennzeichnung durch eine mathematische Formel, wie beim Ohmschen Gesetz $y = \dfrac{x}{R}$, ist nur *eine*, wenn auch besonders wichtige Art.

<h3 align="center">B. Funktionstafel und graphische Darstellung.</h3>

1. Funktionstafel. Dem Naturwissenschaftler besonders geläufig zur Charakterisierung einer Funktion ist die sog. *Funktionstafel* oder *Funktionstabelle*, mit deren Hilfe er z. B. die Ergebnisse seiner Beobachtungen niederzulegen pflegt. Man trägt in eine erste x-Spalte untereinander die Werte der unabhängigen Veränderlichen x ein, in eine zweite y-Spalte die entsprechenden Werte der abhängigen Veränderlichen y. Neben jedem x-Wert steht dann der zugehörige Funktionswert y. Wie man sieht, schließt die Funktionstabelle unmittelbar an den Funktionsbegriff an; bei ihr ist die Zuordnung praktisch durchgeführt. Statt der Anordnung nach Spalten, die man nötigenfalls umbricht, kann auch (freilich meist viel weniger übersichtlich) eine Anordnung nach Zeilen gewählt werden, wie sie unzweckmäßigerweise z. B. in der Biologie bei der Niederschrift der Ergebnisse von Auszählungen (Häufigkeit y als Funktion des Merkmals x) sehr üblich ist. Zur Anlegung von Funktionstabellen besonders gut eignet sich kariertes Papier.

x	y
...	...
...	...
...	...
...	...

2. Beispiel. Als Beispiel einer Funktionstafel ist hier die Temperatur y des Wassers in einem Kalorimeter, in dem zur Bestimmung der Verbrennungswärme

Zeit x	Temperatur y	Zeit x	Temperatur y	Zeit x	Temperatur y
2h 48m	18,30°	2h 53m	22,50°	2h 58m	24,27°
	30		95		30
49	35	54	23,30	59	30
	50		23,60		30
50	80	55	80	60	30
	19,30		95		30
51	95	56	24,05		
	20,60		15		
52	21,30	57	20		
	22,00		25		

von Kohle ein Stück Kohle im Sauerstoffstrome verbrannt wird, als Funktion der Zeit x angegeben. $2^{\text{h}}\,48^{\text{m}}$ wurde die Kohle eingeworfen, dann wurde aller halben Minuten die Temperatur in Celsiusgraden abgelesen. Die Angabe der halben Minuten ist in der x-Spalte zur Erhöhung der Übersichtlichkeit — ein Zweck, für den man kein Mittel sparen soll — unterlassen; aus demselben Grunde ist die Tabelle nicht durchlaufend fortgeführt, sondern umbrochen.

3. Schaubild. Mit der Funktionstafel verbindet man in der Regel eine *graphische Darstellung* oder ein *Schaubild* (*Diagramm*), welches den „Verlauf" der Funktion, die Art der Änderung von y bei Änderung von x, in einprägsamer Anschaulichkeit erkennen läßt. Der Wert der graphischen Darstellung kann gar nicht hoch genug veranschlagt werden[1]. Aufschlüsse, welche aus der Tabelle nur mühsam zu entnehmen sind, liefert das Schaubild oft „auf den ersten Blick" im wahrsten Sinne des Wortes.

4. Das rechtwinklige Koordinatensystem. Am gebräuchlichsten ist die Darstellung einer Funktion $y = f(x)$ durch eine *Kurve* in einem *rechtwinkligen Koordinatensystem*. Die Grundgedanken dieses Verfahrens sind allgemein bekannt und werden beispielsweise vom Arzte bei der Herstellung der „Fieberkurve" eines Kranken beständig angewandt. Man zeichnet zwei sich rechtwinklig schneidende gerade Linien, die *Koordinatenachsen*, eine wagerecht, die andere senkrecht (Abb. 1). Zusammen bilden sie das sog. *Koordinatenkreuz*; ihr Schnittpunkt O wird *Anfangspunkt* oder *Ursprung* genannt. Die wagerechte Gerade heißt x-*Achse* oder *Abszissenachse*; auf ihr kommen die x-Werte zur Darstellung. Die senkrechte Gerade heißt y-*Achse* oder *Ordinatenachse*; auf ihr versinn-

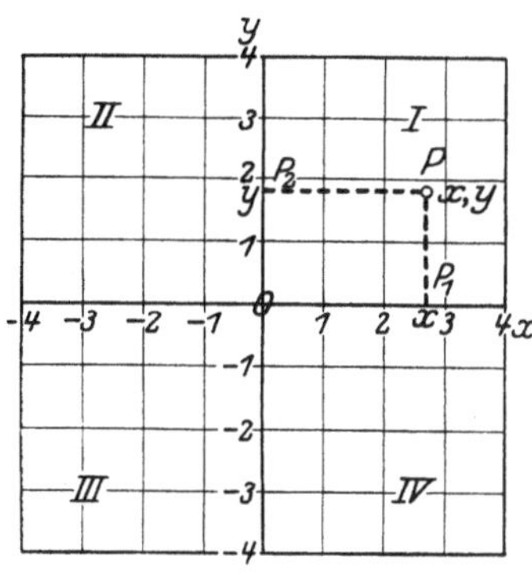

Abb. 1. Rechtwinkliges Koordinatensystem.

Vorzeichen von x und y.

Quadrant	x	y
I	$+$	$+$
II	$-$	$+$
III	$-$	$-$
IV	$+$	$-$

lichen wir die y-Werte. Und zwar bringt man auf beiden Achsen vom Ursprung als Nullpunkte aus nach beiden Seiten gleichmäßige Teilungen wie auf einem Maßstabe oder auf der Skala eines Thermometers mit ihren Wärme- und Kältegraden an. Die Strecke, welche die Einheit darstellt und damit der ganzen Teilung zugrunde liegt, die sog. *Einheitsstrecke*, kann, wenn es günstig erscheint, für die wagerechte und die senkrechte Richtung verschieden groß gewählt werden. Nach rechts und nach oben hin kommen üblicherweise die positiven, nach links und nach unten hin die negativen Zahlen zu stehen. Der Zahl x entspricht dann eindeutig der mit x zu bezeichnende (z. B. bei positivem x um x Einheiten nach rechts vom Ursprung entfernte) Punkt auf der Abszissenachse und umgekehrt, der Zahl y der mit y zu bezeichnende Punkt auf der Ordinatenachse und umgekehrt. Als Vertreter des Wertepaares x, y nehmen wir den Schnittpunkt P der Senkrechten durch den Punkt x auf der x-Achse mit der Wagerechten durch den Punkt y auf der y-Achse. Wir gewinnen den Punkt $P(x, y)$ auch dadurch, daß wir zunächst auf der x-Achse nach dem Punkte x gehen und dann, im Ordinatenmaßstab gemessen, um y aufwärts- bzw. abwärtssteigen. Die Zahlen x, y heißen die *Koordinaten* des Punktes $P(x, y)$, einzeln x die *Abszisse*, y die *Ordinate*. Oft legt man diese Namen auch den entsprechenden Strecken OP_1 und OP_2 bzw. P_2P und P_1P bei.

---

[1] Vgl. AUERBACH, F.: Die graphische Darstellung, Aus Natur und Geisteswelt 437; PIRANI, M.: Graphische Darstellung in Wissenschaft und Technik, Sammlung Göschen 728.

5. Darstellung einer Funktion durch eine Kurve im rechtwinkligen Koordinaten-system. Zur Darstellung der Funktion $y = f(x)$ sucht man nun diejenigen Punkte auf, welche den in der Funktionstafel verzeichneten Wertepaaren x, y entsprechen. Diese Punkte in ihrer Lage in bezug auf das Koordinatenkreuz ersetzen die ganze Funktionstafel; die Höhe jedes Punktes über der x-Achse gibt den Funktionswert y für das betreffende x.

Lassen wir das Auge an der Punktreihe entlanggleiten, so fühlen wir unwillkürlich das Bedürfnis, die Punkte durch geradlinige Strecken oder durch eine glatte *Kurve* zu verbinden. Gewöhnlich zeichnet man diese Kurve auch ein und nennt sie die *graphische Darstellung*, das *Bild*, *Schaubild* oder die *Schaulinie* der Funktion $y = f(x)$ (Abb. 2), umgekehrt $y = f(x)$ die *Gleichung der Kurve*.

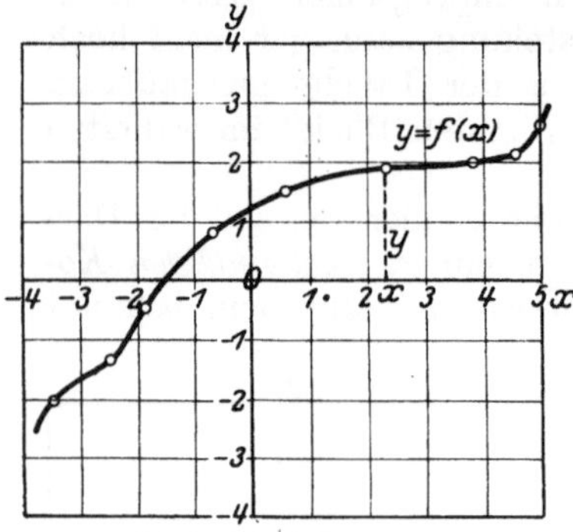

Abb. 2. Darstellung einer Funktion $y = f(x)$ durch eine Kurve.

Man muß sich bewußt sein, daß wir hierbei, wenn von der Funktion weiter nichts als die zugrunde gelegte Funktionstafel bekannt ist, einen Akt von außerordentlicher Kühnheit begehen. Wir ergänzen nämlich durch die Kurve die Definition der Funktion auch für alle nicht in der Tafel verzeichneten Zwischenwerte von x, weil ja aus der Zeichnung zu jedem zwischen den in der Tafel vorkommenden Argumenten gelegenen x das zugehörige y als Ordinate der Kurve entnommen werden kann. Die Kurve „*interpoliert*", wie man sagt, die Funktion auch für alle Zwischenwerte von x. Hierin liegt, ohne daß dies zumeist ausdrücklich hervorgehoben wird, eine Hypothese, welche freilich in vielen Fällen, wie theoretische Überlegungen oder praktischer Erfolg zeigen, wohlberechtigt und äußerst nützlich ist. Daß in anderen Fällen Vorsicht geboten sein kann, lehrt ein später (S. 8) zu besprechendes Beispiel. Wie die Interpolation von Funktionen rechnerisch vorzunehmen ist, werden wir in I K 3—9 auf S. 45—49 sehen.

6. Entspricht jeder gezeichneten Kurve eine Funktion? Einer beliebig ins Koordinatensystem hingeworfenen Kurve braucht, was sehr wichtig ist, *keineswegs* eine Funktion $y = f(x)$ in dem von uns erklärten Sinne zu entsprechen. *Kurven- und Funktionsbegriff decken sich nicht*, was oft übersehen wird. In Abb. 3 beispielsweise gehören zu dem vermerkten x vier Werte von y, zwei positive und zwei negative, während wir vorausgesetzt haben, daß jedem x genau *ein* y zugeordnet sein soll. Man spricht, wenn zu einem x mehrere y gehören, zuweilen von *mehrdeutigen* Funktionen im Gegensatz zu unseren, dann genauer als *eindeutig* bezeichneten Funktionen. Aber der Begriff „mehrdeutige Funktion" kann nur vom fortgeschrittenen Fachmathematiker einwurfsfrei benutzt werden. Der Anfänger vermeide ihn grundsätzlich und halte sich streng an unsere Funktionsdefinition. Z. B. beruhen viele Scherztrugschlüsse, durch die man $0 = 1$ u. dgl. „beweist", auf der bedenkenlosen Anwendung mehrdeutiger Funktionen.

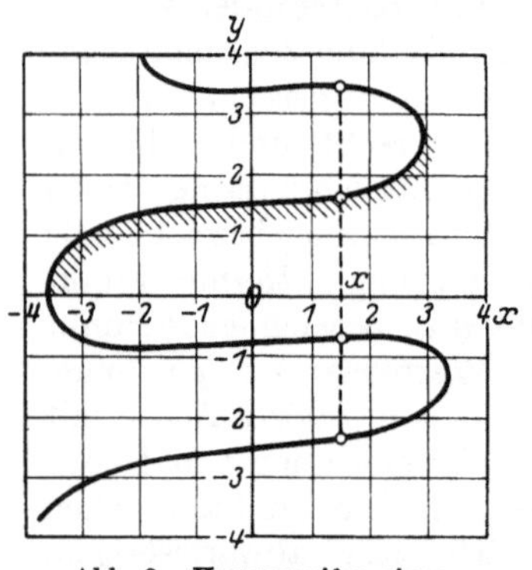

Abb. 3. Herausgreifen eines eindeutigen Zweiges.

Kommen Kurven wie in Abb. 3 vor, so kann man leicht durch eine Zusatzvorschrift einen „*eindeutigen Zweig*" (d. h. ein gewisses Kurvenstück) herausgreifen, der durch eine Funktion $y = f(x)$ darstellbar ist, z. B. in der Abb. 3 den anschraffierten „Zweig".

7. Koordinatograph. Zum bequemen und genauen Einzeichnen von Punkten in ein Koordinatensystem gibt es besondere Apparate, die sog. *Koordinatographen*. Sie sind ähnlich gebaut wie der Kreuztisch am Mikroskop. Man stellt an zwei rechtwinklig zueinander stehenden, gegeneinander verschiebbaren Skalen die gewünschten Koordinaten x und y ein. Dadurch wird ein Schreibstift an die Stelle des Punktes x, y gebracht. Der Koordinatograph ist hervorragend geeignet für den Vermessungsfachmann zum Anfertigen von Grundstücksplänen, Einzeichnen von vermessenen Punkten in Meßtischblätter u. dgl., wobei ja ebenfalls eine Festlegung durch Koordinaten x und y in Frage kommt. Für die Anlegung des Schaubildes einer Funktion wird seine Genauigkeit meist überflüssig hoch sein.

8. Millimeterpapier. Da empfiehlt sich mehr das allgemein bekannte *Millimeterpapier* (auch *Koordinatenpapier* genannt). Bei der gebräuchlichsten Ausführung sind die wagerechten und senkrechten „Netzlinien" im Abstande von je 1 mm gedruckt, so daß eine Einteilung des Papiers in kleine Quadrate von 1 mm Seitenlänge zustande kommt. Die Halb- und Vollzentimeterlinien sind durch kräftigeren Druck hervorgehoben. Für meteorologische und ähnliche Zwecke sind Papiere, die sog. *Profilpapiere*, käuflich, bei denen die Einteilung in der wagerechten Richtung der Einteilung des Jahres in Monate oder des Monats und der Woche in Tage oder des Tages in Stunden entspricht.

9. Praxis der graphischen Darstellung. Auch bei Benutzung von Millimeterpapier versäume man niemals, die Koordinatenachsen deutlich hervortretend einzuzeichnen. Meist braucht man nicht alle 4 „*Quadranten*", I, II, III und IV (Abb. 1), in welche die Ebene durch das Koordinatenkreuz zerfällt, sondern nur den rechten oberen „ersten" Quadranten, in dem die positiven Werte von x und y zur Abbildung gelangen (über die Vorzeichen von x und y in allen 4 Quadranten vgl. die Zusammenstellung bei Abb. 1). In solchem Falle legt man den Ursprung vorteilhaft in die linke untere Ecke der Zeichnung und trägt nur die „positiven Halbachsen" mit den positiven x- und y-Werten ein, welche dann die Zeichnung nach unten und links beranden. Man behält auf diese Weise in der Zeichnung keinen unnötigen leeren Raum und kann einen größeren Maßstab wählen.

Auf den Achsen bringe man stets die für das Schaubild in Frage kommende Bezifferung an. Bei weitem nicht immer wird man, was das Millimeterpapier an sich nahelegt, 1 cm als Einheitsstrecke verwenden, sondern oft auch 2 cm oder 5 cm oder 10 cm. Dann kennzeichnet man eben die positiven und negativen Vielfachen von 2 cm durch kräftige Strichmarken mit den beigesetzten Zahlen 1, 2, 3, ...; —1, —2, —3, ... und die aller 2 mm kommenden Zehntel der Einheitsstrecke 2 cm durch feine Strichmarken. Auch schreibe man an die x- und y-Achse daran, welche Größen auf ihnen zur Darstellung kommen und in welchen Einheiten. Zahlen und Schrift sollen unterhalb der wagerechten, links von der senkrechten Achse und, wenn irgend möglich, so stehen, daß sie ohne Drehen der Zeichnung lesbar sind (wichtig für Diapositive). Die beobachteten, aus der Tabelle entnommenen Werte hebt man im Schaubilde durch kleine Kreuze oder Kreise hervor (wie man sie bei Präzisionszeichnungen mit dem Nullzirkel herstellt), deren Mittelpunkt der betreffende Punkt ist. Dicke Punkte zu verwenden, ist aus Schönheitsgründen und auch deshalb unzweckmäßig, weil dadurch die genaue Ermittlung der Koordinaten des Punktes erschwert wird. Die Schaulinie selbst soll von allen anderen Linien deutlich abstechen. Jedem Schaubild gebe man einen Titel, der genau erkennen läßt, worum es sich handelt. Im übrigen aber überlade man das Schaubild nicht mit Einzelheiten und Erläuterungen, sondern schreibe diese (Versuchskonstanten, Apparatenummern u. dgl.) in eine besondere Zusammenstellung daneben. Ist das Schaubild zur Vervielfältigung etwa durch Lichtpausverfahren oder zur Anfertigung eines Bildstockes für den Druck bestimmt, so ist es angebracht, auf Millimeterpauspapier zu zeichnen. Diejenigen Netzlinien, welche auch in der Pause oder im Druck erscheinen sollen, muß man mit Tusche nachzeichnen.

Ein wenig Sorgfalt und ein paar Minuten Arbeit in der geschilderten Richtung sparen oft mehrere Stunden (vielleicht noch dazu vergeblicher) Versuche, sich nach einigen Monaten oder Jahren wieder in ein unvollständiges Schaubild hineinzufinden.

10. Beispiele für graphische Darstellung[1]. Das Schaubild Abb. 4 betrifft die Funktion $y = l_x$ der „*Überlebenden*" l_x vom Alter x. Man versteht unter l_x die Anzahl derjenigen Menschen unter 100000 Geborenen, welche beim Alter x noch am Leben sind. Durch sorgfältige statistische Zählungen sind sehr genaue Tafeln für die Funktion $y = l_x$, sog. *Absterbeordnungen*, hergestellt worden. Nachstehend findet man ein Bruchstück der nach den Volkszählungen von 1900, 1905

---

[1] Für Hilfe beim Zeichnen der Abb. 4, 8, 10, 11, 18, 23, 24, 25, 26, 40, 44, 45, 57, 58, 59, 60, 63, 66, 68, 69, 79, 93, 94, 95, 159, 161, 162, 163, 164, 172, 173, 174 bin ich Frl. INGE SEYNSCHE (Göttingen) herzlichen Dank schuldig.

und 1910 gewonnenen sächsischen Absterbeordnung für Männer, der Grundlage
für das Schaubild. Auf der x-Achse entspricht $^3/_4$ cm 10 Jahren, auf der y-Achse

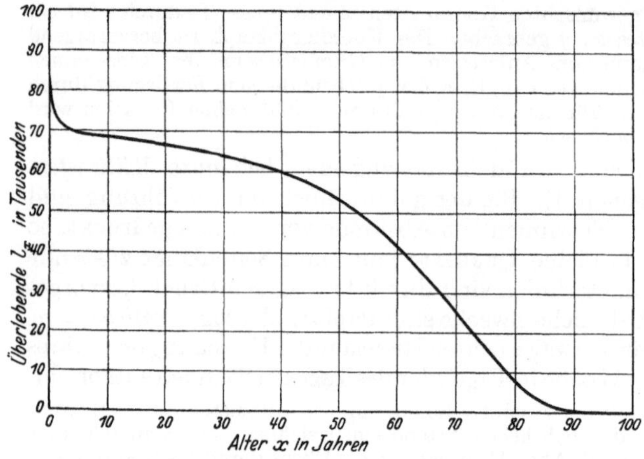

1 cm 20000 Lebenden (zur
Abkürzung für „entspricht"
empfiehlt sich das Zeichen ≙,
also z. B. 1 cm ≙ 20000 Lebende). Da x und y nur
positiver Werte fähig sind,
braucht die graphische Darstellung nur den 1. Qua-

x	l_x
⋮	⋮
20	67 067
21	66 782
22	66 463
23	66 162
24	65 890
⋮	⋮

Abb. 4.   Im Alter x Überlebende l_x von 100 000 geborenen Männern.

dranten zu umfassen. Man übersieht mit einem Blicke den ungeheuren Einfluß
der Säuglingssterblichkeit, welche l_x im ersten Lebensjahre von 100000 für $x = 0$

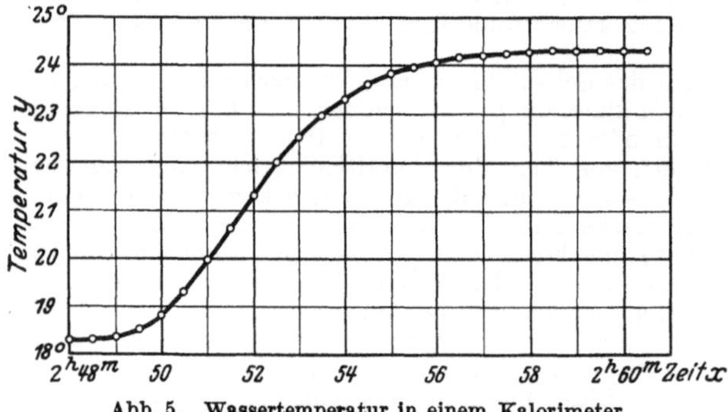

auf 74 239 für $x = 1$ herunterdrückt.   Dann ist wieder
zwischen $x = 60$ und $x = 70$
ein besonders rasches Fallen
von l_x zu bemerken.

Als zweites Beispiel ist die
graphische Darstellung für die
S. 4 angeführte Funktionstafel der Wassertemperatur y
in einem Kalorimeter als
Funktion der Zeit x gewählt.
Es wäre offensichtlich sehr
unzweckmäßig, wollte man
auf der x-Achse die Zählung

Abb. 5.   Wassertemperatur in einem Kalorimeter
bei Verbrennung von Kohle.

mit $0^h\,0^m$, auf der y-Achse mit 0^0 C beginnen. Man richtet vielmehr die Bezifferung der Achsen so ein, daß die Kurve in der Nähe des Ursprungs verläuft, setzt also
etwa an den Ursprung $2^h\,48^m$ (den Zeitpunkt des Versuchsbeginns) und 18^0 C
(eine Temperatur etwas unterhalb der Anfangstemperatur des Wassers).

11. Weiteres Beispiel: Barometerstand. Pathologische Kurven und Funktionen.
Beim dritten Beispiel handelt es sich um den *Barometerstand* (*Luftdruck*) b in mm
in Abhängigkeit von der Zeit t. Erstens ist die Kurve gezeichnet, welche aus einer
Tabelle abgelesener Barometerstände durch Übersetzen ins Graphische entsteht;
die beobachteten Punkte sind durch eine glatte Kurve verbunden (Abb. 6a).
Zweitens ist die Kurve eines selbstschreibenden Barographen für dieselbe Zeit
wiedergegeben (Abb. 6b). Offensichtlich unterschlägt die erste Kurve alle Zacken
der zweiten Kurve und liefert für die Zwischenzeiten falsche Werte des Luftdrucks.
Dieses Beispiel mahnt zur Vorsicht, wenn das Schaubild einer Funktion lediglich
auf Grund einer Tabelle gezeichnet und die Definition der Funktion dadurch für
alle Zwischenwerte des Arguments ergänzt wird. Durch hinreichende Verdichtung
der Beobachtungszeiten kann die Kurve der abgelesenen Barometerstände der
selbsttätig aufgezeichneten Barographenkurve weitgehend angenähert werden.

Dies trifft jedoch — und das ist ein zweiter beachtenswerter Punkt — nur dann zu, wenn die Genauigkeit des Barometers und des Barographen ungefähr übereinstimmen. Während man an einem gewöhnlichen Barometer im Laufe

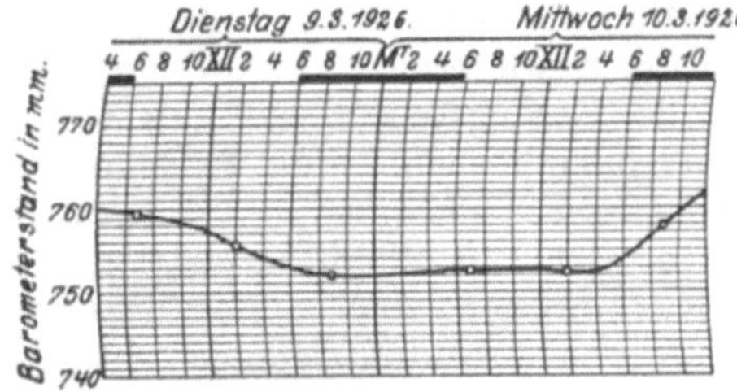

Abb. 6a. Beobachtete Barometerstände.

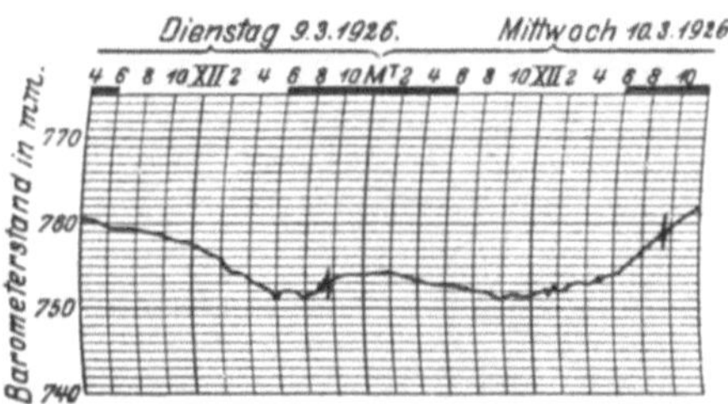

Abb. 6b. Registrierte Barometerstände.

einer halben Stunde kein allzu starkes Schwanken im Luftdruck bemerken wird und in die graphische Darstellung nach bester Überzeugung ein geradliniges, im allgemeinen nahezu wagerechtes Stück einträgt, zeichnet ein Toeplersches Luftdruckvariometer unterdessen eine Kurve mit zahlreichen Zacken wie in Abb. 6c auf[1]. Der Widerspruch löst sich hier zunächst durch Beachtung der verschiedenen Meßgenauigkeit.

Wie sieht aber die Luftdruckkurve wirklich aus? Diese Frage rührt bereits an letzte Probleme der Naturwissenschaften, der Mathematik und der Erkenntnistheorie. Wir kommen zu „*pathologischen*" Kurven, welche in jedem noch so kleinen Intervall „*unendlich oft*" auf und ab zittern. Der Mathematiker muß sich natürlich von solchen Möglichkeiten genau Rechenschaft ab

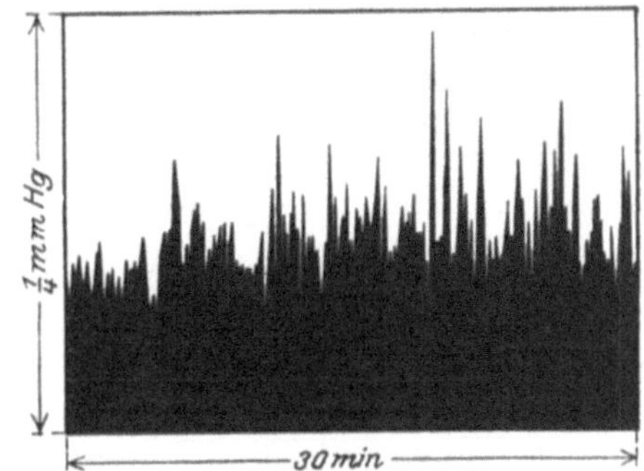

Abb. 6c. Aufzeichnung eines Toeplerschen Luftdruckvariometers.

legen, ähnlich wie, mit einem treffenden Vergleiche, der Pathologe auch den abstoßendsten Mißbildungen und Entartungen nachgeht oder der psychologische Roman gern übersteigerte, krankhafte Formen des Seelenlebens zum Vorwurfe nimmt. Der Naturwissenschaftler braucht sich glücklicherweise um jene Möglichkeiten nicht allzusehr zu bekümmern[2]. Für ihn genügt in den weitaus meisten Fällen die „gesunde" Mathematik mit ihren *anschaulichen* und „*vernünftigen*" Kurven, wie er sie als Verbindungslinien von Punkten aufs Papier zeichnet, und den entsprechenden Funktionen. Wenn man es ganz genau nimmt, mag man an die idealen breitelosen Mittellinien der gezeichneten Kurven denken. — Für den Naturwissenschaftler ist, das sei grundsätzlich bemerkt, eine gewisse Unbekümmertheit, ein frisches Vorwärtsgehen in mathematischen Dingen oft wertvoller und förderlicher als allzu eingehende Versenkung in filigranhafte Einzelheiten.

12. Stetigkeit. Bei dieser Gelegenheit sei die sog. *Stetigkeit* einer Funktion erwähnt. $y = f(x)$ heißt, in Anlehnung an das geometrische Bild und das Zeichnen einer Kurve in einem „*stetigen Zuge*", an einer Stelle $x = x_0$, $y = y_0$ *stetig*, wenn einer kleinen Änderung des x von x_0 aus eine kleine Änderung des y von y_0 aus

---

[1] Vgl. Toepler, M.: Über Beobachtungen von kurz dauernden Luftdruckschwankungen (Windwogen), Ann. d. Phys., 4. Folge, Bd. 12, S. 787—804. 1903.

[2] Doch ist hier vielleicht einer der Punkte, wo, lediglich durch restlose Folgerichtigkeit, die moderne Physik (Quantentheorie) weiterkommen wird.

entspricht oder mit anderen Worten für alle an x_0 nahe benachbarten x der Funktionswert $f(x)$ wenig von $f(x_0)$ verschieden ist. Von Stetigkeit in einem *Intervall* redet man, wenn $y = f(x)$ für *alle* x-Werte zwischen zwei Zahlen a und b (man schreibt ein solches x-Intervall gern in der Form $\langle a, b \rangle$ oder $a \leqq x \leqq b$) stetig ist.

Unstetigkeit liegt z. B. vor, wenn die Funktion an einer Stelle $x = x_0$ einen *Sprung* macht (Abb. 7), so daß man von dem irgendwie erklärten Funktionswert

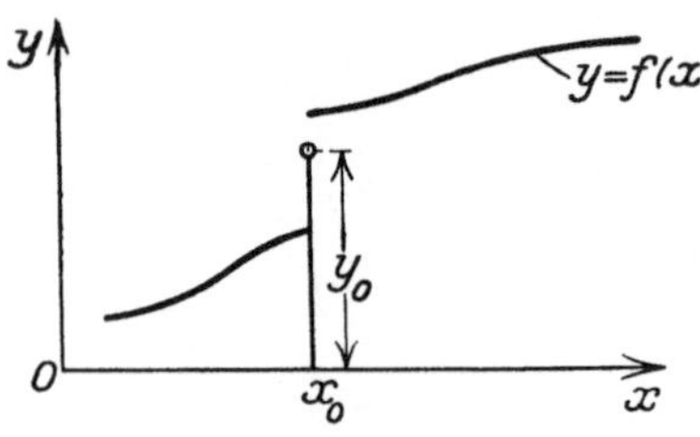

Abb. 7. Unstetigkeit durch Sprung.

$y_0 = f(x_0)$ an der Sprungstelle x_0 selbst zu Funktionswerten für nahe benachbarte x im Bilde nur unter Abheben des Zeichenstiftes gelangen kann. (Man darf nicht etwa das Bild der Funktion aus dem linken Kurvenbogen, dem rechten Kurvenbogen und einem senkrechten Geradenstück dazwischen an der Sprungstelle zusammensetzen, weil dann dem Argumente $x = x_0$ nicht mehr ein einziger Funktionswert zugeordnet wäre im Widerspruch mit unserer Funktionsdefinition.)

13. Beispiel für Unstetigkeit durch Sprung: Zugversuch. Ein Beispiel für Unstetigkeit durch Sprung (natürlich nur mit einer gewissen Idealisierung der naturwissenschaftlichen Verhältnisse) bietet der mechanische *Zugversuch* oder *Zerreißversuch*. Ein in einer Zerreißmaschine immer stärker belasteter Metallstab erfährt zunächst eine Verlängerung proportional der Belastung, entsprechend dem *Hookeschen Gesetz*, wobei als Bild eine Gerade durch den Ursprung O auftritt[1] (Abb. 8). Bei Verminderung der Belastung geht die Verlängerung wieder bis auf Null zurück (*Elastizität*). Für eine gewisse Belastung, die sog. *obere Fließbelastung* P' aber kann plötzlich die Belastung vermindert werden, ohne daß die „*Fließverlängerung*" sich ändert (Überschreitung der Elastizitätsgrenze). Von einer gewissen Belastung kleiner als der oberen Fließbelastung, der sog. „*unteren Fließbelastung*" P'' aus nimmt bei Ver-

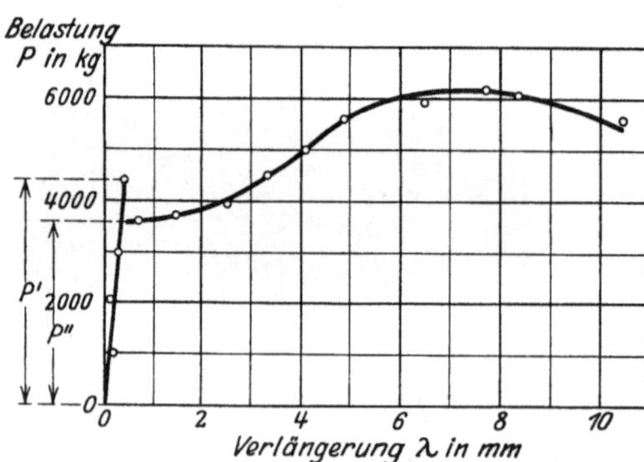

Abb. 8. Formänderungskurve beim Zugversuch
P' obere, P'' untere Fließbelastung.

mehrung der Belastung die Stabverlängerung dann weiter zu. Bei der Fließverlängerung liegt also eine Sprungstelle der Belastung als Funktion der Verlängerung.

14. Wie stellt sich der Naturwissenschaftler zur Stetigkeit? Weitere Beispiele für Unstetigkeiten, insbesondere die sog. *Unstetigkeit durch Unendlichwerden*, werden wir später kennenlernen (S. 34—35). Nähere Untersuchung der Stetigkeit, insbesondere der sonderbaren Fälle, welche auch bei stetigen Funktionen im Gegensatze zu einer weitverbreiteten, aber falschen Auffassung noch vorkommen können, ist Sache des Mathematikers. Für den Naturwissenschaftler genügt die Bemerkung, daß das Hereinkommen von Unstetigkeiten in der Regel durch Warnungszeichen in Gestalt von Sonderbarkeiten in der Rechnung und immer durch Warnungszeichen im Schaubilde angekündigt wird. Im übrigen setzt er die von ihm benutzten Funktionen stillschweigend als stetig voraus. Dafür könnte ihm der Mathematiker strenge Beweise liefern, wenn es sich nicht in Wirklichkeit nur um eine die mathematischen Überlegungen vereinfachende Annahme handelt; man denke z. B. an die molekulare Struktur der Materie, die vielen naturwissenschaftlichen Größen tatsächlich einen unstetigen Charakter verleiht.

---

[1] Vgl. Abschnitt H, S. 27 ff.

15. Funktion gegeben durch Zeichnung. Die erwähnte Luftdruckkurve eines Barographen, der sich viele ähnliche Diagramme von Registrierinstrumenten, wie Blutdruck-, Herztätigkeits- und Atmungsschreibern des Arztes, Erdbebenmessern u. dgl., anfügen ließen, zeigt eine neue Möglichkeit, wie eine Funktion gegeben sein kann: durch ihr Schaubild, allgemeiner durch irgendeine *Zeichnung.* Diese Art ist in gewissem Sinne vollkommener als die Tafel, weil sie den Funktionswert nicht nur für endlich viele voneinander verschiedene („*diskrete*") Argumente, für *unstetig* veränderliches Argument, liefert, sondern auch für die Zwischenargumente, für *stetig* veränderliches Argument. Hierdurch erklärt sich ein weitverbreitetes Streben nach Ersetzung der Beobachtung durch automatische Registrierung. In anderem Sinne ist die Zeichnung wieder weniger vollkommen als die Tafel, weil die beschränkte Ablesegenauigkeit hereinspielt.

C. Formeln und ähnliches für Funktionen[1].

1. Festlegung einer Funktion durch eine Formel, Definition o. dgl. Schließlich ist noch einer weiteren, scharf umrissenen Art des Gegebenseins einer Funktion zu gedenken, der die beiden soeben erwähnten Mängel nicht anhaften. Wir haben sie schon beim Ohmschen Gesetz $y = \dfrac{x}{R}$ kennengelernt, und sie tritt besonders in der Mathematik häufig auf. Dort ist eine Funktion in der Regel durch eine *Formel* (wie man auch ziemlich verwaschen sagt, einen „analytischen Ausdruck"), eine *mathematische Definition* o. dgl. gegeben.

2. Beispiele. Beispielsweise ist der Umfang u eines Kreises eine Funktion des Halbmessers r, d. h. zu jedem Halbmesser r gehört ein gewisser Umfang u. Diese trivial anmutende Aussage bekommt einen präzisen Inhalt durch die *Formel* oder das *Abhängigkeitsgesetz*

$$u = 2\pi r \, ,$$

wobei mit π die konstante Zahl (die *Konstante*, der *Festwert*) $\pi = 3,14159 \ldots$ oder[2] $\pi \approx 3,1416$ oder $\pi \approx \dfrac{22}{7}$ bezeichnet ist. Die Formel gestattet, zu jedem vorgegebenen Werte des Radius, z. B. 5 cm, den zugehörigen Umfang zu berechnen; es wird

$$u = 2\pi \cdot 5 \,\text{cm} = 31,4159 \ldots \,\text{cm} \, .$$

Sie ersetzt also eine ungeheuer ausgedehnte Funktionstabelle, in der zu jedem Werte von r das zugehörige u aufgeschrieben ist, oder eine graphische Darstellung von unbegrenzter Genauigkeit. Ähnlich steht es bei der Formel

$$s = \frac{g}{2} t^2 \qquad (g \approx 981 \,\text{cm sek}^{-2}) \, ,$$

welche die Fallstrecke s beim freien Fall als Funktion der Fallzeit t darstellt, oder bei der Formel

$$F = a^2 \frac{\pi}{180} \varepsilon \, ,$$

welche die Fläche F eines sphärischen Dreiecks auf einer Kugel vom festen Radius a mit dem sphärischen Exzeß ε in ^{0} (dem Überschuß der Summe der Dreieckswinkel über 180°) verknüpft.

3. Mathematisch definierte Funktionen. Absoluter Betrag. Mathematische *Definitionen* legen z. B. die Funktionen

$$y = \sqrt{x} = x^{\frac{1}{2}} \quad \text{und} \quad y = \log x$$

---

[1] Gleichzeitig mit Abschnitt C sieht man sich zweckmäßig die Abschnitte H (S. 27—38) und L (S. 49—55) an.

[2] Das Zeichen $\approx$ bedeutet „angenähert gleich".

fest (Abb. 9 und 10), wobei für die Wurzel noch eine Zusatzvorschrift über das Vorzeichen zu machen ist. Es soll positiv sein, und *wir wollen in Zukunft das Symbol $\sqrt{\ }$ immer in diesem Sinne verstehen.* Man soll zu dem gegebenen x ein positives y suchen, das quadriert $y^2 = x$ liefert. Wenn man sich auf die reellen Zahlen beschränkt, was wir stets tun werden, so weiß man, daß der Definitionsbereich der Funktion $y = \sqrt{x}$ aus den *positiven* reellen Zahlen besteht; denn zu negativem x gibt es keine reelle Quadratwurzel. Würden wir keine Forderung wegen des Vorzeichens stellen, so bekämen wir keine (eindeutige) Funktion. Denn dann erhielten wir zu jedem positiven x nicht ein y, sondern zwei, die ohne Rücksicht aufs Vorzeichen oder, wie man auch sagt, *absolut genommen* oder *dem absoluten Betrage nach* einander gleich sind, z. B. zu $x = 9$ die beiden Werte $y = +3$ und $y = -3$.

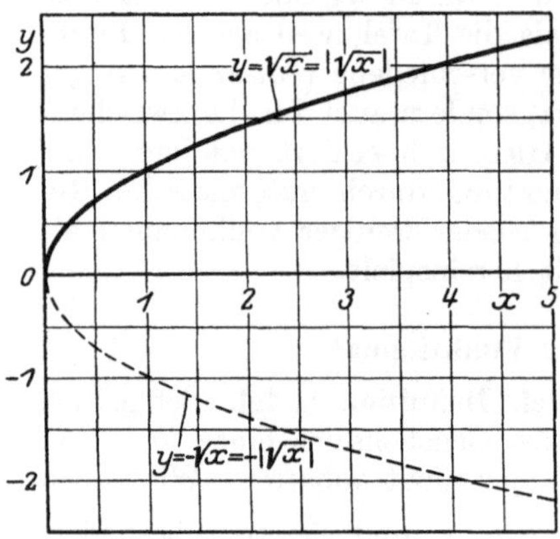

Abb. 9. Quadratwurzel.

Um ausdrücklich hervorzuheben, daß es sich bei unserer Funktion $y = \sqrt{x}$ um das positive Vorzeichen handelt, schreibt man zuweilen (was aber bei unserer Verabredung unnötig ist) $y = |\sqrt{x}|$. Unter $|a|$ (sprich: „Betrag von a" oder „absoluter Betrag" von a) versteht man nämlich den Wert einer Zahl a unter Fortwerfung des Vorzeichens, also bei positivem a die Zahl a selbst, bei negativem a die positive Zahl $-a$. $|a|$ ist die Länge der Strecke vom Ursprung nach dem Punkte a auf der x-Achse und immer positiv.

Die Quadratwurzel mit negativem Vorzeichen $y = -|\sqrt{x}|$ ist auch eine Funktion von x und der andere „Zweig" der „mehrdeutigen Funktion" $y = $ Qua-

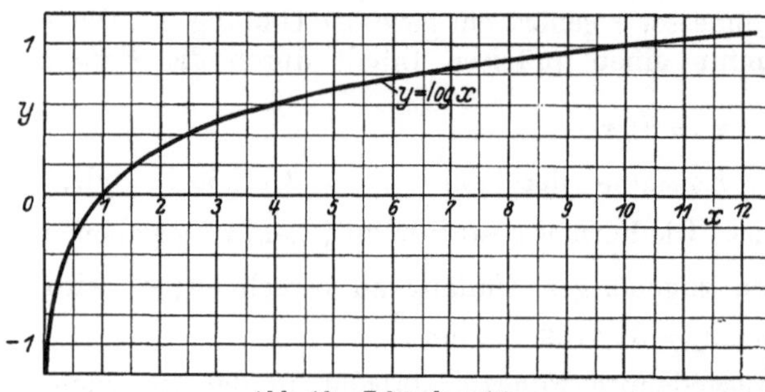

Abb 10. Zehnerlogarithmus.

dratwurzel aus x. In Abb. 9 ist ihr Bild gestrichelt eingezeichnet. Aber diese Funktion interessiert den Naturwissenschaftler fast nie, für ihn kommt vielmehr fast nur die Funktion $y = \sqrt{x}$ mit positivem Vorzeichen in Betracht.

Die ausführliche Definition der Funktion $y = \log x$ lautet: y soll so beschaffen sein, daß die y-te Potenz 10^y von 10 den Wert x hat. Z. B. ist y für $x = 100$ gleich 2 wegen $10^2 = 100$. Auch die Funktion $y = \log x$ ist nur für positive x sinnvoll.

Weitere Beispiele mathematisch definierter Funktionen, bei denen das Wort Funktion schon im zusammenfassenden Namen vorkommt, sind die trigonometrischen „Funktionen" $\sin x$, $\cos x$, $\tan x$, $\cot x$ (vgl. Abschnitt L, S. 49—55).

4. Prinzipielles über Formeln. Stellung des Naturwissenschaftlers zu ihnen. Zur wirklichen numerischen und zeichnerischen Beherrschung abstrakt-mathematisch definierter Funktionen müssen aus der Definition gewisse *Rechenvorschriften* hergeleitet werden, welche zu jedem x das y tatsächlich zu berechnen gestatten. Bei der Quadratwurzel wird diese Rechenvorschrift in der Schule gelehrt. Beim Logarithmus hingegen ist sie zu verwickelt, als daß man sie immer neu durchführen könnte und wollte. Man greift daher für praktische Zwecke wieder auf die Funktionstafel — hier Logarithmentafel — zurück, in der für hinreichend viele

Argumente x der Funktionswert $y = \log x$ verzeichnet steht. Diese Bemerkung ist prinzipiell bedeutsam. Denn sie zeigt, daß mit der Definition oder dem Aufschreiben einer verwickelten Funktion, wenn keine Tabellen für sie vorliegen oder wenn nicht an anderer Stelle dadurch eine wesentliche Vereinfachung oder eine neue Einsicht erzielt wird, gar nichts gewonnen ist. *Insbesondere kann für den Naturwissenschaftler eine gute graphische Darstellung viel mehr wert sein als eine nicht wirklich beherrschte oder zu verwickelte Formel.*

Andererseits ersetzt die Formel eine ganze ausgedehnte Tabelle und liefert zu einem beliebig gewählten Werte von x den zugeordneten Wert von y, ohne daß erst von neuem das Experiment befragt werden muß. Daraus erklärt sich das Streben des Naturwissenschaftlers, an die Stelle der Tabelle die Formel treten zu lassen. Man dringt so von Experiment, Beobachtungstabelle und graphischer Darstellung zur „Faustformel" und bei Einordnung in größere Zusammenhänge zum Naturgesetz vor (vgl. z. B. H 13, S. 32—33; J 4—7, S. 42—44). Es leuchtet ein, daß man hierzu einer guten Kenntnis der von der Mathematik zur Verfügung gestellten einfachen Funktionen und ihrer Schaubilder bedarf, um aus einer Tabelle oder graphischen Darstellung herauslesen zu können, welche mathematische Funktion etwa dazu paßt. Auch muß man wissen, wie sich naturwissenschaftliche Tatsachen und Hypothesen — z. B. daß beim Radiumzerfall die Zerfallgeschwindigkeit proportional der vorhandenen Radiummenge ist — in charakteristischen Eigenschaften mathematischer Funktionen widerspiegeln.

Wenn eine Funktionstabelle zu keiner der gebräuchlichen Funktionen paßt, kann man oft mit den leider viel zu wenig bekannten *graphischen Verfahren*[1] weiterkommen, welche zudem vor der rechnerischen und formelmäßigen Behandlung den Vorzug der Anschaulichkeit haben. Auch lehrt die Mathematik systematisch, besonders einfache Funktionen zu finden, welche für die gegebenen Werte von x die beobachteten Werte von y annehmen (*Interpolationsrechnung*, K 3—9, S. 45—49) oder welche die Beobachtungen „möglichst gut" darstellen (*Ausgleichungsrechnung*[2]). Niemals darf man freilich gerade hier die Formel überwuchern lassen und vergessen, daß sie nicht Selbstzweck, sondern Hilfsmittel ist. Dies gilt besonders für die Biologie, wo um der Mathematik willen den Tatsachen zuweilen Gewalt angetan worden ist und wo zudem die gefundenen Formeln manchmal weniger besagen als eine gute graphische Darstellung.

D. Implizite Funktion, Umkehrfunktion, zusammengesetzte Funktion.

1. Implizit gegebene Funktionen. Außer der *„expliziten"* Definition einer Funktion — bei ihr wird von vornherein angegeben, in welcher Weise y aus x hervorgehen soll, und es kann sogleich y „explizit" als Funktion $y = f(x)$ aufgeschrieben werden, wobei nur an Stelle von $f(x)$ viel präzisere Symbole wie $\sqrt{x}$ oder $\log x$ treten oder eine Tabelle oder Zeichnung o. dgl. vorliegt — spielt noch die sog. *„implizite"* Definition eine Rolle. Bei ihr ist lediglich eine *Beziehung zwischen x und y* vorgeschrieben, aus der man nach den Regeln des Buchstabenrechnens erst y auszurechnen hat, vorausgesetzt, daß dies wirklich geht. So steht es z. B. beim *Boyle-Mariotteschen Gesetz*

$$pV = \text{konst} = k$$

(p Druck, V Volumen eines idealen Gases von konstanter Temperatur)

---

[1] Vgl. z. B. Prölss, O.: Graphisches Rechnen, Aus Natur und Geisteswelt 708; Neuendorff, R.: Praktische Mathematik, Aus Natur und Geisteswelt 341 u. 526; Runge, C.: Graphische Methoden, Leipzig u. Berlin: B. G. Teubner.

[2] Die Ausgleichungsrechnung hat, entgegen dem ursprünglichen Plane, aus Platzmangel leider nicht in die vorliegende „Einführung" aufgenommen werden können. Man lerne sie etwa aus Happach, V.: Ausgleichungsrechnung nach der Methode der kleinsten Quadrate, Leipzig u. Berlin: B. G. Teubner; Hegemann, E.: Desgl., Aus Natur und Geisteswelt 609; Weitbrecht, W.: Desgl., Sammlung Göschen 302 u. 641, oder aus der ganz wundervollen Darstellung Pólya, G.: Wahrscheinlichkeitsrechnung. Fehlerausgleichung. Statistik, Abderhaldens Handbuch d. biol. Arbeitsmethoden, Abt. V, Teil 2. Vgl. auch II B 12, S. 84 und II B 17, S. 87—88.

oder beim *Wienschen Verschiebungsgesetz*

$$\lambda_m T = \text{konst} = b$$

(T absolute Temperatur, λ_m Wellenlänge höchster Strahlungsintensität im Spektrum),

welche echte Gleichungen im Sinne der Algebra zur Bestimmung von V bzw. λ_m als Funktionen von p und T darstellen:

$$V = \frac{k}{p}, \qquad \lambda_m = \frac{b}{T}.$$

Verwickelter liegt die Sache schon bei der *van der Waalsschen Gleichung*

$$\left(p + \frac{a}{V^2}\right)(V - b) = RT$$

(p Druck, V Volumen, T absolute Temperatur eines Gases, a, b, R Konstanten)

aus der Lehre von den Gasen und Flüssigkeiten. Denken wir uns die Temperatur T konstant und wollen wir V als Funktion von p ausrechnen, so stoßen wir auf eine Gleichung 3. Grades

$$V^3 - \left(b + \frac{RT}{p}\right)V^2 + \frac{a}{p}V - \frac{ab}{p} = 0,$$

und diese liefert für V einen denkbar unübersichtlichen Ausdruck. Das Beispiel

$$x^2 + y^2 = 0$$

zeigt sogar, daß y durch eine Gleichung zwischen x und y überhaupt nicht bestimmt zu sein braucht. Denn für jedes reelle $x \neq 0$ ist die Gleichung bei reell erwartetem y sinnlos. Oder man kann vielleicht die Gleichung zwar nach y auflösen, aber es ergibt sich keine Funktion in unserem Sinne. So ist es bei der Gleichung

$$x^2 + y^2 = a^2,$$

$$y = \pm \left| \sqrt{a^2 - x^2} \right|$$

ergibt. Die Wurzel kann mit positivem oder negativem Vorzeichen gezogen werden, und es gehören zu jedem x zwischen $-a$ und $+a$ zwei y statt eines y, wie es die Funktionsdefinition voraussetzt.

welche aufgelöst

2. Wie verhält sich der Naturwissenschaftler bei impliziter Definition einer Funktion? Der Naturwissenschaftler verschafft sich hinreichende Klarheit darüber, ob und wieweit durch eine Beziehung zwischen x und y, die man symbolisch nach Vereinigen aller Glieder auf der linken Seite in der Form

$$F(x, y) = 0$$

zu schreiben pflegt, y als Funktion von x:

$$y = f(x)$$

definiert wird, auf geometrische Weise. Man deute die Gleichung $F(x, y) = 0$, wenn dies möglich ist — andernfalls ist y durch sie sicher nicht als Funktion von x erklärt — durch eine Kurve im rechtwinkligen Koordinatensystem. Dazu sieht man entweder nach, welche geometrischen Eigenschaften durch $F(x, y) = 0$ ausgedrückt werden. So besagt z. B. die Gleichung $x^2 + y^2 - a^2 = 0$ oder $x^2 + y^2 = a^2$, daß das Abstandsquadrat des Punktes x, y vom Ursprung O, welches nach dem

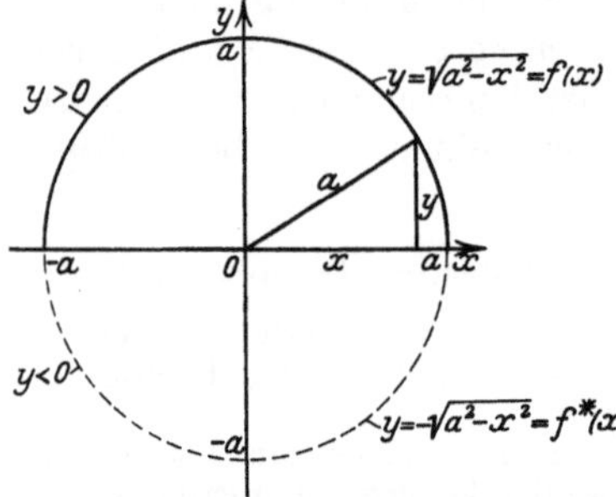

Abb. 11. Implizite Definition einer Funktion. Kreis $F(x, y) = x^2 + y^2 - a^2 = 0$.

pythagoreischen Lehrsatze gleich der Summe der Quadrate der zueinander rechtwinkligen Abszisse x und Ordinate y ist, konstant gleich a^2 sein soll. Die Kurve muß also ein *Kreis* vom Radius a sein (Abb. 11). Oder man verschafft sich, wenn das einfach geht, durch Auflösen der Gleichung $F(x, y) = 0$ nach y einen expliziten, im allgemeinen mehrdeutigen Ausdruck von y durch x und konstruiert danach mit Hilfe einer Tabelle o. ä. die Kurve, wobei in der Regel zu jedem x mehrere y gehören werden. Oder man stellt eine derartige Tabelle her, indem man direkt in $F(x, y) = 0$ für x verschiedene Zahlenwerte einsetzt und zu jedem x durch Ausrechnen oder systematisches Probieren die entsprechenden y, im allgemeinen mehrere, bestimmt.

Die so ermittelte Kurve für $F(x, y) = 0$ schneidet eine Parallele zur y-Achse in der Regel mehrmals. Z. B. trifft der Kreis $x^2 + y^2 = a^2$ jede Parallele zur y-Achse in einem Abstande kleiner als der Radius a in zwei Punkten, einem oberhalb, einem zweiten unterhalb der x-Achse. Nun greift man einen „*Zweig*" der Kurve heraus, welcher jede solche Parallele nur einmal trifft, so daß also für diesen Zweig y zu jedem x *eindeutig* bestimmt ist. Die Vorschrift des Herausgreifens zusammen mit $F(x, y) = 0$ gibt dann y als Funktion, genauer als *eindeutige* Funktion $y = f(x)$ von x. Z. B. wählen wir beim Kreise den oberen Halbkreis $y > 0$. Dann brauchen wir zu $x^2 + y^2 = a^2$ oder $y = \pm \left| \sqrt{a^2 - x^2} \right|$ nur hinzuzufügen, daß die Wurzel *positiv* gezogen werden soll, und wir haben eine eindeutige Funktion $y = \left| \sqrt{a^2 - x^2} \right|$ von x oder mit unserer Verabredung von S. 12 über das Vorzeichen beim Symbol $\sqrt{}$ auch einfach $y = \sqrt{a^2 - x^2}$.

Wie man sieht, kommt es also bei einer implizit gegebenen Funktion nur darauf an, einen „*eindeutigen Zweig*" einer mehrdeutigen Funktion herzustellen. Übrigens hat es der Naturwissenschaftler verhältnismäßig selten mit implizit gegebenen oder „unentwickelten" Funktionen zu tun.

3. Umkehrfunktion. Monotonie. Lesen wir die Funktionstabelle einer Funktion $y = f(x)$ von rechts nach links, gehen wir also von den y-Werten aus und ordnen ihnen die x-Werte zu, so kommen wir unter gewissen Umständen zur *Umkehrfunktion* oder *inversen Funktion*. Jetzt ist y die unabhängige und x die abhängige Veränderliche, wir schreiben etwa

$$x = \varphi(y) \, .$$

Die graphische Darstellung der Umkehrfunktion erhalten wir, wenn wir das Schaubild der Urfunktion $y = f(x)$ (Abb. 12a) von links seitlich betrachten, wobei sich der Anblick der Abb. 12b darbietet. Ein Koordinatensystem wie in Abb. 12b, in dem die positive Halbachse für die unabhängige Veränderliche anders als gewöhnlich nach links läuft und die Drehung, welche die positive Halbachse der unabhängigen Veränderlichen auf dem kürzesten Wege in die positive Halbachse der abhängigen Veränderlichen überführt, im Uhrzeigersinne (in „*mathematisch negativem Sinne*") erfolgen muß, heißt ein *Linkssystem* im Gegensatz zu dem üblichen *Rechts*system mit Drehung entgegengesetzt dem Uhrzeigersinne (in „*mathematisch positivem Sinne*"). Damit die Umkehrfunktion $x = \varphi(y)$ wirklich eine Funktion gemäß unserer Funktionsdefinition ist, d. h. zu jedem y nur ein x gehört, darf offenbar jede Parallele zur x-Achse die Kurve $y = f(x)$ nur in einem Punkte schneiden, d. h. es

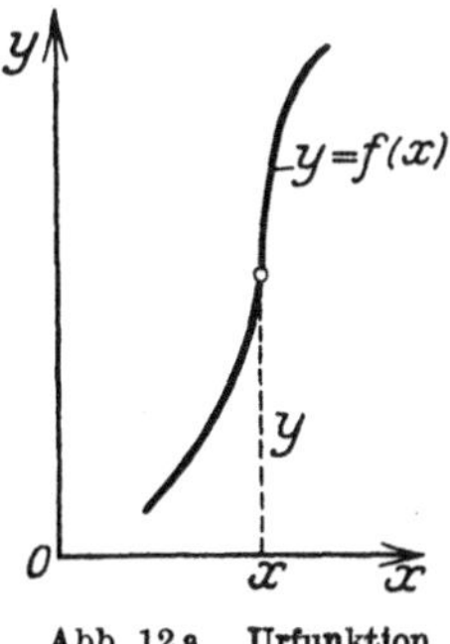

Abb. 12a. Urfunktion
$y = f(x)$.

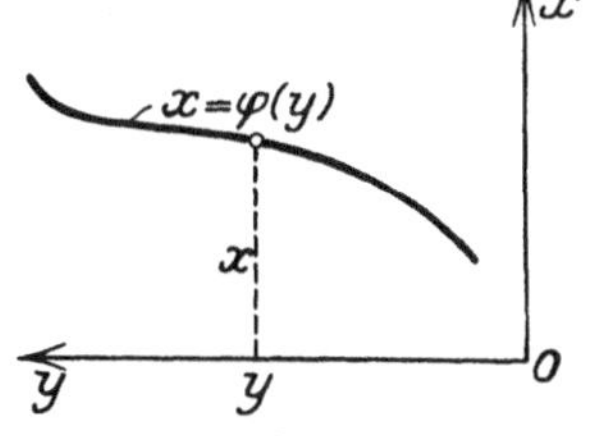

Abb. 12b. Umkehrfunktion
$x = \varphi(y)$ im Linkssystem.

darf in der Tabelle und an der Kurve niemals bei verschiedenen x dasselbe y wiederkehren. Dies ist z. B. sicher dann der Fall, *wenn die Funktion bzw. Kurve $y = f(x)$ stetig ist und mit wachsendem x beständig ("monoton") steigt oder abfällt*[1]. Dann sind wir also ohne weiteres sicher, daß bei der Umkehrfunktion alles in Ordnung ist. Wenn hingegen die stetig vorausgesetzte Kurve $y = f(x)$ teils steigt, teils fällt (Abb. 13), müssen wir erst ein monoton steigendes oder fallendes Stück, z. B. das anschraffierte, herausgreifen, bei dem das zu einem y gehörige x eindeutig bestimmt ist. Dieses monotone Stück, das beim Betrachten von links seitlich einen eindeutigen Zweig verkörpert, leitet dann zu einer Umkehrfunktion $x = \varphi(y)$ hin.

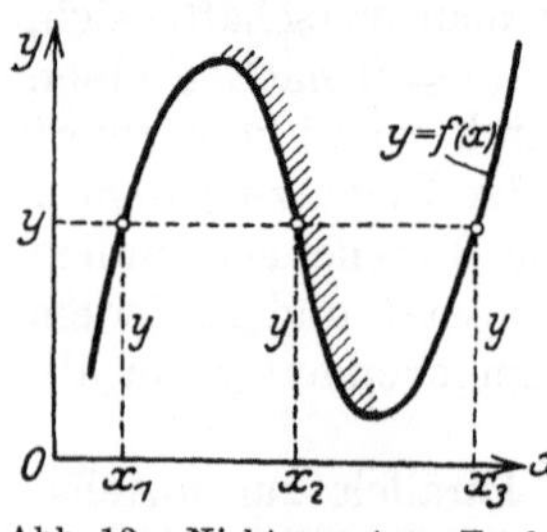

Abb. 13. Nichtmonotone Funktion nicht umkehrbar.

Um bei der Umkehrfunktion Übereinstimmung mit der sonst bei Funktionen üblichen Bezeichnungsweise herbeizuführen, schreibt man gewöhnlich nachträglich wieder x statt y und y statt x, also

$$y = \varphi(x),$$

und zeichnet die Kurve aus einem Linkssystem in ein Rechtssystem um, Abb. 12c. Die zustandekommende Kurve ergibt sich einfacher

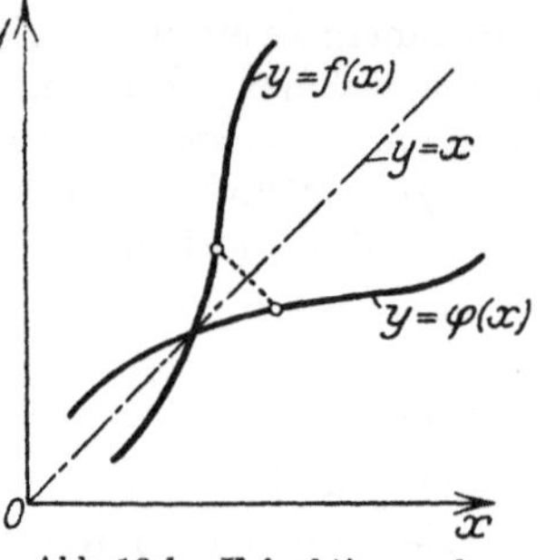

Abb. 12d. Urfunktion und Umkehrfunktion (Spiegelung).

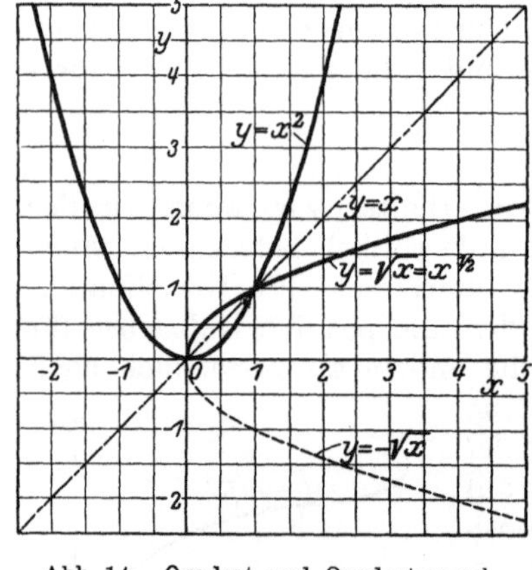

Abb. 12c. Umkehrfunktion $y = \varphi(x)$ im Rechtssystem.

dadurch, daß wir die Kurve der Urfunktion an der in Abb. 12d strichpunktierten Halbierungslinie des ersten Quadranten spiegeln (sie um diese Halbierungslinie umklappen).

4. Beispiel: Quadrat und Quadratwurzel.

Ein lehrreiches Beispiel bietet die Urfunktion $y = x^2$, deren Tafel die bekannte, vielen Logarithmentafeln beigefügte Quadratzahltafel ist. Für die Zeichnung entwirft man sich zunächst etwa das abgedruckte Täfelchen. Durch Einschieben weiterer Argumente, etwa $x = \pm 0{,}5$; $\pm 1{,}5$; $\pm 2{,}5$ bekommt man auf Millimeterpapier so viele Punkte, wie man haben will, und kann das Schaubild Abb. 14 bei beliebigem Maßstabe mit jeder gewünschten Genauigkeit herstellen. Es ist eine die y-Achse umschließende, zu ihr symmetrische und nach oben offene und hohle Kurve, die bekannte *gewöhnliche Parabel*. Sie

x	y
-3	9
-2	4
-1	1
0	0
1	1
2	4
3	9

Abb. 14. Quadrat und Quadratwurzel (gewöhnliche Parabel).

wird von jeder Parallelen zur x-Achse in zwei Punkten geschnitten. Wir können also nicht ohne weiteres eine Umkehrfunktion erwarten. Dies ist erst der Fall, wenn wir etwa nur die rechte Parabelhälfte berücksichtigen. Sie steigt mit wachsendem x monoton an und wird von jeder Parallelen zur x-Achse nur in *einem* Punkte

---

[1] Statt "beständig" oder "monoton" zu- oder abnehmend sage man nicht, wie es leider manchmal geschieht, "stetig" zu- oder abnehmend, weil das Wort "stetig" schon anderweit verbraucht ist (vgl. S. 9—10).

getroffen. Klappen wir um die Halbierungslinie des ersten Quadranten um, so entsteht ein Parabelbogen, der nach unten hohl über der x-Achse verläuft. Die entsprechende Umkehrfunktion heißt (schon mit Vertauschung von x und y) mit unserer Verabredung über das Vorzeichen von $\sqrt{}$

$$y = \sqrt{x} = x^{\frac{1}{2}}.$$

Hätten wir die linke Hälfte der Parabel $y = x^2$ umgeklappt, so wären wir zu einem nach oben hohlen Parabelbogen unterhalb der x-Achse und zur Funktion

$$y = -\sqrt{x}$$

(der Quadratwurzel mit negativem Vorzeichen) gelangt.

5. Anschluß an die implizite Definition einer Funktion. Beide Zweige $y = \sqrt{x}$ und $y = -\sqrt{x}$ zusammen genügen der Gleichung

$$y^2 = x.$$

Sie geht aus der früheren Parabelgleichung $y = x^2$ durch Vertauschung von x und y hervor. Ihr genügen die Koordinaten *aller* Punkte auf der aus den beiden Parabelbogen oberhalb und unterhalb der x-Achse zusammengesetzten vollen, die positive x-Halbachse umschließenden und nach rechts offenen Parabel. Durch sie werden beide „*Funktionszweige*" $y = \sqrt{x}$ und $y = -\sqrt{x}$, welche beide als Umkehrfunktion zu $y = x^2$ geeignet sind, implizit definiert, und wir haben den Anschluß an die Darlegungen über implizit gegebene Funktionen erreicht, wo auch die an sich vorhandene „Mehrdeutigkeit" das Herausgreifen eines eindeutigen Zweiges notwendig machte. Zur Unterscheidung der beiden Parabellagen nach den Gleichungen $y = x^2$ und $y^2 = x$, worauf es oft sehr ankommt, kann man sich merken: die Parabel legt sich um die Achse herum, deren Koordinate in der ersten Potenz auftritt. Man hüte sich vor Verwechslungen.

6. Zusammengesetzte Funktion. Es ist am Platze, im Anschluß an den Begriff der Umkehrfunktion noch einen weiteren überaus nützlichen Begriff zu erwähnen, den der *zusammengesetzten* oder *mittelbaren* Funktion oder der *Funktion von Funktion*. Bei der Funktion $y = (2x + 3)^2$ z. B. soll von x zuerst die Funktion $2x + 3$ gebildet werden und dann von dieser Funktion eine neue Funktion, nämlich das Quadrat,

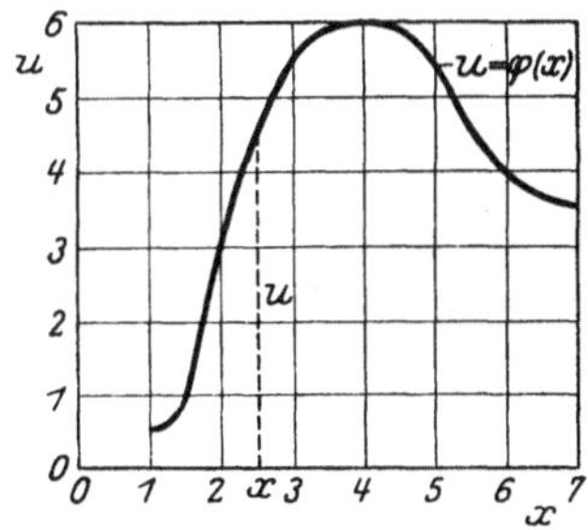

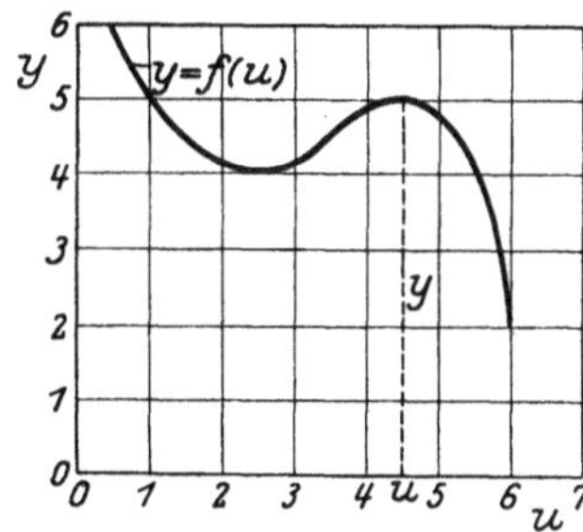

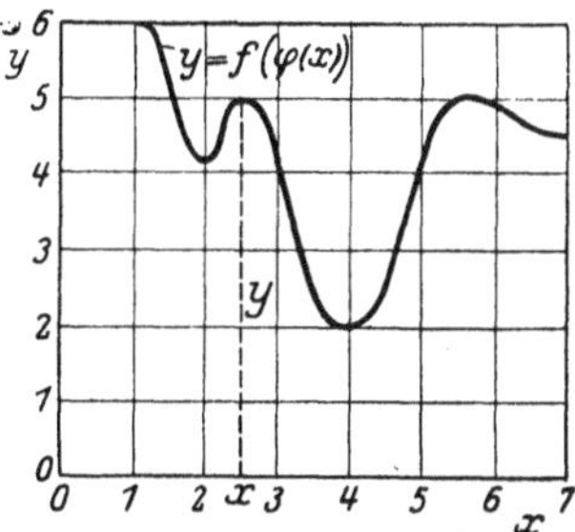

Abb. 15a, b und c.   Zusammengesetzte Funktion.

ehe man zu y gelangt. Man führt da gern eine *Zwischenfunktion, Hilfsfunktion, Zwischenveränderliche* oder *Hilfsveränderliche* $u = 2x + 3$ ein und hat damit $u = 2x + 3$, $y = u^2$.

Allgemein liege etwa $u = \varphi(x)$ und $y = f(u)$ vor, dann ist $y = f(\varphi(x))$ eine mittelbare Funktion von x durch Vermittlung von u, vorausgesetzt natürlich, daß die Werte von $u = \varphi(x)$ dem Definitionsbereich von $y = f(u)$ angehören, so daß man für sie y überhaupt zu bilden vermag. Das Bild der Zwischenfunktion u ist eine Kurve $u = \varphi(x)$ in einem xu-System (Abb. 15a), das Bild der Funktion y in Abhängigkeit von u eine Kurve $y = f(u)$ in einem uy-System (Abb. 15b). Zu einem Argument x findet man das zugehörige y, indem man zunächst im xu-System die Ordinate u zur Abszisse x sucht und dann dieses u als Abszisse im uy-System verwendet. Zu ihm gehört als Ordinate der gesuchte Funktionswert y. Auf diese Weise läßt sich in einem xy-System punktweise die Kurve $y = f(\varphi(x))$ zeichnen (Abb. 15c). Es ist sehr wohl möglich, daß man zu mehreren x dasselbe u erhält und daher im uy-System mehrmals an denselben Punkt der Abszissenachse gehen muß. Zu diesen x gehört dann eben derselbe Funktionswert y, was bei der Umkehrfunktion kritisch werden würde, bei der Urfunktion aber gar nichts ausmacht.

Als zusammengesetzte Funktion läßt sich z. B. die Potenz $y = x^{\frac{p}{q}}$ mit gebrochenem Exponenten, d. h. die p-te Potenz der q-ten Wurzel aus x auffassen. Denn

$$u = x^{\frac{1}{q}} = \sqrt[q]{x}, \quad y = u^p.$$

Ein einfaches Beispiel, bei dem mehr als zwei Funktionen zusammengesetzt sind, liefert z. B. die Schwingungszeit $T = 2\pi\sqrt{\dfrac{l}{g}}$ eines Pendels in Abhängigkeit von der Länge l. Da ist die erste Zwischenfunktion $u = \dfrac{l}{g}$ der g-te Teil von l, die zweite Zwischenfunktion $v = \sqrt{u}$ die Quadratwurzel aus u; schließlich geht T aus v durch Multiplikation mit 2π hervor.

7. Warum sind Umkehrung und Zusammensetzung von Funktionen für den Naturwissenschaftler wichtig? Es leuchtet ein, daß man durch Zusammensetzung einiger weniger Grundfunktionen bereits eine ungeheure Menge von Funktionen bekommt. Z. B. sind die für den Naturwissenschaftler belangreichen mathematischen Funktionen im wesentlichen alle nur Zusammensetzungen folgender Grundfunktionen: Potenz, Logarithmus und seine Umkehrfunktion (Exponentialfunktion), trigonometrische Funktionen und ihre Umkehrfunktionen (zyklometrische Funktionen). Daher ist für ihn eine genaue Kenntnis dieser Grundfunktionen (vgl. Abschnitt I H, J, L; II F) und der so fruchtbaren Prinzipien der Umkehrung und Zusammensetzung von Funktionen notwendig. Hiermit aber hat er dann seinen Bedarf an mathematischen Funktionen für die gewöhnlich vorkommenden Anwendungen bereits völlig beisammen.

E. Polarkoordinaten und Winkelmessung.

1. Was sind Polarkoordinaten? Zur Veranschaulichung von Funktionen kommt außer der bisher besprochenen kurvenmäßigen Darstellung in rechtwinkligen Koordinaten, welche mit Recht bei weitem die üblichste ist[1], auch die kurvenmäßige Darstellung in *Polarkoordinaten* in Betracht. Hierbei wird (Abb. 16) die unabhängige Veränderliche durch den *Winkel φ* (*Polarwinkel*, *Arkus*, *Azimut*, *Amplitude*, *Argument*) versinnlicht, den ein im Ursprung angehefteter *Fahrstrahl* oder *Radiusvektor* (eine durch den Ursprung einseitig begrenzte Strecke) gegen seine Ausgangslage (meist auf der positiven x-Halbachse) bildet, und die abhängige Veränderliche durch die *Länge r* dieses Fahrstrahls.

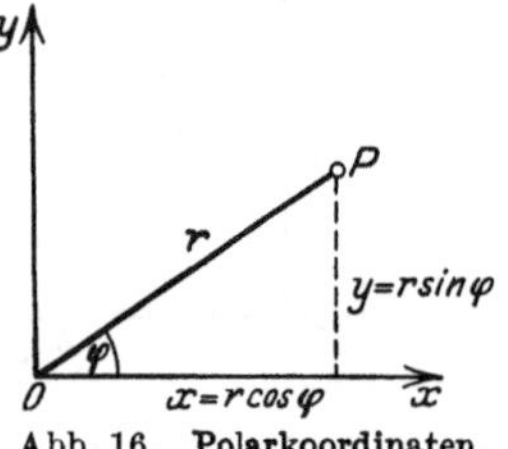

Abb. 16. Polarkoordinaten.

Üblicherweise wird der Winkel positiv gerechnet, wenn die Drehung des Fahrstrahls gegen die Ausgangslage in *positivem Sinne* (entgegengesetzt dem Uhrzeiger) erfolgt ist, anderenfalls negativ. Manchmal benützt man auch

---

[1] Das „*schiefwinklige Koordinatensystem*", bei dem die positiven Koordinatenhalbachsen einen beliebigen Winkel ω bilden und die Koordinaten eines Punktes ihnen parallel gemessen werden, ist wesentlich nur für den Fachmathematiker von Bedeutung.

negative r, indem man den entsprechenden Fahrstrahl in entgegengesetzter Richtung wie unter dem Winkel φ, d. h. unter dem Winkel $\varphi + 180^0$ gegen die positive x-Halbachse anträgt. Meist sind aber nur positive r vonnöten.

Die durch Übertragen der Wertepaare einer Funktionstabelle ins Polarkoordinatensystem gewonnenen Punkte verbindet man wie bei rechtwinkligen Koordinaten durch eine glatte Kurve und erhält so das Bild der Funktion $r = f(\varphi)$. So wird z. B. durch $r = 2a \sin \varphi \, (0 \leqq \varphi \leqq 180^0)$ ein Kreis vom Radius a charakterisiert (Abb. 17), der die „Polarachse" von oben her im Ursprung berührt. Dies spielt beim „Zeunerdiagramm" in der Lehre von den Schwingungen eine Rolle (vgl. S. 52).

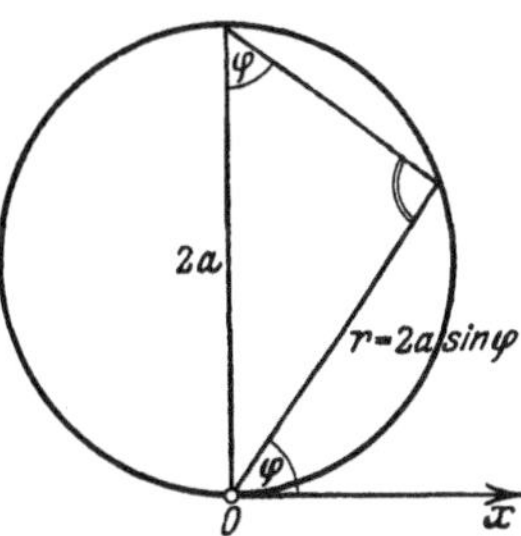

Abb. 17. Kreis $r = 2a \sin \varphi$.

2. Wann gebraucht man Polarkoordinaten? Polarkoordinaten sind beliebt zur Darstellung *periodischer* Erscheinungen. Beispielsweise ist die mittlere Temperatur der einzelnen Monate eines Jahres annähernd eine periodische Funktion der Zeit, d. h. sie wiederholt sich jedes Jahr wenigstens ungefähr. Man läßt einem Jahre den Vollwinkel von 360^0, einem Monat also den Winkel von 30^0 entsprechen und trägt die mittlere Monatstemperatur für den 15. jedes Monats, d. h. unter Winkeln von $15^0, 45^0, 75^0, \ldots, 345^0$ ein, indem man den Fahrstrahlen unter diesen Winkeln Längen entsprechend der mittleren Temperatur für Januar, Februar, März, ..., Dezember gibt (Abb. 18; sie ist auf Grund noch genauerer Kenntnis der Temperatur entworfen).

Ferner sind Polarkoordinaten am Platze, wenn die unabhängige Veränderliche an sich schon ein Winkel ist. Z. B. nimmt man die durch einen festen Scheinwerfer in einem gewissen festen Abstand erzeugte Helligkeit als Fahrstrahl zum Winkel gegen die Hauptscheinwerferrichtung oder die Entfernung oder Höhe eines Pilotballons als Fahrstrahl zu dem Winkel, um den der Pilotballon seitlich abgetrieben ist (aus der entsprechenden Kurve zieht der

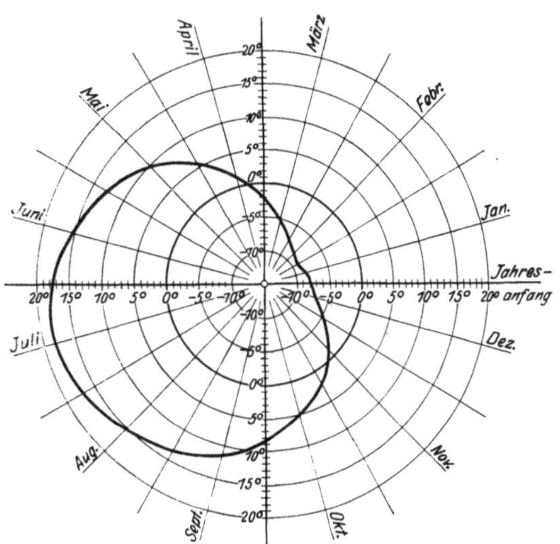

Abb. 18. Temperatur im Laufe eines Jahres in Leningrad (Landklima).

Meteorologe belangreiche Schlüsse auf Windrichtung und Windstärke). Zur Erleichterung des Gebrauches von Polarkoordinaten gibt es *Polarkoordinatenpapier* (Abb. 19) analog dem Millimeterpapier zu kaufen, auf dem Radienvektoren etwa von 2^0 zu 2^0 und konzentrische Kreise mit Radien etwa von mm zu mm vorgedruckt sind.

3. Umrechnung von Polarkoordinaten in rechtwinklige Koordinaten. Zur Umrechnung von Polarkoordinaten r, φ in rechtwinklige Koordinaten x, y und umgekehrt dienen die sofort aus der Definition der trigonometrischen Funktionen (S. 49—50) entfließenden Formeln (Abb. 16)

$$x = r \cos \varphi, \quad y = r \sin \varphi, \quad r^2 = x^2 + y^2, \quad \tan \varphi = \frac{y}{x}.$$

4. Winkelmessung. Bogenmaß. Winkel werden in der Praxis meist im *Gradmaß*, d. h. nach Grad ^{0}, Minuten $'$ und Sekunden $''$ gemessen. Der Astronom rechnet

Winkel auf der Himmelskugel in Stunden [h], Zeitminuten [m] und Zeitsekunden [s], wobei der vollen Umdrehung 360° die Zeit 24[h] entspricht; der Seemann hat eine Ein-

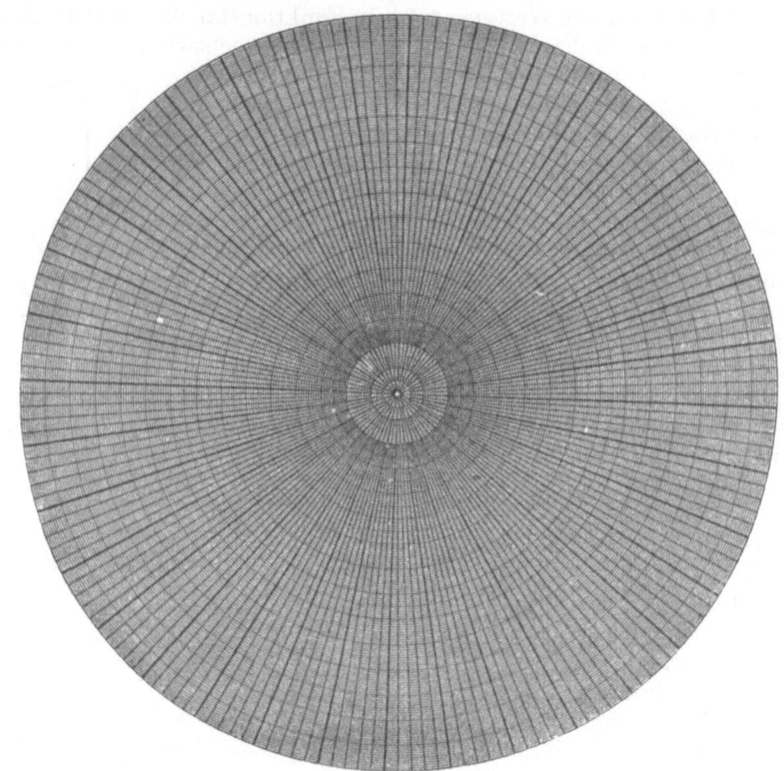

Abb. 19. Polarkoordinatenpapier (Schleicher & Schüll, Düren).

teilung des rechten Winkels zwischen zwei Haupthimmelsrichtungen in 8 Striche. Für mathematische Zwecke ist es lästig, zur Winkelmessung überhaupt eine neue Einheit nötig zu haben. Man nimmt daher als Maß des Winkels eine Längenmaßzahl, nämlich die Längenmaßzahl für den Kreisbogen, welcher durch die Schenkel des Winkels auf dem *Einheitskreise,* d. h. dem Kreise vom Radius 1, ausgeschnitten wird (Abb. 20). Sie heißt das *Bogenmaß* oder *natürliche Maß* des Winkels. So werden wir uns Winkel immer gemessen denken. *Winkel φ ist ein Winkel, zu dem auf dem Einheitskreise der Bogen von der Länge φ gehört.*

Das folgende Täfelchen erleichtert den *Übergang vom Gradmaß zum Bogenmaß.* Der rechte Winkel von 90° erhält das Bogenmaß $\frac{\pi}{2}$, weil zu ihm der Vierteleinheitskreis $\frac{1}{4} \cdot 2\pi$ als Bogen gehört. Diese Zahl $\frac{\pi}{2}$

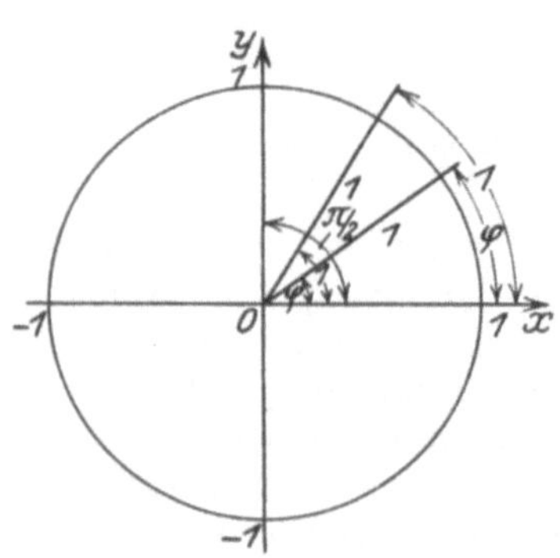

Abb. 20. Bogenmaß für den Winkel.

benutzt man zur Bezeichnung des rechten Winkels und schreibt sie zwischen seine Schenkel wie sonst 90° (Abb. 20). 1° hat das Bogenmaß $\frac{2\pi}{360} = \frac{\pi}{180}$; für die Bogenmaße von 1' und 1'' muß man noch durch 60 bzw. 60² dividieren. Einem durch

$\gamma^0\,\mu'\,\sigma''$ gemessenen Winkel kommt das Bogenmaß

$$1745 \cdot 10^{-5}\,\gamma + 2909 \cdot 10^{-7}\,\mu + 4848 \cdot 10^{-9}\,\sigma$$

zu. Passende Tafeln hierfür sind in den meisten Logarithmentafeln enthalten.

Gradmaß	Bogenmaß
360^0	$2\pi \approx 6{,}2832$
270^0	$\dfrac{3\pi}{2} \approx 4{,}7124$
180^0	$\pi \approx 3{,}1416$
90^0	$\dfrac{\pi}{2} \approx 1{,}5708$
60^0	$\dfrac{\pi}{3} \approx 1{,}0472$
$57^0\ 17'\ 45'' = 206\,265''$	1
45^0	$\dfrac{\pi}{4} \approx 0{,}7854$
30^0	$\dfrac{\pi}{6} \approx 0{,}5236$
1^0	$\dfrac{\pi}{180} \approx 1745 \cdot 10^{-5}$
$1'$	$\dfrac{\pi}{180 \cdot 60} \approx 2909 \cdot 10^{-7}$
$1''$	$\dfrac{\pi}{180 \cdot 60^2} \approx 4848 \cdot 10^{-9}$

Umgekehrt ist der Winkel mit dem Bogenmaß 1 aus der Gleichung $4848 \cdot 10^{-9}\,\sigma = 1$ im Gradmaß in Sekunden angenähert zu $206\,265'' = 57^0\ 17'\ 45''$ zu finden oder unmittelbar in Graden aus $\dfrac{\pi}{180}\gamma = 1$ zu $\gamma^0 = \dfrac{180^0}{\pi}$. Will man allgemein den Winkel φ in Gradmaß ausgedrückt haben, so multipliziere man φ mit $206\,265$ und erhält dann die Sekunden. Z. B. für $\varphi = 0{,}1$ ist das Gradmaß

$$206\,26{,}5'' = 343'\ 46{,}5'' = 5^0\ 43'\ 46{,}5''.$$

Beim Nebeneinanderauftreten von Grad- und Bogenmaß empfiehlt sich die Vorsetzung von arc (*Arkus*) vor ein Gradmaß, um den Übergang zu Bogenmaß zu verlangen. Z. B. arc $120^0 = \dfrac{2\pi}{3}$ oder arc $15^0 = \dfrac{\pi}{12}$.

Nützlich ist oft folgende Vorstellung. Der Winkel ist das Maß der Drehung, die ein Radiusvektor von der Länge 1 gegen die positive x-Halbachse erfährt (Abb. 20). Man denke sich einen Faden mit einem Ende im Punkte $x = 1$ auf der positiven x-Halbachse befestigt und während der Drehung auf die Bahn des Endpunktes des Radiusvektors, d. h. auf den Einheitskreis, aufgelegt. Die Länge dieses Fadens gibt als Maß der Drehung das Bogenmaß des Drehwinkels.

Der Bogen eines Kreises vom Radius r zum Mittelpunktswinkel φ (φ wie immer im Bogenmaß) beträgt $r\varphi$, ist also proportional dem im Bogenmaß gemessenen Mittelpunktswinkel mit dem Radius als Proportionalitätsfaktor.

F. Funktionsleitern.

1. Die Funktionsleiter. Neben der kurvenmäßigen Darstellung einer Funktion in rechtwinkligen oder Polarkoordinaten hat neuerdings die Darstellung mittels einer „*Skala*" oder „*Leiter*" steigende Bedeutung gewonnen. Dieses Verfahren gehört in die sog. *Nomographie*, einen etwa seit der Jahrhundertwende entwickelten Zweig der Mathematik, welcher namentlich in Frankreich dem Ingenieur und Artillerieoffizier zu großen Erfolgen verholfen hat[1]. Während bei der üblichen graphischen Darstellung das Hauptgewicht auf der Veranschaulichung liegt, will man aus nomographischen Darstellungen bequem, rasch und genau Zahlenwerte ablesen. Das „*Nomogramm*" soll eine Art gezeichnete Rechenmaschine sein.

Man versieht eine Gerade als „*Träger*" von einem Nullpunkte oder Anfangspunkte aus unter Zugrundelegung einer passenden Einheitsstrecke mit gleichmäßiger Einteilung und Bezifferung, positiv in der einen, negativ in der anderen Richtung

---

[1] Eine vortreffliche „Einführung in die Nomographie" rührt von P. Luckey her, Math.-Phys. Bibliothek (Teubner) 28 u. 59/60. Vgl. ferner etwa Werkmeister, P.: Das Entwerfen von graphischen Rechentafeln (Nomographie). Berlin: Julius Springer; Schwerdt, H.: Lehrbuch der Nomographie.   Berlin: Julius Springer.

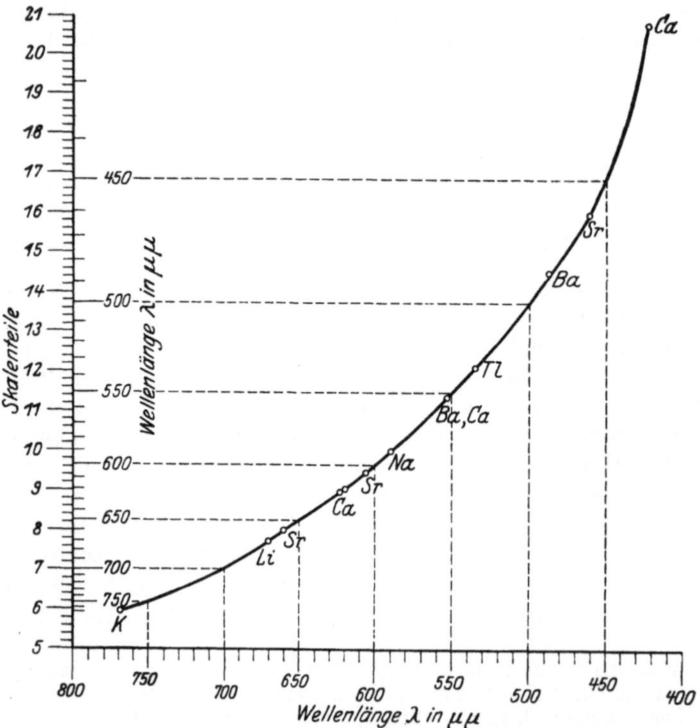

p in Atm	t in °C
1	100
1,5	115
2	121
2,5	128
3	134
3,5	139
4	144
4,5	148
5	152
6	159
7	165
8	171
9	176
10	180
11	184,5
12	188
13	192
14	195,5
15	199
16	202
17	204
18	208
19	210
20	213
25	225
30	235
40	250
50	265

Abb. 21. Siedetemperatur von Wasser bei verschiedenen Drucken.

vom Nullpunkte aus wie bei der x- und y-Achse eines rechtwinkligen Koordinatensystems. An Hand der Funktionstabelle sucht man auf dieser „y-Skala" oder „y-Leiter" die den y der Tabelle entsprechenden Punkte auf, kennzeichnet sie durch Strichmarken nach der anderen Seite wie die Strichmarken der gleichmäßigen Einteilung und schreibt jedesmal *nicht das betreffende y, sondern dasjenige x daran, dem das y zugeordnet ist.* Neben die gleichmäßige y-Leiter kommt so eine im allgemeinen ungleichmäßige x-Leiter auf denselben Träger. In Abb. 21 ist dies für die Siedetemperatur t des Wassers in °C in Abhängigkeit vom Drucke p in Atmosphären auf Grund der beigedruckten Tabelle ausgeführt.

Allgemein entsteht eine „*Doppelskala*" oder „*Doppelleiter*" oder ein „*Nomogramm*" der Funktion $y = f(x)$. Zu jedem x kann man das zugehörige y ablesen und umgekehrt und besonders angenehm — darin besteht ein Vorzug des Nomogramms — nach Augenmaß Werte dazwischenschalten.

Die Doppelleiter läßt sich auch dadurch erzeugen, daß man die Punkte der Kurve $y = f(x)$ im rechtwinkligen Koordinatensystem durch wagerechte Geraden auf die gleichmäßig bezifferte y-Achse hinüberprojiziert; dann braucht man gar keine Funktionstabelle. So ist für Abb. 22 an der Skalenteilung eines Spektralapparats die Lage einiger Spektrallinien bekannter Wel-

Metall	Skalenteile	Wellenlänge λ in $\mu\mu$
Na	10	589,3
K	5,93	768,2
Li	7,75	670,8
Sr	8,00	659,9
	9,45	606
	16,92	460,7
Ca	8,95	622
	9,05	619
	9,45	606
	11,35	553
	20,74	422,7
Ba	11,35	553,6
	14,50	487,0
Tl	12,12	535,1

Abb. 22. Eichkurve und Eichnomogramm eines Spektralapparates.

lenlänge abgelesen worden. Übersetzt man die gefundene beistehende Tabelle ins Graphische, indem man die Wellenlängen als Abszissen, die Skalenteile als Ordinaten in einem rechtwinkligen Koordinatensystem nimmt, so entsteht die „*Eichkurve*" des Spektralapparats, durch Hinüberprojizieren ihrer Punkte auf die Skalenteilachse und Daranschreiben der entsprechenden Wellenlängen das „*Eichnomogramm*". Dieses liefert zu jeder im Spektralapparat neu beobachteten, auf der Skala festgelegten Spektrallinie sofort die Wellenlänge.

Nachträglich kann die gleichmäßige y-Teilung fortgelöscht werden. Um dann den Funktionswert für ein x auf der stehenbleibenden x-Leiter bestimmen zu können, muß man mit dem Anlegemaßstab oder mit dem Stechzirkel die den Funktionswert versinnlichende Strecke vom Anfangspunkte bis zum Punkte mit der Zahl x ausmessen. Eine solche x-Leiter ist auffaßbar als hervorgegangen durch eine nach Vorschrift der Beziehung $y = f(x)$ vorgenommene *Verzerrung* (Ausdehnung oder Zusammendrückung) einer gleichmäßigen x-Leiter, wie sie beispielsweise die x-Achse eines rechtwinkligen Koordinatensystems trägt. Die Funktion $y = f(x)$ vermittelt in diesem Sinne die „*Abbildung*" einer *gleichmäßigen* x-Leiter auf eine *ungleichmäßige* in dem Sinne, wie man in der Kartenentwurfslehre von Abbildung der Erdoberfläche auf eine geographische Karte redet.

2. Logarithmische Leiter. Wohl die wichtigste ungleichmäßige Leiter ist die *logarithmische Leiter*, d. h. die Leiter der Funktion $y = \log x$ (Abb. 23). Am Anfangspunkte steht bei ihr die Zahl 1, weil bekanntlich $\log 1 = 0$ ist. Die Zahl x ist, wenn die Maßstabseinheit a cm beträgt, vom Anfangspunkte um $(\log x) \cdot a$ cm entfernt, z. B. die Zahl 2 um $\log 2 \cdot a$ cm $\approx 0{,}3010 \cdot a$ cm, die Zahl 10 um $1 \cdot a$ cm $= a$ cm. Die logarithmische Leiter tritt vor allem beim Rechenschieber (S. 25—26) und beim logarithmischen Papier (S. 38—44) auf. Sie hat die bemerkenswerte Eigenschaft, daß auf ihr für die x überall die gleiche relative Ablesegenauigkeit erzielbar ist (S. 177).

3. Zwei gleichsinnige Leitern mit zusammenfallenden Anfangspunkten. Nach Fortlöschung der gleichmäßigen y-Leiter können wir auf dem Träger noch eine zweite Funktionsleiter anbringen, etwa für eine Funktion $\eta = \varphi(\xi)$. Man denke sich etwa, daß zwei mit derselben Maßstabseinheit für die abhängigen Veränderlichen y und η gezeichnete x- und ξ-Leitern für die beiden Funktionen $y = f(x)$ und $\eta = \varphi(\xi)$ nebeneinandergelegt oder aneinandergeheftet werden, so daß die Träger zusammenfallen. Sind die Leitern „*gleichsinnig*", d. h. laufen die fortgelöschten y- und η-Bezifferungen in gleicher Richtung, so besteht, wenn die Anfangspunkte $y = 0$ und $\eta = 0$ sich decken, für zwei nebeneinanderstehende Werte x und ξ die Beziehung $y = \eta$, also $f(x) = \varphi(\xi)$. Z. B. sind in Abb. 24 die Leitern $y = \sin\alpha$ und $\eta = n \sin\beta$ mit $n = 1{,}5$ zusammengeheftet. Zusammenstehende Werte α und β erfüllen die Gleichung

$$\sin\alpha = n\sin\beta,$$ d. h. das optische Brechungsgesetz $\dfrac{\sin\alpha}{\sin\beta} = n$

(n Brechungsquotient, $n = 1{,}5$ für Glas), stehen also in der Beziehung von Einfalls- und Brechungswinkel. Der Winkel $\beta \approx 42^0$ in Glas entspricht dem Winkel $\alpha = 90^0$ in Luft, der zugehörige Strahl tritt streifend aus Glas in Luft; bei $\beta > 42^0$ findet totale Reflexion statt.

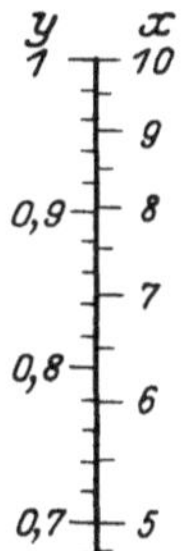

Abb. 23.
Logarithmische Leiter
$y = \log x$.

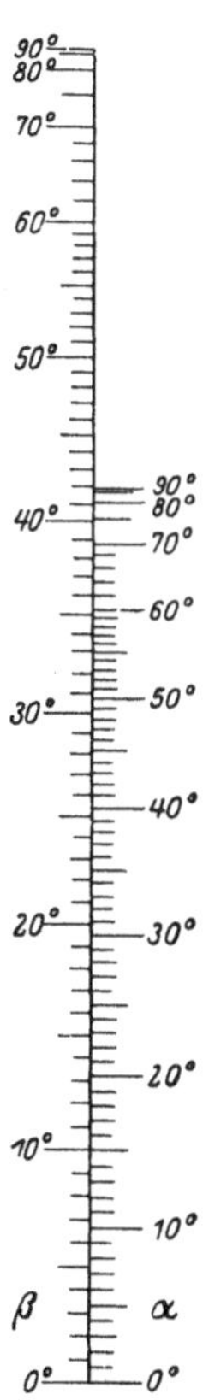

Abb. 24.
Doppelleiter fürs Brechungsgesetz
$\dfrac{\sin\alpha}{\sin\beta} = n$
mit $n = {}^3/_2$ (Glas).
α Winkel in Luft (rechts), β Winkel in Glas (links).

4. Zwei gleichsinnige Leitern mit verschiedenen Anfangspunkten. Kommen beim Zusammenheften gleichsinniger Leitern die Punkte $\eta = 0$ der ξ-Leiter und $y = q = f(p)$ der x-Leiter nebeneinander, so ist jedes y um q größer als das neben ihm zu denkende η. Man erhält ja y, indem man auf der x-Leiter bis zu $y = q$ geht, dann auf der ξ-Leiter um η weiter. Es gilt demnach $y = \eta + q$, und für nebeneinanderstehende x und ξ ist $f(x) = \varphi(\xi) + q$ (Zufügen einer Konstanten zu den Funktionswerten $\varphi(\xi)$). Beispielsweise sind bei einer dünnen Zerstreuungslinse von der absolut genommenen Brennweite f die Gegenstandsweite g und die Bildweite b durch die Gleichung

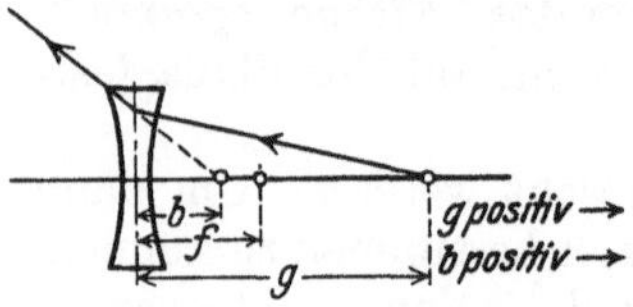

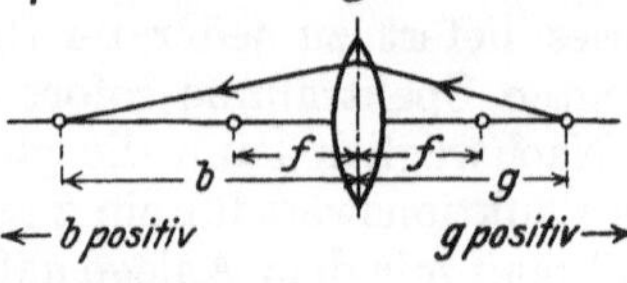

$$\frac{1}{b} = \frac{1}{g} + \frac{1}{f}$$

verknüpft. Zur Herstellung eines Nomogramms entwerfe man die Leiter der Funktion $y = \dfrac{1}{x}$ (*reziproke Leiter*) und hefte zwei derartige Leitern mit b und g statt x so aneinander, daß der Punkt $\eta = 0$ der g-Leiter neben dem Punkte $y = \dfrac{1}{f}$ oder $b = f$ der b-Leiter steht (Abb. 25 mit $f = 1$)[1]. Richten wir im allgemeinen Falle die x- und ξ-Leiter gegeneinander *verschiebbar* ein (zeichnen etwa eine auf Pauspapier), so können wir der Größe q verschiedene Werte erteilen, beherrschen im Beispiele also Linsen verschiedener Brennweite[2].

5. Gegensinnige Leitern. Bei „*gegensinnig*" (mit entgegengesetzt laufenden y- und η-Bezifferungen) nebeneinandergelegten x- und ξ-Leitern, für welche die Punkte $\eta = 0$ der ξ-Leiter und $y = q$ der x-Leiter zusammenfallen, liefern die Funktionswerte $f(x)$ und $\varphi(\xi)$ für zwei am selben Punkte befindliche Werte x und ξ die Summe q, also $f(x) + \varphi(\xi) = q$. Z. B. gilt bei einer Sammellinse von der Brennweite f

$$\frac{1}{g} + \frac{1}{b} = \frac{1}{f};$$

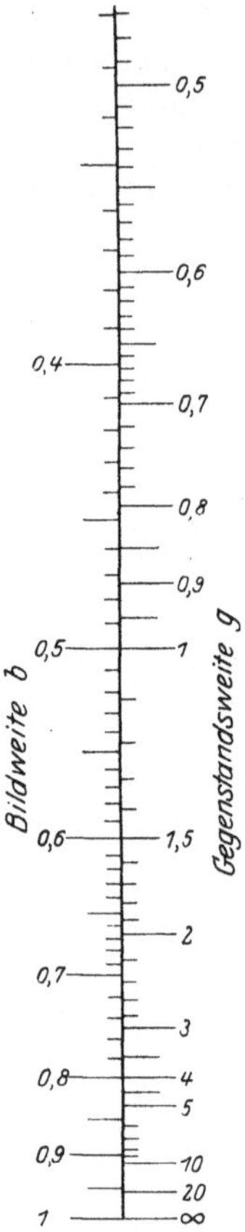

Abb. 25.
Zerstreuungslinse
$\dfrac{1}{b} = \dfrac{1}{g} + \dfrac{1}{f}$, $f = 1$.

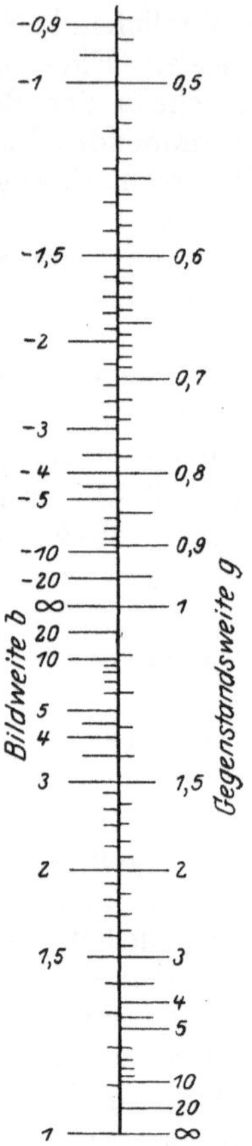

Abb. 26.
Sammellinse
$\dfrac{1}{g} + \dfrac{1}{b} = \dfrac{1}{f}$, $f = 1$.

man braucht nur die g-Leiter umgekehrt wie bei der Zerstreuungslinse anzulegen (das Pauspapier um 180^0 zu drehen, Abb. 26). Übrigens werden wir später noch bessere Nomogramme für Linsen (und Spiegel) kennenlernen (vgl. S. 67).

---

[1] Das Symbol ∞, zu lesen „Unendlich", in Abb. 25 bedeutet, daß die Gegenstandsweite g unbegrenzt zunimmt, je mehr sich die Bildweite b der Brennweite $f(= 1)$ nähert, in leicht verständlicher sinnbildlicher Schreibweise

$$g \longrightarrow \infty \quad \text{für} \quad b \longrightarrow f.$$

Sehr weit entfernte Gegenstände haben ihr Bild „beinahe" im Brennpunkte, um so besser, je weiter sie entfernt sind. Vgl. I H 15 und 16 (S. 34—35). Was ist entsprechend in Abb. 26 mit ∞ gemeint?

[2] Dies geschieht auch schon durch Abb. 25, wenn wir Gegenstands- und Bildweite mit der Brennweite als Einheit rechnen.

G. Rechenschieber und Rechenmaschinen.

1. Die vier Hauptleitern des Instruments. Reiche Anwendung finden die besprochenen Tatsachen beim *Rechenschieber* oder *Rechenstab*, welcher in die Hand jedes mit Zahlen arbeitenden Naturwissenschaftlers gehört, hier aber nur flüchtig besprochen werden kann; sein Gebrauch und seine wirkliche Ausnutzung sind durch etwas Üben leicht erlernbar. Bei der üblichen, etwa 30 cm langen Ausführung (Abb. 27) ist auf dem *Hauptkörper* des Instruments oben eine 25 cm lange logarithmische x-Leiter mit der Maßstabseinheit $a = 12{,}5$ cm für $y = \log x$ und $x = 1$ bis $x = 100$, unten eine logarithmische X-Leiter mit der Maßstabseinheit 25 cm angebracht, welche in bezug auf die Maßstabseinheit $a = 12{,}5$ cm der Funktion $Y = 2 \log X = \log X^2$ entspricht. Unter der x-Leiter und gegen sie verschiebbar befindet sich auf der „*Zunge*" eine ihr genau gleiche logarithmische ξ-Leiter, ebenso über der X-Leiter auf der Zunge eine ihr genau gleiche logarithmische Ξ-Leiter. Da $\log 10c = \log 10 + \log c = 1 + \log c$ ist, entsteht das rechte Stück der x- bzw. ξ-Leiter zwischen $x = 10$ und $x = 100$ aus dem linken Stück zwischen $x = 1$ und $x = 10$ durch Verschieben um die Maßstabseinheit 12,5 cm nach rechts und ist deshalb in der Regel wieder mit 1 bis 10 beziffert (vgl. die Tatsache, daß die Logarithmen der Zahlen zwischen 10 und 100 dieselben Mantissen wie die zehnmal kleineren Zahlen zwischen 1 und 10 und die Kennziffer 1 haben). Würde man die Leiter rechts noch einmal ansetzen, so käme man zu den Zahlen zwischen 100 und 1000, würde man sie links an die Ausgangsleiter anfügen, zu den Zahlen zwischen 0,1 und 1 usw. Mit der einen logarithmischen Leiter für $x = 1$ bis $x = 10$ beherrscht man, von Zehnerpotenzen (der Stellung des Kommas) abgesehen, bereits das ganze System der positiven Zahlen (analog wie in einer Logarithmentafel nur die Mantissen der Logarithmen aufgeführt und doch zu allen positiven Zahlen die Logarithmen bestimmbar sind). Die Stellung des Kommas liefert der Rechenschieber nicht; man ermittelt sie durch einen Überschlag.

2. Läufer. Quadrieren und Quadratwurzelziehen. Zahlen nicht unmittelbar benachbarter Leitern in Verbindung zu bringen, bezweckt der „*Läufer*", eine längs des Rechenschiebers verschiebbare Glasplatte mit eingeritztem Strich senkrecht zu den Trägern der logarithmischen Leitern. Dies erweist sich als nützlich z. B. für die obere x-Leiter der Funktion $y = \log x$ und die untere X-Leiter der Funktion $Y = \log X^2$. Der Läuferstrich verbindet Werte mit

$$\log x = \log X^2, \text{ also } x = X^2,$$

liefert also zu jeder Zahl der unteren Leiter auf der oberen das *Quadrat*, zu jeder Zahl der oberen Leiter auf der unteren die *Quadratwurzel*, wobei man unter den beiden Hälften der oberen Leiter je nach der Kommastellung durch Überschlag die geeignete auswählen muß, z. B. für $x = 9$ oder $x = 900$ oder $x = 0{,}09$ die linke, für $x = 90$ oder $x = 0{,}9$ die rechte. Es gibt auch Rechenschieber, die außer den vier gewöhnlichen Leitern eine Leiter in $^1/_3$ des Maßstabs der beiden unteren Leitern haben; diese weitere Leiter besteht aus drei mit 1 bis 10 bezifferten aneinandergereihten Stücken (*System Rietz*) und dient zum Rechnen mit Kuben und Kubikwurzeln.

3. Gleichmäßige Leiter und trigonometrische Leitern. Zwischen den beiden logarithmischen Zungenleitern findet sich zuweilen eine *gleichmäßige* Leiter. Mit ihrer und des Läufers Hilfe lassen sich die Streckenlängen auf den anderen Leitern, d. h. die Logarithmen der auf den anderen Leitern stehenden Zahlen ermitteln, die für höhere Potenzen und Wurzeln sowie für Potenzen mit gebrochenen Exponenten in Frage kommen. Meist steht aber diese gleichmäßige Leiter auf der Rückseite der Zunge, die außerdem noch Leitern der Funktionen $y = 2 + \log \sin \alpha$ für $\alpha = 34'$ bis $\alpha = 90^0$ und $y = 2 + 2\log \tan \alpha$ für $\alpha = 5^0\ 43'$ bis $\alpha = 45^0$ mit der Maßstabseinheit $a = 12{,}5$ cm zu trigonometrischen Rechnungen aufweist.

4. Drei Läuferstriche. Manchmal trägt der Läufer drei Striche. Steht der mittlere auf der oberen Körperleiter auf 1, so fällt der linke auf $\frac{\pi}{4} = 0{,}7854$, der rechte auf $\frac{4}{\pi} \approx 1{,}2732$. Verbindet allgemeiner ein Läuferstrich die Zahlen X auf der unteren und $x = X^2$ auf der oberen Körperleiter, so zeigt der links davon befindliche Läuferstrich auf die Zahl

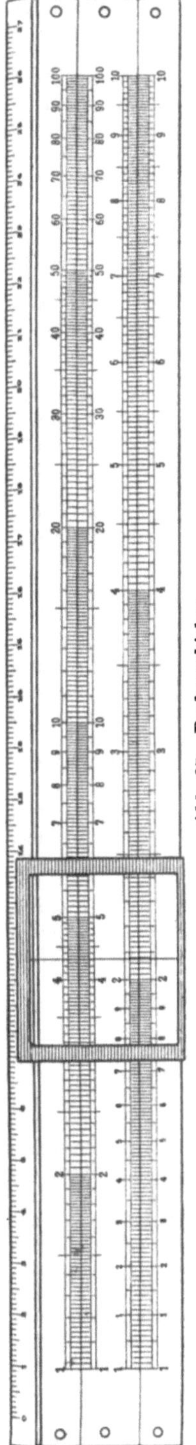

$\frac{\pi}{4} x = \frac{\pi}{4} X^2$. Auf diese Weise gewinnt man zum Durchmesser X eines Kreises auf der unteren Leiter die Kreisfläche $\frac{\pi}{4} X^2$ auf der oberen Leiter.

5. Multiplikation und Division durch festen Divisor. Stellt man durch Verschieben der Zunge aus ihrer *ursprünglichen* Lage den Anfangspunkt $\xi = 1$ der oberen Zungenleiter unter den Punkt $x = p$ der oberen Körperleiter, so gilt für untereinander befindliche Werte x und ξ die Beziehung $\log x = \log \xi + \log p$, also $x = \xi p$; über jedem Werte der oberen Zungenleiter steht (bis aufs Komma) sein Produkt mit dem festen Faktor p (*Multiplikation*). Ist z. B. $p = \pi \approx 3{,}1416$, wofür die meisten Rechenschieber einen besonderen Strich tragen, so liest man über jedem Durchmesser $2r$ darüber den zugehörigen Kreisumfang $2r\pi$ ab. Umgekehrt befindet sich unter jedem Werte x der oberen Körperleiter sein Quotient durch den festen Divisor p (*Division durch festen Divisor*). So liefert der Rechenschieber bei Einstellung des Anfangspunktes der Zunge auf einen Widerstand R zu verschiedenen Spannungen E auf der Körperleiter nach dem 'Ohmschen Gesetze $J = \frac{E}{R}$ darunter die zugehörigen Stromstärken J auf der Zungenleiter. Für das Vergrößern oder Verkleinern von Zeichnungen ist die Bemerkung nützlich, daß untereinanderstehende Werte ein festes Verhältnis haben.

Statt den Punkt $\xi = 1$ unter den Punkt $x = p$ zu bringen, können wir auch den Anfangspunkt $x = 1$ der Körperleiter über den Punkt $\xi = p$ der Zungenleiter stellen, ferner analog wie mit den beiden oberen Leitern auch mit den beiden unteren rechnen.

6. Gegenläufige Zunge. Festes Produkt und Division bei festem Dividenden. Wird die Zunge *gegenläufig* hineingesteckt, so gilt für zwei durch den Läuferstrich verbundene Werte auf der x- und ξ-Leiter $\log x + \log \xi = \log p$ oder $x\xi = p$, wenn der Anfangspunkt bzw. bis auf Zehnerpotenzen der Endpunkt der ξ-Leiter dem Punkte $x = p$ der x-Leiter entspricht. Der Läuferstrich ordnet also Zahlen mit dem *festen Produkt p* einander zu. Dies ermöglicht z. B. die Angabe zusammengehöriger Werte von Druck p und Volumen V im Boyle-Mariotteschen Gesetze $pV = $ konst (der Buchstabe p hat natürlich eine ganz andere Bedeutung als soeben). Man kann auch schreiben $\xi = \frac{p}{x}$ und hat damit die Anwendung des Rechenschiebers zur *Division bei festem Dividenden*. Wollen wir beispielsweise beim Ohmschen Gesetz für eine feste Spannung E (etwa eines Akkumulators) und verschiedene Widerstände R die Stromstärken J wissen, so schiebe man den Anfangs- oder Endpunkt der ξ-Leiter auf der gegenläufig hereingesteckten Zunge unter den Wert E auf der oberen x-Leiter; zu jedem Widerstand R auf ihr gibt dann der Läuferstrich auf der ξ-Leiter die zugehörige Stromstärke J.

7. Kubikwurzeln. Zur Kubikwurzelausziehung stelle man den Anfangs- oder Endstrich der gegenläufig hereingeschobenen Zunge auf den Radikanden p auf der oberen Körperleiter und suche (am besten mit dem Läuferstrich) *gleiche* Zahlen x und $\varXi$ auf den jetzt unmittelbar benachbarten x- und $\varXi$-Leitern auf. Für diese gilt

$$x \varXi^2 = x^3 = p, \quad x = \sqrt[3]{p},$$

womit die Aufgabe gelöst ist. Verwenden wir sowohl Anfangs- als auch Endstrich der Zunge, so bekommen wir insgesamt drei verschiedene Stellen der Gleichheit von x und $\varXi$. In der Tat existieren zu Zahlen p, die sich nur durch die Stellung des Kommas unterscheiden, z. B. 5; 50; 500, drei wesentlich verschiedene Kubikwurzeln, im Beispiel 1,71; 3,68; 7,94.

8. Allgemeine Ratschläge. Um vom Rechenschieber vollen Gewinn zu haben, genügt es nicht, ihn, wie üblich, zur Multiplikation, Division und Quadratwurzelziehung anzuwenden. Man muß vielmehr alle in ihm liegenden Möglichkeiten, an denen er schier unerschöpflich ist, ausbeuten[1]. Der Naturwissenschaftler wird sich für sein Sonderarbeitsgebiet durch Überdenken der einfachen Grundprinzipien häufig besonders zweckmäßige Verwendungsmöglichkeiten zurechtlegen können.

9. Rechenmaschinen. Während der Rechenschieber (ebenso wie die Logarithmentafel) infolge seiner beschränkten Herstellungs- und Ablesegenauigkeit nur angenähert richtige Ergebnisse liefert, arbeiten die *Rechenmaschinen* absolut genau. Sie nehmen dem sonst oft gefürchteten Zahlenrechnen seine Schrecken und machen es geradezu zu einem Vergnügen. Man unterscheidet Addiermaschinen, eigentliche Rechenmaschinen für alle vier Grundrechnungsarten und Multipliziermaschinen.

Bei den *Addiermaschinen* werden die Summanden ähnlich wie bei einer Registrierkasse mittels Tasten eingestellt und entweder sogleich beim Niederdrücken der Tasten oder nachher durch einen besonderen Hebelzug u. ä. addiert. Oft werden die Maschinen mit Druckwerk ausgestattet, welches die einzelnen Posten und die Summe aufschreibt. Sie sind dem Physiker und Biologen nützlich, wenn er aus vielen Einzelangaben Durchschnittswerte zu bilden wünscht.

---

[1] Eine gute Anleitung hierzu gibt Rohrberg, A.: Theorie und Praxis des logarithmischen Rechenschiebers, Math.-Phys. Bibliothek (Teubner) 23.

Bei den *Rechenmaschinen* wird z. B. der Multiplikand in einem „Einstellwerk" mittels Schiebern in Schlitzen oder mittels Tasten eingestellt. Das „Ergebniswerk" ist gegenüber dem Einstellwerk als „Lineal" oder „Schlitten" verschiebbar, so daß man entsprechend der Schreibweise im Zehnersystem nacheinander die Einer, Zehner, Hunderter, . . . des Multiplikators berücksichtigen kann. Man dreht eine Kurbel so oft herum, wie die betreffende Stelle des Multiplikators angibt; dann erscheint diese im „Umdrehungszählwerk" und das Produkt mit dem Multiplikanden im Ergebniswerk. Ähnlich verläuft die Division.

Als Hauptkonstruktionselement einer Rechenmaschine, nach welchem man drei verschiedene Typen von Rechenmaschinen unterscheidet, kommen in Betracht: die *„Staffelwalze"*, ein Metallzylinder mit neun verschieden langen Rippen entsprechend den Zahlen von 1 bis 9 (von Leibniz erfunden; die Maschinen werden aber meist nach dem Elsässer Thomas um 1820 Thomasmaschinen genannt, z. B. Burkhardt-Arithmometer, Tim, Unitas, X × X, Archimedes); das *Sprossenrad*, ein Zahnrad mit veränderlicher Zähnezahl (ebenfalls wahrscheinlich von Leibniz erfunden, von Polenus in Padua 1709 beschrieben, von dem russischen Bankbeamten Odhner 1874 sehr vervollkommnet, heute vor allem bei den Brunsvigamaschinen); der *Proportionalhebel mit proportional verschiebbaren Zahnstangen*, eine an einem Ende befestigte schlitzförmige Öse, welche den in sie eingehängten parallelen Zahnstangen Bewegungen proportional dem Abstande vom Drehpunkte entsprechend den Zahlen 1 bis 9 erteilt (Hamannsche Mercedes-Euklidmaschine 1906). Viele Rechenmaschinen werden auch für vollautomatischen Betrieb mit Elektromotor geliefert, z. B. die Mercedes-Euklid. Man braucht dann nur die Ausgangswerte einzustellen und die Maschine in Gang zu setzen, so steht in einigen Sekunden das fertige Ergebnis da. Die Rechenmaschinen leisten bei allen Zahlenrechnungen unschätzbare Dienste, z. B. im Vermessungswesen, in der Astronomie (Bahnberechnungen), bei der Auswertung vieler Beobachtungen (Spektroskopie, Biologie).

Die *Multipliziermaschinen* (im Handel: Millionär) benötigen für jede Stelle des Multiplikators nur eine Kurbeldrehung[1].

Jeder Naturwissenschaftler sollte übrigens das systematische *abgekürzte Rechnen* beherrschen[2].

H. Proportionalität, lineare Funktion und Potenz[3].

1. Konstante. Die einfachste überhaupt denkbare Funktion ist offenbar die *Konstante* (der *Festwert*)

$$y = b,$$

bei der jedem Argument derselbe Funktionswert b zugeordnet ist. Als Schaubild ergibt sich eine wagerechte Gerade parallel der x-Achse im Abstande b von ihr durch den Punkt b auf der y-Achse (Abb. 28 für $b = -2$). Insbesondere ist durch $y = 0$ die x-Achse selbst gekennzeichnet.

2. Proportionalität. Als nächst einfache Funktion kommt $y = x$; jeder Funktionswert stimmt mit dem Argument überein. Wir betrachten statt dessen sogleich allgemeiner die *Proportionalität* (*Verhältnisgleichheit*)

$$y = a\,x \qquad \text{mit festem } a.$$

Jedes y geht aus seinem x durch Multiplikation mit dem *Proportionalitätsfaktor* (der *Verhältniszahl*) a hervor. a heißt auch *Einheitswert*, weil es das y für $x = 1$ ist, allgemeiner *Zahlenfaktor*, *Koeffizient*,

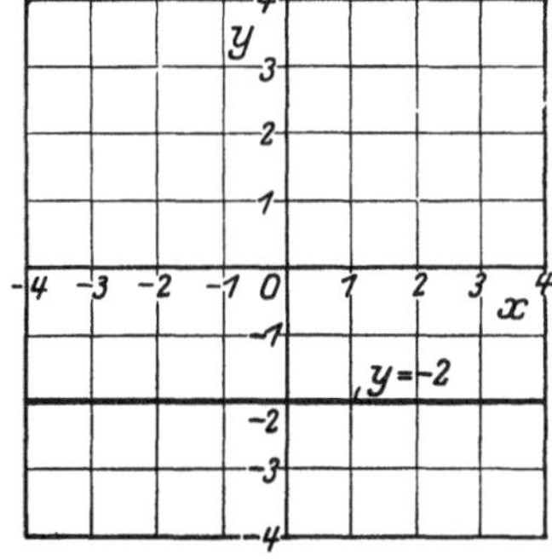

Abb. 28. Gerade parallel der x-Achse.

Beiwert oder *Vorzahl*. Zu doppelt so großem x gehört das doppelte y, zu dreifachem x das dreifache y, zu halbem x das halbe y usw. Allgemein haben y

---

[1] Über Rechenmaschinen vgl. LENZ, K.: Die Rechenmaschinen und das Maschinenrechnen, Aus Natur und Geisteswelt 490; WILLERS, FR. A.: Mathematische Instrumente, Sammlung Göschen 922.

[2] Vgl. WITTING, A.: Abgekürzte Rechnung, Math.-Phys. Bibliothek (Teubner) 47; WERKMEISTER, P.: Praktisches Zahlenrechnen, Sammlung Göschen 405.

[3] Neben den Erörterungen dieses Abschnitts wird man mit großem Gewinn die leichtverständliche Schrift von A. WITTING: Funktionen, Schaubilder und Funktionstafeln, Math.-Phys. Bibliothek (Teubner) 48 lesen. Auch ist es empfehlenswert, schon jetzt mit dem Studium des II. Hauptteils: Differential- und Integralrechnung (S. 67 ff.) zu beginnen.

und x immer das feste Verhältnis a, also $y_1 : x_1 = y_2 : x_2 = \cdots = a$, sie sind *verhältnisgleich* oder *proportional* (stehen in *geradem Verhältnis*). So ist bei der gleichförmigen Bewegung der Weg $s = ct$ proportional zur Zeit t, bei konstanter Spannung E eines Gleichstroms die Leistung $L = EJ$ proportional der Stromstärke J usw.

3. Lineare Funktion. Darstellung durch eine gerade Linie. Eine Verallgemeinerung der Proportionalität $y = ax$ ist die *lineare Funktion*

$$y = ax + b \qquad \text{mit festem } a \text{ und } b,$$

die wir genau studieren wollen. y ändert sich nicht von $y = 0$ für $x = 0$ an, wie bei der Proportionalität, sondern von $y = b$ für $x = 0$ an, oder die Differenz $y - b$ ist proportional mit x. Für $a = 0$ kommen wir auf die Konstante $y = b$ zurück und für $b = 0$ auf die Proportionalität $y = ax$. Wir erledigen also durch die Betrachtung der linearen Funktion auch die Proportionalität mit.

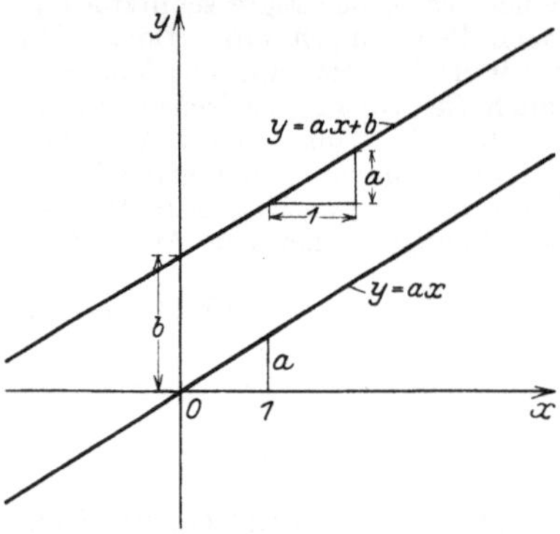

Die Kurve $y = ax$ läuft durch den Ursprung, weil für $x = 0$ auch $y = 0$ wird, die Kurve $y = ax + b$ durch den Punkt $y = b$ auf der y-Achse (Abb. 29), weil für $x = 0$ sich $y = b$ einstellt; überhaupt geht die Kurve $y = ax + b$ aus der Kurve $y = ax$ durch Vermehrung jeder Ordinate um b, d. h. durch Verschieben der Kurve $y = ax$ um das Stück b in der y-Richtung hervor.

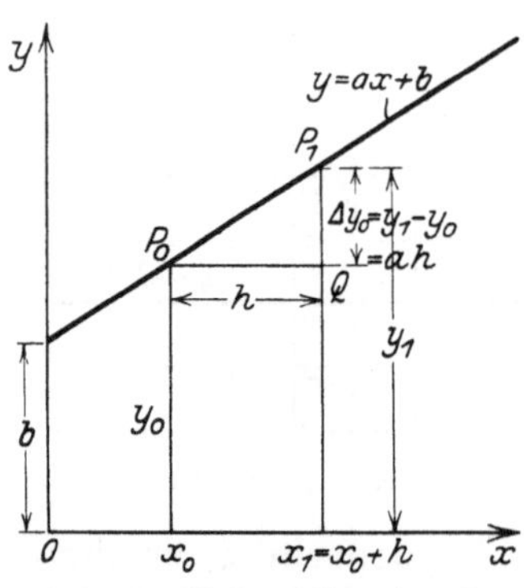

Abb. 29. **Proportionalität und lineare Funktion.**

Sowohl die Kurve $y = ax$ als auch die allgemeinere Kurve $y = ax + b$, die auseinander durch Verschieben hervorgehen, sind *gerade Linien* (daher der Name *„lineare"* Funktion). Denn eine gerade Linie, die nicht zufällig parallel der y-Achse läuft, ist dadurch charakterisiert, daß sie sich gegenüber der x-Achse immer gleichmäßig hebt oder senkt, niemals stärker und niemals schwächer, d. h. daß gleichen Fortschreitungsstücken in der x-Richtung immer dasselbe Fortschreitungsstück in der y-Richtung entspricht. Dies trifft aber bei der Kurve $y = ax + b$ zu. Denn verändern wir in $y = ax + b$ das Argument von einem Werte x_0 mit dem Funktionswerte $y_0 = ax_0 + b$ aus um eine (positive oder negative) *„Spanne"* h in $x_1 = x_0 + h$, so wird der neue Funktionswert $y_1 = ax_1 + b = a(x_0 + h) + b = y_0 + ah$. Die Veränderung des y von y_0 in y_1 beträgt $y_1 - y_0 = ah$ und wird veranschaulicht durch die lotrechte Strecke QP_1 zur wagerechten Spanne $P_0Q = h$ (Abb. 30). Schreiten wir demnach von x_0 aus immer um die Spanne h fort zu $x_0 + h$, $x_0 + 2h$, $x_0 + 3h$, ..., so erfährt y bei jedem Schritt dieselbe Veränderung ah. Zu gleichen Fortschreitungsstücken h in der x-Richtung gehört wirklich immer dasselbe lotrechte Fortschreitungsstück ah, und wir sind, weil h ganz beliebig gewählt werden kann, am Ziele. Man nennt $y = ax + b$ die *Gleichung der Geraden*.

Abb. 30. **Gleichmäßiges Ansteigen einer Geraden.**

4. Gleichförmige Vorgänge. Lineare Funktion und gerade Linie sind hiernach für den Naturwissenschaftler der mathematische Ausdruck *gleichförmiger Vorgänge*, bei denen der gleichen Änderung von x immer die gleiche Änderung von y entspricht. So nimmt z. B. die Länge eines Stabes beim Erwärmen um $1°$ gleichmäßig immer um dasselbe Stück zu. Deshalb ist die Länge l_t bei t^0 C eine lineare Funktion der Temperatur:

$$l_t = l_0(1 + \beta t) = l_0 + l_0 \beta t \qquad (\beta \text{ linearer Ausdehnungskoeffizient}).$$

5. Bedeutung der Konstanten a und b. Die Konstante a ist das lotrechte Stück zur wagerechten Spanne 1 und an einer gezeichneten geraden Linie leicht auffindbar, indem man von einem Punkte der geraden Linie wagerecht um 1 fortschreitet und dann lotrecht aufwärts- oder abwärtsgeht (Abb. 29). Dies ist namentlich auf Millimeterpapier sehr bequem durchführbar. Oder man zieht die Parallele $y = a\,x$ durch den Ursprung und liest für sie a als Ordinate zur Abszisse $x = 1$ ab (Abb. 29).

Allgemeiner ist a das Verhältnis des lotrechten Stückes $y_1 - y_0 = ah$ für die Spanne h (Abb. 30) zu dieser Spanne selbst: $a = \dfrac{y_1 - y_0}{h} = \dfrac{\triangle y_0}{h}$, indem man für „Differenz" ein Symbol $\triangle$ (analog wie log für Logarithmus u. dgl.) einführt.

Durch a ist offenbar bestimmt, wie stark die Gerade bzw. die Funktion $y = a\,x + b$ bei wachsendem x ansteigt (für positives a) bzw. abfällt (für negatives a). Man nennt deshalb a das *Steigungsmaß* (den *Steigungskoeffizienten, Steigungsfaktor*) der Geraden und hat hiermit außer dem *Abschnitt b auf der y-Achse* auch die Größe a ausgedeutet. a und b zusammen werden zuweilen als *Parameter* der Geraden bezeichnet. Funktionen $y = a\,x + b$, die dasselbe a haben und sich nur durch die b unterscheiden, führen zu einer Schar von parallelen Geraden (vgl. Abb. 83, S. 68), Funktionen $y = a\,x + b$ mit übereinstimmendem b und verschiedenen a zu einem „Geradenbüschel" durch den Punkt b auf der y-Achse.

6. Gleichförmige Bewegung. Geschwindigkeit. Bedeutet x die Zeit und y den Abstand von einem Bezugspunkte, so wird durch $y = a\,x + b$ offenbar eine *gleichförmige Bewegung* gekennzeichnet. Gleichen Zeitzunahmen entsprechen gleiche Abstands- oder Wegzunahmen. a, das Verhältnis der Wegzunahme zur Zeitzunahme oder dem Zahlenwerte nach die Wegzunahme in der Zeiteinheit wird dann die *Geschwindigkeit* genannt. Im Schaubild prägt sich große oder kleine Geschwindigkeit durch starkes oder schwaches Ansteigen der *Zeit-Weg-Geraden* aus.

7. Abgeleitete Kurve. Um die Beziehung von a zu y als Maß des Steigens oder Fallens von y bei wachsendem x hervortreten zu lassen, schreibt man auch y' statt a und nennt $y' = a$ die *Ableitung* der Funktion $y = a\,x + b$. Gern stellt man y' in einem $x\,y'$-System durch die „*abgeleitete Kurve*" oder „*abgeleitete Gerade*" dar, eine wagerechte Gerade parallel zur x-Achse im Abstande a (Abb. 31). Dies gibt eine sehr gute Veranschaulichung dafür, daß die Funktion $y = a\,x + b$ überall gleichmäßig steigt (für $y' > 0$) oder fällt (für $y' < 0$).

Mit dem Winkel α der Geraden $y = a\,x + b$ gegen die positive x-Halbachse hängt die Ableitung $y' = a$ gemäß der Erklärung der trigonometrischen Funktion Tangens durch die Beziehung $\tan \alpha = \dfrac{v\,y'}{\mu} = \dfrac{v\,a}{\mu}$ (Abb. 32) zusammen; dabei bedeuten μ und v die Maßstabseinheiten in cm auf der x- und y-Achse, so daß die wagerechte

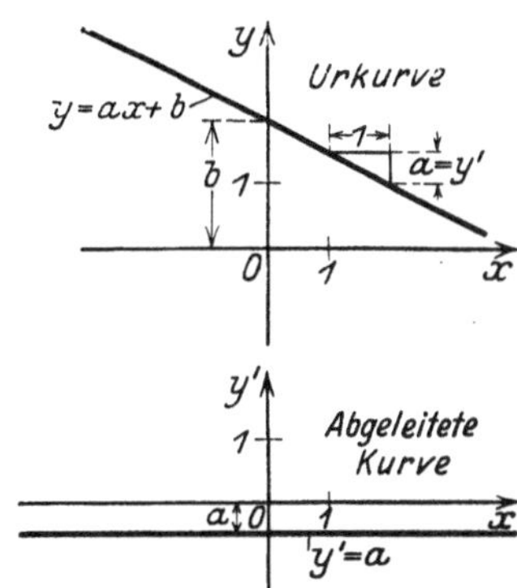

Abb. 31. Steigungsmaß und abgeleitete Kurve.

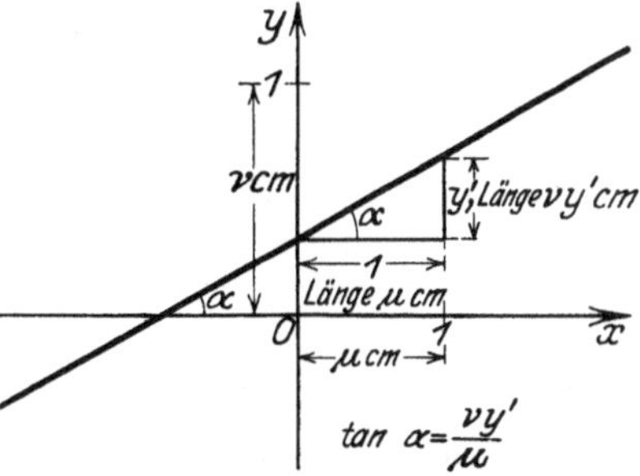

Abb. 32. Winkel einer Geraden gegen die x-Achse.

Spanne 1 die Länge μ cm und das lotrechte Stück y' die Länge $\nu y'$ cm hat. Insbesondere wird bei gleichem Maßstab in der x- und y-Richtung, den wir meist voraussetzen wollen, $\mu = \nu$ und $y' = a = \tan\alpha$. Daher die Namen *Richtungskoeffizient* (*Richtungsfaktor*) für a und *Richtungsform* der Gleichung der Geraden für die Beziehung $y = ax + b$.

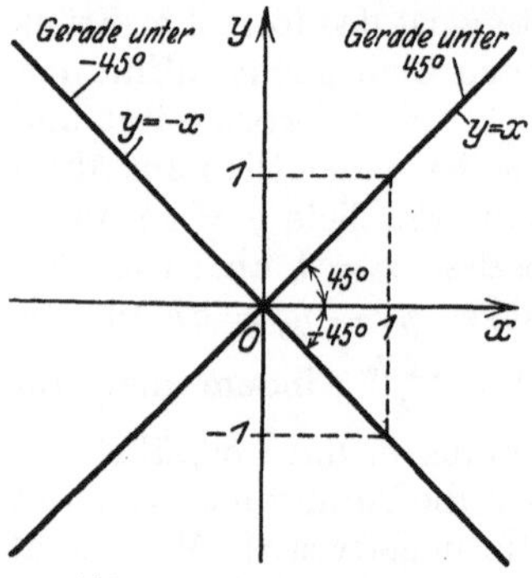

Für $a = 1$ wird $\alpha = 45^0$, für $a = -1$ hingegen $\alpha = -45^0$. Demnach sind die Bilder der Funktionen $y = x$ und $y = -x$ Geraden unter 45^0 bzw. -45^0 gegen die x-Achse durch den Ursprung (die Winkelhalbierenden zwischen der positiven x-Halbachse und der positiven bzw. negativen y-Halbachse, Abb. 33). Die Gerade $y = ax$ geht aus $y = x$ bzw. $y = -x$ hervor, indem alle Ordinaten im Maßstabe $|a| : 1$ ausgestreckt oder zusammengedrückt werden.

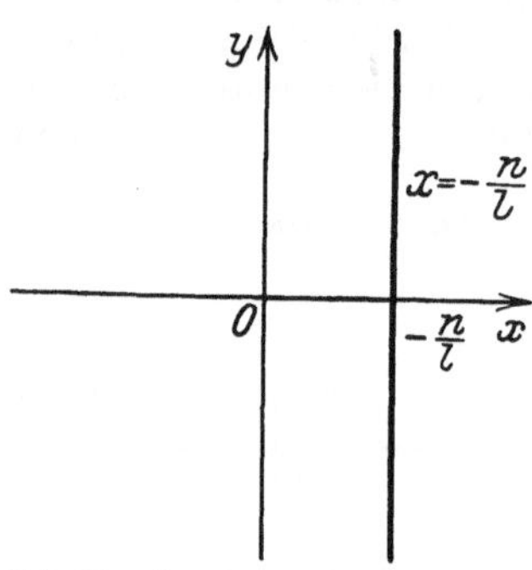

Abb. 33. Winkelhalbierende der Achsen.

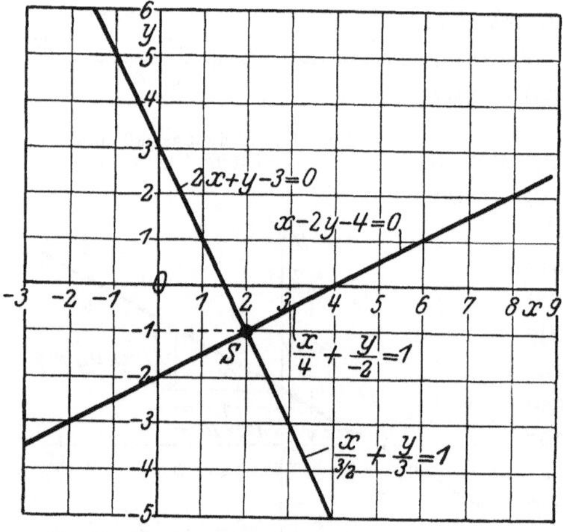

Abb. 34. Gerade parallel der y-Achse.

8. Allgemeine lineare Gleichung. Allgemeiner wird durch eine *lineare Gleichung* (mit x und y nur in der ersten Potenz)

$$lx + my + n = 0 \qquad (*)$$

zwischen x und y eine *gerade Linie* dargestellt. Denn für[1] $m \neq 0$ dürfen wir durch m dividieren und kommen mit $y = -\dfrac{l}{m}x - \dfrac{n}{m}$ auf die Richtungsform mit dem Steigungsmaß $-\dfrac{l}{m}$ und dem Abschnitt $-\dfrac{n}{m}$ auf der y-Achse zurück (für $l = 0$ auf die Parallele $y = -\dfrac{n}{m}$ zur x-Achse und für $l = 0$, $n = 0$ auf die x-Achse $y = 0$ selbst). Für $m = 0$, $l \neq 0$ (bei $m = 0$, $l = 0$ kämen weder x noch y vor) entsteht $x = -\dfrac{n}{l}$. Hierdurch ist eine *Parallele zur y-Achse* (Abb. 34) gekennzeichnet (für $n = 0$, $x = 0$ die y-Achse selbst), die wir mit der Richtungsform $y = ax + b$ nicht packen können, weil dem einen x unendlich viele y zugeordnet sind. *Die implizite Definition (*) der linearen Funktion umfaßt also auch Fälle, wo nicht mehr der funktionale Zusammenhang $y = f(x)$ herstellbar ist*, in Analogie zu unseren allgemeinen Überlegungen über implizite Definition von Funktionen (S. 13—15).

9. Zwei gerade Linien. Graphische Lösung eines Gleichungssystems. Haben wir zwei gerade Linien

$$l_1 x + m_1 y + n_1 = 0,$$
$$l_2 x + m_2 y + n_2 = 0,$$

so genügen die Koordinaten ihres *Schnittpunktes S* beiden Gleichungen. Sie sind

Abb. 35. Schnittpunkt zweier Geraden. Abschnitte auf den Achsen.

also, wenn wir die eben aufgeschriebenen beiden Gleichungen als Gleichungssystem zur Bestimmung der Unbekannten x und y auffassen, dessen Lösungen. Dies ermöglicht die bequeme graphische Lösung eines solchen Systems; man nimmt

---

[1] $\neq$ bedeutet „ungleich" oder „verschieden von".

zunächst x und y nicht als Unbekannte im Sinne der Algebra, sondern als Veränderliche, zeichnet die entsprechenden beiden Geraden und bestimmt die Koordinaten des Schnittpunktes. In Abb. 35 ist dies für die Gleichungen

$$2\,x + y - 3 = 0,$$
$$x - 2\,y - 4 = 0$$

mit der Lösung $x = 2$, $y = -1$ durchgeführt.

10. Abschnittsform. Das Zeichnen der Geraden ist besonders bequem, wenn man aus (*) die „*Abschnittsform*" herstellt. Wir denken uns l, m, $n \neq 0$ und dividieren mit $-n$. Dann kommt

$$\frac{x}{p} + \frac{y}{q} = 1 \quad \text{mit} \quad p = -\frac{n}{l}, \quad q = -\frac{n}{m}. \qquad (**)$$

p und q sind die Koordinaten der Schnittpunkte der Geraden (*) mit der x- bzw. y-Achse. Denn die Abszisse des Schnittpunktes mit der x-Achse $y = 0$ z. B. ergibt sich dadurch, daß man in (*) $y = 0$ setzt, zu $-\frac{n}{l}$. Liegt also eine gerade Linie in der Form (**) vor, so bedeuten p und q die Abschnitte auf den Achsen. Z. B. sticht die Gerade $x - 2\,y - 4 = 0$ oder (nach Division mit 4) $\frac{x}{4} + \frac{y}{-2} = 1$ in Abb. 35 durch die x-Achse im Punkte 4 und durch die y-Achse im Punkte -2 hindurch und kann durch Verbinden dieser Punkte sofort gezeichnet werden.

11. Bedeutung der Proportionalität und linearen Funktion für den Naturwissenschaftler. Proportionalität und lineare Funktion begegnen dem Naturwissenschaftler überaus häufig und gehören trotz oder vielleicht gerade wegen ihrer Einfachheit zu den *allerwichtigsten Funktionszusammenhängen* für ihn. Wenn er nicht mit der eben geschilderten Proportionalität und Linearität „im Großen" durchkommt, so geht sein Streben dahin, sie wenigstens „im Kleinen" herzustellen. Hierin besteht der eigentliche Sinn der Differentialrechnung (vgl. II C 11, S. 103).

Oft gelingt es durch geeignete Verabredungen, statt der Linearität die noch leichter überschaubare Proportionalität herzustellen. So z. B. beim Ausdehnungsgesetz $V_t = V_0\,(1 + \alpha t)$ für Gase (V_t Volumen bei t^0 C, V_0 bei 0^0 C, $\alpha \approx \frac{1}{273}$ Ausdehnungskoeffizient). Führt man durch $273 + t = T$ die absolute Temperatur ein, so gewinnt die Formel die Gestalt $V_{T^0\,\text{abs.}} = \dfrac{V_{273^0\,\text{abs.}}}{273}\,T$ der Proportionalität. Weitere naturwissenschaftliche Beispiele für Proportionalität sind in I H 20, S. 36—37 systematisch zusammengestellt.

12. Lineare Interpolation. Eine wichtige Anwendung findet die lineare Funktion bei der *linearen Interpolation*. Wenn die Kurve einer beliebigen Funktion $y = f(x)$ gezeichnet vorliegt (Abb. 36), so gibt offenbar die *Sehne* zwischen zwei Kurvenpunkten $P_0\,(x_0,\,y_0)$ und $P_1\,(x_1,\,y_1)$ eine befriedigende Annäherung an das entsprechende Kurvenstück, wofern P_0 und P_1 nicht sehr weit voneinander entfernt sind und die Kurve dazwischen keine allzu starken Schwankungen macht. Ein allzu weites Sichentfernen von der Sehne ist insbesondere ausgeschlossen, wenn $y = f(x)$ stetig ist und P_0 und P_1 genügend nahe beieinanderliegen, weil bei einer stetigen Funktion einer kleinen Änderung von x eine kleine Änderung von y entspricht. Man kann deshalb

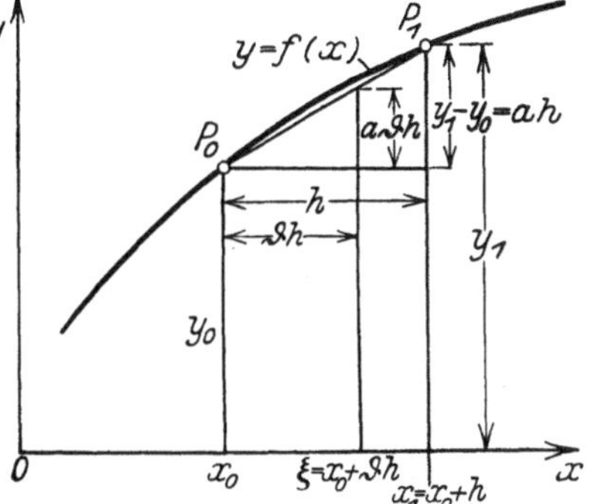

Abb. 36. Lineare Interpolation.

den Funktionswert für eine Zwischenstelle $\xi = x_0 + \vartheta h$ zwischen x_0 und $x_1 = x_0 + h$, wobei ϑ ein echter Bruch ist, dadurch angenähert berechnen, daß man das Kurvenstück durch die geradlinige Sehne ersetzt („*lineare*" Interpolation). Diese hat das Steigungsmaß $a = \dfrac{y_1 - y_0}{h}$, und die Änderung des y von y_0 aus auf ihr gemäß dem Fortschreiten von x_0 zu ξ um ϑh beträgt $a \cdot \vartheta h = (y_1 - y_0)\,\vartheta$. Hiermit haben wir die bekannte Regel der linearen Interpolation oder linearen Zwischenschaltung: *Man multipliziere die Differenz $y_1 - y_0$ der Funktionswerte (die „Tafeldifferenz") mit dem Bruche ϑ, der angibt, um welchen Bruchteil der Spanne $h = x_1 - x_0$ (der „Argumentdifferenz") das Zwischenargument ξ von x_0 entfernt ist.* Z. B. ist in der Logarithmentafel die Argumentdifferenz eine Einheit der letzten in der Tafel vorkommenden Numerusstelle, und man multipliziert die Tafeldifferenz benachbarter Logarithmen mit dem Bruchteile, etwa 0,7, der letzten Numerusstelle, den man noch zu berücksichtigen wünscht.

13. Ausgleichungsgerade. Oft kennt der Naturwissenschaftler die Gleichung $y = a x + b$ der Geraden nicht von vornherein, sondern hat eine Funktionstabelle aufgestellt, die entsprechenden Punkte auf Millimeterpapier markiert und bemerkt, daß sie genau oder näherungsweise auf einer Geraden liegen; diese erwartet er vielleicht auch aus theoretischen Gründen. Das Problem ist, a und b zu bestimmen. Man zeichnet die Gerade als „*Ausgleichungsgerade*" ein, indem man es, wenn sie nicht alle beobachteten Punkte trägt, nötigenfalls z. B. durch probierendes Spannen eines Fadens so einrichtet, daß sie sich den Punkten „*möglichst gut*" anschmiegt. Es sollen also die Punkte etwa gleich häufig über und unter die Gerade fallen und im übrigen in ihrer Gesamtheit möglichst nahe an sie herankommen. Dann werden b als Abschnitt auf der y-Achse und a als lotrechte Strecke zur wagerechten Spanne 1 oder als Ordinate einer Parallelen durch den Ursprung zur Abszisse 1 abgelesen.

Die beistehenden Tabellen und Abbildungen behandeln als Beispiele die Länge $l_t = l_0 (1 + \beta t)$ eines Normalmaßstabs (Abb. 37) und die geothermische Tiefenstufe (Abb. 38).

Aus der Zeichnung entnommen:

Temperatur t in °C	Länge l_t in mm
20	1000,22
40	1000,65
50	1000,90
60	1001,05

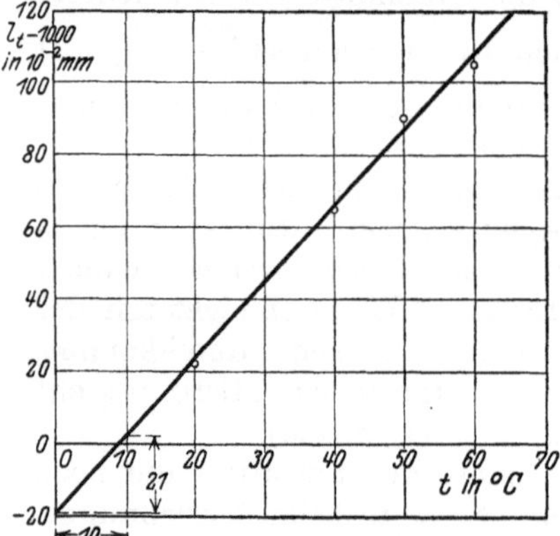

Abb. 37. Länge $l_t = l_0 (1 + \beta t) = l_0 + l_0 \beta t$ eines Normalmaßstabes bei der Temperatur $t°$ C.

Tiefe x in m	Temperatur ϑ in °C
1680	60,3
1711	61,4
1742	62,1
1773	63,6
1804	64,8
1835	65,5
1866	65,5
1897	66,9
1928	67,5
1958	69,3

Abb. 38. Geothermische Tiefenstufe.

$$l_t \text{ in mm} = 999{,}81 + \frac{21 \cdot 10^{-2}}{10}\, t = 999{,}81 + 0{,}021\, t,$$

$$\beta = 0{,}021 : 999{,}81 \approx 21 \cdot 10^{-6}, \text{ und:}$$

Bei 100 m Senkung steigt die Temperatur um 3^0. Daher beträgt die geothermische Tiefenstufe, die 1^0 Temperatursteigerung entspricht, $33^1/_3$ m.

Ferner kommt diese „*graphische Ausgleichung*" von Beobachtungen z. B. für die Spektroskopie in Betracht, wo zwischen den Wellenlängen λ und den Abständen z von irgendeinem Nullpunkte aus für die Spektrallinien in einem kleinen Stück eines Gitterspektrums eine lineare Beziehung $\lambda = a z + b$ besteht. Man kennt als „Normale" die Wellenlängen der in gewissen Abständen, z. B. $63,2\ \mu$ auftretenden Linien und wünscht die Wellenlängen der in einigen anderen Abständen,

Abstand z in μ	Wellenlänge λ in Å	
	bekannt	aus der Zeichnung
63,2	3427,127	—
367,5	3424,290	—
575,8	?	3422,3
989,4	3418,514	—
1059,0	3417,847	—
1236,4	?	3416,1
1563,0	3413,140	—
1852,8	?	3410,4
2169,8	3407,468	—
2426,9	?	3405,1

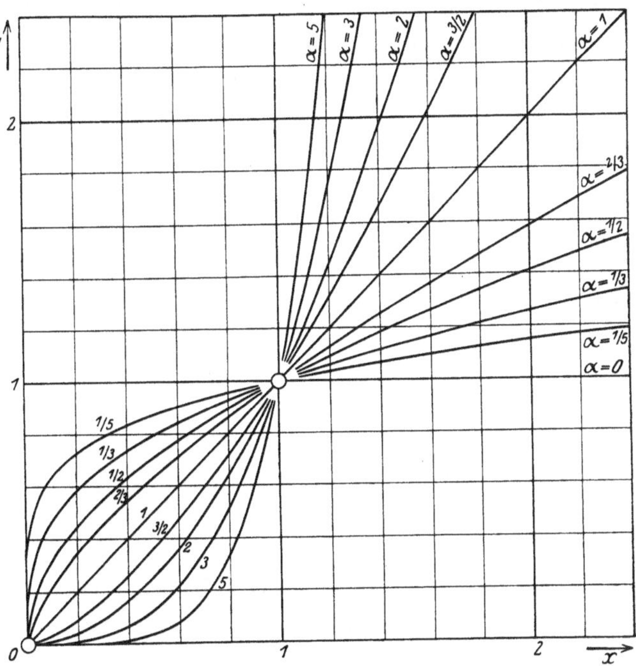

Abb. 39. Wellenlänge $\lambda = a z + b$ im Gitterspektrum.

z. B. $575,8\ \mu$ beobachteten. Es wird auf Grund der bekannten λ die Ausgleichungsgerade gezeichnet. Ihre Ordinate für die Abszisse $575,8\ \mu$ liefert die unbekannte Wellenlänge $3422,35$ Å.

Wie die graphisch selbstverständliche Aufsuchung der besten Anschmiegungsgeraden rechnerisch durchzuführen ist, lehrt die Ausgleichsrechnung (vgl. II B 17, S. 87—88 und Fußnote [2], S. 13).

14. Potenz $y = x^x$, α positiv. In Abb. 40 sind zur Veranschaulichung weiterer wichtiger Typen von Funktionen die Kurven der Potenzen $y = x^\alpha$ für verschiedene positive (ganze und gebrochene) Exponenten α gezeichnet, und zwar nur im ersten Quadranten. Alle Kurven gehen durch den Ursprung $x = 0$, $y = 0$ und den „Einheitspunkt" $x = 1$, $y = 1$. Die zu ihnen gehörende gerade Linie $y = x$ unter 45^0 trennt die

Abb. 40. Potenz $y = x^\alpha$ mit positivem Exponenten α.

Kurven für $\alpha > 1$ und $\alpha < 1$ voneinander. Für $\alpha > 1$ gehen die Kurven bei $x < 1$ schärfer an die x-Achse heran und bei $x > 1$ steiler hinauf als die Gerade $y = x$, und dies wird immer ausgeprägter, je größer α ist. Für $\alpha < 1$ steht es umgekehrt: bei $x < 1$ verlaufen die Kurven oberhalb der Geraden $y = x$ und bei $x > 1$ flacher als sie.

Da die Funktion $y = x^\alpha$ die Umkehrfunktion $x = y^{\frac{1}{\alpha}}$ oder bei Vertauschung von x und y die Umkehrfunktion $y = x^{\frac{1}{\alpha}} = \sqrt[\alpha]{x}$ hat, entstehen zwei Kurven mit rezi-

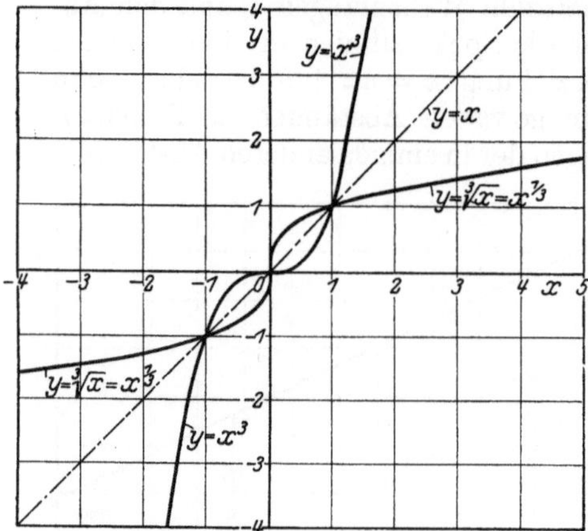

Abb. 41. **Kubus und Kubikwurzel (kubische Parabel).**

proken Exponenten, von denen der eine kleiner, der andere größer als 1 ist, auseinander durch Spiegelung an der Halbierungslinie $y = x$ des ersten Quadranten. Wir wissen dies schon von früher für die *gewöhnliche Parabel* in ihren beiden Gestalten $y = x^2$ und $y = x^{\frac{1}{2}} = \sqrt{x}$ (Abb. 14).

Bei $y = x^3$ und $y = x^{\frac{1}{3}} = \sqrt[3]{x}$ spricht man von einer *kubischen Parabel* (Abb. 41). Hier bietet die Umkehrung keine Mehrdeutigkeitsschwierigkeiten wie früher für die Parabel $y = x^2$, weil $y = x^3$ für negative x selbst negativ ist und die Funktion für alle x bei wachsendem x monoton zunimmt, anders als $y = x^2$.

Allgemein zeigen die Potenzen $y = x^\alpha$ bei geradem Exponenten $\alpha = 2, 4, 6, \ldots$ ein ähnliches Bild wie die gewöhnliche Parabel und bei ungeradem Exponenten $\alpha = 1, 3, 5, \ldots$ ein ähnliches Bild wie die kubische Parabel.

15. Gleichseitige Hyperbel $y = \dfrac{1}{x}$. Ganz anders werden die Verhältnisse hingegen bei negativen Exponenten. In Abb. 42 ist zunächst an Hand der danebenstehenden Tabelle die sehr wichtige Kurve $y = x^{-1} = \dfrac{1}{x}$ für den „*Kehrwert*" oder das „*Reziprokum*" $\dfrac{1}{x}$ von x gezeichnet, die sog. *gleichseitige Hyperbel*, welche auch implizit durch die Gleichung $x y = 1$ erklärt werden kann. Für negative x ergeben sich dieselben Funktionswerte wie für positive x, nur mit negativem Vorzeichen. Die Kurve besteht aus zwei Ästen, symmetrisch zum Ursprung, einem für positive x, dem anderen für negative x.

Für $x = 0$ ist die Funktion $y = \dfrac{1}{x}$ *nicht definiert.* Denn das Symbol $\dfrac{1}{0}$ ist *sinnlos*; es gibt

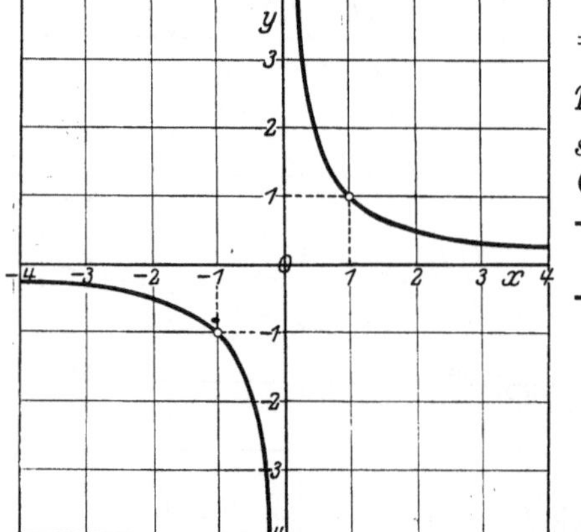

Abb. 42. Gleichseitige Hyperbel $y = \dfrac{1}{x}$.

x	$y = \dfrac{1}{x}$
$\frac{1}{4}$	4
$\frac{1}{3}$	3
$\frac{1}{2}$	2
1	1
2	$\frac{1}{2}$
3	$\frac{1}{3}$
4	$\frac{1}{4}$

keine Zahl, die mit 0 multipliziert 1 lieferte. Was tritt nun ein, wenn x sich der 0 nähert, d. h. absolut genommen unbegrenzt kleiner wird, etwa gleich $\dfrac{1}{2}, \dfrac{1}{3}, -\dfrac{1}{10}, \dfrac{1}{100}, -10^{-3}, 10^{-6}, -10^{-8}$ usw.? Dann wächst offenbar der Funktionswert $y = \dfrac{1}{x}$ absolut immer mehr an und übersteigt, wenn man x klein genug wählt, jede noch so große Schranke. Die Kurve enteilt für positive x nach oben und für negative x nach unten in unbegrenzt weitere Ferne[1].

---

[1] Man denke an das Verhalten des Bildes bei einer Linse, wenn wir uns mit dem Gegenstande dem Brennpunkte nähern, vgl. S. 24.

16. Das Zeichen ∞. Unstetigkeit durch Unendlichwerden. Asymptoten. Man pflegt dies unter Einführung eines „*Unendlich*" zu lesenden Zeichens ∞ und eines *Pfeiles* in der Gestalt

$$y \longrightarrow \infty \quad \text{für} \quad x \longrightarrow 0$$

(lies: y nach Unendlich für x nach Null) zu schreiben oder genauer in unmittelbar verständlicher Symbolik

$$y \longrightarrow +\infty \quad \text{für} \quad x \longrightarrow +0 \quad \text{und} \quad y \longrightarrow -\infty \quad \text{für} \quad x \longrightarrow -0 \,.$$

Das Symbol ∞ hat keinerlei mystischen Beigeschmack und dient nur zur kurzen rechnerischen Beschreibung einer aus dem Bilde (Abb. 42) ablesbaren Tatsache. Offenbar liegt an der Stelle $x = 0$, wo die Funktion nicht definiert ist, eine Unstetigkeit vor, weil in der Nähe dieses Punktes zu einer kleinen Änderung von x eine Riesenänderung von y gehört. Man spricht von „*Unstetigkeit durch Unendlichwerden*" und nennt $x = 0$ eine „*Unendlichkeitsstelle*" oder einen „*Pol*" der Funktion $y = \dfrac{1}{x}$.

Unmittelbar verständlich sind nach Abb. 42 die Beziehungen

$$y \longrightarrow 0 \text{ für } x \longrightarrow \infty, \text{ genauer } y \longrightarrow +0 \text{ für } x \longrightarrow +\infty, \; y \longrightarrow -0 \text{ für } x \longrightarrow -\infty \,.$$

Geraden wie hier die x- und y-Achse, denen sich eine Kurve immer mehr (oder besser[1]: unbegrenzt) nähert, je weiter man sich auf ihnen entfernt, heißen *Asymptoten* der Kurve. Für die gleichseitige Hyperbel sind also die x- und y-Achse Asymptoten.

17. Umgekehrte Proportionalität. Die „*umgekehrte Proportionalität*" $y = \dfrac{a}{x}$ (x und y haben das feste Produkt a; absolut größerem x entspricht absolut kleineres y und umgekehrt; zwei Werte von y stehen im *umgekehrten Verhältnis* $y_1 : y_2 = x_2 : x_1$ wie die entsprechenden x) bietet bei positivem a wesentlich dasselbe Schaubild wie $y = \dfrac{1}{x}$. Nur läuft die Kurve durch den Punkt $x = 1$, $y = a$ statt durch den Einheitspunkt $x = 1$, $y = 1$. Bei negativem a kommt noch eine Spiegelung an der x-Achse hinzu. $y = \dfrac{a}{x}$ stellt sich zu $y = \dfrac{1}{x}$ wie die „direkte" Proportionalität $y = a x$ zu $y = x$.

18. Die Funktion $y = \dfrac{1}{x^2}$. Einen anderen Typus von Unstetigkeit durch Unendlichwerden haben wir bei der Funktion $y = x^{-2} = \dfrac{1}{x^2}$ (Abb. 43), wo die beiden Äste für positives und negatives x bei $x \longrightarrow 0$ nicht nach verschiedenen y-Richtungen, sondern nach derselben y-Richtung enteilen.

Dies trifft allgemeiner bei der Potenz $y = x^\alpha$ mit negativem geradem Exponenten zu, während sich bei ungeradem Exponenten ein Bild wie bei der Hyperbel einstellt. Die Bilder der Potenzen $y = x^\alpha$ für verschiedene negative Exponenten α im ersten Quadranten sind in Abb. 44 zu sehen; man überlege, wie hier die gleichseitige Hyperbel $y = \dfrac{1}{x}$ mit $\alpha = -1$

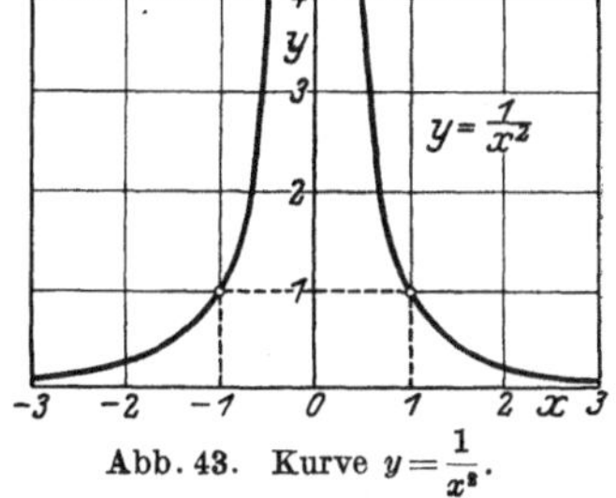

Abb. 43.   Kurve $y = \dfrac{1}{x^2}$.

die Rolle der Geraden $y = x$ bei den Potenzen mit positivem Exponenten (S. 33) spielt.

Abb. 45 zeigt zusammenfassend die Kurven der Potenzen $y = x^\alpha$ für positive und negative Exponenten im ersten Quadranten.

---

[1] Bei „immer mehr" könnte ein fester Abstand bleiben; so nähert sich z. B. die gleichseitige Hyperbel für $x \longrightarrow +\infty$ der Geraden $y = -1$ immer mehr, aber nicht unbegrenzt.

19. Rechenregeln für Potenzen. Es ist vielleicht nicht unnütz, im Anschluß an die Potenzfunktion die in der Schule gelehrten Hauptregeln des Rechnens mit Potenzen zu erwähnen[1]. Sie lauten:

$$x^\alpha \cdot x^\beta = x^{\alpha + \beta},$$

$$\frac{x^\alpha}{x^\beta} = x^{\alpha - \beta},$$

$$x^0 = 1, \qquad x^{-\alpha} = \frac{1}{x^\alpha},$$

$$(x^\alpha)^\beta = x^{\alpha\beta}, \qquad x^{\frac{1}{\alpha}} = \sqrt[\alpha]{x},$$

$$x^\alpha y^\alpha = (x\,y)^\alpha, \qquad \frac{x^\alpha}{y^\alpha} = \left(\frac{x}{y}\right)^\alpha.$$

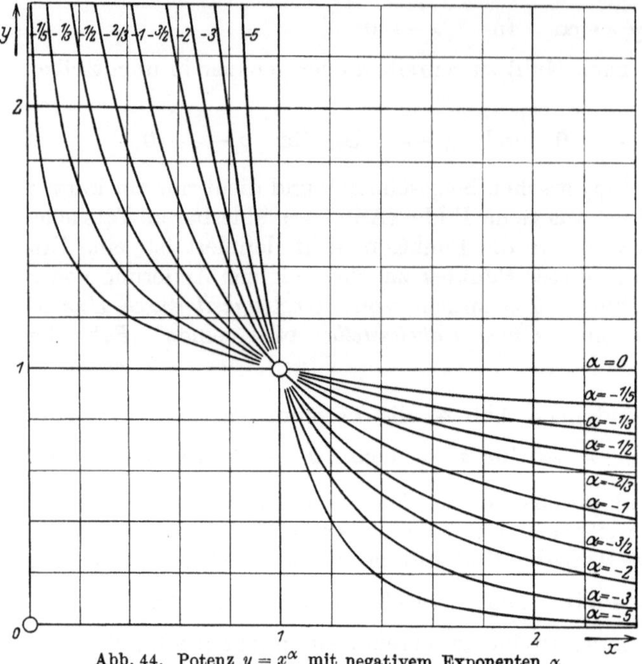

Abb. 44. Potenz $y = x^\alpha$ mit negativem Exponenten α.

20. Auftreten der Potenz in den Naturwissenschaften. In der folgenden Übersicht sind einige Beispiele zusammengestellt, wo in den Naturwissenschaften die Potenz $y = x^\alpha$ mit verschiedenen Exponenten α auftritt[2]. Man versäume nicht, sich Schaubilder dazu zu zeichnen.

1. $y = x$ *bzw.* $y = a\,x$ (*direkte Proportionalität*).

a) Weg $s = ct$ bei gleichförmiger Bewegung proportional der Zeit t (c Geschwindigkeit).

b) Geschwindigkeit $v = gt$ beim freien Fall proportional der Zeit t (g Fallbeschleunigung).

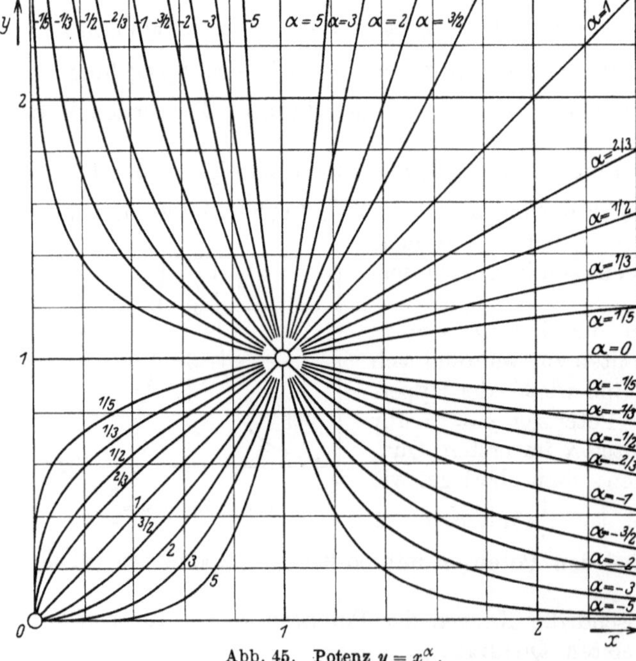

Abb. 45. Potenz $y = x^\alpha$.

[1] Zur Wiederholung der elementaren Arithmetik und Algebra nehme man etwa Crantz, P.: Arithmetik und Algebra zum Selbstunterricht, Aus Natur und Geisteswelt 120 und 205; Schubert, H. und Fischer, P. B.: Arithmetik, Sammlung Göschen 47; Beispielsammlung zur Arithmetik und Algebra, Sammlung Göschen 48; Fischer, P. B.: Elementare Algebra, Sammlung Göschen 930 zur Hand.

[2] Zur Ergänzung der vorliegenden „Einführung" nach der physikalischen Seite hin sei aufs wärmste das ausgezeichnete Werk Mosch, E.: Lehrbuch der Physik. Leipzig: G. Freytag empfohlen. Für die physikalisch-chemischen Dinge wird man viel Nutzen aus Roth, W. A.: Physikalisch-chemische Übungen. Leipzig: L. Voß ziehen.

c) Verlängerung $\lambda = \dfrac{1}{E}\,\dfrac{l}{q}\,P$ beim Hookeschen Gesetz proportional der Belastung P (E Elastizitätsmodul, l Ausgangslänge, q Querschnitt).

d) Arbeit $A = Ps$ einer konstanten Kraft P in Richtung des Weges proportional dem Wege s.

e) Potentielle Energie $E_p = mgh$ einer Masse m proportional ihrer Höhe h.

f) Geschwindigkeit $v = r\omega$ bei gleichförmiger Drehung mit der Winkelgeschwindigkeit ω proportional dem Abstande r vom Drehpunkte.

g) Spezifisches Gewicht $s = \dfrac{s_0\,p}{p_0}$ eines Gases bei konstanter Temperatur proportional dem Drucke p.

h) Steigdauer $T = \dfrac{v_0}{g}$ beim senkrechten Wurf proportional der Anfangsgeschwindigkeit v_0.

i) Stromstärke $J = \dfrac{E}{R}$ eines Gleichstroms bei konstantem Widerstande R proportional der Spannung E (Ohmsches Gesetz).

k) Osmotischer Druck $p = a\,kT$ erstens bei konstanter absoluter Temperatur T proportional der Konzentration k, zweitens bei konstanter Konzentration k proportional der absoluten Temperatur T (Pfeffersches Gesetz).

l) Volumen $V = \dfrac{V_0\,T}{T_0}$ eines idealen Gases bei konstantem Druck proportional der absoluten Temperatur T (Gay-Lussacsches Gesetz).

$$2.\ \ y = \frac{1}{x}\ \ bzw.\ \ y = \frac{a}{x}\ \ (umgekehrte\ Proportionalität).$$

a) Stromstärke $J = \dfrac{E}{R}$ eines Gleichstroms bei konstanter Spannung E umgekehrt proportional dem Widerstand R (Ohmsches Gesetz).

b) Volumen $V = \dfrac{p_0\,V_0}{p}$ eines idealen Gases bei konstanter Temperatur umgekehrt proportional dem Druck p (Boyle-Mariottesches Gesetz).

c) Wellenlänge $\lambda_m = \dfrac{b}{T}$ größter Strahlungsintensität im Spektrum umgekehrt proportional der absoluten Temperatur T (Wiensches Verschiebungsgesetz, $b \approx 0{,}294$ cm grad, vgl. S. 181).

d) Potential $U = f\dfrac{M}{r}$ einer schweren Masse M und Potential $U = \dfrac{E}{r}$ einer Elektrizitäts- (Magnetismus-) Menge E umgekehrt proportional dem Abstand r ($f \approx 6{,}7 \cdot 10^{-8}$ gr^{-1} cm^3 sek^{-2}).

e) Winkelgeschwindigkeit $\omega = \dfrac{2\pi}{T}$ einer gleichförmigen Drehung umgekehrt proportional der Umlaufszeit T.

f) Höhe $h = \dfrac{h_0\,s_0}{s}$ in kommunizierenden Röhren mit Flüssigkeiten von zwei verschiedenen spezifischen Gewichten umgekehrt proportional dem spezifischen Gewicht s.

g) Osmotischer Druck $p = \dfrac{a\,mT}{V}$ bei konstanter absoluter Temperatur T umgekehrt proportional dem Volumen V des Lösungsmittels (m Masse der gelösten Substanz).

h) Spezifisches Gewicht $s = s_0\,\dfrac{p}{p_0}\,\dfrac{T_0}{T}$ eines Gases bei konstantem Druck umgekehrt proportional der absoluten Temperatur T.

$$3.\ \ y = x^2.$$

a) Weg $s = \dfrac{g}{2}\,t^2$ beim freien Fall proportional dem Quadrat der Fallzeit t.

b) Kinetische Energie $E_k = \dfrac{m}{2}\,v^2$ einer Masse m proportional dem Quadrat der Geschwindigkeit v.

c) Kinetische Energie $E_k = \dfrac{J}{2}\,\omega^2$ einer sich drehenden Masse vom Trägheitsmoment J proportional dem Quadrat der Winkelgeschwindigkeit ω.

d) Zentrifugalkraft $Z = mr\omega^2$ einer Masse m im Abstand r vom Drehpunkt proportional dem Quadrat der Winkelgeschwindigkeit ω.

e) Luftwiderstand $R = \lambda s F v^2$ einer Fläche von F m^2, die durch Luft vom spezifischen Gewicht s kg m^{-3} geführt wird, proportional dem Quadrat der Geschwindigkeit v m sek^{-1} (λ für Kreis und Rechteck $\approx 0{,}06$).

f) Steighöhe $H = \dfrac{v_0{}^2}{2g}$ beim senkrechten Wurf proportional dem Quadrat der Anfangsgeschwindigkeit v_0.

g) Leistung $L = J^2 R$ eines elektrischen Stromes beim Durchfließen des Widerstandes R proportional dem Quadrat der Stromstärke J.

$$4.\ y = \frac{1}{x^2}.$$

Anziehungskraft $K = f\dfrac{Mm}{r^2}$ zweier schwerer Massen M und m und Anziehungskraft (Abstoßungskraft) $K = \dfrac{Ee}{r^2}$ zweier Elektrizitäts- (Magnetismus-) Mengen E und e umgekehrt proportional dem Quadrat des Abstandes r (Newtonsches Gravitationsgesetz, $f \approx 6{,}7 \cdot 10^{-8}$ gr^{-1} cm^3 sek^{-2}, und Coulombsches Gesetz).

$$5.\ y = \sqrt{x}.$$

a) Schwingungszeit $T = 2\pi\sqrt{\dfrac{l}{g}}$ eines Pendels proportional der Wurzel aus der Länge l.

b) Geschwindigkeit $v = \sqrt{2gs}$ beim freien Fall proportional der Wurzel aus der Fallstrecke s.

c) Ausflußgeschwindigkeit $v = \sqrt{2gh}$ einer Flüssigkeit proportional der Wurzel aus der Flüssigkeitshöhe h.

d) Schallgeschwindigkeit $v = v_0\sqrt{\dfrac{T}{T_0}}$ proportional der Wurzel aus der absoluten Temperatur T.

e) Dicke $y = \sqrt{2pt}$ einer durch Überstreichen von Joddämpfen über Silber entstehenden AgJ-Schicht proportional der Wurzel aus der Zeit t der Einwirkung, vgl. S. 95—96.

$$6.\ y = x^{\frac{3}{2}} = \sqrt{x^3}.$$

Stromstärke $J = CE^{\frac{3}{2}}$ eines Glühelektronenstroms aus einem Glühfaden konstanter Temperatur im Hochvakuum proportional (Anodenspannung $E)^{\frac{3}{2}}$.

$$7.\ y = x^4.$$

Gesamtstrahlung $S = cT^4$ eines absolut schwarzen Strahlers proportional der 4. Potenz der absoluten Temperatur T
(Stefan-Boltzmannsches Strahlungsgesetz, $c \approx 5{,}7 \cdot 10^{-6}$ erg cm^{-2} sek^{-1} grad^{-4}).

8. *Verschiedene Exponenten.*

Gesetze für Druck p, Volumen V und absolute Temperatur T eines idealen Gases bei adiabatischer Zustandsänderung (vgl. S. 161 und S. 176—177):

$$p V^\varkappa = p_0 V_0{}^\varkappa \quad \text{(Poissonsches Gesetz)},$$

$$T V^{\varkappa-1} = T_0 V_0{}^{\varkappa-1}, \qquad T p^{-\frac{\varkappa-1}{\varkappa}} = T_0 p_0{}^{-\frac{\varkappa-1}{\varkappa}}$$

$$\left(\varkappa = \frac{5}{3} \approx 1{,}67 \text{ für einatomige, } \varkappa = \frac{7}{5} = 1{,}4 \text{ für zweiatomige Gase}\right)$$

J. Logarithmenpapier.

1. Beschreibung eines funktionalen Zusammenhangs mit Hilfe der Potenz. Der Naturwissenschaftler versucht gern einen experimentell beobachteten funktionalen Zusammenhang zwischen x und y mathematisch durch eine Funktion $y = bx^a$ mit konstantem (möglicherweise negativem) a und b zu beschreiben. Denn die Potenz $y = x^a$ gehört zu den einfachsten ihm von der Mathematik zur Verfügung gestellten Funktionen. Auf Millimeterpapier ist jedoch für eine zwischen den beobachteten Punkten möglichst gut hindurchgelegte Kurve, die sich der Gesamtheit der Punkte möglichst eng anschmiegt und für die man durch Vergleich mit dem Aussehen der Potenzkurven $y = x^a$ (Abb. 40, 44, 45) den Typus $y = bx^a$ vermutet, die Bestimmung der Konstanten a und b nur unter Zuhilfenahme von Rechnung durchführbar, und zwar verhältnismäßig mühsam und mit geringer Genauigkeit. Die Aufgabe gestaltet sich hingegen sehr einfach und kann rein graphisch erledigt werden,

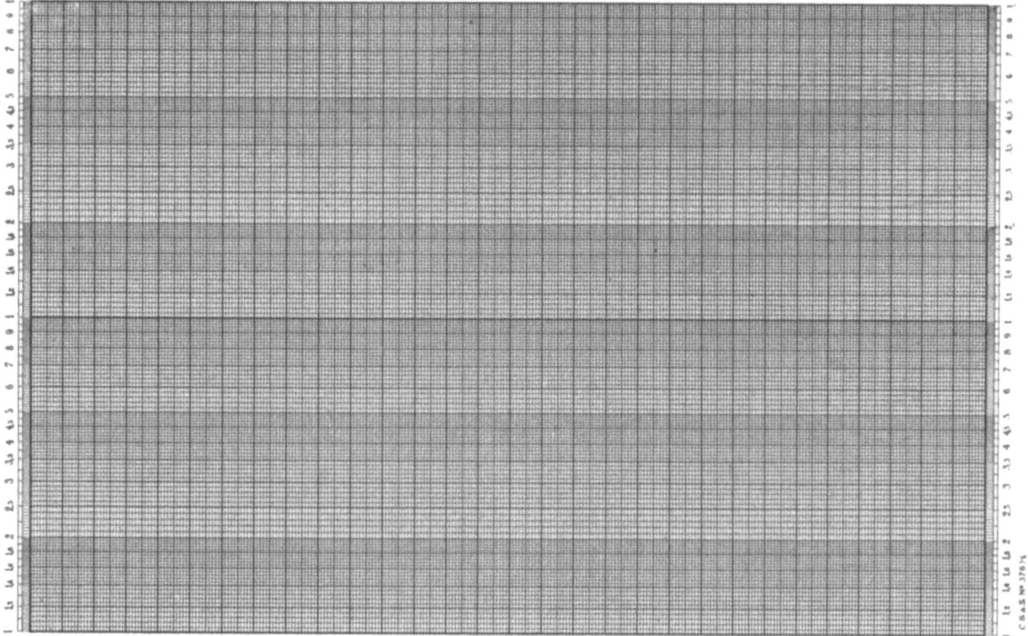

Abb. 46. Exponentialpapier (halblogarithmisches Papier; Schleicher & Schüll, Düren).

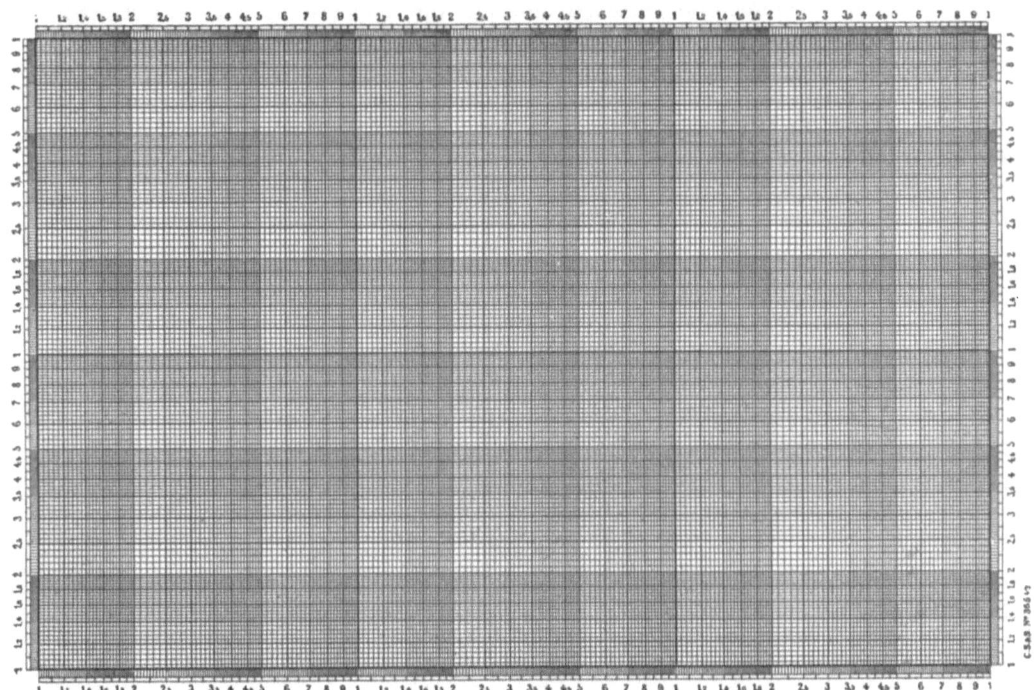

Abb. 47. Potenzpapier (ganzlogarithmisches Papier; Schleicher & Schüll, Düren).

wenn man statt des gewöhnlichen Millimeterpapiers das käufliche *Logarithmenpapier* oder *logarithmische Papier* benutzt.

2. Zwei Sorten Logarithmenpapier. Man unterscheidet *halblogarithmisches* oder *Exponentialpapier* und *ganzlogarithmisches* oder *Potenzpapier*.

Beim Exponentialpapier (Abb. 46) ist die wagerechte untere Begrenzungsgerade, die x-Achse, wie beim Millimeterpapier gleichmäßig nach Millimetern geteilt. Hingegen trägt die senkrechte linke Begrenzungsgerade, die y-Achse, eine logarithmische Leiter, d. h. es sind wie beim Rechenschieber mit einer passenden Maßstabseinheit ν cm, z. B. 10 cm oder 25 cm, die Strecken mit den Maßzahlen $v = \nu \log y$ aufgetragen, und an den betreffenden Punkt ist y daran geschrieben. Am Anfangspunkte unten steht $y = 1$ wegen $\log 1 = 0$.

Beim Potenzpapier (Abb. 47) sind beide Achsen mit logarithmischen Leitern versehen.

In Anlehnung an die Achsenleitern ist das logarithmische Papier so wie das Millimeterpapier mit einem Netz von wagerechten und senkrechten Geraden überzogen. Die Zahlen an den logarithmischen Leitern können nötigenfalls mit einer passenden Zehnerpotenz multipliziert werden. Es gibt auch Logarithmenpapiere für Sonderzwecke, z. B. „thermodynamisches" Potenzpapier, bei dem die Einteilung der senkrechten Achse nach dem für die Praxis in Frage kommenden Temperaturbereich, etwa von 193^0 absolut (-80^0 C) bis 653^0 absolut (380^0 C) vorgenommen ist.

3. Gerade auf Logarithmenpapier. Exponentialfunktion. Nun zeichnen wir auf das logarithmische Papier als einfachste Kurve eine *Gerade*. Welche Beziehung zwischen den auf den Achsen ablesbaren Zahlen x und y für die einzelnen ihrer Punkte entspricht ihr?

a) Exponentialpapier. Es seien μ cm und ν cm die Maßstabseinheiten auf der gleichmäßig geteilten wagerechten x-Achse und auf der logarithmisch geteilten senkrechten y-Achse, u cm $= (\mu x)$ cm und v cm $= (\nu \log y)$ cm die Abstände auf den Achsen vom Ursprung bis zu den mit x bzw. y bezifferten Punkten. Wir denken uns für den Augenblick ein gewöhnliches uv-Koordinatensystem mit den Maßstabseinheiten 1 cm auf beiden Achsen in der Zeichnung angebracht, etwa durchscheinendes Millimeterpapier mit uv-Netzteilung auf das Logarithmenpapier daraufgelegt. Zwischen u und v ist die Gerade, wie uns geläufig, durch eine lineare Funktion

$$v = A u + B$$

charakterisiert. Nun gilt aber $u = \mu x$ und $v = \nu \log y$, also entspricht der Geraden zwischen x und y die Beziehung

$$\log y = \frac{A \mu}{\nu} x + \frac{B}{\nu}$$

oder

$$y = 10^{\log y} = 10^{\frac{A \mu}{\nu} x + \frac{B}{\nu}} = 10^{\frac{B}{\nu}} \cdot \left(10^{\frac{A \mu}{\nu}}\right)^x = b a^x$$

mit $10^{\frac{B}{\nu}} = b$ und $10^{\frac{A \mu}{\nu}} = a$.

Auf halblogarithmischem Papier wird die „Exponentialfunktion"

$$y = b a^x$$

(das Argument x steht im Exponenten) *in eine Gerade ausgestreckt* (daher der Name *Exponentialpapier*).

Z. B. wächst bei $p\,^0/_0$ jährlicher Verzinsung und Zuschlag der Zinsen zum Kapital am Schlusse jedes Jahres (*Zinseszinsen*) das Kapital 1 in x Jahren bekanntlich auf

$$y = \left(1 + \frac{p}{100}\right)^x$$

an, etwa bei $p = 4\,\%$ auf $y = (1{,}04)^x$. Mit $b = 1$, $a = 1 + \dfrac{p}{100}$ haben wir also die obige Form der Exponentialfunktion. Für $p = 3, 4$ und 5 sind die entsprechenden Geraden in Abb. 48 zu sehen. Man liest aus ihr z. B. ab, daß sich bei $5\,\%$ das Kapital in rund 14 Jahren verdoppelt, daß es sich bei $4\,\%$ in rund 28 Jahren verdreifacht usw.

Für $x = 0$ wird $a^0 = 1$ und $y = b$, also ist b der Abschnitt auf der y-Achse (an der y-Leiter abgelesen). Zur Ermittlung von a ziehen wir eine Parallele zu unserer Geraden durch den Ursprung $x = 0$, $y = 1$. Sie hat die Gleichung $v = A\,u$ oder $y = a^x$; für $x = 1$ kommt $y = a$.

b) *Potenzpapier.* Hier ist $u = \mu \log x$, $v = \nu \log y$, und die Geradengleichung $v = A\,u + B$ führt zu

$$\log y = \frac{A\,\mu}{\nu} \log x + \frac{B}{\nu},$$

$$y = 10^{\log y} = 10^{\frac{A\,\mu}{\nu} \log x + \frac{B}{\nu}}$$

$$= 10^{\frac{B}{\nu}} \cdot \left(10^{\log x}\right)^{\frac{A\,\mu}{\nu}} = b\,x^a$$

mit $10^{\frac{B}{\nu}} = b$, $\dfrac{A\,\mu}{\nu} = a$.

Auf ganzlogarithmischem Papier streckt sich die Potenz

$$y = b\,x^a$$

in eine Gerade aus (Potenzpapier).

Abb. 49 zeigt als Beispiel die Geraden

$$V = \frac{p_0 V_0}{p} = (p_0 V_0)\,p^{-1}$$

und

$$V = \frac{p_0^{\frac{1}{\varkappa}} V_0}{p^{\frac{1}{\varkappa}}} = \left(p_0^{\frac{1}{\varkappa}} V_0\right) p^{-\frac{1}{\varkappa}},$$

die auf Potenzpapier der Boyle-Mariotteschen Gleichung $p\,V = \text{konst}$ für isotherme Zustandsänderung eines Gases und der Poissonschen Gleichung $p\,V^\varkappa = \text{konst}$ (bei Luft $\varkappa = 1{,}4 = \frac{7}{5}$) für adiabatische Zu-

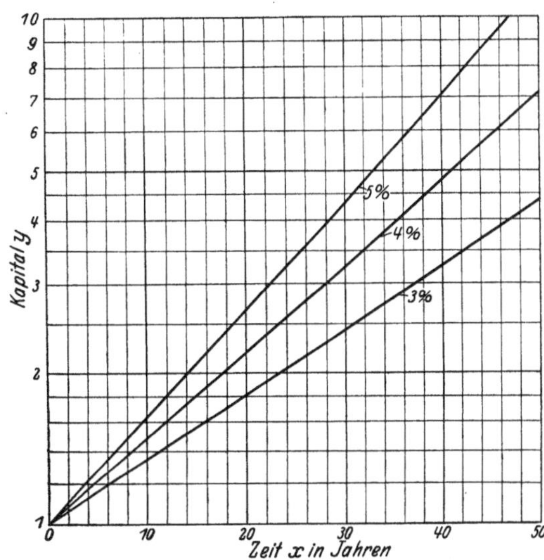

Abb. 48. Anwachsen des Kapitals 1 durch Zinseszinsen bei verschiedenen Zinsfüßen.

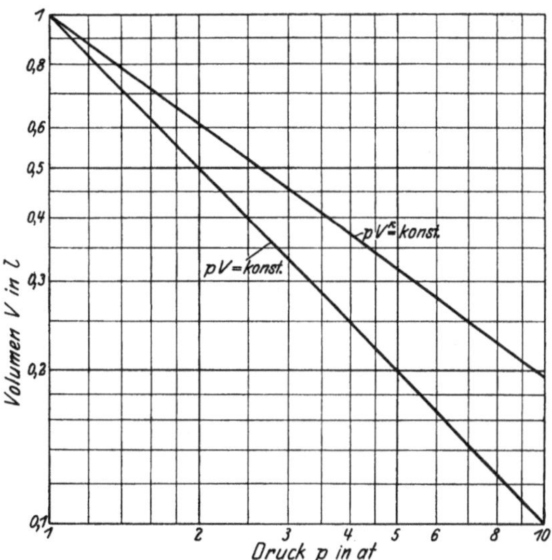

Abb. 49. Volumen V von Luft für verschiedene Drucke p ($V = 1\,\text{l}$ für $p = 1\,\text{at}$).

Untere Gerade: Isotherme Änderung $p\,V = \text{konst}$.

Obere Gerade: Adiabatische Änderung $p\,V^\varkappa = \text{konst}$ mit $\varkappa = 1{,}4$.

standsänderung entsprechen. Z. B. wird 1 l Luft von 1 at durch Druckvermehrung auf 3,5 at isotherm auf 0,285 l, adiabatisch auf 0,408 l zusammengepreßt (im letzten Falle nicht so stark, weil ein Teil der mechanischen Zusammendrückarbeit für die Temperaturerhöhung des Gases verzehrt wird).

Für $x = 1$ (Ursprung $x = 1$, $y = 1$) gewinnt man mit $y = b$ die Größe b wieder als Abschnitt auf der y-Achse. Hingegen kann a nicht allein mit Hilfe der auf dem Potenzpapier vorhandenen Einteilung ermittelt werden. Wohl aber findet sich leicht A, die Richtungskonstante der Geraden $v = A u + B$ im uv-System mit der Maßstabseinheit 1 cm für beide Achsen. Man geht von einem Geradenpunkte um 10 cm wagerecht nach rechts, dann muß man um $10 A$ cm senkrecht auf- oder abwärts bis zur Geraden steigen. $a = \dfrac{A \mu}{\nu}$ wird anschließend durch Kopfrechnung erhalten.

Auch beim Exponentialpapier ist es manchmal nützlich, nicht nur a, sondern auch A und den Exponenten $\dfrac{A \mu}{\nu}$ in $a = 10^{\frac{A \mu}{\nu}}$ zu kennen. Man verfährt genau so wie eben.

Weitere kleine Kniffe lernt man bei Benützung des logarithmischen Papiers bald[1].

Die Exponentialfunktion $y = b a^x$ oder spezieller $y = a^x$, auf die wir hier von selbst gestoßen sind, werden wir später eingehend besprechen (II F, S. 165—202). Sie ist vielleicht die allerwichtigste mathematische Funktion für den Naturwissenschaftler. Offenbar ist $y = a^x$ die Umkehrfunktion des Logarithmus $x = {}^a\!\log y$ zur Basis a.

4. Wie gebraucht der Naturwissenschaftler Logarithmenpapier? Wenn man für beobachtete Werte x und y eine mathematische Funktion $y = b a^x$ oder $y = b x^a$ vermutet, hat man nur die entsprechenden Punkte auf Exponentialpapier oder Potenzpapier aufzusuchen, durch sie möglichst gut eine *Ausgleichungsgerade* hindurchzulegen und die Konstanten a und b in der geschilderten Weise zu bestimmen. Daß sich die Gerade ungezwungen und mit nicht zu großen Abweichungen hindurchlegen läßt oder nicht, zeigt, ob wirklich eine Beziehung der angenommenen Form statthat.

5. Beispiel. Als Beispiel ist hier (Abb. 50) die Stromstärke J in einer mit verschiedenen Spannungen E brennenden elektrischen Glühlampe angenommen; sie führt auf eine Potenzbeziehung $J = b E^a$.

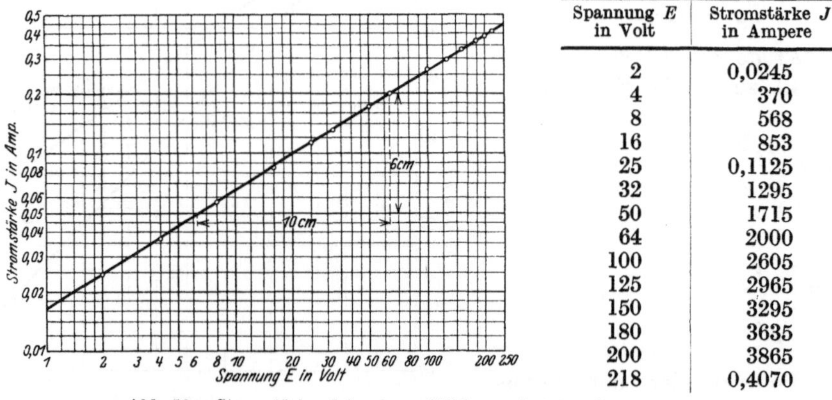

Spannung E in Volt	Stromstärke J in Ampere
2	0,0245
4	370
8	568
16	853
25	0,1125
32	1295
50	1715
64	2000
100	2605
125	2965
150	3295
180	3635
200	3865
218	0,4070

Abb. 50. Stromstärke J in einer Glühlampe bei der Spannung E.

Die Gerade schneidet auf der J-Achse bei der Stromstärke $b = 0,0162$ Amp. ein. Auf 10 cm steigt sie um $10 A = 6$ cm. Daher ist $A = 0,6$, ebenso groß ist $a = \dfrac{A \mu}{\nu}$, weil die Maßstabseinheiten auf beiden Achsen je 10 cm sind, und die Gleichung der Geraden lautet

$$J = 0{,}0162 \cdot E^{0,6} = 0{,}0162 \, E^{\frac{3}{5}}.$$

---

[1] Vgl. z. B. die S. 21, Fußnote [1] erwähnten Bändchen von P. LUCKEY.

Der Exponent $\tfrac{3}{5}$ läßt sich auf Grund des Stefan-Boltzmannschen Strahlungsgesetzes und der Abhängigkeit des Widerstandes von der Temperatur auch theoretisch begründen[1].

6. Wachstums- und Ertragsgesetze. Die Exponentialfunktion begegnet dem Naturwissenschaftler häufig in der Verbindung

$$y = b\,(1 - a^x)\,, \tag{*}$$

wobei a ein echter Bruch ist. Bei wachsendem x wird a^x unbegrenzt kleiner und fällt gegen 1 immer weniger ins Gewicht. y nähert sich daher bei Vergrößerung von x dem „*Höchstwerte*" b, wie besonders deutlich Abb. 51 zeigt; für $x = 0$ hingegen ist $y = 0$.

Ein derartiges Gesetz beherrscht z. B. die *Einmolekülreaktion* in der Chemie, etwa die *Zuckerinversion*. Rohrzucker wird durch katalytische Wirkung einer dem Lösungsmittel Wasser zugefügten Säure in Invertzucker verwandelt. x bedeutet die Zeit, y die umgesetzte Menge Rohrzucker oder auch die entstehende Menge Invertzucker, gerechnet in Mol je Volumeneinheit des Lösungsmittels. Ursprünglich, für $x = 0$, ist gar kein Rohrzucker umgesetzt und gar kein Invertzucker vorhanden, am Schlusse ist die ganze ursprünglich vorhandene Menge Rohrzucker von der Ausgangskonzentration b Mol je Volumeneinheit umgesetzt und nur noch Invertzucker da. Diesem Zustande strebt der Vorgang nach dem Gesetze (*) zu. (Vgl. die ausführliche Behandlung in II F 25, S. 195—196.)

Ferner regelt die Gleichung (*) z. B. das *Ansteigen der elektrischen Stromstärke y* mit der Zeit x zum Endwerte b gegenüber der Selbstinduktion. Schließlich kommt sie — mindestens als Arbeitshypothese — für viele *biologische Vorgänge* in Frage. Dabei bedeutet x einen „*Wachstumsfaktor*", z. B. eine Nährstoffgabe, eine Bestrahlungsintensität u. dgl., und y den dadurch verursachten „*Ertrag*" an Trockensubstanz u. dgl., der bei Steigerung des Wachstumsfaktors einem Höchstwerte zustrebt. Oder x kann auch die Zeit sein und y das erreichte Gewicht, die erreichte Länge u. dgl. (Vgl. II F 23—24, S. 189—195.)

Oft ist b als Höchstwert von y mit guter Annäherung aus der Beobachtungstabelle zu entnehmen. Dann vermerkt man in ihr noch die den einzelnen y entsprechenden Unterschiede $w = b - y = b a^x$ vom Höchstwerte und konstruiert auf Exponentialpapier mit x- und w-Achse die zugehörige Gerade. Sie liefert dann auch a. Gegebenenfalls wiederholt man das Verfahren mit einem anderen b und sieht nach, ob die neue Gerade besser stimmt.

7. Beispiel. Das folgende Beispiel betrifft die Länge y in cm des isländischen Herings als Funktion des Lebensalters x nach Pütter; für b ist die nach der Tabelle und Abb. 51 einleuchtende Annahme $b = 37$ cm gemacht.

Lebensalter x Jahre	Länge y in cm	Unterschied $w = b - y$, $b = 37$ cm	Lebensalter x Jahre	Länge y in cm	Unterschied $w = b - y$, $b = 37$ cm
1	9,6	27,4	8	34,2	2,8
2	17,6	19,4	9	34,9	2,1
3	23,6	13,4	10	35,5	1,5
4	27,5	9,5	11	35,6	1,4
5	29,8	7,2	12	35,8	1,2
6	31,6	5,4	13	36,4	0,6
7	33,1	3,9	14	36,7	0,3

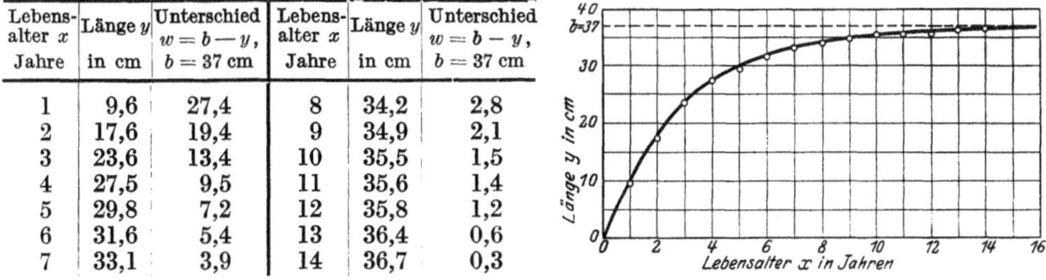

Abb. 51. Länge y des isländischen Herings im Lebensalter x.

Da auf dem Exponentialpapier in Abb. 52 bei Bezifferung der Achse links von 1 bis 100 nicht alle Punkte untergebracht werden können, ist rechts noch eine Be-

---

[1] Ein weiteres schönes Beispiel gibt die Beziehung zwischen Druck und Volumen eines Kilogramms gesättigten Wasserdampfes.

zifferung von 0,1 bis 10 zu sehen (bei der logarithmischen Leiter kommt es ja auf Zehnerpotenzen nicht an). Das mittlere Stück der ganzen Geraden tritt einmal als unteres Stück des linken Teiles und einmal als oberes Stück des rechten Teiles auf. Man denke sich das untere Stück des rechten Teiles unten an den linken Teil angesetzt, dann hat man die ganze Gerade. Die gestrichelte Parallele durch den linken oberen Punkt $w = 100$ liefert für $x = 1$ den Wert $a = 0{,}725$, indem man sich für den Augenblick alle Zahlen links durch 100 dividiert vorstellt. Mit der Parallelen durch $w = 1$ käme man ja aus der Zeichnung heraus. Also

$$y = 37\,(1 - 0{,}725^x)\,.$$

Auf 10 cm fällt die gestrichelte Parallele um 14 cm. Daher ist $A = -1{,}4$. Die Einheiten in der wagerechten und senkrechten Richtung betragen 1 cm und 10 cm. Hieraus folgt $\dfrac{A\,\mu}{\nu} = -\dfrac{1{,}4\cdot 1}{10} = -0{,}14$ und $a = 10^{-0{,}14}$, weiter

$$y = 37\,(1 - 10^{-0{,}14\,x})\,.$$

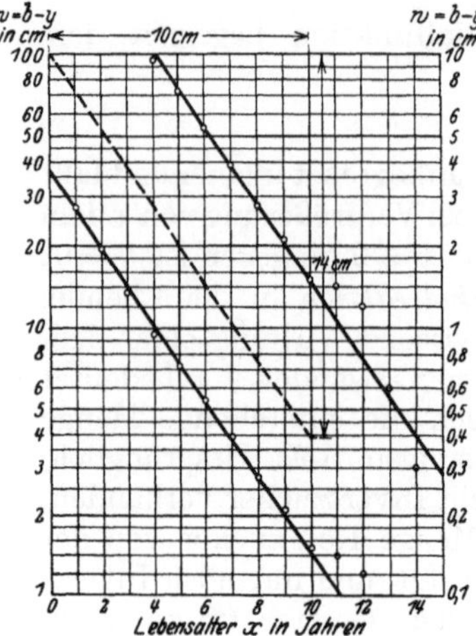

Abb. 52. Unterschied w der Heringslänge gegen die Höchstlänge b.

K. Polynome. Interpolation.

1. Polynome. Allgemeine Parabeln. Durch additive Zusammensetzung verschiedener Potenzen von x mit positiven ganzen Exponenten unter Verwendung konstanter (von x nicht abhängiger) Koeffizienten entstehen die *Polynome* oder *ganzen rationalen Funktionen*

$$y = g\,(x) = a_0 + a_1\,x + a_2\,x^2 + \cdots + a_n\,x^n\,.$$

Der Exponent n der höchsten vorkommenden Potenz von x heißt der *Grad* des Polynoms. Die entsprechenden Kurven werden *allgemeine Parabeln* genannt. Bei geradem n hat eine solche Parabel mit der gewöhnlichen Parabel $y = x^2$ das gemein, daß y sowohl für positive wachsende x als auch für negative abnehmende x dasselbe Zeichen (das des höchsten Koeffizienten a_n) hat, die Kurve also nach *einer* Richtung, entweder nach positiven y oder nach negativen y, immer weiter fort enteilt. Denn bei geradem n ist $x^n = (-x)^n$, und bei absolut genügend großem x überwiegt das Glied $a_n\,x^n$ mit der höchsten Potenz von x alle übrigen Glieder. Bei ungeradem n hingegen verläuft die allgemeine Parabel für positives und negatives absolut großes x nach *verschiedenen* y-Richtungen (Abb. 53), so, wie die kubische Parabel $y = x^3$ (Abb. 41, S. 34).

2. Anwendung zur graphischen Auflösung von Gleichungen. Zwischen den weit entfernten Kurventeilen für große $|x|$ schwingt die allgemeine Parabel $y = g\,(x)$ im allgemeinen mehrmals auf und ab. Schneidet oder berührt sie dabei die x-Achse, so ist das x eines solchen Schnittpunktes wegen $y = 0$ eine *reelle Wurzel der algebraischen Gleichung*

$$a_0 + a_1\,x + a_2\,x^2 + \cdots + a_n\,x^n = 0 \tag{*}$$

(bei Berührung eine *mehrfache* Wurzel, weil man sich einen Berührungspunkt durch Zusammenrücken mehrerer Schnittpunkte infolge einer kleinen Hebung oder Senkung der Parabel entstanden denken kann). Man spricht auch von einer *Nullstelle* der Funktion $y = g\,(x)$. Trifft die Parabel hingegen die x-Achse gar nicht, was nur bei geradem n möglich ist, so ist die Gleichung (*) für kein reelles x erfüllt und hat nur komplexe Wurzeln. *Man kann also eine algebraische Gleichung* (*) *dadurch graphisch* *auflösen, wenigstens für die reellen Wurzeln, daß man die linke Seite als Funktion von x auffaßt, die entsprechende Parabel zeichnet und deren Schnittpunkte mit der x-Achse aufsucht.* Abb. 53 veranschaulicht dies für die Gleichung $x^3 - 4x^2 + 2x + 2 = 0$. Als Schnittpunktsabszissen, d. h. als Wurzeln der Gleichung, die sich sämtlich als reell erweisen, liest man ab $x_1 = -0{,}48$, $x_2 = 1{,}31$, $x_3 = 3{,}17$; die Summe $x_1 + x_2 + x_3$ ist gleich 4, also gleich dem Negativen des Koeffizienten -4 für das quadratische Glied $-4x^2$, wie es sein muß.

Das Verfahren ermöglicht allgemein die Ermittlung der reellen Wurzeln einer ganz beliebigen Gleichung $f(x) = 0$ [der reellen Nullstellen der Funktion $y = f(x)$], indem man die Kurve $y = f(x)$ benutzt. Zeichnet man die Gegend eines Schnittpunktes mit der x-Achse in größerem Maßstabe, so steigert sich die Genauigkeit.

3. Allgemeines über Interpolation. Wenn von einer Funktion $y = f(x)$ die Werte $y_0, y_1, \ldots, y_n$ für $(n+1)$ Argumente $x_0, x_1, \ldots, x_n$ bekannt sind, vermag man immer ein Polynom n-ten Grades von x, das „*Interpolationspolynom*", aufzubauen, das an den „*Interpolationsstellen*" $x_0, x_1, \ldots, x_n$ gerade die Werte

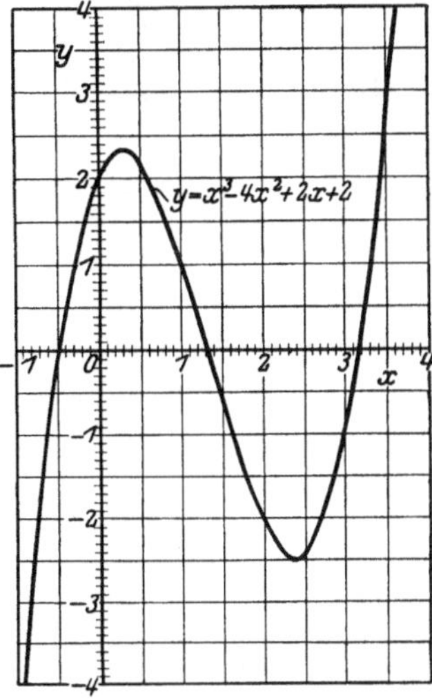

Abb. 53. Zeichnerisches Lösen der Gleichung $x^3 - 4x^2 + 2x + 2 = 0$.

$y_0, y_1, \ldots, y_n$ annimmt. Die entsprechende „*Interpolationsparabel*" geht also durch die $(n+1)$ vorgegebenen, z. B. durch Beobachtungen bestimmten Punkte x_0, y_0; x_1, y_1; $\ldots$; x_n, y_n hindurch. Das Interpolationspolynom leistet für die Rechnung dasselbe, was wir zeichnerisch erzielen, wenn wir durch die $(n+1)$ Punkte ohne weitere Kenntnis über $y = f(x)$ nach bester Überzeugung eine glatte Kurve hindurchlegen. Es gibt einen Ersatz für $y = f(x)$, so gut er sich eben auf Grund einer Tabelle mit nur lückenhaften Aussagen über $y = f(x)$ herstellen läßt. Wir können z. B., wie wir bei graphischer Interpolation den Funktionswert an einer beliebigen Stelle als Ordinate der interpolierenden Kurve abgelesen haben, rechnerisch einen Näherungswert von $y = f(x)$ für ein beliebiges Argument als Wert des Interpolationspolynoms dafür berechnen.

4. Newtonsches Interpolationspolynom. Differenzenquotienten. Es wäre unpraktisch, das Interpolationspolynom nach Potenzen von x geordnet anzusetzen und die Bestimmung der Koeffizienten $a_0, a_1, \ldots, a_n$ zu versuchen. Man legt vorteilhafter die Gestalt

$$g(x) = c_0 + c_1 (x - x_0) + c_2 (x - x_0)(x - x_1) + \cdots + c_n (x - x_0)(x - x_1) \cdot (x - x_{n-1})$$

zugrunde. Durch Ausmultiplizieren und Ordnen nach Potenzen von x können wir dann später immer noch die andere Form herstellen.

Für $x = x_0$ fallen alle Glieder des Polynoms bis auf c_0 fort, und $g(x_0)$ soll gerade den Wert y_0 haben. Also

$$c_0 = y_0 \, .$$

Entsprechend für $x = x_1$

$$y_1 = c_0 + c_1(x_1 - x_0), \quad \text{daher} \quad c_1 = \frac{y_1 - y_0}{x_1 - x_0} = \frac{y_0 - y_1}{x_0 - x_1}$$

und mit einer zweckmäßigen Abkürzung

$$c_1 = [y_0 y_1] \, .$$

Weiter für $x = x_2$

$$y_2 = c_0 + c_1(x_2 - x_0) + c_2(x_2 - x_0)(x_2 - x_1) \quad \text{und} \quad c_2 = \frac{\dfrac{y_2 - y_0}{x_2 - x_0} - \dfrac{y_1 - y_0}{x_1 - x_0}}{x_2 - x_1} \, .$$

Es ist bequemer, dies umzuformen in

$$c_2 = \frac{\dfrac{y_0 - y_1}{x_0 - x_1} - \dfrac{y_1 - y_2}{x_1 - x_2}}{x_0 - x_2} = \frac{[y_0 y_1] - [y_1 y_2]}{x_0 - x_2} = \frac{[y_1 y_2] - [y_0 y_1]}{x_2 - x_0} = [y_0 y_1 y_2].$$

Hiernach ist das Bildungsgesetz der Koeffizienten c_0, c_1, ..., c_n hinreichend klargestellt. Man berechnet zunächst die „*ersten Differenzenquotienten*"

$$[y_0 y_1] = \frac{y_1 - y_0}{x_1 - x_0}, \quad [y_1 y_2] = \frac{y_2 - y_1}{x_2 - x_1}, \quad [y_2 y_3] = \frac{y_3 - y_2}{x_3 - x_2}, \ldots,$$

dann durch Subtraktion je zweier von ihnen und Division mit der Differenz der nicht bei der Bildung beider beteiligten Argumente die „*zweiten Differenzenquotienten*"

$$[y_0 y_1 y_2] = \frac{[y_1 y_2] - [y_0 y_1]}{x_2 - x_0}, \quad [y_1 y_2 y_3] = \frac{[y_2 y_3] - [y_1 y_2]}{x_3 - x_1}, \ldots,$$

nachher die „*dritten Differenzenquotienten*"

$$[y_0 y_1 y_2 y_3] = \frac{[y_1 y_2 y_3] - [y_0 y_1 y_2]}{x_3 - x_0}, \ldots$$

usw. und kann damit als „*Newtonsches Interpolationspolynom*"

$$g(x) = y_0 + [y_0 y_1] (x - x_0) + [y_0 y_1 y_2] (x - x_0)(x - x_1) + \cdots$$
$$+ [y_0 y_1 y_2 \ldots y_n] (x - x_0)(x - x_1) \cdots (x - x_{n-1})$$

aufschreiben.

Wünschen wir zu x_0, x_1, ..., x_n noch ein neues Argument x_{n+1} hinzuzunehmen, so tritt zu dem alten Interpolationspolynom nur ein neues Glied hinzu, während die bisherigen Glieder unverändert bleiben — ein großer praktischer Vorteil.

5. Differenzenquotientenschema. Die Berechnung der *Differenzenquotienten*, die auch *Steigungen* oder *dividierte Differenzen* genannt werden, gestaltet sich besonders bequem an Hand des folgenden „*Differenzenquotientenschemas*", in dem jeder Differenzenquotient rechts auf Lücke der beiden Differenzenquotienten steht, die bei seiner Bildung beteiligt sind:

$$
\begin{array}{llll}
x_0 & y_0 & & \\
 & & [y_0 y_1] & \\
x_1 & y_1 & & [y_0 y_1 y_2] \\
 & & [y_1 y_2] & \\
x_2 & y_2 & & [y_1 y_2 y_3] \\
 & & [y_2 y_3] & \\
x_3 & y_3 & & \cdots \cdots [y_0 y_1 y_2 \ldots y_n]. \\
\vdots & \vdots & & [y_{n-2} y_{n-1} y_n] \\
 & & [y_{n-1} y_n] & \\
x_n & y_n & &
\end{array}
$$

6. Sonderfall der linearen Interpolation. Haben wir es nur mit zwei Interpolationsstellen x_0 und x_1 zu tun, so ist das Interpolationspolynom

$$g(x) = y_0 + [y_0 y_1] (x - x_0) = y_0 + \frac{y_1 - y_0}{x_1 - x_0} (x - x_0)$$

eine lineare Funktion von x, die Interpolationsparabel die gerade Linie durch x_0, y_0 und x_1, y_1. Wir kommen damit auf die schon besprochene *lineare Interpolation* von S. 31—32 zurück. Man überlege sich das in allen Einzelheiten durch.

7. Äquidistante Argumente. Differenzen und Differenzenschema. Liegen die Punkte x_0, x_1, ..., x_n „*äquidistant*" um die „*Spanne*" h auseinander, ist etwa

$$x_0 = a, \quad x_1 = a + h, \quad x_2 = a + 2h, \quad \ldots, \quad x_n = a + nh,$$

so kann man beim Aufschreiben des Schemas die Division mit $x_0 - x_1$, $x_0 - x_2$ usw. sparen und statt dessen durch einfache Subtraktionen je zweier übereinanderstehender Zahlen das „*Differenzenschema*"

$$
\begin{array}{ccccccc}
x_0 & y_0 \\
 & & \triangle y_0 & & \overset{2}{\triangle} y_0 \\
x_1 & y_1 \\
 & & \triangle y_1 & & \overset{2}{\triangle} y_1 \\
x_2 & y_2 & & & & & \overset{n}{\triangle} y_0 \\
 & & \triangle y_2 & & \cdots \\
x_3 & y_4 \\
\vdots & \vdots & & & \overset{2}{\triangle} y_{n-2} \\
 & & \triangle y_{n-1} \\
x_n & y_n
\end{array}
$$

für die „*Differenzen*"[1]

$$
\triangle y_0 = y_1 - y_0, \quad \triangle y_1 = y_2 - y_1, \quad \triangle y_2 = y_3 - y_2, \ldots
$$
$$
\overset{2}{\triangle} y_0 = \triangle y_1 - \triangle y_0, \quad \overset{2}{\triangle} y_1 = \triangle y_2 - \triangle y_1, \ldots
$$
$$
\overset{3}{\triangle} y_0 = \overset{2}{\triangle} y_1 - \overset{2}{\triangle} y_0, \ldots
$$

aufschreiben. Das Interpolationspolynom lautet dann mit der bekannten Abkürzung $n! = 1 \cdot 2 \cdot 3 \cdots n$

$$
g(x) = y_0 + (x - a)\frac{\triangle y_0}{h} + (x - a)(x - a - h)\frac{\overset{2}{\triangle} y_0}{2h^2} + \cdots
$$
$$
+ (x - a)(x - a - h) \cdots (x - a - (n-1)h)\frac{\overset{n}{\triangle} y_0}{n! \, h^n}.
$$

Mit $x = a + th$, wobei t angibt, um welches Vielfaches von h das Argument x von a entfernt ist, können wir dies umgestalten zu

$$
g(a + th) = y_0 + \frac{t}{1!}\triangle y_0 + \frac{t(t-1)}{2!}\overset{2}{\triangle} y_0 + \cdots + \binom{t}{n}\overset{n}{\triangle} y_0;
$$

$\binom{t}{n}$ ist der *Binomialkoeffizient* $\dfrac{t(t-1)\cdots(t-n+1)}{n!}$.

8. Beispiel. Ausdehnung des Wassers. Wasser hat bekanntlich bei 4^0 C seine größte Dichte. Es sei 1 l davon bei 4^0 C abgemessen, und es sei $y = f(x)$ der Volumenüberschuß in mm³ dieser Menge über 1 l bei der Temperatur x in ^{0} C. Am linken Rande des folgenden Differenzenschemas stehen beobachtete Werte von y:

x in ^{0}C	y in mm³	$\triangle$	$\overset{2}{\triangle}$	$\overset{3}{\triangle}$	$\overset{4}{\triangle}$
0	129				
		— 98			
2	31		67		
		— 31		— 6	
4	0		61		— 1
		30		— 7	
6	30		54		
		84			
8	114				

---

[1] $\overset{2}{\triangle}$ soll nicht Delta-Quadrat heißen, sondern zweite Differenz.

Das Interpolationspolynom heißt $(h = 2)$

$$g(x) = 129 - x\,\frac{98}{2} + x\,(x-2)\,\frac{67}{2\cdot 2^2} - x\,(x-2)\,(x-4)\,\frac{6}{6\cdot 2^3}$$
$$- x\,(x-2)\,(x-4)\,(x-6)\,\frac{1}{24\cdot 2^4}$$
$$= 129 - 49\,x + 8{,}375\,x\,(x-2) - 0{,}125\,x\,(x-2)\,(x-4)$$
$$- 0{,}00260\,x\,(x-2)\,(x-4)\,(x-6)$$
$$= 129 - 66{,}625\,x + 9{,}010\,x^2 - 0{,}094\,x^3 - 0{,}003\,x^4.$$

Die folgende Zusammenstellung zeigt mit Hilfe von $g(x)$ berechnete Näherungswerte für $y = f(x)$ und wirklich beobachtete Werte:

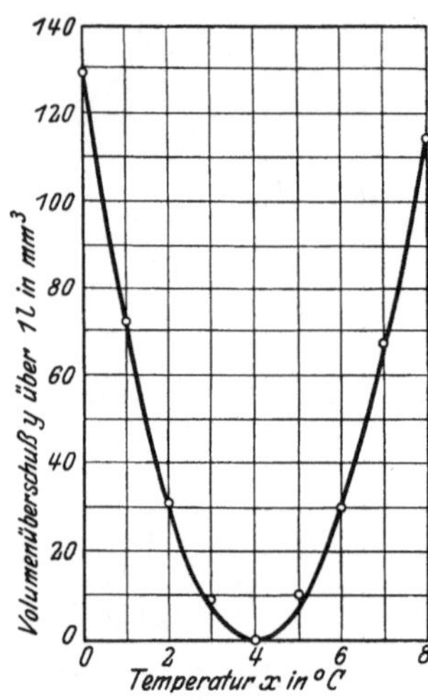

Abb. 54. Ausdehnung des Wassers.

x in °C	$g(x)$ berechnet in mm³	$y = f(x)$ beobachtet in mm³
1	71	72
3	7	9
5	8	10
7	66	67

Abb. 54 verdeutlicht den vorzüglichen Anschluß auch anschaulich. In $y = g(x)$ ist also eine praktisch sehr brauchbare „Faustformel" für die Ausdehnung des Wassers zwischen $0°$ C und $8°$ C gewonnen.

9. Interpolationsformel von Stirling. Außer den Funktionswerten y_1, y_2, ... für die Argumente $x_1 = a + h$, $x_2 = a + 2h$, ... auf einer Seite des Ausgangsargumentes $x_0 = a$ mit dem Funktionswerte y_0 benutzt man gern auch die Funktionswerte y_{-1}, y_{-2}, ... für die Argumente $x_{-1} = a - h$, $x_{-2} = a - 2h$, ... auf der anderen Seite. Die entsprechenden Interpolationsformeln sind Sonderfälle der allgemeinen Newtonschen Formel und namentlich von den Astronomen zu großer Feinheit und Vollkommenheit ausgebildet worden, während sie in weiteren naturwissenschaftlichen Kreisen längst nicht genügend gewürdigt werden. Sie heißen *Zentraldifferenzenformeln*, weil die benutzten Differenzen im Zentrum des Differenzenschemas stehen[1]. Z. B. kommen bei der *Stirlingschen Interpolationsformel* die im folgenden Differenzenschema eingeringelten Differenzen „in einer Wagerechten mit $x_0 = a$" und y_0 zur Verwendung. Aus den durch einen senkrechten Strich verbundenen Differenzen ist das arithmetische Mittel zu nehmen.

---

[1] Für weiteres Studium greife man zu E. T. Whittaker-G. Robinson, The calculus of observations. London 1924: Blackie (dieses Buch sollte jeder mathematisch weiterstrebende

Die Faktoren, mit denen man y_0, das arithmetische Mittel der eingeringelten ersten Differenzen usw. multiplizieren muß, um durch Addition aller Produkte den Wert des Stirlingschen Interpolationspolynoms für das Argument $x = a + th$ zu bekommen, sind der Reihe nach:

$$1,\ t,\ \frac{t^2}{2!},\ \frac{t(t^2-1^2)}{3!},\ \frac{t^2(t^2-1^2)}{4!},\ \frac{t(t^2-1^2)(t^2-2^2)}{5!},\ \frac{t^2(t^2-1^2)(t^2-2^2)}{6!},\ \ldots,$$

z. B. für $t = \dfrac{1}{2}$

$$1,\ \frac{1}{2},\ \frac{1}{8},\ -\frac{1}{16},\ -\frac{1}{128},\ \frac{3}{256},\ \frac{1}{1024},\ \ldots$$

Will man etwa an Hand des Differenzenschemas S. 47 mit $h = 2$ den Volumenüberschuß für 5^0 ausrechnen, so nehme man $a = 4$. Dann wird $t = \dfrac{1}{2}$. Die aus dem Differenzenschema benötigten Werte in einer Wagerechten mit $a = 4$ sind

$$0; \quad \frac{-31+30}{2} = -0,5; \quad 61; \quad \frac{-6-7}{2} = -6,5; \quad -1,$$

und die Stirlingsche Formel gibt als gesuchten Volumenüberschuß für 5^0

$$1 \cdot 0 + \frac{1}{2} \cdot (-0,5) + \frac{1}{8} \cdot 61 - \frac{1}{16} \cdot (-6,5) - \frac{1}{128} \cdot (-1) \approx 7,79.$$

Von der ähnlichen *Besselschen Interpolationsformel* sei nur erwähnt, daß sie mit den im Differenzenschema S. 48 unterstrichenen Werten arbeitet und besonders geeignet ist zur „*Interpolation in die Mitte*", d. h. für das zwischen $x_0 = a$ und $x_1 = a + h$ in der Mitte liegende Argument $a + \frac{1}{2}h$. Man hat für diesen Zweck, wenn man bis zu den 2. Differenzen geht, nur das arithmetische Mittel $\frac{y_0 + y_1}{2}$ der unterstrichenen Funktionswerte um $\frac{1}{8}$ des arithmetischen Mittels der beiden unterstrichenen 2. Differenzen zu vermindern. Also im Beispiel

$$\text{Volumenüberschuß für } 5^0 = \frac{0+30}{2} - \frac{1}{8} \cdot \frac{61+54}{2} \approx 7,81.$$

L. Trigonometrische und zyklometrische Funktionen.

1. Definition der trigonometrischen Funktionen. Als *trigonometrische (goniometrische) Funktionen* $\sin x$, $\cos x$, $\tan x$ (oder tg x) und $\cot x$ (oder ctg x) eines spitzen Winkels x definiert man in der Schulmathematik an Hand eines rechtwinkligen Dreiecks ABC (Abb. 55) mit dem Winkel $\widehat{BAC} = x$ die Verhältnisse[1]

$$\sin x = \frac{a}{c} = \frac{\text{Gegenkathete}}{\text{Hypotenuse}}, \quad \cos x = \frac{b}{c} = \frac{\text{Ankathete}}{\text{Hypotenuse}},$$

$$\tan x = \frac{a}{b} = \frac{\text{Gegenkathete}}{\text{Ankathete}}, \quad \cot x = \frac{b}{a} = \frac{\text{Ankathete}}{\text{Gegenkathete}}.$$

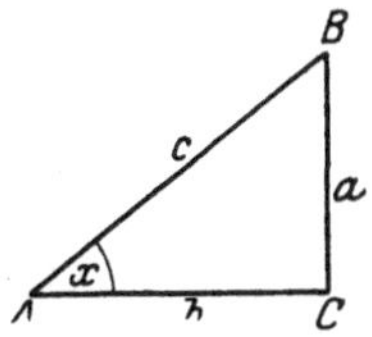

Abb. 55. Definition der trigonometrischen Funktionen.

Naturwissenschaftler einsehen; darin ist u. a. auch die Ausgleichungsrechnung vorzüglich behandelt) oder zu dem kurzen Auszuge daraus: A short course in interpolation.

[1] Zur Rückerinnerung an die Trigonometrie seien empfohlen: CRANTZ, P.: Ebene Trigonometrie zum Selbstunterricht, Aus Natur und Geisteswelt 431; WITTING, A.: Einführung in die Trigonometrie, Math.-Phys. Bibliothek (Teubner) 43.

Für beliebige Winkel erweitern wir diese Definition in folgender Weise. Wir denken uns (Abb. 56) in einem rechtwinkligen uv-Koordinatensystem die positive,

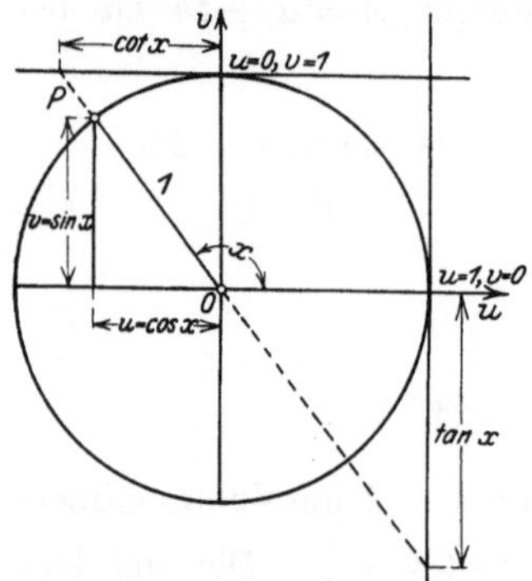

Abb. 56. Definition der trigonometrischen Funktionen.

im Ursprung befestigte u-Halbachse um den Winkel x (im Bogenmaß) gedreht, d. h. solange, bis ein auf dem Einheitskreise mitwandernder Mann P den Weg x zurückgelegt hat; x zählt positiv, wenn die Drehung im positiven Sinne (entgegengesetzt dem Uhrzeiger) erfolgt, sonst negativ. Dann sind Abszisse und Ordinate des Mannes auf dem Einheitskreise, genauer ihre Maßzahlen, Kosinus und Sinus von x:

$$\cos x = u \quad \text{und} \quad \sin x = v .$$

Offenbar sind $\cos x$ und $\sin x$ Funktionen von x und auf jeden Fall zwischen -1 einschl. und $+1$ einschl. enthalten. Nach dem pythagoreischen Lehrsatze ist

$$(\cos x)^2 + (\sin x)^2 = \cos^2 x + \sin^2 x = 1 .$$

Dies erlaubt, die eine der Funktionen durch die andere auszudrücken:

$$\sin x = \pm \left| \sqrt{1 - \cos^2 x} \right| \quad \text{und} \quad \cos x = \pm \left| \sqrt{1 - \sin^2 x} \right| ;$$

das Vorzeichen der Wurzel ist durch den Quadranten bestimmt, in den der bewegliche Winkelschenkel hineinfällt.

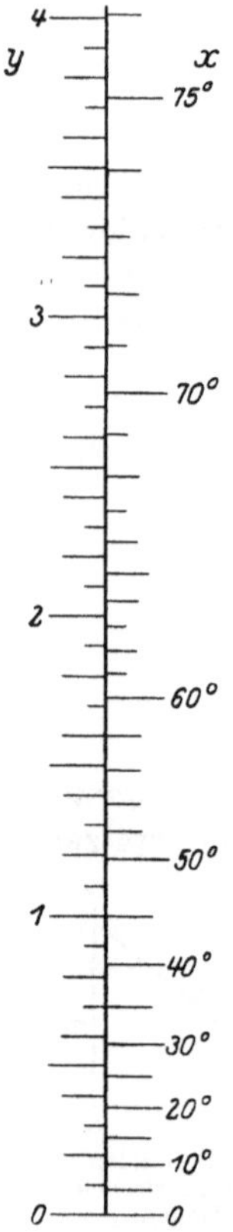

Tangens und Kotangens von x sind die Quotienten

$$\tan x = \frac{\sin x}{\cos x} \quad \text{und} \quad \cot x = \frac{\cos x}{\sin x} = \frac{1}{\tan x} .$$

Sie können als Ordinaten bzw. Abszissen auf den Tangenten des Einheitskreises in seinen Schnittpunkten $u = 1$, $v = 0$ bzw. $u = 0$, $v = 1$ mit der positiven u- und positiven v-Halbachse dargestellt werden (Abb. 56). Schreibt man die entsprechenden Winkel daran (für die Praxis in Gradmaß), so erhält man auf den Tangenten als Trägern Leitern der Funktionen $y = \tan x$ (Abb. 57) und $y = \cot x$. Leitern der Funktionen $y = \cos x$ und $y = \sin x$ (Abb. 58) entstehen durch Projektion der Lagen des Mannes auf dem Einheitskreise auf die u- und v-Achse und Daranschreiben der dazugehörigen Winkel. Dies kann mit Vorteil bei der Konstruktion des Nomogramms Abb. 24 für das Brechungsgesetz (S. 23) benutzt werden, indem man Kreise von den Halbmessern 1 und n verwendet.

2. Periodizität und ähnliches. Sonderwerte. $\cos x$ und $\sin x$ sind „*periodisch mit der Periode* 2π", d. h. es ist

$$\cos (x + 2\pi) = \cos x \quad \text{und} \quad \sin (x + 2\pi) = \sin x ;$$

Abb. 57.
Tangensleiter
$y = \tan x$.

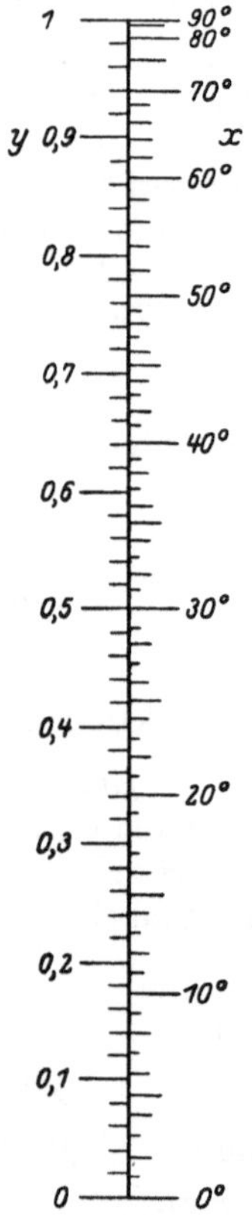

Abb. 58.
Sinusleiter
$y = \sin x$.

die Funktionen ändern sich nicht, wenn das Argument um 2π (in Gradmaß 360°) vermehrt wird, weil sich nach Zurücklegung eines vollen Umlaufs wieder derselbe Punkt auf dem Einheitskreise einstellt. $\tan x$ und $\cot x$ haben schon die Periode π:

$$\tan (x + \pi) = \tan x \quad \text{und} \quad \cot (x + \pi) = \cot x .$$

$\cos x$ ist eine „*gerade Funktion*", d. h.

$$\cos(-x) = \cos x ,$$

während $\sin x$, $\tan x$ und $\cot x$ „*ungerade Funktionen*" sind:

$$\sin(-x) = -\sin x , \qquad \tan(-x) = -\tan x , \qquad \cot(-x) = -\cot x .$$

(Man nennt allgemein eine Funktion *gerade* bzw. *ungerade*, wenn sie für positives und negatives Argument gleiche bzw. entgegengesetzt gleiche Werte hat.)

Ferner läßt sich an Hand der Abb. 56 leicht übersehen, was bei Vermehrung des Arguments um $\dfrac{\pi}{2}$, π oder $\dfrac{3\pi}{2}$ eintritt. Mittels des gleichschenklig-rechtwinkligen und des gleichseitigen Dreiecks können wir schließlich für 45°, 30° und 60°

$$\cos \frac{\pi}{4} = \sin \frac{\pi}{4} = \frac{1}{2}\sqrt{2} \approx 0{,}7071 , \qquad \tan \frac{\pi}{4} = \cot \frac{\pi}{4} = 1 ,$$

$$\cos \frac{\pi}{6} = \sin \frac{\pi}{3} = \frac{1}{2}\sqrt{3} \approx 0{,}8660 , \qquad \tan \frac{\pi}{6} = \cot \frac{\pi}{3} = \frac{1}{3}\sqrt{3} \approx 0{,}5773 ,$$

$$\cos \frac{\pi}{3} = \sin \frac{\pi}{6} = \frac{1}{2} = 0{,}5 , \qquad \tan \frac{\pi}{3} = \cot \frac{\pi}{6} = \sqrt{3} \approx 1{,}7321$$

ausrechnen.

3. Graphische Darstellung. Zur graphischen Darstellung der trigonometrischen Funktionen trägt man die Winkel x, d. h. die Bögen des Einheitskreises, als Abszissen

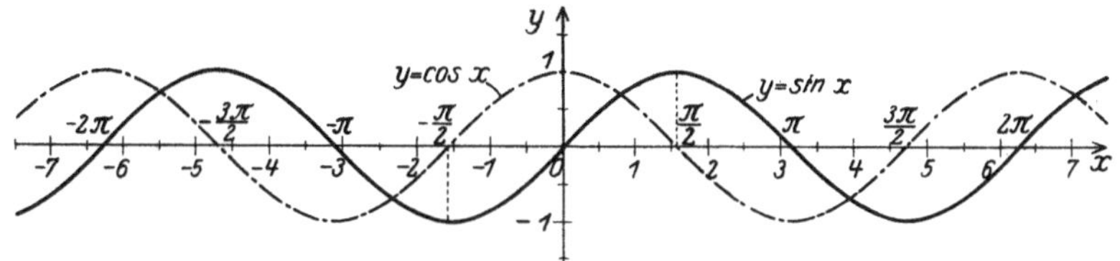

Abb. 59.   Sinus- und Kosinuslinie.

und die zugehörigen Funktionswerte als Ordinaten auf. Dies macht sich bei $\sin x$ und $\tan x$ sehr bequem, wenn man die x-Achse auf die u-Achse darauflegt und den durch x bestimmten Punkt auf dem Einheitskreise mit der Ordinate $\sin x$ bzw. den Punkt auf der senkrechten Tangente in $u = 1$, $v = 0$ mit der Ordinate $\tan x$ wagerecht auf die Senkrechte zur richtigen Abszisse x hinüberprojiziert. Zuweilen werden als Abszissen auch die Gradmaße der Winkel mit einer passenden Einheitsstrecke genommen. Für $\cos x$ und $\cot x$ legt man die x-Achse auf die v-Achse und sieht das Bild seitlich an.

So entstehen die *Sinuslinie*, *Kosinuslinie*, *Tangenslinie* und *Ko-*

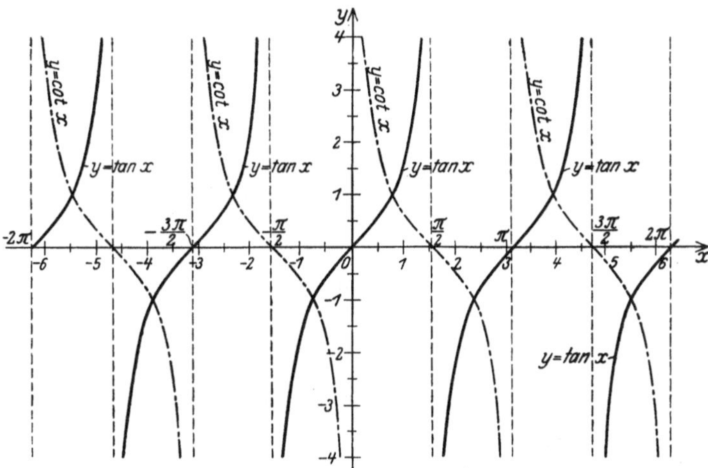

Abb. 60.   Tangens- und Kotangenslinie.

tangenslinie (Abb. 59 und 60). Sie zeigen z. B. sehr anschaulich das Zu- und Abnehmen der Funktionen, die „*Maxima*" und „*Minima*", z. B. $\cos 0 = 1$,

$\cos \pi = -1$, die „*Nullstellen*", z. B. $\sin 0 = 0$, $\sin \pi = 0$ und die „*Unendlich-keitsstellen*", z. B.

$$\left. \begin{aligned} \tan x \to +\infty \quad \text{für} \quad x \to \frac{\pi}{2} - 0 \\ \tan x \to -\infty \quad \text{für} \quad x \to \frac{\pi}{2} + 0 \end{aligned} \right\} \text{insgesamt } \tan x \to \infty \text{ für } x \to \frac{\pi}{2}.$$

$\left(x \to \dfrac{\pi}{2} - 0 \right.$ bedeutet, daß x aufsteigend nach $\dfrac{\pi}{2}$ strebt.$\Big)$ Die Periodizität drückt sich darin aus, daß die Wellenlinien für $\cos x$ und $\sin x$ bei Verschiebung um 2π nach rechts oder links je in sich übergehen und die aus lauter getrennten Ästen bestehenden Tangens- und Kotangenslinien bei Verschiebung um π.

4. Phasenverschiebung. Gemäß den am Einheitskreise leicht zu bestätigenden Beziehungen $\sin\left(x + \dfrac{\pi}{2}\right) = \cos x$, $\sin x = \cos\left(x - \dfrac{\pi}{2}\right)$ nimmt $\cos x$ für x den Wert an, den $\sin x$ erst für $x + \dfrac{\pi}{2}$, d. h., wenn x die Zeit ist, um $\dfrac{\pi}{2}$ später erreicht, $\sin x$ für x den Wert, den $\cos x$ für $x - \dfrac{\pi}{2}$ $\left(\text{um } \dfrac{\pi}{2} \text{ früher}\right)$ hatte. *Der Kosinus eilt*, wie man zu sagen pflegt, *dem Sinus um* $\dfrac{\pi}{2}$ *voraus* oder ist um $\dfrac{\pi}{2}$ *vorwärts phasenverschoben* gegen ihn, und *der Sinus eilt dem Kosinus um* $\dfrac{\pi}{2}$ *nach* oder ist um $\dfrac{\pi}{2}$ *rückwärts phasenverschoben* gegen ihn. Der Ausdruck „phasenverschoben" kommt her von der zuweilen angewandten Bezeichnung „*Phase*" für das Argument einer trigonometrischen Funktion.

Man hüte sich vor Verwechslungen der Phasenverschiebung mit der örtlichen Verschiebung um $\dfrac{\pi}{2}$ nach rechts, welche die Kosinuslinie mit der Sinuslinie zur Deckung bringt (Abb. 59). Denn wenn man unerlaubterweise „vorwärts phasenverschoben" als „nach rechts örtlich verschoben" auffaßte, käme man zu der Aussage, der Sinus sei um $\dfrac{\pi}{2}$ vorwärts phasenverschoben gegen den Kosinus, womit alles auf den Kopf gestellt wäre.

Insbesondere hat $\sin x$ ein Maximum $+1$ oder ein Minimum -1, wenn $\cos x$ durch Null geht (vgl. die vertiefte Einsicht hierein S. 81). Dies wird veranschaulicht durch die Verhältnisse bei Schwingungen, wo die Elongation mit der einen und die Geschwindigkeit mit der anderen der beiden Funktionen verläuft, vgl. II E 16—17, S. 156—159 und Abb. 59. (In der Schwingungslehre kann der Sinus im Zeunerdiagramm durch den Radiusvektor zu einem die Polarachse im Ursprung von oben berührenden Kreis veranschaulicht werden, vgl. S. 19 und Abb. 17.) Vor- und Nacheilen um $\dfrac{\pi}{2}$ und auch um andere Winkel spielt in der Wechselstromtheorie eine Rolle (die Spannungen zur Überwindung der Kapazität, des Ohmschen Widerstandes und der Selbstinduktion sind gegeneinander je um $\dfrac{\pi}{2}$ phasenverschoben; S. 158—159).

5. Bedeutung des Sinus und Kosinus für den Naturwissenschaftler. Formelzusammenstellung. Sinus und Kosinus bilden für den Naturwissenschaftler vor allem die mathematische Grundlage der Lehre von den *mechanischen, akustischen, optischen und elektrischen Schwingungen und Wellen.* Aber auch sonst kommen sie ihm oft genug vor. Die in der Schule häufig in den Vordergrund geschobenen Anwendungen auf Dreiecke u. dgl. (Vermessungskunde) freilich sind für ihn meist minder wichtig. Unbedingt beherrschen sollte er aber die folgenden bekannten Schulformeln:

$$\sin(x \pm h) = \sin x \cos h \pm \cos x \sin h,$$

$$\cos(x \pm h) = \cos x \cos h \mp \sin x \sin h,$$

$$\sin 2x = 2\sin x \cos x\,, \qquad \cos 2x = \cos^2 x - \sin^2 x = 2\cos^2 x - 1 = 1 - 2\sin^2 x\,,$$

$$1 + \cos x = 2\cos^2 \frac{x}{2}\,, \qquad 1 - \cos x = 2\sin^2 \frac{x}{2}\,,$$

$$\sin\alpha + \sin\beta = \; 2\sin\frac{\alpha+\beta}{2}\cos\frac{\alpha-\beta}{2}\,,$$

$$\sin\alpha - \sin\beta = \; 2\cos\frac{\alpha+\beta}{2}\sin\frac{\alpha-\beta}{2}\,,$$

$$\cos\alpha + \cos\beta = \; 2\cos\frac{\alpha+\beta}{2}\cos\frac{\alpha-\beta}{2}\,,$$

$$\cos\alpha - \cos\beta = \; -2\sin\frac{\alpha+\beta}{2}\sin\frac{\alpha-\beta}{2}\,.$$

6. Trigonometrische Funktionen für kleines Argument. Wie verhalten sich die trigonometrischen Funktionen für kleines x? Wir wissen schon $\sin 0 = 0$, $\cos 0 = 1$,

Winkel in Gradmaß	Winkel in Bogenmaß x	Sinus $\sin x$	Tangens $\tan x$	Kosinus $\cos x$
57° 17′ 45″	1	0,8415	1,5574	0,5403
10°	0,1745	0,1736	0,1763	0,9848
5° 43′ 46″	0,1	0,0998	0,1003	0,9950
1°	$1745{,}33 \cdot 10^{-5}$	$1745{,}24 \cdot 10^{-5}$	$1745{,}51 \cdot 10^{-5}$	$1 - 15 \cdot 10^{-5}$
1′	$2908{,}882087 \cdot 10^{-7}$	$2908{,}882046 \cdot 10^{-7}$	$2908{,}882128 \cdot 10^{-7}$	$1 - 0{,}423 \cdot 10^{-7}$
1″	$4848{,}136811$ $095 \cdot 10^{-9}$	$4848{,}136811$ $076 \cdot 10^{-9}$	$4848{,}136811$ $114 \cdot 10^{-9}$	$1 - 0{,}01175 \cdot 10^{-9}$

$\tan 0 = 0$. Aus einer in den meisten Logarithmentafeln zu findenden Tabelle entnimmt man:

x, sin x und tan x stimmen in um so mehr Dezimalen überein, je kleiner x ist —
die Beziehungen

$$\boxed{\;\sin x \approx x \quad und \quad \tan x \approx x \; bei \; kleinem \; x\;}$$

sind immer besser erfüllt[1] *—, und der Unterschied zwischen* $\cos 0 = 1$ *und* $\cos x$ *fällt noch viel kleiner als x selbst aus.*

Unter Einführung der Verhältnisse zu x pflegt man dies in einprägsamer Symbolik in der Gestalt

$$\boxed{\;\frac{\sin x}{x} \to 1\,, \qquad \frac{\tan x}{x} \to 1\,, \qquad \frac{1-\cos x}{x} \to 0 \quad für \quad x \to 0\;}$$

zu schreiben (lies z. B. $\dfrac{\sin x}{x}$ „nach" (oder „gegen" oder „Pfeil") 1 für x nach (oder gegen oder Pfeil) 0) und sagt: $\dfrac{\sin x}{x}$ „*strebt*" oder „*konvergiert*" nach 1, wenn x nach 0 strebt (bei „*nullstrebigem*" x). Statt des einen Pfeiles wird auch die Schreibweise $\lim\limits_{x \to 0} \dfrac{\sin x}{x} = 1$ (lies: Limes von $\dfrac{\sin x}{x}$ für x nach 0 gleich 1) angewandt, in Worten: Der „*Grenzwert*" oder „*Limes*" des Verhältnisses $\dfrac{\sin x}{x}$ bei nullstrebigem x ist gleich 1. Der Begriff des „Grenzwertes", der sich hier zu einer sprachlich anschaulichen und klaren Umschreibung des aus unserer Tabelle entnommenen Sachverhaltes darbietet, wird uns noch oft begegnen (er ist einer der Grundbegriffe der „höheren" Mathematik) und z. B. auf S. 105 ganz ausführlich erörtert werden.

---

[1] Bis auf $1^0/_0$ von x bei $\sin x$ bis 14°, bei $\tan x$ bis 10°

Indem wir die Definitionsfigur des Sinus an der u-Achse spiegeln (Abb. 61), können wir auch sagen:

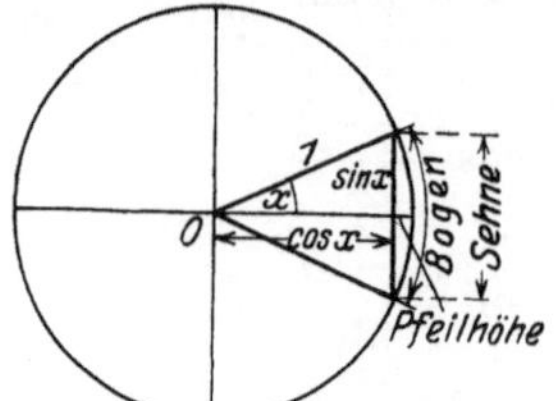

Bogen und Sehne sind mit immer größerer Annäherung einander gleich, je kleiner sie sind, und die „Pfeilhöhe" des Bogens über der Sehne ist viel kleiner als Bogen und Sehne.

Abb. 61. Bogen, Sehne und Pfeilhöhe.

Oder, wenn wir auf die Sinuslinie (Abb. 62) achten:

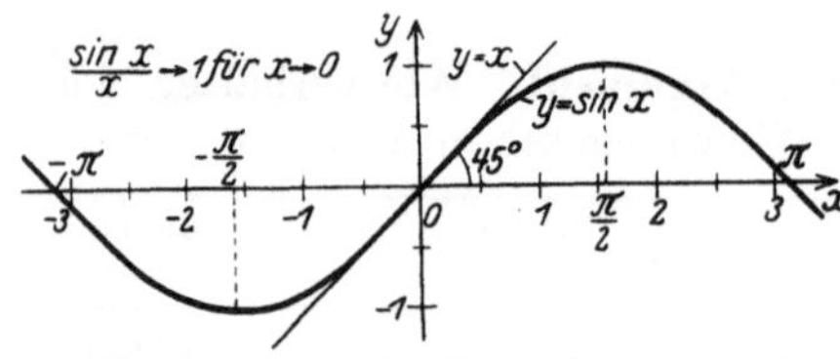

Die Sinuslinie $y = \sin x$ schmiegt sich bei Verkleinerung von x immer mehr der Geraden $y = x$ unter 45^0 gegen die x-Achse an;

Abb. 62. Tangente $y = x$ der Sinuslinie $y = \sin x$ für $x = 0$.

diese Gerade wird also die *Tangente* der Sinuslinie im Ursprunge $x = 0$ sein.

Oder, wenn wir die Kurve $\dfrac{\sin x}{x}$ (Abb. 63) zeichnen:

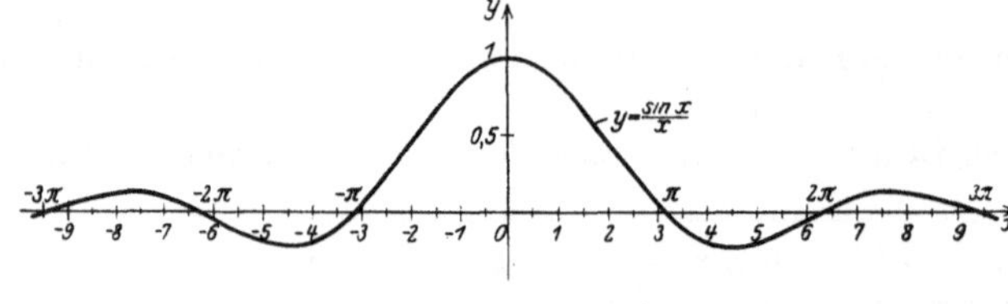

Abb. 63. Kurve $y = \dfrac{\sin x}{x}$.

Für $x = 0$ ist die Funktion $y = \dfrac{\sin x}{x}$ nicht definiert, weil das Symbol $\dfrac{\sin 0}{0} = \dfrac{0}{0}$ ohne Verabredung jeden Wert bedeuten kann oder „*unbestimmt*" ist (*jede Zahl liefert mit dem Divisor 0 multipliziert den Dividenden 0*). Aber das Verhalten der Kurve legt nahe, als „*natürlichen*" Wert der Funktion für $x = 0$ den Wert 1 *festzusetzen*. Man spricht deshalb von einer „*hebbaren*" *Unstetigkeit* der Funktion

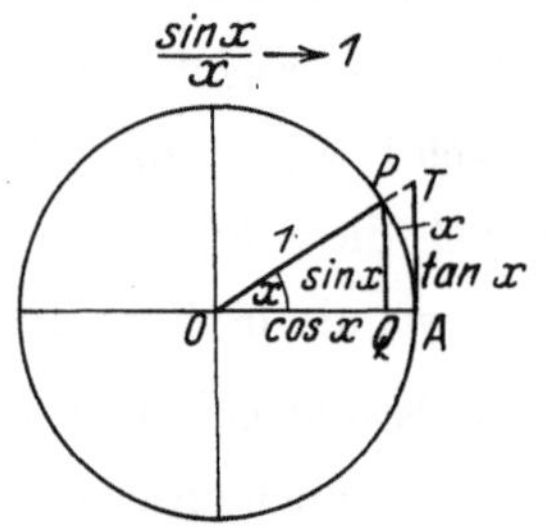

Abb. 64.

$y = \dfrac{\sin x}{x}$ für $x = 0$, weil man die an sich infolge der Nichtdefiniertheit für $x = 0$ vorhandene Unstetigkeit durch geeignete Verabredung „*beheben*" kann.

Der Mathematiker pflegt die Beziehung $\dfrac{\sin x}{x} \to 1$ für $x \to 0$ noch durch Aufschreiben der Inhalte (Abb. 64)

$$\frac{1}{2}\cos x \sin x < \frac{1}{2} x < \frac{1}{2}\tan x$$

des Dreiecks OQP, des Sektors $\overparen{OAP}$ und des Dreiecks OAT mit der angegebenen Größenreihenfolge zu stützen. Dividiert man durch $\dfrac{1}{2}\sin x$, so kommt

$$\cos x < \frac{x}{\sin x} < \frac{1}{\cos x},$$

und läßt man $x \to 0$ gehen, so streben die beiden einschließenden Schranken, die eine wachsend, die andere fallend, nach 1, so daß der eingeschlossenen Größe $\dfrac{x}{\sin x}$ auch nichts anderes übrigbleibt. $\dfrac{x}{\sin x} \to 1$ hat aber $\dfrac{\sin x}{x} \to 1$ zur Folge, weiter

$$\frac{\tan x}{x} = \frac{\sin x}{x} \cdot \frac{1}{\cos x} \to 1 \cdot 1 = 1 \,,$$

$$\frac{1 - \cos x}{x} = \frac{2 \sin^2 \dfrac{x}{2}}{x} = \left(\frac{\sin \dfrac{x}{2}}{\dfrac{x}{2}} \right)^2 \cdot \frac{x}{2} \to 1^2 \cdot 0 = 0 \,.$$

7. Zyklometrische Funktionen. Die Umkehrfunktionen der trigonometrischen Funktionen heißen *zyklometrische Funktionen*. Da jede Parallele zur x-Achse in einem Abstande zwischen -1 und $+1$ die aus lauter steigenden und fallenden Stücken zusammengesetzte Sinuslinie und Kosinuslinie (Abb. 59) unbegrenzt oft schneidet und zu jedem y zwischen -1 und $+1$ unbegrenzt viele x gehören, erkennt man hier so recht die Bedeutung des Herausgreifens eines monotonen Stückes der Kurve einer Funktion $y = f(x)$ zur Erzielung einer *eindeutigen* Umkehrfunktion $x = \varphi(y)$ (vgl. I D 3, S. 15—16). Man nimmt $-\dfrac{\pi}{2} \leqq x \leqq \dfrac{\pi}{2}$ als Monotonieintervall für $y = \sin x$ und schreibt die Umkehrfunktion

$$x = \arcsin y \left(-\frac{\pi}{2} \leqq x \leqq \frac{\pi}{2} \right)$$

(sprich: Arkussinus y); x ist der Bogen, dessen Sinus den Wert y hat.

Beispielsweise:

$$\arcsin \frac{1}{2} = \frac{\pi}{6} \,, \qquad \arcsin \frac{1}{2} \sqrt{2} = \frac{\pi}{4} \,, \qquad \arcsin \frac{1}{2} \sqrt{3} = \frac{\pi}{3} \,, \qquad \arcsin 1 = \frac{\pi}{2} \,.$$

Entsprechend für $y = \cos x$

$$x = \arccos y \quad (0 \leqq x \leqq \pi) \,,$$

für $y = \tan x$

$$x = \arctan y \quad \left(-\frac{\pi}{2} < x < \frac{\pi}{2} \right) \,,$$

für $y = \cot x$

$$x = \operatorname{arccot} y \quad (0 < x < \pi) \,.$$

Nachträglich vertauscht man wieder x und y. Z. B.

$$y = \arctan x \to \frac{\pi}{2} \text{ für } x \to +\infty \,.$$

M. Funktionen von zwei und mehr Veränderlichen.

1. Definitionen. Fast noch häufiger als die bisher behandelten Funktionen *einer* unabhängigen Veränderlichen begegnen dem Naturwissenschaftler *Funktionen von zwei, drei oder noch mehr unabhängigen Veränderlichen*. Bei einer Funktion $z = f(x, y)$ von zwei unabhängigen Veränderlichen x und y ist jeder Funktionswert z einem *Paare* von Werten x, y zugeordnet, bei einer Funktion $u = f(x, y, z)$ von drei Veränderlichen x, y und z jeder Funktionswert u einem *Tripel* von Werten x, y, z und bei einer Funktion $y = f(x^{(1)}, x^{(2)}, \ldots, x^{(n)})$ von n unabhängigen Veränderlichen $x^{(1)}, x^{(2)}, \ldots, x^{(n)}$ jeder Funktionswert y einem *System* von Werten $x^{(1)}, x^{(2)}, \ldots, x^{(n)}$.

2. Beispiele mit formelmäßiger Zuordnung. Eine einfache Funktion von zwei unabhängigen Veränderlichen x und y ist z. B. das Produkt $z = xy$ (der Flächeninhalt z eines Rechtecks mit den Seitenlängen x und y). Denn jedem Faktorenpaare x, y, z. B. $x = 3{,}5$; $y = 8{,}2$ entspricht ein Wert des Produkts ($z = 28{,}7$). Analog verkörpert das Produkt $u = xyz$ von drei Faktoren x, y und z (der Rauminhalt eines Quaders mit den Kantenlängen x, y und z) eine Funktion von drei unabhängigen Veränderlichen und das Produkt $y = x^{(1)} x^{(2)} \cdots x^{(n)}$ von n Faktoren eine Funktion von n unabhängigen Veränderlichen. Oder die Hypotenuse $z = \sqrt{x^2 + y^2}$ in einem rechtwinkligen Dreieck mit den Katheten x und y ist eine Funktion von zwei unabhängigen Veränderlichen, ebenso die Leistung L eines Gleichstroms in Watt, welche mit der Spannung E in Volt und der Stromstärke J in Ampere durch die Beziehung $L = EJ$ zusammenhängt. Hingegen handelt es sich bei der Leistung $L = EJ \cos\varphi$ eines Wechselstroms mit den an den Meßinstrumenten ablesbaren Effektivwerten von Spannung E und Stromstärke J um eine Funktion von drei unabhängigen Veränderlichen, weil noch der Phasenwinkel φ zwischen Spannung und Stromstärke bzw. der Phasenfaktor $\cos\varphi$ hereinkommt (vgl. II E 22, S. 163—165).

3. Andere Beispiele. Während bei all diesen Beispielen die Zuordnung des Funktionswertes zu den Argumentpaaren oder -systemen formelmäßig erfolgt, muß sie beispielsweise bei der Temperatur ϑ (oder anderen meteorologischen, erdmagnetischen und ähnlichen Größen) für verschiedene Zeiten t und Orte auf der Erde durch Beobachtung ermittelt werden. Da der Ort durch geographische Länge λ und Breite φ festgelegt ist, haben wir es hier mit einer Funktion von drei Veränderlichen zu tun: $\vartheta = f(\lambda, \varphi, t)$. Hingegen ist die ebenfalls durch Beobachtung zu gewinnende Schmelztemperatur eines Gemisches von drei Substanzen nur eine Funktion von zwei Veränderlichen, weil durch die als unabhängige Veränderliche auftretenden Prozentgehalte des Gemisches an zwei Bestandteilen der Prozentgehalt am dritten Bestandteil schon mitbestimmt ist.

4. Tabellarische Darstellung. System von Tabellen. Die gerade für die letzten Beispiele nötige *tabellarische Darstellung* der Funktionen von zwei oder mehr Veränderlichen wird dadurch ermöglicht, daß sich eine Funktion $z = f(x, y)$ von zwei unabhängigen Veränderlichen durch Festhalten einer Veränderlichen, etwa von y bei y_1, auf eine Funktion $z = f(x, y_1)$ nur noch *einer* Veränderlichen x reduziert und daß Entsprechendes gilt, wenn wir für eine Funktion von drei Veränderlichen zwei davon konstant nehmen oder für eine Funktion von n Veränderlichen $n - 1$ davon. Die Funktionstabelle der Funktion $z = f(x, y_1)$ von x beispielsweise aber kann in der früheren Art angelegt werden, indem man in eine erste Spalte die x und in eine zweite Spalte daneben die entsprechenden Funktionswerte z schreibt. Am Kopfe der Tabelle vermerkt man noch, daß es sich um den Sonderwert y_1 von y handelt. Dann macht man dasselbe für $y = y_2$, $y = y_3$ usw. und erhält so die tabellarische Darstellung der Funktion $z = f(x, y)$ durch ein *System von Tabellen.* Der Funktionswert z für ein Wertepaar x, y findet sich in ihm, indem man zuerst y

$y = y_1$		$y = y_2$		$y = y_3$	
x	z	x	z	x	z
x_1	.	x_1	.	x_1	.
x_2	.	x_2	.	x_2	.
x_3	.	x_3	.	x_3	.
$\vdots$	$\vdots$	$\vdots$	$\vdots$	$\vdots$	$\vdots$

berücksichtigt und die richtige Tabelle nach den Tabellenköpfen sucht, nachher in dieser Tabelle das richtige x; neben ihm liest man z ab. Bei einer Funktion von drei Veränderlichen $u = f(x, y, z)$ steht am Kopfe jeder Tabelle ein Wertepaar, für das sie gilt, etwa $y = y_1$, $z = z_1$ usw.

5. Tafel mit doppeltem Eingang. Für eine Funktion von zwei Veränderlichen kann das System von Tabellen in eine einzige *Tafel mit doppeltem Eingang* zusammengezogen werden. Dazu vereinigt man alle bisher getrennten x-Spalten in eine und läßt dieser dann die Spalten der Funktionswerte für $y = y_1$, $y = y_2$, $y = y_3$ usw. nach rechts nachfolgen, so daß man in einer x-Zeile vielleicht erst über verschiedene nicht in Betracht kommende z hinweggehen muß, ehe man zu dem z in der richtigen y-Spalte gelangt. Über die Spalten schreibt man vernünftigerweise nicht mehr z darüber, sondern nur noch die y-Werte y_1, y_2, y_3, ... Daß es sich um $z = f(x, y)$ handelt, wird über der ganzen Tafel angegeben. Jedes z steht im Schnittpunkte einer x-Zeile und y-Spalte; allgemein kennzeichnet man den Funktionswert $f(x_i, y_k)$ am Schnittpunkte der i-ten Zeile und k-ten Spalte durch z_{ik}, z. B. $z_{23} = f(x_2, y_3)$. So sind

$$z = f(x, y).$$

$x \mid y \rightarrow$	y_1	y_2	y_3	$\cdots$
x_1	z_{11}	z_{12}	z_{13}	$\cdots$
x_2	z_{21}	z_{22}	z_{23}	$\cdots$
x_3	z_{31}	z_{32}	z_{33}	$\cdots$

$$z_{ik} = f(x_i, y_k).$$

z. B. die bekannten, für Zahlenrechnungen nützlichen *Produkttafeln* der Funktion $z = xy$ eingerichtet, etwa für alle ganzzahligen x von 1 bis 1000 und alle ganzzahligen y von 1 bis 1000; nebenstehend ein Bruchstück einer solchen Tafel. Ferner ist die sog. *Korrelationstabelle* in der statistischen Biologie weiter nichts als eine Tafel mit doppeltem Eingang für die Häufigkeitsfunktion eines Merkmalpaares x, y.

$x \mid y \rightarrow$	$\cdots$	322	323	324	$\cdots$
$\vdots$	$\vdots$	$\vdots$	$\vdots$	$\vdots$	$\vdots$
166	$\cdots$	53452	53618	53784	$\cdots$
167	$\cdots$	53774	53941	54108	$\cdots$
168	$\cdots$	54096	54264	54432	$\cdots$
$\vdots$	$\vdots$	$\vdots$	$\vdots$	$\vdots$	$\vdots$

Tafeln mit doppeltem Eingang liegen bekanntlich auch bei Logarithmentafeln, Quadrattafeln u. dgl. vor. Dort handelt es sich natürlich nicht um Funktionen zweier Veränderlicher, sondern die Tafel mit doppeltem Eingang ist nur zur Raumersparnis und Übersichtlichkeit gewählt. Die einzelnen Spalten entsprechen den verschiedenen Ziffern 0 bis 9 der letzten Stelle des Numerus, dessen andere Stellen die Zeile charakterisieren. — Bei Funktionen von drei und mehr Veränderlichen läßt sich eine Vereinfachung des Systems von Tabellen praktisch nicht herbeiführen.

6. Räumliches Koordinatensystem. Zur *geometrischen Darstellung* der Funktionen von zwei Veränderlichen tritt an die Stelle des ebenen rechtwinkligen xy-Koordinatensystems ein *räumliches rechtwinkliges xyz-Koordinatensystem* (Abb. 65). Es entsteht, wenn im Ursprunge des ebenen xy-Systems senkrecht zu dessen Ebene noch eine dritte Achse, die z-Achse, mit einer positiven und einer negativen Halbachse angebracht wird. Eine Veranschaulichung von drei x-, y- und z-Halbachsen liefern etwa drei in einer Ecke eines Zimmers mit senkrechten Wänden zusammenstoßende Zimmerkanten. Die Wände und der Fußboden oder die Decke versinnlichen die xy-, yz- und zx-Ebene, zusammen *Koordinatenebenen* genannt. Je nachdem die positive x-, y- und z-Halbachse zueinander liegen wie Daumen, Zeigefinger und Mittelfinger der rechten oder der linken Hand, unterscheidet man *Rechts-* und *Linkskoordinatensysteme*. Dreht man die positive x-Halbachse auf dem kürzesten Wege in die positive y-Halbachse und bewegt gleichzeitig die xy-Ebene in der positiven z-Richtung, so ergibt sich im ersten Falle eine *Rechtsschraubung*, wie sie der ge-

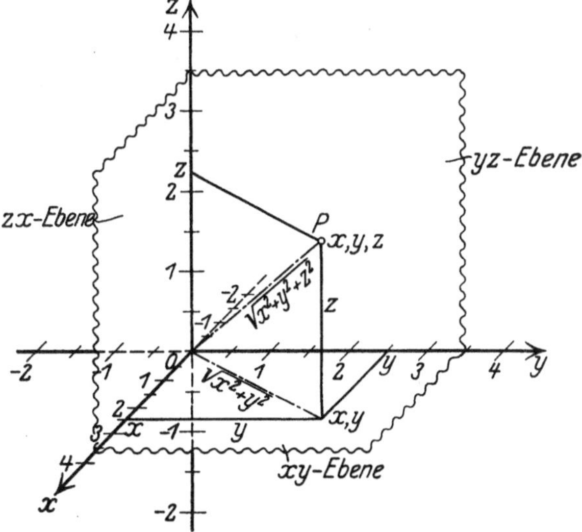

Abb. 65. Räumliches rechtwinkliges Koordinatensystem.

wöhnliche Korkzieher für rechtshändige Leute vollführt, im zweiten Falle eine *Linksschraubung*. Daher auch die Namen Bohnen- und Hopfenkoordinatensystem, weil die Bohne rechts herum, d. h. von der Wurzel aus nach oben im Sinne des Korkziehers, der Hopfen links herum windet[1]. Der Naturwissenschaftler arbeitet in der Regel mit dem Rechtskoordinatensystem, weil dieses z. B. den Verhältnissen in der Elektrodynamik angepaßt ist, das Linkskoordinatensystem dagegen nicht.

Ein *Wertsystem* x, y, z wird im räumlichen Koordinatensystem durch den *Punkt mit den Koordinaten* x, y, z veranschaulicht (Abb. 65), zu dem wir kommen, wenn wir auf der x-Achse nach dem Punkte x gehen, dann parallel der y-Achse (also in der xy-Ebene) um y und schließlich parallel der z-Achse (also senkrecht zur xy-Ebene) um z fortschreiten oder analog mit anderer Reihenfolge der Koordinaten verfahren. Auch bildet der Punkt x, y, z den Schnittpunkt der drei Ebenen parallel den Koordinatenebenen durch die Punkte x, y, z auf den drei entsprechenden Achsen.

7. Geometrische Darstellung einer Funktion von zwei Veränderlichen durch eine Fläche. Das geometrische Bild der Funktion $z = f(x, y)$ im rechtwinkligen xyz-System ist eine *Fläche*, so wie früher das Bild der Funktion $y = f(x)$ im xy-System eine Kurve war. Man sucht die allen in Frage kommenden Wertepaaren x, y (geometrisch Punkten in der xy-Ebene) und zugehörigen Funktionswerten z (geometrisch Loten auf der xy-Ebene) entsprechenden Punkte auf und legt durch sie eine Fläche hindurch.

Wirklich ausführen läßt sich dies freilich nur, wenn man tatsächlich im Raume und nicht nur in der Ebene des Schreib- oder Zeichenpapiers arbeitet. Man muß etwa auf einer wagerechten Ebene in den richtigen Punkten x, y lotrechte Drähte von der Länge $|z|$ und in der richtigen Richtung nach oben oder unten je nach dem Vorzeichen von z anbringen und über sie ein Tuch ausbreiten. Oder man modelliert die Fläche als Oberfläche eines Gips- oder Wachsklumpens, indem man den Raum bis zu den Koordinatenebenen mit Gips ausgießt. Jedenfalls sieht man hieraus, daß die Veranschaulichung einer Funktion $z = f(x, y)$ durch eine Fläche praktisch meist nur problematischen Wert hat. Wenn wir uns mit perspektivischen Zeichnungen der Fläche auf Papier behelfen, haben wir erstens viel mühsame Konstruktionsarbeit und können zweitens wegen der unvermeidlichen Verzerrungen nicht ohne weiteres richtige Zahlenwerte ablesen. Hierin liegt begründet, daß bei den Funktionen von zwei Veränderlichen andere Methoden, insbesondere die nomographischen, der geometrischen Darstellung durch eine Fläche weitgehend überlegen sind. Noch mehr gilt dies für die Funktionen von drei oder mehr Veränderlichen, wo die unmittelbare geometrische Darstellung überhaupt versagt, weil die drei Koordinaten x, y und z schon für die unabhängigen Veränderlichen verbraucht werden und nach der Struktur des Raumes für die abhängige Veränderliche keine Koordinate mehr übrigbleibt.

8. Andeutung über den n-dimensionalen Raum. Übrigens ist es manchmal bequem, ein Wertsystem $x^{(1)}, x^{(2)}, \ldots, x^{(n)}$ von n Veränderlichen als „*Punkt*" in einem „*n-dimensionalen Raume*" zu bezeichnen, von „*Flächen*" $y = f(x^{(1)}, x^{(2)}, \ldots, x^{(n)})$ in diesem Raume zu sprechen u. dgl. Aber dies sind nur zweckmäßige Redeweisen, welche von der suggestiven Kraft anschaulicher Deutung für Fälle, bei denen sie nicht durchführbar ist, so viel als möglich zu retten suchen. Z. B. nimmt man in der Relativitätstheorie die Zeit t als gleichberechtigte Koordinate zu den drei Koordinaten x, y, z des gewöhnlichen Raumes hinzu und deutet ein Wertsystem x, y, z, t, das einen Punkt des gewöhnlichen Raumes zu einer gewissen Zeit charakterisiert, als Punkt in einem vierdimensionalen $xyzt$-Koordinatensystem.

9. Stetigkeit. In Anlehnung an die geometrische Anschauung nennt man eine Funktion z von zwei Veränderlichen x und y *stetig* für ein Wertepaar $x = x_0, y = y_0$ oder den entsprechenden Punkt in der xy-Ebene, wenn für alle nahe benachbarten Wertepaare oder Punkte x, y der Funktionswert z nur wenig von dem Werte z_0 für x_0, y_0 verschieden ist, um so weniger, je näher x, y an x_0, y_0 liegt. Analog wird die Stetigkeit bei Funktionen von drei und mehr Veränderlichen erklärt.

10. Bemerkung über implizit definierte Funktionen einer Veränderlichen. Die geometrische Deutung der Funktionen von zwei Veränderlichen durch eine Fläche ermöglicht ein besonders

---

[1] Der manchmal zu findende Ausdruck Weinkoordinatensystem statt Bohnenkoordinatensystem ist botanisch mißbräuchlich, weil der Wein rankt, aber nicht windet. Manche Botaniker betrachten die Sache auch von oben; dann windet die Bohne „links herum", der Hopfen „rechts herum".

anschauliches Erfassen der Verhältnisse bei den durch eine Gleichung $F(x, y) = 0$ implizit definierten Funktionen y einer Veränderlichen x. Die definierende Gleichung $F(x, y) = 0$ ist nämlich offenbar gleichwertig den beiden Gleichungen

$$z = F(x, y) \quad \text{und} \quad z = 0 \, .$$

Von diesen stellt die erste eine Fläche im räumlichen xyz-System dar, die zweite die xy-Ebene, weil in dieser dauernd $z = 0$ ist. Beide Gleichungen zusammen geben das Schnittgebilde der Fläche mit der xy-Ebene (man mache sich eine Skizze!), und die Frage der Theorie der impliziten Funktionen lautet: Ist das Schnittgebilde die Kurve einer Funktion $y = f(x)$, oder trifft die Fläche die xy-Ebene etwa gar nicht, oder nur in einzelnen Punkten (Berührung), oder in verwickelteren Kurven?

11. Implizite Definition einer Funktion zweier Veränderlicher. Außer für die geometrische Deutung der explizit gegebenen Funktionen $z = f(x, y)$ von zwei Veränderlichen ist das räumliche Koordinatensystem auch nützlich zur Behandlung der *implizit* durch eine Gleichung $F(x, y, z) = 0$ zwischen x, y und z gegebenen Funktionen z von x und y. Man veranschauliche sich, indem man zusammengehörige, $F(x, y, z) = 0$ befriedigende Werte x, y, z und die entsprechenden Punkte im xyz-System sucht, die Gleichung $F(x, y, z) = 0$ durch eine Fläche. Z. B. gibt $x^2 + y^2 + z^2 - a^2 = 0$ eine Kugeloberfläche vom Radius a um den Ursprung, weil $x^2 + y^2 + z^2$ sich durch zweimalige Anwendung des pythagoreischen Satzes als Quadrat des Abstandes zwischen dem Punkte x, y, z und dem Ursprung erweist (Abb. 65). Von dieser Fläche greife man einen Lappen heraus, der von den Parallelen zur z-Achse nur je einmal getroffen wird, z. B. bei der Kugel die obere Halbkugel mit $z > 0$. Diesem Lappen ist dann eine explizite Darstellung $z = f(x, y)$ zugeordnet, z. B. ist für die obere Halbkugel $z = \left| \sqrt{a^2 - x^2 - y^2} \right|$.

12. Zustandsgleichung und Zustandsfläche. Ein belangreiches Beispiel für implizite Definition von Funktionen zweier unabhängiger Veränderlicher liefert die *Zustandsgleichung* zwischen Druck p, Volumen V und absoluter Temperatur T für einen beliebigen Stoff.

Bei einem *idealen Gas* lautet sie bekanntlich

$$p V = R T \, .$$

Dabei bedeutet R die *Gaskonstante*; für 1 g Luft hat sie angenähert den Wert[1] $2{,}93 \cdot 10^{-3} \dfrac{\text{l at}}{\text{grad}} \approx 2{,}87 \cdot 10^6 \dfrac{\text{erg}}{\text{grad}} \approx 6{,}85 \cdot 10^{-2} \dfrac{\text{kal}}{\text{grad}}$ und für 1 Mol (die durch das Molekulargewicht in Gramm gegebene Menge) aller Gase, welches das Volumen 22,41 l füllt, den Wert $8{,}47 \cdot 10^{-2} \dfrac{\text{l at}}{\text{grad}} \approx 8{,}319 \cdot 10^7 \dfrac{\text{erg}}{\text{grad}} \approx 1{,}986 \dfrac{\text{kal}}{\text{grad}}$; für ν Mol ist sie ν-mal so groß. Nach der Gasgleichung ist z. B. das Volumen V sofort als Funktion $V = \dfrac{R T}{p}$ von Druck p und Temperatur T darstellbar. Die *Zustandsfläche* im $p V T$-System mit ihrem physikalisch in Betracht kommenden Teil im „*ersten Oktanten*", d. h. für positive p, V, T, ist in Abb. 66 als Oberfläche eines durch sie begrenzten Körpers (Gipsklumpens o. dgl.) gezeichnet. Der Mathematiker nennt sie *hyperbolisches Paraboloid*.

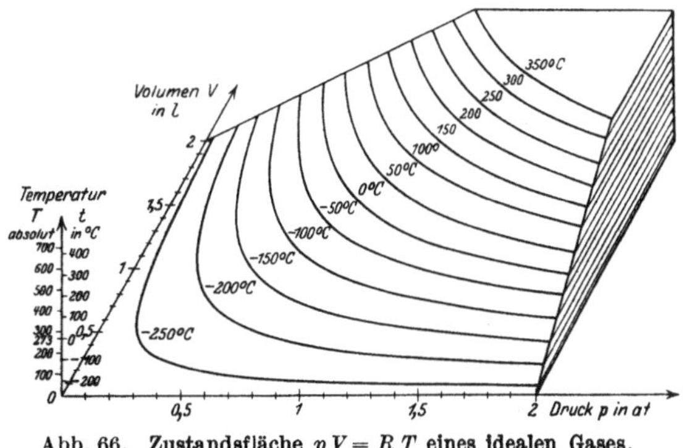

Abb. 66. Zustandsfläche $p V = R T$ eines idealen Gases.

---

[1] 1 at = 1 technische Atmosphäre = 1 $\text{kg}_s\text{cm}^{-2}$ = 1 Kilogrammschwere/cm². 1 kal = 1 kleine Kalorie (für 1 g Wasser).

Bei der *van der Waalsschen Zustandsgleichung* für Flüssigkeiten und nicht ideale Gase

$$\left(p + \frac{a}{V^2}\right)(V - b) = R T \qquad (a, b \text{ Festwerte})$$

ist die explizite Darstellung von V nicht in übersichtlicher Form möglich. Für die entsprechende Zustandsfläche gibt es Modelle aus Gips.

Bei ganz beliebigen Stoffen besteht immer noch eine Zustandsgleichung $F(p, V, T) = 0$, d. h. eine Beziehung zwischen p, V und T. Um sie kennenzulernen und die Zustandsfläche herzustellen, muß man zu Paaren von Werten des Druckes p und der Temperatur T experimentell den zugehörigen Wert des Volumens V suchen. Wenn allotrope Modifikationen vorkommen, wie z. B. beim Wasser oder beim Schwefel, braucht V nicht eindeutig bestimmt zu sein. Die Zustandsfläche schneidet dann die betreffende Parallele zur V-Achse mehrmals mit verschiedenen Lappen, ein Beispiel, daß bei naturwissenschaftlicher Definition einer Funktion Vorsicht vonnöten ist.

13. Räumliche Polarkoordinaten und Kugelkoordinaten. Außer dem rechtwinkligen xyz-Koordinatensystem sind noch das *räumliche Polarkoordinatensystem* und das *Kugelkoordinatensystem* gebräuchlich. Beim ersten ist auf die Ebene eines ebenen φr-Polarkoordinatensystems senkrecht eine z-Achse aufgesetzt (Abb. 67); jeder Punkt im Raume ist bestimmt durch Polarwinkel φ und Radiusvektor r in der Grundebene sowie den mit Vorzeichen versehenen Abstand z von ihr (*Zylinderkoordinaten*). Im Kugelkoordinatensystem (Abb. 68) dienen als Koordinaten eines Punktes sein Abstand r vom Ursprung, wodurch er auf eine Kugel vom Halbmesser r gebannt wird, und die geographische

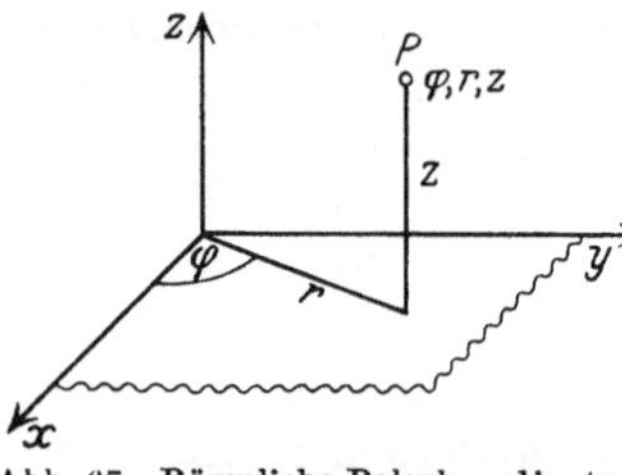

Abb. 67. Räumliche Polarkoordinaten (Zylinderkoordinaten).

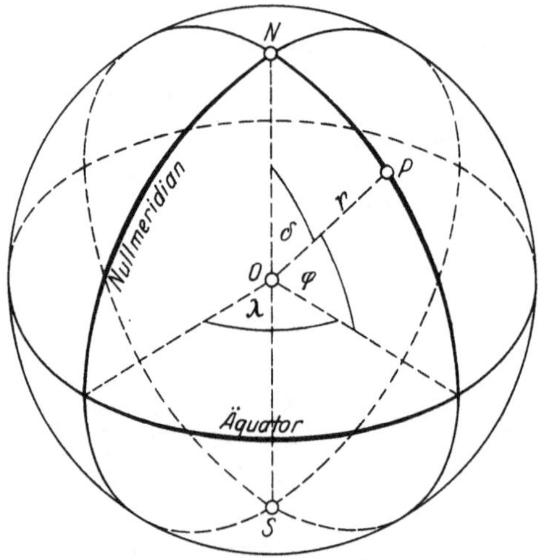

Länge λ und Breite φ (oder Poldistanz $\delta = 90^0 - \varphi$) auf dieser Kugel unter Festlegung eines geeigneten „Äquators" und „Nullmeridians", von denen aus φ bzw. λ gezählt werden. Kugelkoordinaten spielen z. B. in der Theorie der Ausbreitung von Lichtwellen oder elektrischen Wellen eine Rolle.

14. Funktionen des Ortes. Da ein Punkt im Raume allgemein durch drei Koordinaten, x, y, z oder r, φ, z oder r, λ, φ festgelegt ist, wird eine naturwissenschaftlich besonders wichtige Klasse von Funktionen dreier Veränderlicher durch die sog. *Funktionen des Ortes* gebildet, bei denen jedem Punkte des Raumes oder eines Raumstückes ein Zahlenwert zugeordnet ist. Z. B. ist bei der Temperaturverteilung in einem Saale die Temperatur ϑ eine Funktion des Ortes, d. h. etwa der drei Koordinaten x, y, z in bezug auf drei in einer Saalecke zusammenstoßende

Abb. 68. Kugelkoordinaten.

Saalkanten als Achsen, $\vartheta = f(x, y, z)$. Ebenso ist in einem Körper, etwa dem Erdkörper, die Dichte eine Funktion des Ortes (bei Homogenität eine Konstante), in der Umgebung einer elektrischen Ladung oder einer gravitierenden Masse das Potential (die Lageenergie) usw. Umgekehrt kann man jede Funktion $u = f(x, y, z)$, die für alle x, y, z eines gewissen Raumstücks definiert ist, als Funktion des Ortes daselbst ausdeuten. Verbinden wir bei einer Funktion des Ortes alle Punkte mit dem gleichen Funktionswert, so stoßen wir auf die „*Niveauflächen*" oder „*Standflächen*". Beim Potential heißen sie auch *Äquipotentialflächen*. Senkrecht zu ihnen laufen die *Gefällinien, Kraftlinien* oder *Feldlinien*, an denen entlang sich das Potential am stärksten ändert und in deren Richtung die Feldkraft wirkt. Näher mit diesen Dingen beschäftigt sich die *Potentialtheorie* (vgl. II E 8, S. 147—148).

15. Netztafeln. Fassen wir analog die Funktionen $z = f(x, y)$ als Funktionen des Ortes in einer Ebene auf — man denke etwa an die Temperaturverteilung in einer ebenen dünnen Platte — und verbinden die Punkte mit gleichem z durch *Niveaulinien* oder *Standlinien*, so kommen wir zu der praktisch recht brauchbaren geometrischen Darstellung einer Funktion $z = f(x, y)$ von zwei Veränderlichen in einer *Netztafel* oder *Kurventafel*. Wir zeichnen im ebenen xy-System die Standlinien von $z = f(x, y)$ für passende z-Werte $z_1, z_2, \ldots$ ein und schreiben an jede Kurve das zugehörige z. Das entstehende Netz bezifferter Kurven zusammen mit der x- und y-Achse bildet die Netztafel (auch *Rechenblatt* genannt).

So gibt Abb. 69 eine Netztafel für die Zustandsgleichung $pV = RT$ oder die Funktion $T = \dfrac{pV}{R}$ bei der Menge Luft, welche bei 1 at Druck und 0^0 C $= 273^0$ absoluter Temperatur das Volumen 1 l füllt. Jede Netzlinie $pV = RT$ für konstantes T ist eine gleichseitige Hyperbel (S. 34). Sind die Netzlinien genügend dicht, so kann man den Wert von T auch für Werte p und V, welche nicht zu einem Punkte auf einer eingezeichneten Kurve führen, angenähert durch „Interpolation nach Augenmaß" entnehmen. Umgekehrt gestattet die Netztafel, zur Temperatur T passende Werte von p und V zu suchen.

Oder Abb. 45 läßt sich mit $\alpha = z$ als eine Netztafel der implizit durch $y = x^z$ definierten Funktion $z = {}^x\!\log y$ auffassen, d. h. des Logarithmus in Abhängigkeit sowohl vom Numerus y als auch von der Grundzahl x des Logarithmensystems. Den Punkten x, y einer Netzlinie entsprechen konstante Logarithmen ${}^x\!\log y$, z. B. ${}^{\frac{1}{2}}\!\log 2 = {}^2\!\log 0{,}5 = {}^4\!\log 0{,}25 = \cdots = -1$. Daß alle Netzlinien durch den Einheitspunkt $z = 1$, $y = 1$ laufen, bedeutet, daß der Logarithmus von 1 zur Grundzahl 1 jeden Wert haben kann.

Ferner erkennen wir als Netztafeln die Erdkarten in Merkatorprojektion mit eingezeichneten Isothermen (Linien gleicher Temperatur), Isobaren (Linien gleichen Luftdrucks), Isoklinen (Linien gleicher magnetischer Deklination) usw. in jedem Atlas. x und y sind hier die geographische Länge und Breite, z ist die Temperatur oder der Luftdruck oder die magnetische Deklination usw.

Man hüte sich, den Grundgedanken der Netztafeln, daß man in $z = f(x, y)$ der abhängigen Veränderlichen nacheinander verschiedene feste Werte gibt, durcheinanderzuwerfen mit dem Festhalten etwa von y bei einem gewissen Wert, wodurch sich z zu einer Funktion von x allein vereinfacht (S. 56). Natürlich hängt beides eng zusammen; denn unter gewissen Umständen können wir — analog wie bei der Umkehrfunktion einer Funktion von einer einzigen Veränderlichen — aus $z = f(x, y)$ heraus y als Funktion $y = \varphi(x, z)$ von x und z darstellen.

16. Netztafel als Darstellung einer Fläche in kotierter Projektion durch Schichtlinien. Wir können uns die Netztafel einer Funktion $z = f(x, y)$ auch folgendermaßen entstanden denken. Unter Hinzunahme einer z-Achse senkrecht zur wagerechten xy-Ebene konstruieren wir im räumlichen xyz-System die Fläche $z = f(x, y)$. Dann schneiden wir diese Fläche mit wagerechten Ebenen $z = z_1, z = z_2$ usw. (denn offenbar wird z. B. durch $z = z_1$ eine Ebene parallel der xy-Ebene im Abstande z_1 bestimmt). Die Schnittkurven bilden *Linien gleicher Höhe* (*Höhenlinien, Schichtlinien, Niveaulinien, Isohypsen* oder *Streichlinien*, vgl. Abb. 66). Wir projizieren sie senkrecht auf die xy-Ebene und schreiben jedesmal an die Projektionskurve die betreffende *Höhenzahl* oder in der Sprache des Landkartenzeichners *Kote* daran. So erhalten wir (vgl. Abb. 69) eine Darstellung der Fläche in *kotierter Projektion*, wie sie jede *Höhenschichtenkarte* eines Geländes mit ihren Höhenlinien (oft von 10 zu 10 m beziffert) zeigt. Sie ist gerade unsere Netztafel. Die Linien senkrecht zu den Schichtlinien, die *Fallinien* oder *Gefällinien*, geben die Richtung des stärksten Geländeanstiegs bzw. -abfalls.

17. Netztafeln auf Logarithmen- und Dreieckspapier. Oft läßt sich die Anfertigung einer Netztafel durch Anwendung logarithmischen Papiers sehr erleichtern.

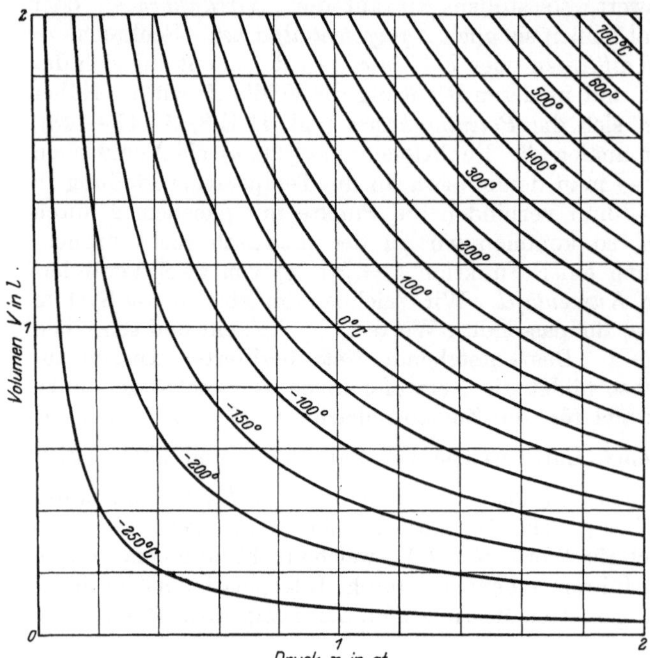

Abb. 69. Netztafel für die Zustandsgleichung $pV = RT$ eines idealen Gases.

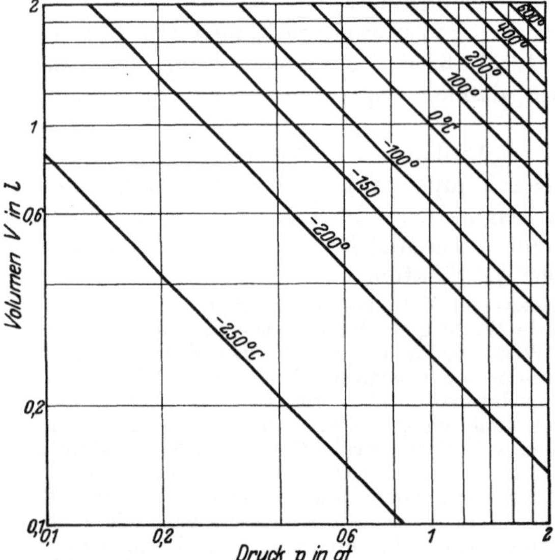

Abb. 70. Netztafel für die Zustandsgleichung $pV = RT$ eines idealen Gases auf Logarithmenpapier.

Beispielsweise gehen die Millimeterpapierhyperbeln $pV = RT_1$, $pV = RT_2$, ... der Gasgleichung auf ganzlogarithmischem Papier (Potenzpapier) in gerade Linien über (Abb. 70). Man bezeichnet diese *Formwandlung* der Netzlinien zuweilen als *Anamorphose* oder *Verstreckung*.

Der Chemiker benutzt für Netztafeln gern das käufliche *Dreieckspapier* oder *Rautenpapier*[1] (Abb. 71, Seitenlänge der kleinen Dreiecke 2 mm), dann nämlich, wenn es sich um eine Funktion der 3 Prozentgehalte $u\,^0/_0$, $v\,^0/_0$ und $w\,^0/_0$ $= (100 - u - v)\,^0/_0$ eines Gemisches von drei Stoffen[2] handelt, also um eine Funktion von zwei unabhängigen Veränderlichen u und v, z. B. um die Schmelztemperatur ϑ. Die Tatsache $u + v + w = 100$, derentwegen w keine dritte unabhängige Veränderliche ist, spiegelt sich in einer Eigenschaft des gleichseitigen Dreiecks wieder (Abb. 72): *Die Summe der drei Abstände eines beliebigen Punktes P im Inneren des Dreiecks von den Seiten, gemessen irgendwie parallel zu diesen, z. B. der drei Abstände* PP_1, PP_2 *und* PP_3, *ist konstant und gleich der Seitenlänge a des Dreiecks.* Der Beweis liest sich ohne weiteres aus der Abbildung ab. Denn die gekennzeichneten Winkel sind je 60^0, also die Dreiecke PP_2Q und AQR gleichseitig, deshalb $PP_2 = PQ$ und $PP_3 = QA = QR$, schließlich $PP_1 + PP_2 + PP_3 = P_1R = BA = a$. Nimmt man $a = 100$, $PP_1 = u$ und $PP_2 = v$, so wird von selbst $PP_3 = w$.

Der Punkt P verkörpert also eine Prozentzusammenstellung u, v, w. Wir verschaffen uns experimentell Gemische verschiedener Zusammensetzung etwa (Abb. 73)

---

[1] Raute ist das deutsche Wort für Rhombus.
[2] Ein solches ist z. B. auch die Lösung zweier Salze in Wasser.

von Blei Pb, Kadmium Cd und Wismut Bi mit gleicher (erster) Erstarrungstemperatur, z. B. 140°, suchen die entsprechenden Punkte auf Dreieckspapier auf

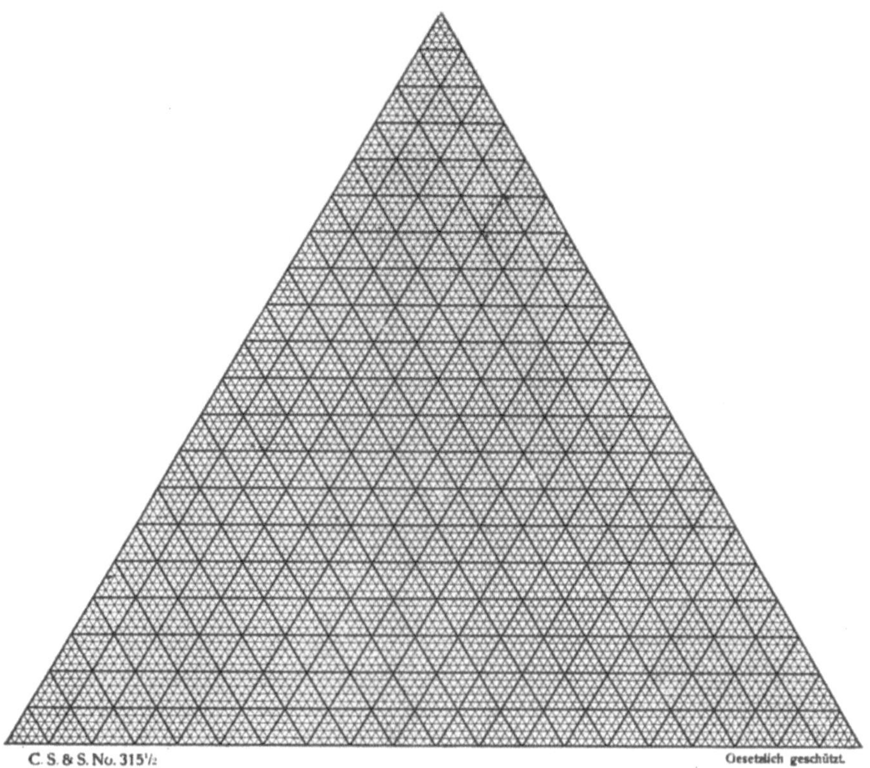

Abb. 71. Dreieckspapier (Schleicher & Schüll, Düren).

und verbinden sie durch eine Linie, welche die Bezifferung 140° bekommt und eine erste Netzlinie ist. Wiederholung des Verfahrens für 130°, 150° usw. liefert die ganze Netztafel[1]. Man liest aus Abb. 73 z. B. ab, daß ein Gemisch (eine Legierung) aus 10% Pb, 60% Cd und 30% Bi die (erste) Erstarrungstemperatur 250° hat, ein Gemisch aus 40% Pb, 5% Cd und 55% Bi etwa 100°.

18. Nachteile der Netztafeln. Den Netztafeln haften gewisse praktische Nachteile an. Z. B. müssen, um einigermaßen genaue Einschaltung von Zwischenwerten zu ermöglichen, die Netzlinien ziemlich eng gezeichnet werden, wodurch die Übersichtlichkeit leidet.

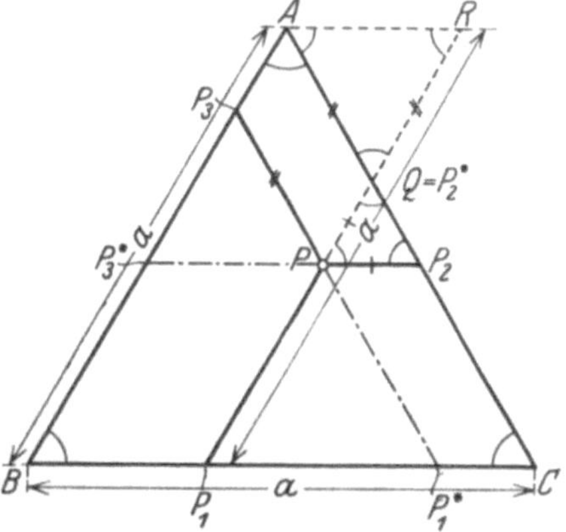

Abb. 72. Im gleichseitigen Dreieck
$$\overline{PP_1} + \overline{PP_2} + \overline{PP_3} = a.$$

---

[1] Abb. 73 stammt aus BARLOW, W. E.: The binary and ternary Alloys of Cadmium, Bismuth and Lead, J. Amer. Chem. Soc., Bd. 32, S. 1390—1412. 1910, insb. S. 1410, Abb. 11, bzw. der deutschen Übersetzung: Die binären und ternären Legierungen von Kadmium, Wismut und Blei, Ztschr. anorg. Chemie, Bd. 70, S. 178—202. 1911, insb. S. 197, Abb. 8.

Ferner steht der z-Wert einer Netzlinie in der Regel nicht an der Stelle, wo man ihn gerade braucht. Das Verfolgen einer Kurve im Gewirr der vielen Netzlinien bis zur Stelle der Bezifferung aber ist für das Auge anstrengend, leistet Fehlern Vorschub usw.

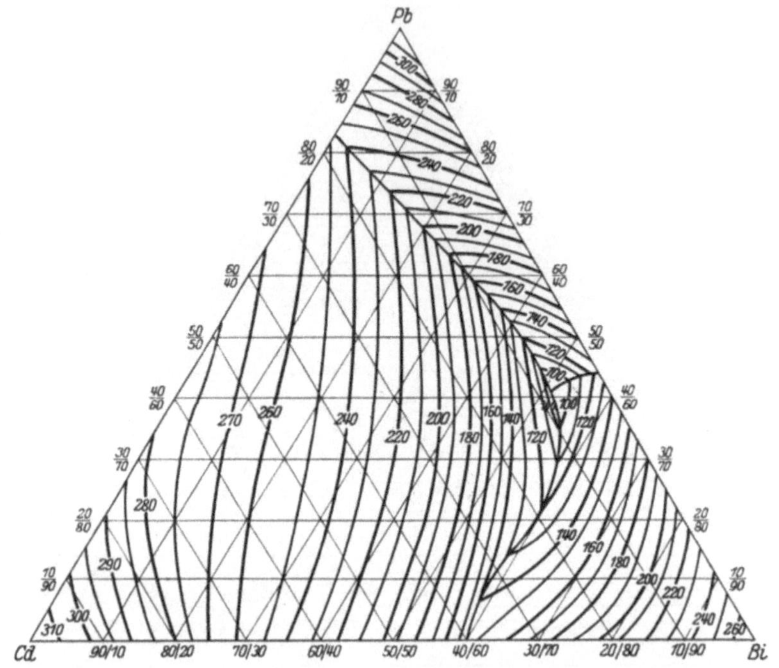

Abb. 73. Erste Erstarrungstemperatur von Blei-Kadmium-Wismut-Legierungen.

19. Allgemeines über Leitertafeln. Diese Nachteile verschwinden bei den *Leitertafeln, Fluchtentafeln* oder *Nomogrammen*[1] zur Darstellung einer Funktion $z = f(x, y)$. Sie haben außerdem den Vorzug der Anwendbarkeit auch bei mehr als zwei unabhängigen Veränderlichen, können hier aber trotz ihrer Wichtigkeit leider nur flüchtig besprochen werden[2].

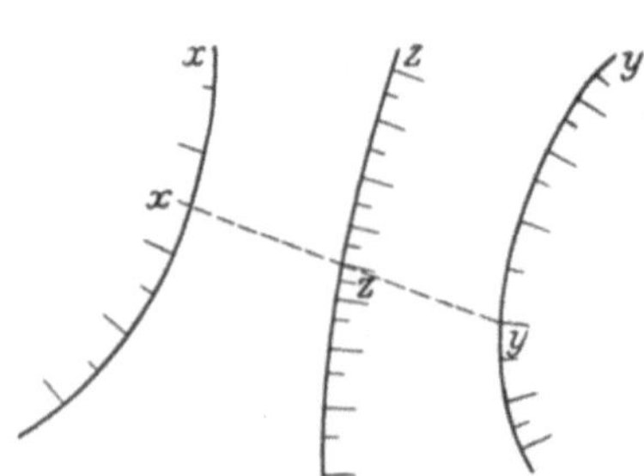

Abb. 74. Schema einer Leitertafel.

Der Grundgedanke ist im einfachsten Falle (Abb. 74), drei Leitern (S. 21—22) für x, y und z auf geraden oder krummlinigen Trägern anzulegen und es so einzurichten, daß zusammengehörige Werte x, y und z immer in gerader Linie liegen. Spannt man einen Faden als „*Weiser*" zwischen zwei Werten x und y auf der x- und y-Leiter aus oder benutzt statt dessen ein durchsichtiges Stück Glas, Zellhorn oder Pauspapier mit schwarzem Strich, so wird auf der z-Leiter der zugehörige Wert z getroffen oder „*eingefluchtet*", wie der Landmesser zwischen zwei seiner „Baken" eine dritte in dieselbe Gerade einfluchtet; daher der Name Fluchtentafeln. Statt des geradlinigen Weisers kann in weiterer Verallgemeinerung auch ein krummliniger Weiser Verwendung finden.

---

[1] Der Ausdruck „Nomogramm" wird manchmal auch für Netztafeln gebraucht.
[2] Vgl. für weiteres Studium das S. 21, Fußnote 1 angegebene Schrifttum.

20. Zwei wichtige Typen von Leitertafeln. Beispiele. Zwei praktisch besonders wichtige Typen von Leitertafeln beruhen auf elementargeometrischen Sätzen über die *Mittellinie im Trapez* und über die *Winkelhalbierende im Dreieck*. In Abb. 75 gilt

$$w = \frac{u+v}{2}$$

(die Mittellinie w im Trapez ist das arithmetische Mittel der parallelen Seiten u und v) und in Abb. 76

$$\frac{2\cos\dfrac{\alpha}{2}}{w} = \frac{1}{u} + \frac{1}{v},$$

wie man trigonometrisch ausrechnet.

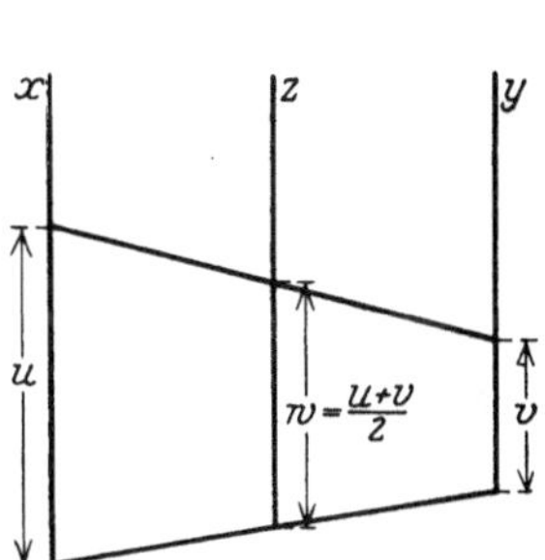

Abb. 75. Mittellinie im Trapez.

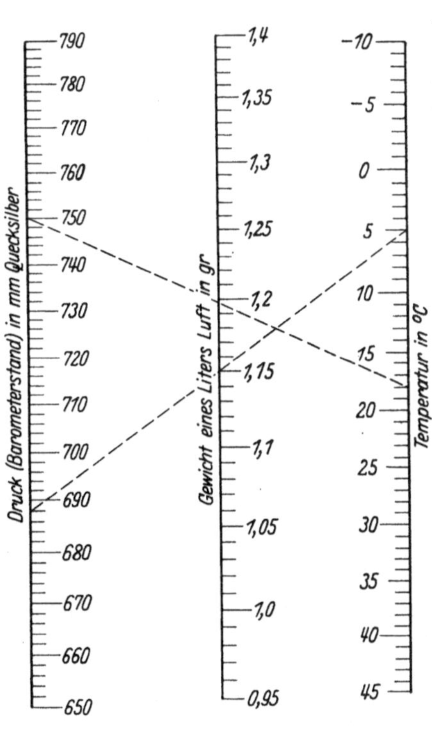

Abb. 76. Winkelhalbierende im Dreieck.

$AB = u,\ AC = v,\ AD = w;$

$$\frac{1}{u} + \frac{1}{v} = \frac{2\cos\dfrac{\alpha}{2}}{w}.$$

Trägt man daher auf den u-, v- und w-Geraden mit Maßstabseinheiten λ cm, μ cm und ν cm die Leitern von Funktionen $\varphi(x)$, $\psi(y)$ und $\chi(z)$ auf, so daß $u = \lambda\,\varphi(x)$, $v = \mu\,\psi(y)$ und $w = \nu\,\chi(z)$ wird, so kann man Beziehungen zwischen x, y und z darstellen, welche sich auf die Formen

und $\quad 2\,\nu\,\chi(z) = \lambda\,\varphi(x) + \mu\,\psi(y)$ *für drei parallele gleichentfernte Leitern*

$$\frac{2\cos\dfrac{\alpha}{2}}{\nu\,\chi(z)} = \frac{1}{\lambda\,\varphi(x)} + \frac{1}{\mu\,\psi(y)} \quad \textit{für drei sich in einem Punkte schneidende Leitern}$$

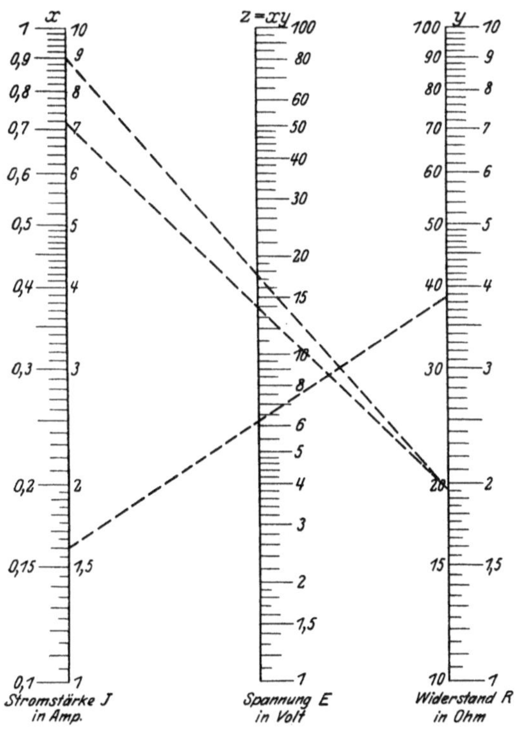

Abb. 77. Leitertafel für das Produkt $z = xy$ und das Ohmsche Gesetz $E = JR$.

Abb. 78. Spezifisches Gewicht trockener Luft. Bei 750 mm Druck und 18° C wiegt 1 l Luft 1,197 g, bei 689 mm Druck und 5° C 1,151 g.

Walther, Einführung.   5

bringen lassen. Wählen wir z. B. $\lambda = \mu = 2\nu$ (halben Maßstab auf der z-Leiter) und $\varphi(x) = \log x$, $\psi(y) = \log y$, $\chi(z) = \log z$, so erhalten wir bei parallelen Leitern eine Leitertafel für

$$\log z = \log x + \log y, \text{ d. h. für das } Produkt \ z = xy \text{ (Abb. 77).}$$

Sie gestattet mannigfache Anwendungen, z. B. auf das Ohmsche Gesetz $E = JR$ mit Spannung E, Stromstärke J und Widerstand R (Abb. 77). Die als Muster eingezeichneten Weiserstellungen zeigen, daß man zur Gewinnung eines Stromes von 0,16 Amp. aus drei hintereinandergeschalteten Akkumulatoren von zusammen 6,2 Volt Spannung eines Widerstandes von 38,75 Ohm bedarf und daß man aus einer Batterie von 14 Volt Spannung bei 1,95 Ohm Widerstand keinen Strom von 9 Amp. herausholen kann, sondern mehr als 14 Volt, nämlich 17,5 Volt, gebraucht.

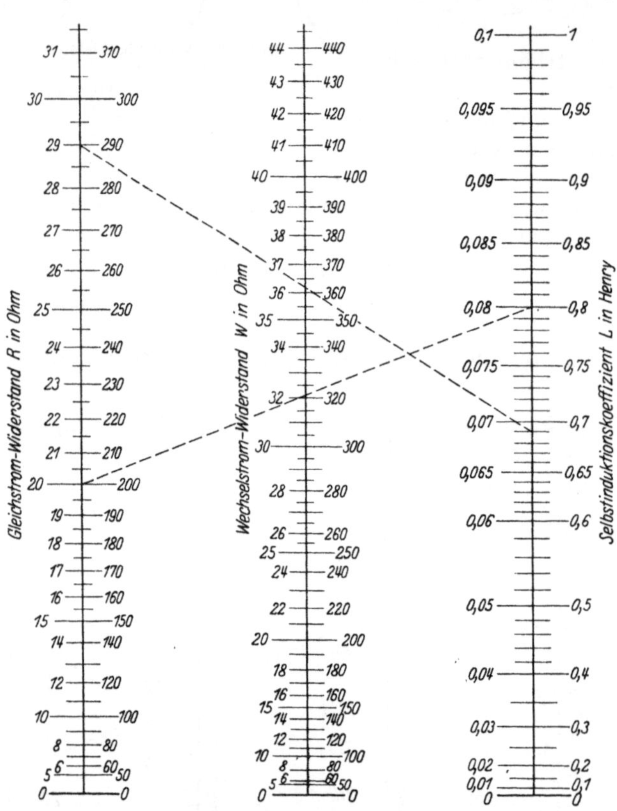

Abb. 79. Wechselstromwiderstand $W = \sqrt{R^2 + 4\pi^2\nu^2 L^2}$ bei $\nu = 50 \ \mathrm{sek}^{-1}$ (50 Perioden je Sekunde).

Eine Spule vom Gleichstromwiderstande 20 Ω und Selbstinduktionskoeffizienten 0,08 H hat einen Wechselstromwiderstand von 32,1 Ω. — Dem beobachteten Gleichstromwiderstande 290 Ω und Wechselstromwiderstande 362 Ω entspricht der Selbstinduktionskoeffizient 0,69 H.

(Bei einem Gebrauchsnomogramm zeichnet man keine Weiserstellungen ein, sondern spannt bei jedem neuen Problem den Faden oder legt das Zellhornblatt mit Strich auf.)

Als weiteres Beispiel ist ein Nomogramm für das häufig vorkommende spezifische Gewicht s eines Liters Luft in g/l bei verschiedenen Temperaturen in ^{0}C und Drucken in mm Hg angegeben (Abb. 78). Nach der Gasgleichung gilt

$$pV = RT, \quad p_0 V_0 = RT_0,$$

bei Division

$$\frac{p}{p_0} \cdot \frac{V}{V_0} = \frac{T}{T_0},$$

und weil $Vs = V_0 s_0$ (gleich der Masse der Luft) sein muß,

$$\frac{s}{s_0} = \frac{p}{p_0} \cdot \frac{T_0}{T}.$$

Es ist $u = \lambda(\log p - \log p_0)$, $v = \mu(\log T_0 - \log T)$ und $w = \nu(\log s - \log s_0)$ und $\lambda = \mu = 2\nu$; $T_0 = 273^0$ C, $s_0 = 1{,}293$ g/l und $p_0 = 760$ mm Hg.

Bei der Annahme $\lambda = \mu = 2\nu$, $u = (\varphi(x))^2$, $v = (\psi(y))^2$, $w = (\chi(z))^2$ ergibt sich ein Nomogramm für die Beziehung

$$\chi(z) = \sqrt{[\varphi(x)]^2 + [\psi(y)]^2},$$

z. B. bei $\varphi(x) = x$, $\psi(y) = y$, $\chi(z) = z$ für die Hypotenuse z in einem rechtwinkligen Dreieck mit den Katheten x und y oder bei $\varphi(x) = R$ und $\psi(y) = L\omega$, $\chi(z) = W$ für den Widerstand

$$W = \sqrt{R^2 + L^2\omega^2} = \sqrt{R^2 + 4\pi^2\nu^2 L^2}$$

einer Spule vom Ohmschen Widerstand R und Selbstinduktionskoeffizienten L gegenüber einem Wechselstrom von der Periodenzahl ν je Sekunde und der „Kreisfrequenz" $\omega = 2\pi\nu$ (vgl. II E 17, S. 158—159). In Abb. 79 ist $\nu = 50\,\mathrm{sek}^{-1}$ vorausgesetzt.

Ein Beispiel für ein Nomogramm mit drei Leitern durch einen Punkt liefert die Formel

$$\frac{1}{g} + \frac{1}{b} = \frac{1}{f}$$

für Gegenstandsweite $g = \varphi(x)$ und Bildweite $b = \psi(y)$ bei einer Sammellinse oder einem Hohlspiegel von der Brennweite $f = \chi(z)$ (Abb. 80; auch für Zerstreuungslinse und -spiegel brauchbar). Nach Abb. 76 ist

$$\lambda \cos\frac{\alpha}{2} = \mu \cos\frac{\alpha}{2} = \frac{\nu}{2}$$

gewählt, so daß in einer Horizontalen drei Punkte liegen, von denen die beiden äußeren doppelt so große Zahlen tragen wie der mittlere.

Der Naturwissenschaftler wird sich besonders gern Nomogramme für Apparate, mit denen er beständig arbeitet, für immer wiederkehrende Reduktionen auf 0° C, 760 mm Barometerstand u. dgl. anfertigen, um dann alles Rechnens überhoben zu sein[1].

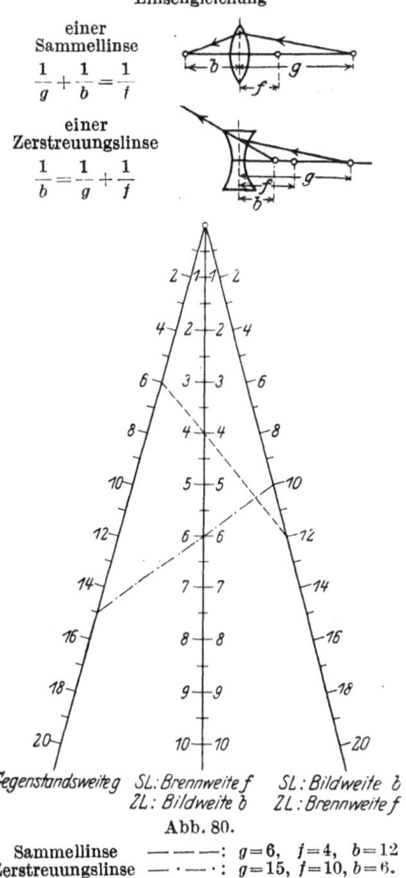

Abb. 80.

Sammellinse — — — —: $g=6$, $f=4$, $b=12$
Zerstreuungslinse — · — · —: $g=15$, $f=10$, $b=6$.

II. Differential- und Integralrechnung.

A. Ableitung und unbestimmtes Integral.

1. Steigen und Fallen einer Kurve. Was an der für eine Funktion $y = f(x)$ im rechtwinkligen Koordinatensystem aufgezeichneten Kurve zuerst und am meisten den Blick auf sich zieht, ist ihr *Steigen und Fallen* in seinem Wechsel und seiner Stärke. Ihm kommt auch hohe naturwissenschaftliche Bedeutung zu. Bezeichnet z. B. $y = f(x)$ die bis zur Zeit x gebildete Menge eines chemischen Reaktionsprodukts, so hängt das Ansteigen der Kurve $y = f(x)$ offenbar mit der *Reaktionsgeschwindigkeit* zusammen. Führt die Kurve $y = f(x)$ steil in die Höhe, so geht die Reaktion stürmisch vor sich, in kurzer Zeit wird eine verhältnismäßig große Menge des Reaktionsprodukts gebildet; umgekehrt haben wir es bei mäßigem Anstieg der Kurve mit einer langsam und allmählich verlaufenden Reaktion zu tun. Ähnlich steht es in der Biologie beim Ertrag $y = f(x)$ in Abhängigkeit von einem Wachstumsfaktor x, wo einer steilen Kurve eine beträchtliche Steigerung des Ertrags schon bei geringer Zunahme von x entspricht; und so ließen sich noch manche andere Beispiele anführen.

Wie soll man den Anstieg einer Kurve (oder den Abfall, was wir nicht immer ausdrücklich hinzusetzen, indem wir uns nötigenfalls den Abfall als negativen An-

---

[1] Als gute Anleitungen dazu vgl. die S. 21, Fußnote [1] genannten Bücher und das S. 5, Fußnote [1] erwähnte Bändchen von Pirani.

stieg denken) *näher beschreiben und messen?* In dieser einfachen Fragestellung liegt geschichtlich und sachlich die Wurzel der *Differentialrechnung*[1].

2. Steigungsmaß der überall gleichmäßig ansteigenden geraden Linie. Die Antwort ist leicht und wir kennen sie schon von S. 28—30 her für die *gerade Linie*, das Bild der *linearen Funktion* $y = a\,x + b$, weil dort der Anstieg überall *gleichmäßig* erfolgt. Wir lassen das Argument x um die „*Spanne*" 1 zunehmen, dann ändert sich

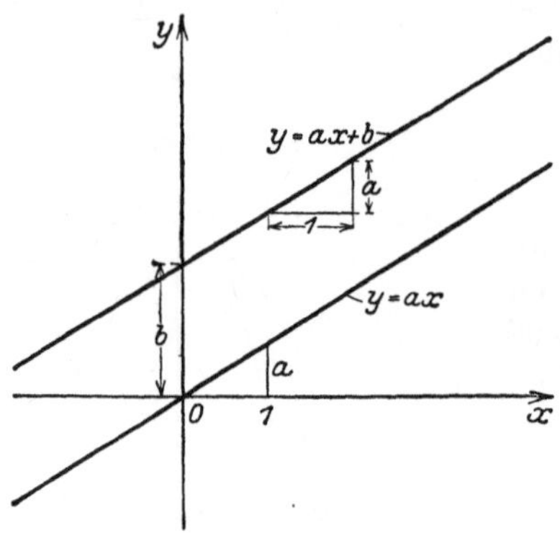

Abb. 81. Ansteigen der geraden Linie.

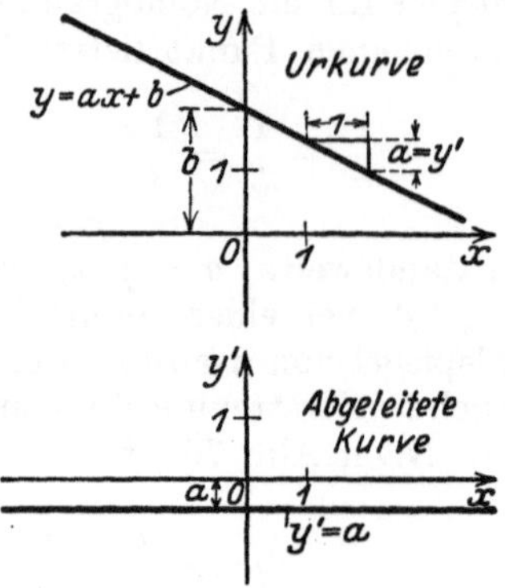

Abb. 82. Steigungsmaß und abgeleitete Kurve.

y, welches Ausgangsargument wir auch wählen, immer um a. Im Schaubilde: wenn wir von einem Punkte der geraden Linie aus um 1 wagerecht nach rechts gehen, müssen wir um a aufwärts- oder abwärtssteigen, bis wir die gerade Linie wieder

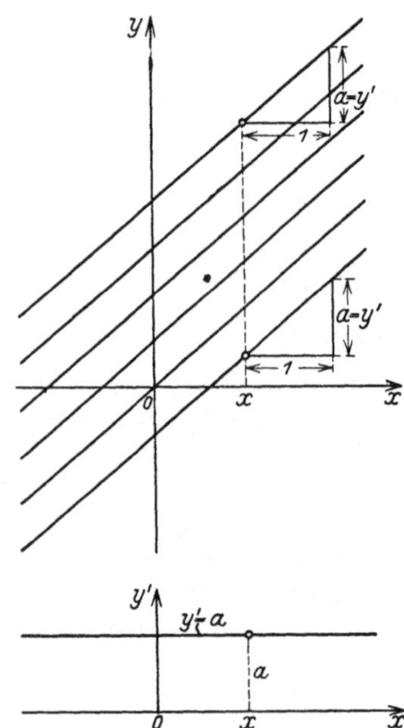

Abb. 83. Stammgeraden zu $y' = a$.

treffen (Abb. 81). Die Größe a ist das (zur Spanne 1 gehörige) „*Steigungsmaß*" der geraden Linie, das deren Anstieg oder Abfall mißt. (Es ist nach der ganzen Konstruktion klar, daß diese beiden Worte für einen Beobachter gemeint sind, der die x-Achse in Richtung wachsender x-Werte durchläuft. Auch die häufige Anwendung der Ausdrücke „vorher" und „nachher" statt „links" und „rechts" erklärt sich aus dieser Vorstellung.) Anstieg liegt vor bei positivem a, Abfall bei negativem a; für $a = 0$ schließlich verläuft die Gerade wagerecht parallel der x-Achse.

Um die innige Verbindung von y mit a, dem Maß des Anstiegs von y, hervorzuheben, nannten wir a schon auf S. 29 auch die „*Ableitung*" y' von y und zeichneten als „*abgeleitete Kurve*", die das Ansteigen, genauer das überall gleichmäßige Ansteigen der Urkurve $y = a\,x + b$ versinnlicht, die Gerade $y' = a$ parallel zur x-Achse in einem $x\,y'$-System (Abb. 82).

Für $a = 0$, also $y = b = $ konst (Gerade parallel der x-Achse im $x\,y$-System) haben wir $y' = 0$. In Worten:

Die Ableitung einer Konstanten ist gleich Null.

Bei der linearen Funktion $y = a\,x + b$ mit beliebigem festem a hängt die Ableitung $y' = a$ von b nicht ab. Lineare Funktionen, die sich nur durch verschiedene Werte $b_1, b_2, b_3, \ldots$ von b unterscheiden, deren Geraden also auseinander durch

---

[1]) **Für die Bezeichnung „Differential" vgl.** II C, S. 91 ff.

Parallelverschiebung in der y-Richtung hervorgehen und eine Schar paralleler, gleichansteigender Geraden bilden (Abb. 83), haben samt und sonders dieselbe Ableitung $y' = a$ und dieselbe abgeleitete Kurve. Dies wird belangreich, wenn wir unsere Ausgangsgerade $y = ax + b$ (mit einem festen, uns bekannten b) zudecken und nun von der abgeleiteten Geraden $y' = a$ zu ihr zurückzugelangen versuchen. Wir sehen, daß wir dies nicht vermögen, daß vielmehr jede Gerade $y = ax + b$ mit einem ganz beliebig gewählten b als Urgerade, „*Stammgerade*" oder „*Integralgerade*" zu $y' = a$ dienen kann. Dies ist sehr einleuchtend; denn die abgeleitete Gerade legt ja für die Stammgerade nur das Ansteigen fest, sonst aber weiter nichts.

3. Gleichförmige Bewegung. Geschwindigkeit. Die lineare Funktion $y = ax + b$ sei jetzt der mathematische Ausdruck einer *gleichförmigen Bewegung* (S. 28—29), wobei x die Zeit, y den auf der Bahnkurve (am einfachsten einer Geraden) gemessenen Abstand (Abb. 84) des bewegten Punktes A von einem festen Bezugspunkte C und b den Anfangsabstand zur Zeit $x = 0$ bezeichnet (oder $y - b$ den in der Zeit x zurückgelegten Weg). Die obere gerade Linie der Abb. 82 stellt dann das „*Zeit-Weg-Schaubild*" der Bewegung dar. Was bedeutet ihr Steigungsmaß a? Es gibt den in der Zeiteinheit zurückgelegten Weg, d. h. die immer gleichbleibende *Geschwindigkeit* der Bewegung oder genauer ihre Maßzahl (die Geschwindigkeit selbst ist das Verhältnis dieses Weges

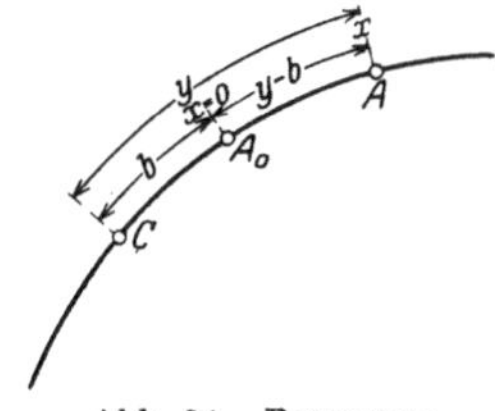

Abb. 84. Bewegung eines Punktes.

zur dazu gebrauchten Zeit, also die entsprechende benannte Zahl); die abgeleitete Gerade (unten in Abb. 82) liefert das „*Zeit-Geschwindigkeits-Schaubild*". Es ist mechanisch klar, daß man von ihm allein nicht eindeutig auf die Bewegung zurückschließen kann, sondern etwa noch wissen muß, wo sich der bewegte Punkt zu einer gewissen Zeit, z. B. zur Zeit $x = 0$, befindet — eine schöne Verdeutlichung der Unbestimmtheit der Stammgeraden zu einer gegebenen abgeleiteten Geraden.

4. Ansteigen einer beliebigen Kurve. Ableitung und abgeleitete Kurve. Daß wir das gleichmäßige Ansteigen der geraden Linie beherrschen, genügt bereits, um auch das im allgemeinen von Punkt zu Punkt verschiedene Ansteigen einer beliebigen Kurve $y = f(x)$ zu beschreiben und zu messen. Wir zeichnen einfach an der Stelle P, wo wir den Anstieg zu untersuchen wünschen, durch Anlegen des Lineals die *Tangente* an die Kurve, die uns sozusagen ein makroskopisches Bild des anschaulich klaren Kurvenanstiegs in P gibt, und definieren als Steigungsmaß der Kurve in P oder als *Ableitung* y' der Funktion $y = f(x)$ für das Argument x von P das Steigungsmaß dieser Tangente (Abb. 85). D. h. wir gehen vom Berührungspunkte P wagerecht um 1 nach rechts und dann senkrecht bis zur Tangente; das senkrechte Stück ist die Ableitung y'. Bei gleichem Maßstabe auf der x- und y-Achse ist sie übrigens gleich dem tan des Winkels τ der Kurventangente gegen die x-Achse. In der Ableitung haben wir den *Grundbegriff der Differentialrechnung* vor uns.

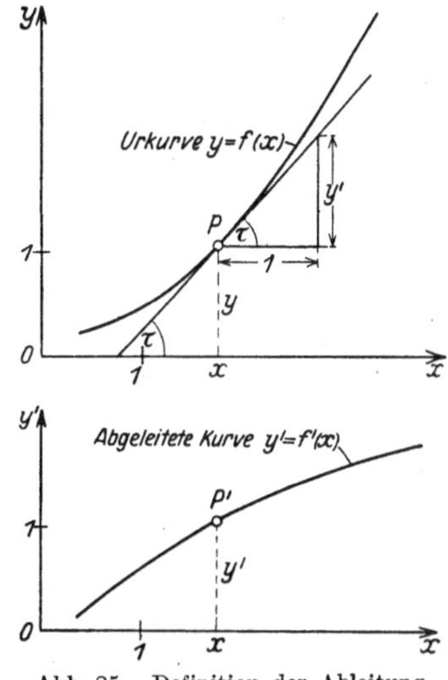

Abb. 85. Definition der Ableitung.

Für verschiedene Punkte bzw. verschiedene Argumente erhalten wir im allgemeinen verschieden geneigte Tangenten und damit verschiedene Ableitungen y'. Um dies zum Ausdruck zu bringen, schreiben wir y' als neue Funktion $y' = f'(x)$ von x und stellen diese „*abgeleitete Funktion*" der Urfunktion $y = f(x)$ in einem xy'-System durch die „*abgeleitete Kurve*" dar (Abb. 85 unten).

Das Bilden der Ableitung heißt *ableiten, derivieren* oder *differenzieren* bzw. *Differentiation*, und man schreibt in Anlehnung daran mit einem Operationssymbol D manchmal $y' = Df(x)$ oder $y' = D_x f(x)$. Der Index x an D soll darauf hindeuten, daß wir den Anstieg in bezug auf das Argument x (die x-Richtung) betrachten; man redet auch von „differenzieren *nach* x".

Unmittelbar aus der Definition der Ableitung heraus können wir jede ohne Schwierigkeiten in stetigem Zuge aufzeichenbare Funktion mit Leichtigkeit differenzieren. Wir brauchen nur an die Kurve $y = f(x)$ genügend viele Tangenten zu ziehen, ihre Steigungsmaße aus den „*Steigungsdreiecken*" mit den Katheten 1 und y' zu bestimmen und sie als Ordinaten der abgeleiteten Kurve zu den Abszissen der jeweiligen Berührungspunkte zu nehmen (Abb. 85).

An der abgeleiteten Kurve können wir zuweilen das Gesetz ablesen, das y' mit x verknüpft, danach Formeln für die Ableitung aufstellen und so unserer *graphischen* Differentiation eine *formelmäßige* an die Seite stellen, wie nachher bei den Beispielen klar werden wird. Man ersieht hieraus auch, warum in der Frühzeit der Differentialrechnung im 17. Jahrhundert immer vom „*Tangentenproblem*" die Rede war, d. h. von der Aufgabe, das Tangentenziehen an eine Kurve von rechnerisch bekanntem Gesetz ebenfalls durch rechnerische Vorschriften zu erledigen.

5. Ableitung als Geschwindigkeit. Bei der Definition des Anstiegs einer Kurve in einem Punkte P vermittels der Tangente ist benutzt, daß sich diese in P der Kurve so gut anschmiegt, wie es für eine Gerade nur überhaupt möglich ist. Sie liefert mit einem schon gebrauchten Ausdrucke einen makroskopischen, eine exakte Fassung ermöglichenden Ersatz der Kurve in P. Dies wird besonders deutlich, wenn wir x als Zeit und $y = f(x)$ als Abstand von einem Bezugspunkte für die Bewegung eines Punktes A, also die Kurve $y = f(x)$ als Zeit-Weg-Schaubild[1] ausdeuten. Die Tangente ist dann das Zeit-Weg-Schaubild für eine gleichförmige Ersatzbewegung, die nach dem Trägheitsprinzip dann eintritt, wenn von der dem Berührungspunkte P der Tangente entsprechenden Zeit x an plötzlich keine Kräfte auf den Punkt A mehr wirken. Es ist offenbar sinnvoll, als *Geschwindigkeit* oder *Momentangeschwindigkeit* der im allgemeinen ungleichförmigen Bewegung $y = f(x)$ zur Zeit x (im Augenblicke des Aufhörens aller Kräfte und des Einsetzens der gleichförmigen Trägheitsbewegung) die Geschwindigkeit dieser gleichförmigen Ersatzbewegung, d. h. die Ableitung y', zu definieren. Die Ableitung y' erscheint so als *Geschwindigkeit*, die abgeleitete Kurve als *Zeit-Geschwindigkeits-Schaubild*.

Experimentell wird die Sache bei der Atwoodschen Fallmaschine verwirklicht: Abheben des Übergewichts führt zu einer gleichförmigen Weiterbewegung, deren Geschwindigkeit gemessen und als Geschwindigkeit der vorherigen ungleichförmigen Bewegung mit Übergewicht im Augenblicke des Abhebens genommen wird.

Allgemeiner gibt, wenn $y = f(x)$ den Wert irgendeiner Größe y zur Zeit x bedeutet, z. B. der Menge eines chemischen Reaktionsprodukts, der Länge oder eines anderen Merkmals für ein wachsendes tierisches oder pflanzliches Gebilde, des Drehwinkels bei einer Drehung, die Ableitung y' die *Änderungsgeschwindigkeit* dieser Größe y, also z. B. die *Reaktionsgeschwindigkeit*, die *Wachstumsgeschwindigkeit*, die *Winkelgeschwindigkeit* usw.

Ist x die Zeit, so deutet man nach Newton die Ableitung von $y = f(x)$ nach x, welche die Geschwindigkeit liefert, gern durch einen Punkt statt durch einen Strich an, schreibt also $\dot{y}$ statt y'.

6. Stammfunktion oder unbestimmtes Integral. Wenn wir von der abgeleiteten Kurve $y' = f'(x)$ zur Ausgangskurve zurückschreiten wollen, stoßen wir auf eine analoge Unbestimmtheit, wie wir sie schon bei der abgeleiteten Geraden $y' = a$

---

[1] Man hüte sich, diese mit der Bahn des Punktes A zu verwechseln!

der geraden Linie $y = ax + b$ kennengelernt haben. Gleichzeitig mit der Kurve $y = f(x)$ haben nämlich auch alle aus ihr durch Parallelverschiebung in der senkrechten y-Richtung hervorgehenden Kurven $y = f(x) + C$ mit konstantem, im übrigen aber willkürlichem C dieselbe abgeleitete Kurve (Abb. 86). Denn alle diese Kurven unterscheiden sich eben nur durch ihr mehr oder minder beträchtliches Hoch- oder Tiefgeschobensein in bezug auf die x-Achse, nicht aber durch ihr Ansteigen dieser gegenüber, das allein für die abgeleitete Kurve in Betracht kommt; vielmehr haben die Punkte aller derartigen „*Parallelkurven*" auf derselben Senkrechten sämtlich die gleiche Ableitung. Wir sehen außerdem, daß wir auf diese Weise *alle* Kurven mit der abgeleiteten Kurve $y' = f'(x)$, alle „*Stammkurven*" oder „*Integralkurven*" zu $y' = f'(x)$ erhalten. Denn nehmen wir an der Kurve $y = f(x)$ andere Veränderungen vor, als daß wir sie in ihrer Ganzheit höher- oder tieferschieben, biegen wir etwa ein Stück an ihr anders zurecht, so ändert sich sofort der Anstieg und damit die abgeleitete Kurve.

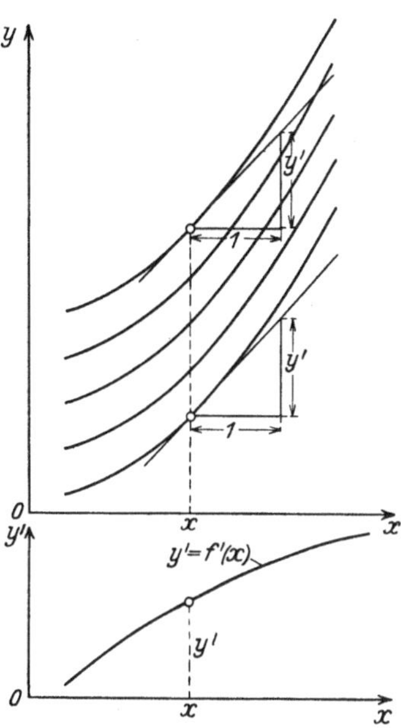

Abb. 86. Stammkurven zu $y' = f'(x)$.

Man nennt eine Funktion, deren Ableitung gerade $y' = f'(x)$ ist, eine *Stammfunktion* oder ein *unbestimmtes Integral* von $f'(x)$ und schreibt sie

$$\int y'\, dx \qquad \text{oder} \qquad \int f'(x)\, dx$$

mit einer S. 93, S. 120—122 und S. 135—136 genauer zu erklärenden Symbolik, die von allen Bezeichnungsweisen der „höheren" Mathematik dem Außenstehenden in der Regel den meisten Schauer einflößt — „entfliehen nicht die Grazien, wo Integrale ihre Hälse recken?" fragt Boltzmann in seiner hinreißenden Gedächtnisrede auf den einen Entdecker der Spektralanalyse, Robert Kirchhoff. Es ist augenfällig, daß es sich in Wirklichkeit um eine ganz einfache und leicht auffaßbare Sache handelt. Die Kombination des Integralzeichens $\int$ mit dem Schlußzeichen $d x$ (analog einer Schlußklammer) fordert weiter nichts, als eine Funktion anzugeben, deren Ableitung gerade die von $\int$ und $d x$ eingeschlossene Funktion, den „*Integranden*" ergibt. Falls dieser $f'(x)$ ist, so versteht sich von selbst, daß die Ausgangsfunktion $f(x)$, aus der $f'(x)$ ja gerade durch Ableitung hervorgegangen ist, eine Stammfunktion darstellt. Aber wir haben uns eben überlegt, daß nicht nur $f(x)$, sondern alle Funktionen $f(x) + C$ mit willkürlichem konstantem C, und genau diese, dem Verlangen Genüge leisten:

$$\int f'(x)\, dx = f(x) + C.$$

Wegen der Willkürlichkeit der „*Integrationskonstanten*" C ist bei „Integral" noch das Eigenschaftswort „unbestimmt" hinzugefügt.

Gewöhnlich wird die Funktion, deren Stammfunktion man sucht, von vornherein nicht $y' = f'(x)$, sondern $y = f(x)$ geschrieben sein. Dann ist die Stammfunktion natürlich durch $\int f(x)\, dx$ zu bezeichnen. $\int f(x)\, dx$ gibt einfach eine kurze Umschreibung unseres Wunsches nach einer Funktion mit der Ableitung $f(x)$.

7. Integrationskonstante. Integration als Umkehroperation zur Differentiation. Das Auftreten der willkürlichen Integrationskonstanten C ist auch naturwissenschaftlich durchaus verständlich. Denn bedeutet z. B. $y = f(x)$ den Abstand eines bewegten Punktes von einem Bezugspunkte zur Zeit x, also $y' = f'(x)$ die Geschwindigkeit, so ist durch diese allein die Bewegung noch nicht vollständig bestimmt.

Es muß noch eine weitere Bedingung hinzutreten, z. B. die Lage des bewegten Punktes zur Zeit $x = 0$ bekannt sein. Wie durch eine solche „*Anfangsbedingung*"

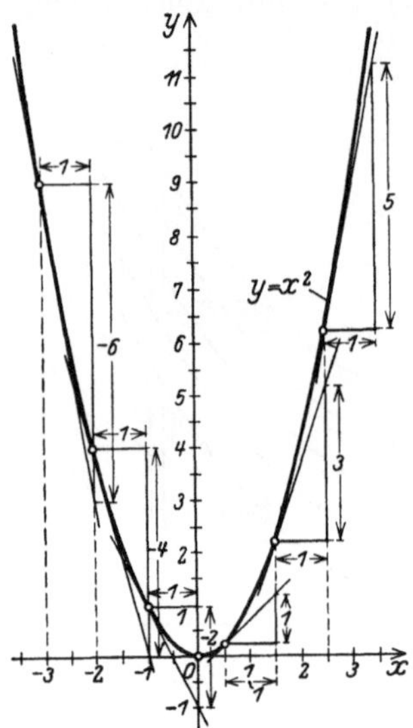

die Integrationskonstante C auf einen bestimmten Wert festgelegt und die Willkür naturwissenschaftlich also doch nachträglich wieder hinausgeworfen wird, werden wir noch oft sehen (vgl. z. B. S. 76 und S. 96). Es handelt sich dabei um eine Angelegenheit, die der Naturwissenschaftler theoretisch vollständig durchschauen und praktisch rasch und sicher handhaben muß.

Ihrer Definition nach bildet die *Integration*, d. h. die Aufsuchung der Stammfunktion oder des unbestimmten Integrals, die Umkehroperation zur Differentiation, so, wie etwa die Division die Umkehrung der Multiplikation ist. Welcher geometrische Gehalt ihr innewohnt, analog der anschaulichen Bedeutung der Ableitung als Steigungsmaß, das bildet den Gedankenkreis des gleichermaßen durch in sich ruhende mathematische Schönheit wie durch reichste naturwissenschaftliche Anwendbarkeit ausgezeichneten „Fundamentalsatzes der Differential- und Integralrechnung" von Abschnitt II D, S. 117—138.

8. Beispiele. Differenzieren des Quadrates, des Sinus und Kosinus. Bei der *Parabel* für das *Quadrat* $y = x^2$ ist die Konstruktion der Ableitung für verschiedene Punkte in Abb. 87 durchgeführt. Trägt man die gefundenen Steigungsmaße y' als Ordinaten zu ihren Abszissen x im xy'-System ein, so erhält man als abgeleitete Kurve eine gerade Linie durch den Nullpunkt (das letzte deshalb, weil für $x = 0$ die Parabel eine wagerechte Tangente hat). Und zwar sind die Ordinaten immer doppelt so groß wie die Abszissen; die Gleichung der Geraden lautet also $y' = 2x$. Damit haben wir die wichtige Tatsache:

$$\boxed{\textit{Die Funktion } y = x^2 \textit{ hat die Ableitung } y' = (x^2)' = 2x\,.}$$

Als Umkehrung können wir anmerken

$$\boxed{\int 2x\,dx = x^2 + C\,;}$$

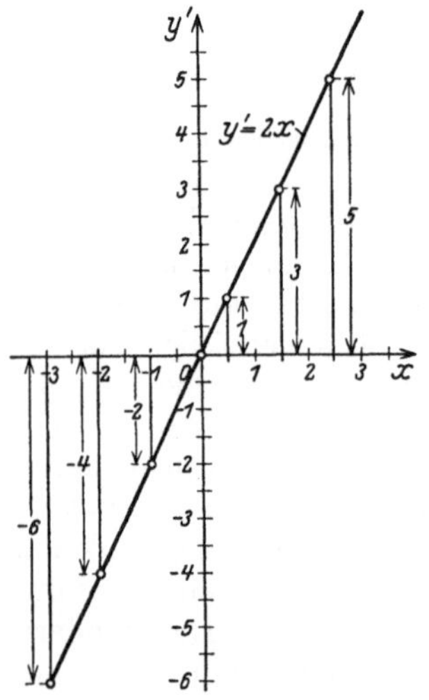

Abb. 87. Differenzieren des Quadrates (der Parabel) $y = x^2$.

denn jede Funktion $y = x^2 + C$, deren Kurve aus der Parabel $y = x^2$ durch Höher- oder Tieferschieben hervorgeht, liefert abgeleitet die unter dem Integralzeichen stehende Funktion $2x$.

Abb. 88 und 89 zeigen die Differentiation der *trigonometrischen Funktionen* $y = \sin x$ und $y = \cos x$. Als abgeleitete Kurven ergeben sich Wellenlinien, die man leicht als die Bilder der Funktionen $\cos x$ und $-\sin x$ erkennt[1]:

$$\boxed{\begin{aligned} y &= \sin x \textit{ hat die Ableitung } y' = (\sin x)' = \cos x\,, \\ y &= \cos x \textit{ hat die Ableitung } y' = (\cos x)' = -\sin x\,. \end{aligned}}$$

---

[1] Man achte bei $(\cos x)' = -\sin x$ auf das Minuszeichen!

Für $x = 0$ wissen wir schon von S. 54 (Abb. 62), daß die Tangente der Sinuslinie die Gerade $y = x$ ist, weil für kleines Argument $\sin x$ und x sehr nahe und immer besser übereinstimmen. Jetzt können wir dies auch in der Form

$$(\sin x)' = 1 \quad \text{für} \quad x = 0$$

aussprechen, weil an der Geraden $y = x$ zur Spanne 1 bei x die senkrechte Strecke 1 gehört.

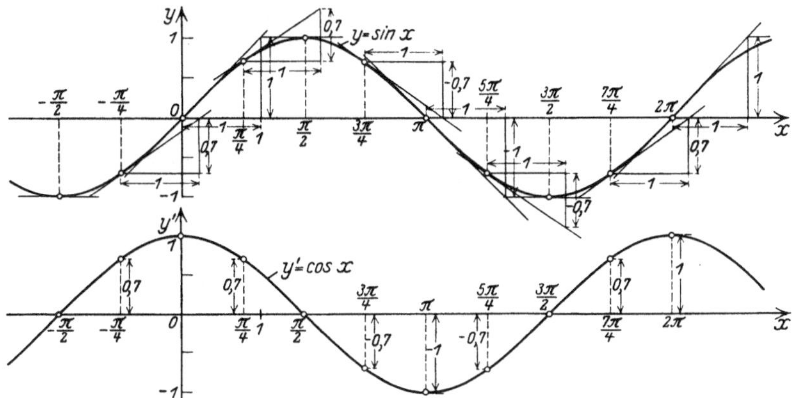

Abb. 88. Differenzieren des Sinus $y = \sin x$.

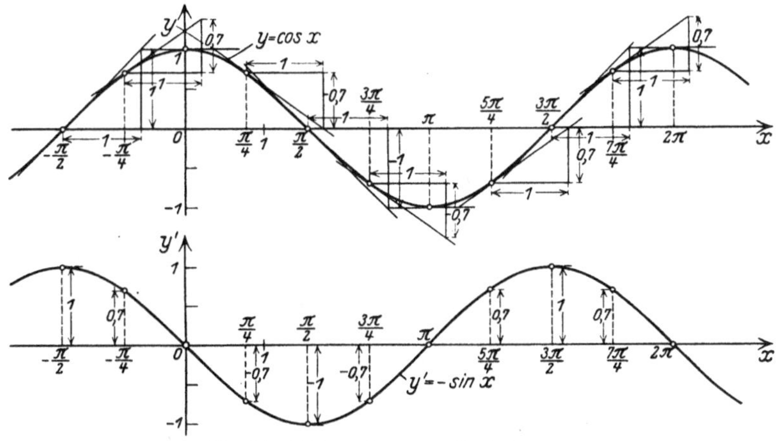

Abb. 89. Differenzieren des Kosinus $y = \cos x$.

Umgekehrt gilt (in Umschreibung der obigen Formeln)

$$\int \cos x \, dx = \sin x + C, \qquad \int -\sin x \, dx = \cos x + C.$$

Ausdrücklich sei noch angemerkt, daß wir für die *lineare Funktion* $y = ax + b$ naturgemäß auf die frühere Definition der Ableitung zurückfallen; denn die Tangente in einem Punkte der darstellenden geraden Linie stimmt in ihrem ganzen Verlaufe mit dieser überein. Die abgeleitete Funktion reduziert sich auf die Konstante $y' = a$ und die abgeleitete Kurve auf die abgeleitete Gerade $y' = a$ parallel zur x-Achse. Umgekehrt ist $\int a \, dx = ax + C$ mit willkürlichem konstantem C, indem wir uns hier die Ableitung a aus $y = ax$ mit $b = 0$ entstanden denken.

9. Etwas über Differenzier- und Integrierregeln. Summe und konstanter Faktor. Man wird wünschen, den bisherigen kärglichen Bestand an Differenzierformeln wesentlich zu erweitern, z. B. die Ableitung der Potenz $y = x^\alpha$ bei beliebigem Exponenten α, nicht nur beim Exponenten 2, formelmäßig auszudrücken — kurz, eine Art *Einmaleins der Differentialrechnung* aufzustellen. Das war, mehr gefühls- als verstandesmäßig erfaßt, letzten Endes auch das Streben bei den Bemühungen um das Tangentenproblem im 17. Jahrhundert, dessen Erfüllung durch Leibniz (neben Newton) 1676 man als Beginn der methodischen formelmäßigen Differentialrechnung zu zählen pflegt.

Es ist sehr bemerkenswert und keineswegs selbstverständlich, daß sich dem gekennzeichneten Wunsche überhaupt und noch dazu außerordentlich weitgehend nachkommen läßt. Bemerkenswert aus zwei Gründen. Einmal wäre an sich von vornherein nicht zu erwarten, daß sich für eine formelmäßig einfache Kurve auch der Anstieg formelmäßig einfach beschreiben läßt, ebensowenig, wie man unvoreingenommenerweise etwa bei einer Zahl von endlich viel Stellen auf eine Quadratwurzel von endlich viel Stellen rechnen wird. Zum anderen liegen in der Tat für die Integralrechnung die Dinge wesentlich anders. Dort sind die Definitionen ebenso einfach wie in der Differentialrechnung. Aber die formelmäßige Behandlung ist oft verwickelter. Z. B. braucht, wenn man sich als Ableitung eine ganz einfache Funktion vorgibt, etwa $\dfrac{1}{x}$, das Integral keineswegs mehr durch die zunächst ins Auge gefaßten Funktionen ausdrückbar zu sein, sondern kann eine völlig neue Funktion definieren, deren Eigenschaften erst untersucht werden müssen. Statt aber

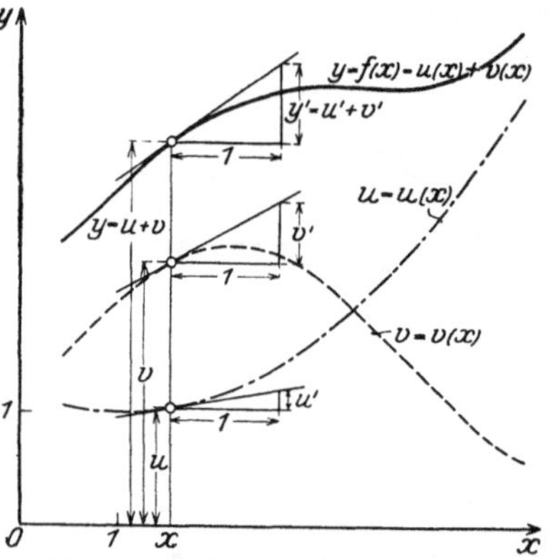

Abb. 90. Diffenzierregel der Summe: $(u + v)' = u' + v'$.

deshalb die formelmäßige Integralrechnung als schwierig zu bezeichnen, ist es angebrachter, immer von neuem über die Einfachheit der formelmäßigen Differentialrechnung zu staunen.

Das Einmaleins der Differentialrechnung bilden die *Differenzierregeln*, die in Abschnitt II E, S. 138 bis 165 systematisch besprochen werden. Schon jetzt seien zwei selbstverständliche von ihnen nebst den zugehörigen *Integrierregeln* erwähnt:

a) *Eine Summe von Funktionen darf gliedweise differenziert werden.* D. h. man findet die Ableitung einer Summe von Funktionen (worunter Differenzen inbegriffen sind), indem man alle Glieder einzeln differenziert und nachher alle gewonnenen Ableitungen zusammenfügt.

Denn z. B. für die Summe $y = f(x) = u(x) + v(x)$ von zwei Funktionen $u = u(x)$ und $v = v(x)$ addieren sich bei der Aneinandersetzung der Ordinaten der Einzelkurven $u = u(x)$ und $v = v(x)$ auch die Steigungsmaße[1] u' und v' (Abb. 90), also gilt für $y' = (u + v)'$

$$\boxed{(u + v)' = u' + v'}\,.$$

Ein Sonderfall ist die Addition einer Konstanten C zu einer Funktion $u = u(x)$, wobei wegen des Verschwindens der Ableitung von C die Ableitung von u unverändert bleibt:

$$y' = (u + C)' = u'\,.$$

Z. B. hat die lineare Funktion $y = a\,x + b$ dieselbe Ableitung $y' = a$ wie $y = a\,x$.

Umgekehrt gilt

$$\int (u' + v')\,dx = \int u'\,dx + \int v'\,dx\,.$$

---

[1] So kann an einer Stelle, wo v fällt, $u + v$ nicht mehr so stark ansteigen wie u usw.

Denn links ist der Integrand $u' + v'$ nach unserer Differenzierregel gleich der Ableitung $(u + v)'$ von $u + v$, das Integral selbst also bis auf eine additive willkürliche Konstante gleich $u + v$. Nun kann aber u bis auf eine additive Konstante als Integral $\int u'\, dx$ von u' und v bis auf eine additive Konstante als Integral $\int v'\, dx$ von v' gefunden werden. Diese beiden Integrale treten aber gerade rechts auf, und man muß sich nur die additiven Konstanten passend gewählt denken.

Schreiben wir u statt u' und v statt v', so kommt

$$\boxed{\int (u + v)\, dx = \int u\, dx + \int v\, dx}\ :$$

Eine Summe von Funktionen darf gliedweise integriert werden.
Z. B. ist

$$\int (a + \cos x)\, dx = \int a\, dx + \int \cos x\, dx = a x + \sin x + C\,,$$

und in der Tat liefert $a x + \sin x + C$ differenziert wieder den ursprünglichen Integranden $a + \cos x$.

b) *Ein konstanter Faktor bleibt beim Differenzieren unverändert.* D. h. für das Produkt $y = f(x) = c\,u(x)$ einer Funktion $u = u(x)$ mit einer Konstanten c multipliziert sich auch die Ableitung u' mit c zur Ableitung $y' = (c\,u)'$:

$$\boxed{(c\,u)' = c\,u'}\ .$$

Denn der Multiplikation von u mit c entspricht im Schaubilde eine Ausstreckung oder Zusammendrückung (und bei negativem c Spiegelung an der x-Achse) auf das c-fache (Abb. 91), die Analoges für das Steigungsmaß u' bewirkt.

Beispielsweise beträgt die Fallstrecke s in der Zeit t beim freien Fall $s = \dfrac{g}{2}\, t^2$. Hieraus folgt für die Geschwindigkeit v, da die Ableitung von t^2 gleich $2t$ ist,

$$v = s' = \left(\frac{g}{2}\, t^2\right)' = \frac{g}{2} \cdot (t^2)' = \frac{g}{2} \cdot 2t = g t\,.$$

Entsprechend tritt beim Integrieren ein konstanter Faktor vor das Integralzeichen, d. h.

$$\boxed{\int c\,u\, dx = c \int u\, dx}\ .$$

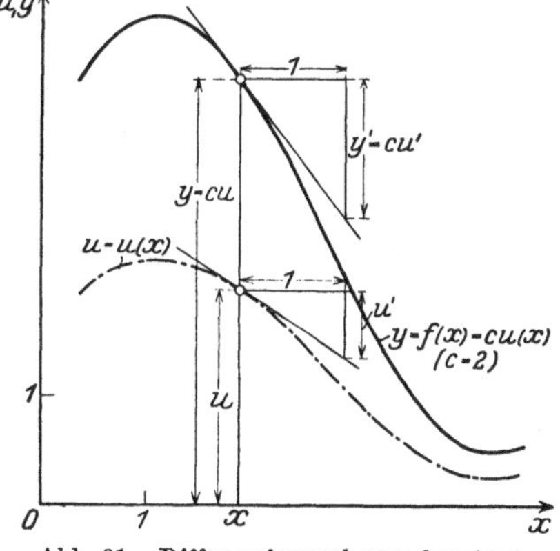

Abb. 91. Differenzierregel vom konstanten Faktor: $(c\,u)' = c\,u'$.

Denn es ist nach der Differenzierregel $\int c\,u'\, dx = \int (c\,u)'\, dx = c\,u + C_1$ mit willkürlichem konstantem C_1. Wird hierin $u = \int u'\, dx - C_2$ mit konstantem C_2 eingetragen, so kommt

$$\int c\,u'\, dx + c\,C_2 - C_1 = c \int u'\, dx$$

und, da links infolge der Willkürlichkeit von $c\,C_2 - C_1$ wieder eine Stammfunktion $\int c\,u'\, dx$ von $c\,u'$ steht,

$$\int c\,u'\, dx = c \int u'\, dx\,.$$

Ersetzt man u' durch u, so erscheint die obige Formel.
Z. B. ist

$$\int \sin x\, dx = -\int -\sin x\, dx = -\cos x - C\,,$$

weil wir $\int - \sin x \, dx$ als $\cos x + C$ kennen. Statt $- C$ kann wegen der Willkürlichkeit der Konstanten auch $+ K$ oder $+ C$ geschrieben werden. Oder

$$\int x \, dx = \int \tfrac{1}{2} \cdot 2 x \, dx = \tfrac{1}{2} \int 2 x \, dx = \tfrac{1}{2} x^2 + C \, .$$

10. Anwendung: Oberfläche einer rotierenden Flüssigkeit. Ein zylindrisches Gefäß mit einer Flüssigkeit werde um die Zylinderachse in gleichförmige Umdrehung von der Winkelgeschwindigkeit ω (S. 70) versetzt, etwa auf der Schwungmaschine.

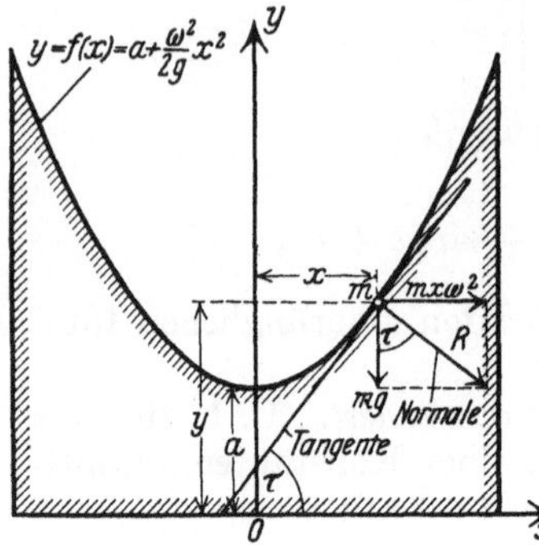

Abb. 92. Oberfläche einer rotierenden Flüssigkeit.

Was für eine Flüssigkeitsoberfläche bildet sich unter dem Einflusse der Zentrifugalkraft und der Schwere heraus?

Offenbar genügt es, einen ebenen Schnitt durch die Drehachse und in ihm die zugehörige Flüssigkeitsbegrenzungskurve zu betrachten (Abb. 92), deren Drehung die ganze Oberfläche erzeugt. Es sei x der Abstand von der Drehachse, y die Höhe über dem Gefäßboden; man wünscht die Gleichung $y = f(x)$ der Begrenzungskurve. Auf ein Flüssigkeitsteilchen von der Masse m an der Oberfläche wirken zwei Kräfte: die Zentrifugalkraft, deren Größe wir aus der Schulphysik zu $mx\omega^2$ kennen, und die Schwere mg. Soll die Flüssigkeitsoberfläche stationär sein, also das Teilchen sich in ihr nicht verschieben, so muß die Resultierende R der beiden Kräfte *senkrecht zur Oberfläche* stehen, in einer *Normalen* zu ihr liegen. Bedeutet τ den Winkel der Kurventangente gegen die x-Richtung, so hat dies nach der Abbildung $\tan \tau = mx\omega^2 : mg = \dfrac{\omega^2}{g} x$ zur Folge. Nun ist $\tan \tau$ gleich der Ableitung y' von $y = f(x)$ nach x (S. 69), also haben wir die „*Differentialgleichung*"

$$y' = \frac{\omega^2}{g} x \, .$$

Aus ihr ergibt sich durch Integration[1]

$$y = \int y' \, dx = \int \frac{\omega^2}{g} x \, dx = \frac{\omega^2}{2g} x^2 + C \, .$$

Die mathematisch hereingekommene willkürliche Integrationskonstante C bestimmt sich als Höhe a des auf der Drehachse gelegenen tiefsten Punktes der Flüssigkeitsoberfläche über dem Gefäßboden. Denn für $x = 0$ finden wir $y = a = \dfrac{\omega^2}{2g} \cdot 0 + C$.

Die Flüssigkeitsoberfläche entsteht also durch Drehung einer gegen die gewöhnliche Lage um a in die Höhe geschobenen Parabel $y = \dfrac{\omega^2}{2g} x^2 + a$ *um die y-Achse.* Sie heißt *Drehparaboloid.* a kann übrigens mit dem Gesamtvolumen V der Flüssigkeit in Zusammenhang gebracht werden (vgl. S. 126); es ist $a = \dfrac{V}{\pi r^2} - \dfrac{\omega^2}{4g} r^2$ (r Grundkreisradius des zylindrischen Gefäßes).

11. Nichtdifferenzierbarkeit. Die Konstruktion der Ableitung versagt, wenn die Tangente senkrecht steht. Denn dann treffen wir, um 1 nach rechts vom Berührungspunkt fortgeschritten, beim senkrechten Auf- oder Abwärtsgehen die Tangente auf noch so großem Zeichenpapier nicht. An Stellen mit *senkrechter Tangente*, z. B. $x = 0$ für $y = x^{\frac{1}{3}}$ (Abb. 93) oder $y = x^{\frac{2}{3}}$ (*Spitze*, Abb. 94), ist also eine Kurve bzw. die zugehörige Funktion „*nicht differenzierbar*". Dasselbe trifft zu, wenn die Kurve eine *Ecke* (einen *Knick*) hat (Abb. 95), weil dann höchstens von zwei

---

[1] Eigentlich müßte $y + K$ mit willkürlichem konstantem K statt y geschrieben werden, aber wir denken uns sogleich K in C hineingezogen.

Tangenten (einer „rechtsseitigen" oder „vorderen" und einer „linksseitigen" oder „hinteren"), aber nicht von *einer* Tangente die Rede sein kann.

Die abgeleitete Kurve hat für Punkte der Urkurve mit senkrechter Tangente eine Unendlichkeitsstelle (Abb. 93 und 94; für den formelmäßigen Ausdruck vgl. S. 140), für eine Ecke der Urkurve einen Sprung (Abb. 95).

Schließlich ist eine Funktion selbstverständlich nicht differenzierbar an Unstetigkeitsstellen für sie selbst, seien sie nun Sprungstellen (Abb. 7, S. 10) oder Unendlichkeitsstellen (Abb. 42, S. 34 und 43, S. 35) oder was sonst.

Die Differenzierbarkeit stellt nach allem eine besondere Eigenschaft einer Funktion dar, die nicht einmal, was man lange bezweifelt hat, bei Voraussetzung der Stetigkeit vorhanden zu sein braucht (vgl. die Beispiele der senkrechten Tangente und der Ecke). Der Naturwissenschaftler braucht sich, wenn er nicht weitgehende rein mathematische Neigungen hat, über derartige Fragen nicht den Kopf zu zerbrechen. Bei graphischer Behandlung erledigt sich die Existenzfrage der Ableitung von

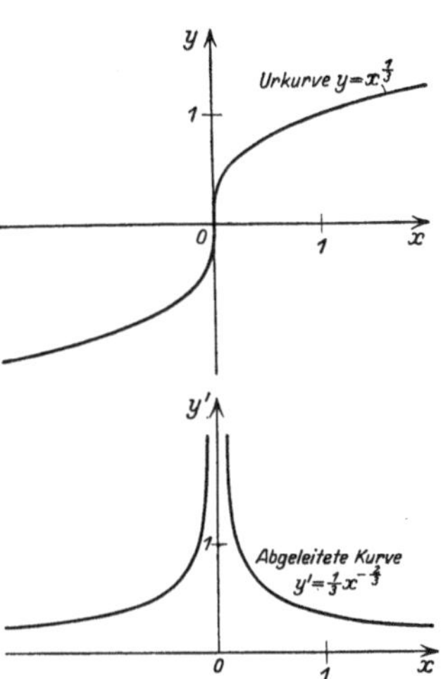

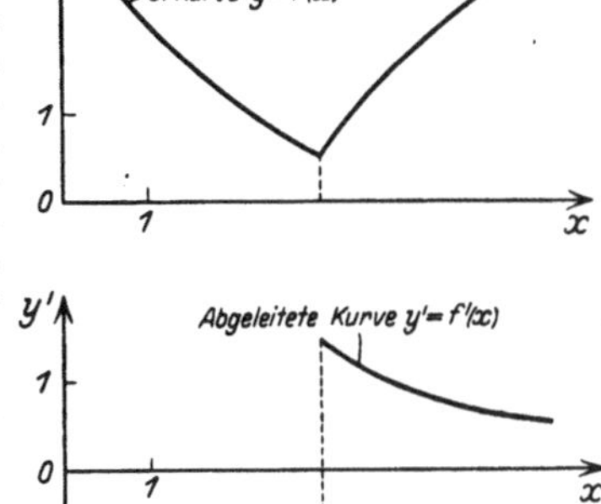

Abb. 93. Kurve mit senkrechter Tangente nicht differenzierbar, abgeleitete Kurve hat Unendlichkeitsstelle.

Abb. 94. Kurve mit senkrechter Tangente in einer Spitze nicht differenzierbar, abgeleitete Kurve hat Unendlichkeitsstelle.

selbst, und für die formelmäßig gegebenen Funktionen des Naturwissenschaftlers, wie Potenz, Sinus, Logarithmus u. dgl., wird vom Fachmathematiker die Differenzierbarkeit und die Möglichkeit unbekümmerter Anwendung des formalen Apparates der Differentialrechnung nachgewiesen (vgl. II E und II F). Wohlgemerkt, es können einzelne Ausnahmestellen mit senkrechter Tangente u. dgl. vorkommen. Aber die Nichtdifferenzierbarkeit in ihnen kündigt sich immer durch Warnungszeichen an der Urkurve oder der abgeleiteten Kurve an. Beständiger Gebrauch des Schaubildes wird auch hier den Naturwissenschaftler immer vor Fehlern bewahren.

12. Bemerkungen zur Praxis des Differenzierens. Man markiert zweckmäßig zuerst den Berührungspunkt und zeichnet nachträglich die Tangente. Denn die Tangente zu gegebenem Berührungspunkt läßt sich einfacher und sicherer ziehen als zu gezeichneter Tangente der Berührungspunkt ermitteln.

Die Genauigkeit der Bestimmung von y' kann dadurch gesteigert werden, daß man Teile der Ur-

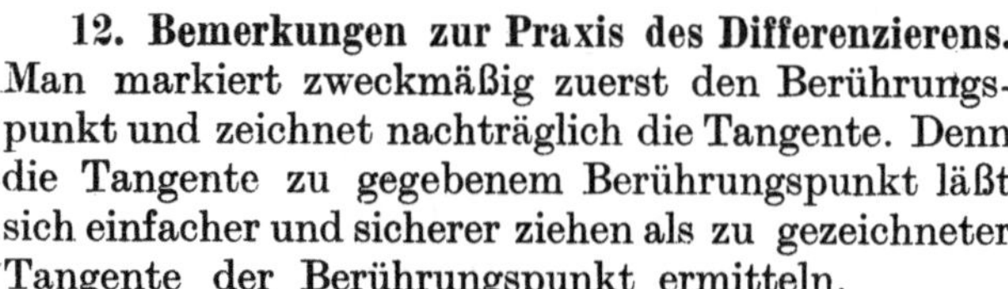

Abb. 95. Urkurve mit Ecke nicht differenzierbar, abgeleitete Kurve macht einen Sprung.

kurve in vergrößertem Maßstabe einzeln herauszeichnet. Daß trotzdem zuweilen dem Auge verschiedene Geraden als Tangenten gleich gut geeignet erscheinen und dadurch praktisch eine gewisse Unsicherheit bei der graphischen Differentiation übrigbleibt, bildet einen berechtigten Grund für die Beliebtheit formelmäßiger Behandlung von Problemen der Differentialrechnung.

Um die Abbildung nicht mit den vielen kleinen, aus Tangente, wagerechter Spanne 1 und senkrechter Ableitung y' gebildeten, womöglich übereinandergreifenden einzelnen Steigungsdreiecken zu überladen, legt man die wagerechten Grundlinien 1 aller Steigungsdreiecke gern zusammen auf die Strecke vom Punkte — 1 der x-Achse nach dem Ursprung O. Dann braucht man die Tangenten selbst gar nicht einzu-

zeichnen, sondern nur mit Hilfe zweier Zeichendreiecke Parallelen zu ihnen durch
den Punkt $x = -1$ abzuschieben, nachdem die Richtung der Tangente durch Anlegen des einen Zeichendreiecks an die Kurve fest-
gestellt ist. Jede solche Parallele schneidet auf der
y-Achse die fragliche Ableitung ein (Abb. 96). Legen
wir außerdem das xy'-System mit dem xy-System
zusammen, d. h. die y'-Achse auf die y-Achse, so
erhalten wir durch wagerechtes Hinübergehen nach
der Ordinate zur Abszisse x den betreffenden Punkt
der abgeleiteten Kurve. Abb. 97 veranschaulicht
die Konstruktion der abgeleiteten Kurve $y' = 2x$
der Parabel $y = x^2$ (vgl. Abb. 87, S. 72) nach diesem
vereinfachten Verfahren.

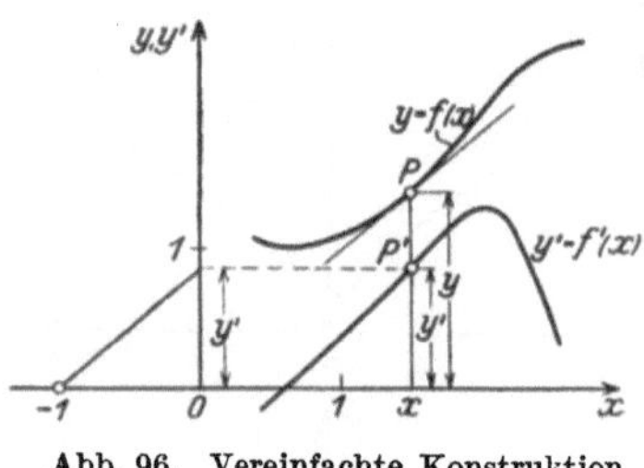
Abb. 96. Vereinfachte Konstruktion
der Ableitung.

Wenn man in der abgeleiteten Kurve nicht, wie in unseren Beispielen, die Kurve
einer geläufigen Funktion wiedererkennt und auch die formelmäßigen Verfahren
versagen, läßt man es bei der gezeichneten abgeleiteten
Kurve, bei graphischer Differentiation, bewenden. Dies
muß man z. B. immer, wenn man für die Urkurve gar
kein formelmäßiges Gesetz kennt, sondern sie z. B. nur
durch Verbinden der darstellenden Punkte für Beobachtungsergebnisse gewonnen hat. Da die Zeichnung das
wirklich Wesentliche über die Ableitung vollständig enthält, und zwar anschaulicher als eine Formel, lassen sich
aus ihr allein bereits die wertvollsten Schlüsse ziehen
— das wird noch vielfach klar werden.

**13. Differenzieren von Funktionen mehrerer Veränder-
licher. Partielle Ableitungen**[1]. Wie sollen wir den für
Funktionen einer unabhängigen Veränderlichen x ein-
geführten Ableitungsbegriff passend auf Funktionen
mehrerer Veränderlicher ausdehnen? Dazu vereinfachen
wir z. B. eine Funktion $z = f(x, y)$ von zwei unabhängigen Veränderlichen x und y (der allgemeine Fall
von beliebig vielen unabhängigen Veränderlichen erledigt
sich ganz entsprechend) durch Festhalten der einen
Veränderlichen, etwa von y bei einem Werte y_0, zu
einer Funktion $z = f(x, y_0)$ nur noch einer unabhängigen
Veränderlichen x (vgl. S. 56); für diese aber wissen wir,
was die Ableitung $z' = f'(x, y_0) = D_x f(x, y_0)$ bedeutet.
Geometrisch: wir schneiden die Fläche $z = f(x, y)$ mit
der Ebene $y = y_0$, welche parallel zur zx-Ebene, senkrecht zur y-Achse durch den Punkt y_0 auf dieser
läuft, und untersuchen das *Ansteigen der* (in der Ebene
$y = y_0$ gelegenen) *Schnittkurve* $z = f(x, y_0)$ *von Fläche*
$z = f(x, y)$ *und Ebene* $y = y_0$; das Steigungsmaß im

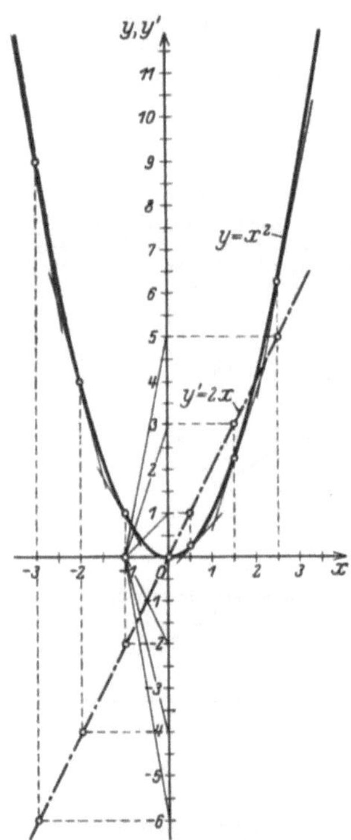
Abb. 97. Vereinfachtes
Differenzieren des Quadrates
(der Parabel) $y = x^2$.

Punkte x für sie beträgt gerade $f'(x, y_0)$ und ist bei festem y_0 und veränderlichem x
eine Funktion von x.

Z. B. entsteht, wie man sich durch eine Abbildung verdeutlichen möge, durch Umdrehung
der Parabel $z = x^2$ um die z-Achse das *Drehparaboloid* $z = f(x, y) = x^2 + y^2$. Die Schnittkurve mit einer Ebene $y = y_0$ ist die Parabel $z = f(x, y_0) = x^2 + y_0^2$, welche aus der erzeugenden
Parabel $z = x^2$ durch Hochschieben längs des Drehparaboloids um y_0^2 hervorgeht. Ihr Steigungs-

---

[1] Auf die Funktionen von mehreren Veränderlichen soll trotz ihrer großen naturwissenschaftlichen Bedeutung hier und im folgenden nur flüchtig eingegangen werden.

maß $f'(x, y_0) = 2x$ (denn y_0^2 liefert als additive Konstante beim Differenzieren den Beitrag 0) an der Stelle x erweist sich natürlich als unverändert gegenüber dem Steigungsmaße $2x$ der erzeugenden Parabel $z = x^2$ für dasselbe x.

Um anzudeuten, daß z unter Festhaltung von y nach x differenziert werden soll, fügt man bei $z' = f'(x, y_0)$ den Index x bei, schreibt also z'_x oder $f'_x(x, y_0)$ oder einfach z_x oder $f_x(x, y_0)$ für die „*partielle*" Ableitung $f'(x, y_0)$ von z nach x bei konstantem $y = y_0$. Gewöhnlich spart man sich auch die Marke 0 an y. D. h. man betrachtet die Ableitung nicht nur als Funktion von x, sondern läßt nachträglich auch y in ihr frei und hat damit $f'_x(x, y)$ als Funktion erstens des Wertes, bei dem y festgehalten wird, zweitens der Stelle x, an der wir die Schnittkurve differenzieren, insgesamt als Funktion wieder von zwei unabhängigen Veränderlichen x und y oder als Funktion eines Punktes in der xy-Ebene.

Ähnlich versteht man unter z'_y oder z_y oder $f'_y(x, y)$ oder $f_y(x, y)$ die „*partielle*" Ableitung von $z = f(x, y)$ nach y bei festgehaltenem x (das Steigungsmaß der Schnittkurve der Fläche $z = f(x, y)$ mit einer zur yz-Ebene parallelen Ebene).

Naturwissenschaftlich sehr lohnend ist die Auffassung von z_x und z_y als *Änderungsgeschwindigkeiten* oder *Änderungstendenzen* von z beim Vorschreiten auf der Fläche $z = f(x, y)$ in der x- bzw. y-Richtung. Z. B. gibt in der Zustandsfunktion $T = \dfrac{pV}{R}$ eines idealen Gases die Ableitung $T_p = \dfrac{V}{R}$ der absoluten Temperatur T nach dem Drucke p die Geschwindigkeit der Temperaturzunahme, wenn bei konstantem Volumen V der Druck gesteigert (mehr Gas eingepreßt) wird.

Die Physiker benützen das Anhängen einer Veränderlichen als Index oft dazu, um anzudeuten, daß diese Veränderliche konstant gehalten werden soll, z. B. $c_p =$ spezifische Wärme bei konstantem Drucke; z_x würde dann heißen: Funktion $z = f(x, y)$ bei konstantem x, d. h. auf einer Schnittkurve der Fläche $z = f(x, y)$ mit einer Ebene $x =$ konst parallel der yz-Ebene. Man hüte sich sehr vor Verwechslungen und sehe beim Lesen eines theoretisch-physikalischen Buches immer erst nach, in welchem Sinne der Verfasser bei Funktionen mehrerer Veränderlicher eine Veränderliche als Index gebraucht — ob zur Andeutung des Konstanthaltens oder der Differentiation nach ihr.

B. Verschiedene Anwendungen der Ableitung.   Höhere Ableitungen.

1. Positive Ableitung bedeutet Steigen, negative Fallen einer Kurve. Wenn die Urkurve $y = f(x)$ *steigt* (Punkt A in Abb. 98), geht die Ableitung y' *aufwärts* oder ist *positiv*, die abgeleitete Kurve $y' = f'(x)$ verläuft *oberhalb* der x-Achse (Punkt A'); wenn die Urkurve $y = f(x)$ fällt (Punkt B), geht die Ableitung y' *abwärts* oder ist *negativ*, die abgeleitete Kurve $y' = f'(x)$ verläuft *unterhalb* der x-Achse (Punkt B'). Auch das Umgekehrte trifft zu: positivem y' entspricht steigendes y, negativem y' fallendes y. In übersichtlicher Zusammenfassung:

$$\boxed{\;y = f(x) \;\genfrac{}{}{0pt}{}{steigt}{fällt}\; für\; y' \gtrless 0\;}.$$

Und zwar ist der Anstieg oder Abfall stark für absolut (ohne Rücksicht aufs Vorzeichen) großes y', schwach für absolut kleines y' (man betrachte daraufhin die Parabel $y = x^2$ der Abb. 87 u. 97 mit $y' = 2x$). Die abgeleitete Kurve charakterisiert also vollständig das Steigen und Fallen der Urkurve. Wenn wir die Urkurve zudecken, können wir doch allein aus dem Anblicke der abgeleiteten Kurve alles Wünschenswerte über die Anstiegsverhältnisse der Urkurve entnehmen.

Ist die Kurve $y = f(x)$ das Zeit-Weg-Schaubild einer Bewegung mit dem Abstande y vom Bezugspunkte zur Zeit x, so ist positive Geschwindigkeit $\dot{y} > 0$ gleichwertig damit, daß der bewegte Punkt A auf seiner Bahn in positiver y-Richtung (also bei positivem y vom Bezugspunkte weg, bei negativem y auf ihn zu) läuft; negative Geschwindigkeit $\dot{y} < 0$ hingegen ist gleichwertig mit Bewegung von A in negativer y-Richtung (bei positivem y auf den Bezugspunkt zu, bei negativem y von ihm weg).

2. Gipfel- und Talpunkte (Maxima und Minima). Besondere Aufmerksamkeit verdienen und ziehen im Schaubilde auch ohne weiteres auf sich die Punkte, in denen die Kurve $y = f(x)$ vom Steigen ins Fallen übergeht und die Funktion je ein „*Maximum*" erreicht, die sog. *Gipfelpunkte* wie C und D in Abb. 98, oder die Kurve vom

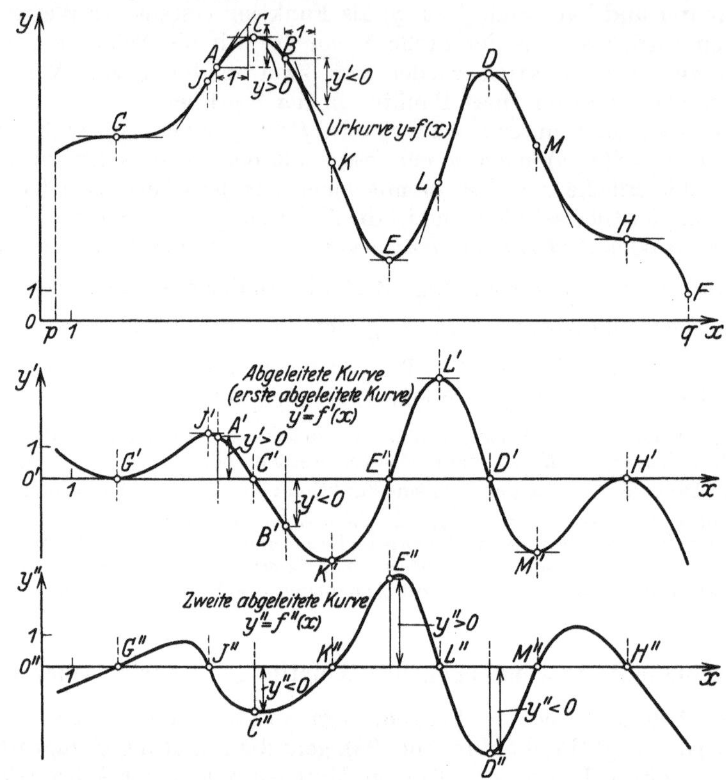

Abb. 98. Urkurve, (erste) abgeleitete Kurve und zweite abgeleitete Kurve.

Kurve $\genfrac{}{}{0pt}{}{\text{steigt}}{\text{fällt}}$ in $\genfrac{}{}{0pt}{}{A,\ y'>0,}{B,\ y'<0,}$ Kurve $\genfrac{}{}{0pt}{}{\text{erhaben}}{\text{hohl}}$ nach unten zwischen $\genfrac{}{}{0pt}{}{G \text{ und } J,\ K \text{ und } L,\ M \text{ und } H,\ y''>0.}{J \text{ und } K,\ L \text{ und } M,}$

links von G, rechts von H, $y'' < 0$.

Extrema: Maxima (Gipfelpunkte) in C und D, $y'=0$, $y''<0$.
Minimum (Talpunkt) in E, $y'=0$, $y''>0$.

Kleinster Funktionswert am Rande in F.

Wendepunkte: mit wagerechter Wendetangente in G und H, $y'=0$, $y''=0$, gewöhnliche in J, K, L und M, $y''=0$.

Fallen ins Steigen übergeht und die Funktion je ein „*Minimum*" erreicht, die *Talpunkte* wie E. Beide Arten von Punkten zusammen heißen *Wagepunkte*, weil in ihnen die Tangente wagerecht liegt, auch *Kulminationspunkte*. Die gemeinsame Bezeichnung für Maxima und Minima zusammen ist *Extrema*.

Eine *notwendige Bedingung für einen Wagepunkt* (ein Extremum) ist offenbar $y' = 0$. Genauer als *notwendige und hinreichende Bedingung*:

$$\boxed{\ y = f(x) \text{ hat einen } \genfrac{}{}{0pt}{}{\text{Gipfelpunkt (Maximum)}}{\text{Talpunkt (Minimum)}}\ , \text{wenn } y'\ \genfrac{}{}{0pt}{}{\text{fallend}}{\text{steigend}}\ \text{durch } 0 \text{ hindurchgeht},\ }$$

wie man bei den C, D und E zugeordneten Punkten C', D' und E' der abgeleiteten Kurve in Übereinstimmung mit der Definition von Maximum und Minimum erkennt.

3. Veranschaulichungen. Mechanisch entsprechen die Extrema des Zeit-Weg-Schaubildes $y = f(x)$ Extremalabständen des bewegten Punktes A vom Bezugspunkte C auf der Bahnkurve; für sie kehrt sich die Bewegungsrichtung von A um (*Umkehrpunkte*). Es ist klar, daß dabei die Geschwindigkeit $\dot{y}$ von A gleich Null sein muß. Man denke etwa an die Umkehrpunkte einer Pendelkugel in Extremalabständen auf dem durchlaufenen Kreise (vom tiefsten Punkte aus gemessen) mit Stillstand der Pendelkugel für einen Augenblick.

Eine schöne Veranschaulichung dafür, daß für ein Extremum die Ableitung verschwindet, liefert die Tageslänge. Für den längsten und den kürzesten Tag ist die Änderungsgeschwindigkeit der Tageslänge je gleich Null. In der Tat ändert sich um diese Zeiten, wie jeder weiß, die Tageslänge nur sehr wenig — wir müssen zu Wintersanfang eine ganze Weile über kurze Tage seufzen, zumal in nordischen Ländern, und können uns zu Sommersanfang dafür an einer Reihe ziemlich gleich langer Tage erfreuen.

Auch ein Blick auf eine Wetterkarte bestätigt das Verschwinden der Ableitung an einer Extremalstelle, wenn wir etwa den Luftdruck auf einer in ein Tief hineinführenden Geraden verfolgen. Die Ableitung des Luftdrucks als Funktion der Fortschreitungsstrecke gibt seine Änderungsgeschwindigkeit (den sog. *Gradienten*), die sich in der Windstärke bemerkbar macht. Nun melden vielleicht alle Stationen auf einer Linie fallenden Luftdrucks den stärksten Sturm — die Station mit dem Minimum selbst für den Luftdruck hat Windstille; der Seemann, dessen Schiff sich durch ein barometrisches Tief bewegt, sieht das „Auge des Sturms", ein Stück blauen Himmels.

4. Beispiele. Bei der Parabel $y = x^2$ (Abb. 87 u. 97) liegt für $x = 0$ ein Minimum vor, weil die Ableitung $y' = 2x$ für $x = 0$ verschwindet und die abgeleitete Kurve $y' = 2x$ für $x = 0$ steigend die x-Achse schneidet (links von $x = 0$ ist y' negativ, rechts positiv).

Oder die Sinuslinie $y = \sin x$ (Abb. 88) hat für $x = -\dfrac{\pi}{2}$ ein Minimum, für $x = \dfrac{\pi}{2}$ ein Maximum; denn die Kosinuslinie $y' = \cos x$ als abgeleitete Kurve tritt für $x = -\dfrac{\pi}{2}$ steigend von negativen zu positiven und für $x = \dfrac{\pi}{2}$ fallend von positiven zu negativen Werten durch die x-Achse hindurch. Hiermit erfährt die Bemerkung von S. 52, daß die Sinuslinie $y = \sin x$ gerade da Extrema hat, wo der Kosinus Nullstellen aufweist, eine neue und tieferdringende Beleuchtung. Auch sieht man aufs schönste, daß die Sinuslinie steigt, wo die Kosinuslinie oberhalb der x-Achse liegt, und fällt, wo die Kosinuslinie unterhalb der x-Achse hinführt.

5. Extrema in Ecken und Spitzen. Bei der Aufsuchung der Maxima und Minima mit Hilfe des Verschwindens der Ableitung y' ist stillschweigend vorausgesetzt, daß diese durchweg existiert, d. h. daß die Funktion $y = f(x)$ für alle untersuchten x differenzierbar ist. Denn sonst kann sich z. B. ein Minimum in einer Spitze mit senkrechter Tangente (Abb. 94) oder in einer Ecke (Abb. 95) einstellen, also in Punkten, wo $y = f(x)$ nicht differenzierbar ist und die abgeleitete Kurve es nicht durch Schneiden der x-Achse, sondern durch Unstetigwerden fertigbringt, von der Fallen der Urkurve charakterisierenden Seite negativer y' unterhalb der x-Achse auf die Steigen charakterisierende Seite positiver y' oberhalb der x-Achse hinüberzukommen.

6. Bemerkungen über den Sprachgebrauch. Man hüte sich, unseren durch Abb. 98 verdeutlichten präzisen Sinn der Worte Maximum, Minimum und Extremum mit anderen Bedeutungen für sie aus der Sprache des täglichen Lebens zu verwechseln, wie deren eine z. B. bei dem (starker Kritik ausgesetzten) *Liebigschen Gesetze vom Minimum* aus der Pflanzenphysiologie vorliegt. Nach diesem hängt der Pflanzenertrag von demjenigen Wachstumsfaktor (Düngermenge u. dgl.) ab, der verhältnismäßig am meisten im Minimum ist, d. h. von dem der Pflanze in Prozenten der erforderlichen Menge die geringste Menge zur Verfügung steht, und zwar ändert sich der Ertrag bei Änderung dieses Wachstumsfaktors ihm proportional. Offenbar hat dieses Liebigsche Minimum mit unserem Minimum, der Ordinate eines Kurventalpunktes, nichts zu tun.

Weiterhin sind die drei Worte, wie aus dem ganzen Zusammenhange hervorgeht, immer nur in bezug auf die Funktionswerte in einer vielleicht gar nicht so großen *Nachbarschaft links und rechts* gemeint, die vom Maximalwert alle übertroffen, vom Minimalwert alle untertroffen werden. Es ist sehr wohl möglich, daß für andere, genügend weit entfernte x beträchtlich größere Funktionswerte als für einen gerade ins Auge gefaßten Gipfelpunkt oder beträchtlich kleinere Funktionswerte als für einen Talpunkt auftreten. Z. B. ist der Funktionswert im Punkte F in Abb. 98 kleiner als der Minimalwert in E. Man redet deshalb manchmal von *relativem* Maximum, *relativem* Minimum, *relativem* Extremum.

7. Größter und kleinster Wert einer Funktion. Die letzten Überlegungen sind wichtig, wenn man den überhaupt größten und den überhaupt kleinsten Wert[1] einer Funktion für ein gewisses Argumentintervall, z. B. von p bis q in Abb. 98, ermitteln will, der für die Praxis meist belangreicher ist als die vielleicht nur auf kleine Nachbarschaften bezogenen Maxima und Minima. Dazu muß man nachsehen, welcher Gipfelpunkt unter den durch $y' = 0$ herausgefischten Wagepunkten der allerhöchste und welcher Talpunkt der allertiefste ist, indem man einfach die Funktionswerte für die verschiedenen Wagepunkte vergleicht. Aber man muß auch aufmerken, ob etwa bei Nichtdifferenzierbarkeit noch höhere bzw. tiefere Spitzen oder Ecken auftreten oder ob schließlich vielleicht der überhaupt größte bzw. kleinste Wert am *Rande* (in den Endpunkten des Intervalls) erscheint wie in Abb. 98 für F. (In den Randpunkten eines Intervalls haben wir „*einseitige Differenzierbarkeit*", d. h. die Tangente schließt sich nur nach *einer* Seite an die Kurve an. Nach der anderen Seite außerhalb des Intervalls wissen wir gar nichts, weil dort die Funktion überhaupt nicht erklärt zu sein braucht oder die Fortsetzung der Kurve vielleicht mit einer Ecke erfolgt.) An Hand der Zeichnung wird man über diese Dinge niemals im Zweifel sein.

8. Wagerechte Tangente nicht immer gleichbedeutend mit Extremum. Die Betrachtung des Schaubildes schützt auch dagegen, auf Grund der Beziehung $y' = 0$ Punkte als Extrema mitzunehmen, in denen zwar die Tangente wagerecht liegt, aber die Kurve weder ganz unterhalb der Tangente bleibt wie beim Maximum (Gipfelpunkt) in C und D (Abb. 98) noch ganz oberhalb der Tangente wie beim Minimum (Talpunkt) in E, sondern die (wagerechte) Tangente durchsetzt wie in G oder H. Die abgeleitete Kurve geht hier nicht durch die x-Achse hindurch wie beim Extremum, sondern wird der Bedingung $y' = 0$ durch Berührung der x-Achse von einer Seite gerecht. Z. B. ist y' für den Punkt G vorher und nachher positiv, die abgeleitete Kurve hat also in G' ein Minimum, während in H' der Fall eines Maximums von y' zu sehen ist. Im ganzen:

$y' = 0$ allein ist zwar eine notwendige, aber keine hinreichende Bedingung für ein Extremum einer differenzierbaren Funktion[2].

9. Zweite Ableitung. Beschleunigung. Genaueren Einblick hierein wie auch eine handlichere, allerdings nicht ganz so weit tragende Form der Unterscheidung von Maximum und Minimum (y' fallend bzw. steigend durch 0) liefert die systematische Untersuchung des Steigens und Fallens der abgeleiteten Kurve. Man zeichnet, wie es in Abb. 98 ausgeführt ist, mittels der Tangente der abgeleiteten Kurve zu dieser eine neue abgeleitete Kurve. Sie heißt in bezug auf die Urkurve $y = f(x)$ die *zweite abgeleitete Kurve*, ihre Ordinate, d. h. die Ableitung $(y')'$ der „ersten" Ableitung y', die *zweite Ableitung* y'' oder die *Ableitung zweiter Ordnung* von $y = f(x)$; man schreibt auch $y'' = f''(x) = D^2 f(x) = D_x^2 f(x)$.

Offenbar gibt y'' ein Maß der Änderung von y' mit x. Dies wird besonders deutlich, wenn wir uns $y' = \dot y$ als Geschwindigkeit einer Bewegung mit dem Abstand $y = f(x)$ vom Bezugspunkte zur Zeit x denken. Dann mißt $y'' = \ddot y$ die Ge-

---

[1] Die zuweilen gebrauchten Ausdrücke „absolut größter Wert" oder „absolutes Maximum" und „absolut kleinster Wert" oder „absolutes Minimum" sind besser zu vermeiden, weil das Wort „absolut" bereits die Bedeutung „ohne Rücksicht aufs Vorzeichen" hat.

[2] Oder: Ein Wagepunkt mit wagerechter Tangente braucht kein Gipfel- oder Talpunkt zu sein.

schwindigkeit, mit der die Geschwindigkeit $\dot{y}$ steigt oder fällt, und wird üblicherweise *Beschleunigung* genannt (abgesehen von der Dimension Länge/Zeit², die der Beschleunigung als benannter Größe noch zukommt).

Z. B. ist beim freien Fall der Weg $s = \frac{g}{2} t^2$, also (S. 75) die Geschwindigkeit $v = \dot{s} = gt$. Diese lineare Funktion hat zur Ableitung den Faktor g von t, daher beträgt die Beschleunigung konstant

$$b = \dot{v} = \ddot{s} = g \, .$$

10. Steigen und Fallen der ersten abgeleiteten Kurve. Erhabenheit und Hohlheit der Urkurve. Wenn y'' positiv ist, steigt die abgeleitete Kurve, d. h. y' nimmt zu. Dies bedeutet bei negativem y', z. B. zwischen K und E in Abb. 98, wobei die Tangente der Urkurve $y = f(x)$ vom Berührungspunkte im Sinne wachsender x nach unten weist, daß sie von steilerem zu flacherem Nach-unten-Weisen übergeht, hingegen bei positivem y', z. B. zwischen E und L, daß zunächst flacheres, später steileres Nach-oben-Weisen vorliegt: die Urkurve $y = f(x)$ ist auf einem Bogen, wo $y'' > 0$ ist, wie zwischen K und L oder auch zwischen G und J, M und H, *erhaben (konvex) nach unten* (bzw. hohl [konkav] nach oben). Hingegen entspricht negativem y'' ein *nach unten hohler (konkaver)* (bzw. nach oben erhabener [konvexer]) Bogen der Urkurve $y = f(x)$ wie links von G, zwischen J und K, zwischen L und M, rechts von H, indem entweder bei positivem y' die Tangente von Punkt zu Punkt flacher ansteigt oder bei negativem y' von Punkt zu Punkt steiler abfällt. Zusammengefaßt:

$$\boxed{Kurve \ \ y = f(x) \ \ \frac{erhaben}{hohl} \ \ nach \ unten \ für \ y'' \ {\textstyle\substack{> \\ <}} \ 0} \, .$$

Wie y' mit der *Richtung*, so hängt y'' mit der *Krümmung* der Urkurve zusammen.

11. Nochmals Maximum und Minimum. Beispiele. Damit lassen sich Maximum, wo die abgeleitete Kurve fallend durch Null hindurchgeht, jedenfalls fällt und die Urkurve hohl nach unten ist, und Minimum, wo das Gegenteil stattfindet, hinreichend so kennzeichnen:

$$\boxed{y = f(x) \ \ hat \ ein \ \frac{Maximum}{Minimum} \ \ für \ \ y' = 0 \ \ und \ \ y'' \ {\textstyle\substack{< \\ >}} \ 0} \, .$$

Beispielsweise ist bei der Parabel $y = x^2$ (Abb. 87 u. 97) die erste Ableitung $y' = 2x$ und die zweite Ableitung $y'' = 2$ (die gerade Linie $y' = 2x$ hat zur Ableitung [zum Steigungsmaße] den Faktor 2 von x). D. h. die Parabel $y = x^2$ ist in Übereinstimmung mit dem Augenschein durchweg erhaben nach unten, und die durch die Bedingung $y' = 0$ ausgezeichnete Stelle $x = 0$ ist eine Minimumabszisse, weil $y'' > 0$ ausfällt.

Die Funktion $y = \sin x$ (Abb. 88) hat zur ersten Ableitung $y' = \cos x$ und, weil der Kosinus abgeleitet zum negativen Sinus führt, zur zweiten Ableitung $y'' = -\sin x$. D. h. dort, wo $y = \sin x$ positiv ist, haben wir $y'' < 0$, die Teile der Sinuslinie über der x-Achse sind hohl nach unten. Umgekehrt ist $y'' > 0$ bei negativem $y = \sin x$, d. h. auf den Teilen der Sinuslinie unterhalb der x-Achse, die demgemäß die erhabene Seite nach unten, die hohle Seite nach oben wenden. Und für $x = -\frac{\pi}{2}$ mit $y' = \cos x = 0$ liegt wegen $y'' = -\sin x = 1 > 0$ ein Minimum, für $x = \frac{\pi}{2}$ mit $y' = \cos x = 0$ wegen $y'' = -\sin x = -1 < 0$ ein Maximum des Sinus vor.

Die Tatsache, daß für den Sinus (übrigens ebenso für den Kosinus wegen $y = \cos x$, $y' = -\sin x$, $y'' = -\cos x$) die Beziehung $y'' = -y$ besteht, daß also bei einer Bewegung mit dem Abstande gleich dem Sinus der Zeit die Beschleunigung entgegengesetzt gleich dem Abstande ist, bildet die Wurzel für das Auftreten von Sinus und Kosinus bei Schwingungen (bei der harmonischen Bewegung), vgl. II E 16—17, S. 156—159.

12. Beispiel: Methode der kleinsten Quadrate, direkte Beobachtungen gleicher Genauigkeit. Man habe eine unbekannte Größe X sagen wir n-mal gemessen mit den erfahrungsgemäß etwas voneinander abweichenden Ergebnissen $x_1, x_2, \ldots, x_n$. Als besten aus ihnen zu gewinnenden Annäherungswert an X nimmt man mit Gauss die Zahl x, für welche die Summe der Quadrate $(x_1 - x)^2$, $(x_2 - x)^2$, $\ldots$, $(x_n - x)^2$ der Unterschiede $x_1 - x$, $x_2 - x$, $\ldots$, $x_n - x$ zwischen den Messungsergebnissen und x, also die „*Abweichungsquadratsumme*" oder „*Fehlerquadratsumme*"

$$ y = (x_1 - x)^2 + (x_2 - x)^2 + \cdots + (x_n - x)^2 $$

möglichst klein ausfällt. Was ist das für eine Zahl x?

Wir denken uns x als unabhängige Veränderliche. Die Funktion y ist zusammengesetzt aus Summanden

$$ (x_\nu - x)^2 = x_\nu^2 - 2 x x_\nu + x^2 \quad (\nu = 1, 2, \ldots, n) . $$

Die Ableitung eines solchen Summanden nach x lautet $-2 x_\nu + 2 x$, da x_ν^2 als Konstante die Ableitung Null hat. Daher

$$ y' = -2 x_1 + 2 x - 2 x_2 + 2 x - + \cdots - 2 x_n + 2 x $$
$$ = -2 (x_1 + x_2 + \cdots + x_n) + 2 n x $$

und $y' = 0$ für

$$ x = \frac{x_1 + x_2 + \cdots + x_n}{n} = \frac{\sum x_\nu}{n} , \tag{*} $$

d. h. für das arithmetische Mittel der Beobachtungsergebnisse; das abkürzende „*Summenzeichen*" Σ verlangt, für ν nacheinander alle in Frage kommenden Zeiger $\nu = 1, 2, \ldots, n$ einzusetzen und die entsprechenden Glieder x_ν zusammenzuzählen. Die zweite Ableitung lautet $y'' = 2 n$; denn der erste Bestandteil in y' liefert als Konstante die Ableitung Null. y'' ist durchweg positiv, die Kurve für y also überall hohl nach unten, und es liegt ein und nur ein Minimum vor.

Das arithmetische Mittel (*) *der Beobachtungsergebnisse hat die kleinste Abweichungsquadratsumme und ist also im Sinne der „Methode der kleinsten Quadrate", deren Name sich von selbst mit erklärt, der beste (oder „wahrscheinlichste") Annäherungswert an die unbekannte beobachtete Größe* X.

Bekanntlich bildet die von Gauss erfundene Methode der kleinsten Quadrate die Grundlage der mathematischen Theorie von Beobachtungen (der „*Ausgleichungsrechnung*", vgl. Fußnote [2] auf S. 13). Hier haben wir von ihr den einfachsten Sonderfall „*direkter Beobachtungen gleicher Genauigkeit*" kennengelernt.

13. Wann hat eine quadratische Gleichung reelle Wurzeln? Die „*quadratische Funktion*"

$$ y = f(x) = x^2 + a x + b $$

(Abb. 99 mit $a = -8$, $b = 12$, 16 oder 20) hat als Summe aus x^2 mit der Ableitung $2x$, ax mit der Ableitung a und b mit der Ableitung 0 die Ableitung $y' = 2x + a$. Ein Extremum von y liegt an der Stelle $x = -\dfrac{a}{2}$ ($x = 4$ in Abb. 99), wo y' verschwindet, und zwar ein Minimum[1],

---

[1] Man bestimme Lage und Wert des Minimums auch ohne Gebrauch der Ableitung, indem man $f(x) = x^2 + a x + b = \left(x + \dfrac{a}{2}\right)^2 + b - \dfrac{a^2}{4}$ umformt und $\left(x + \dfrac{a}{2}\right)^2$ als nicht negativ erkennt.

weil $y'' = 2$ und die Kurve $y = x^2 + ax + b$ (*verschobene Parabel*) durchweg erhaben nach unten ist. Ist der entsprechende Funktionswert

$$f\left(-\frac{a}{2}\right) = \left(-\frac{a}{2}\right)^2 + a\left(-\frac{a}{2}\right) + b = -\frac{a^2}{4} + b$$

negativ (—4 in Abb. 99 für die untere Kurve mit $b = 12$), so schneidet die Parabel die x-Achse zweimal; die quadratische Gleichung $x^2 + ax + b = 0$ hat zwei reelle, getrennte Wurzeln (2 und 6 in Abb. 99, vgl. auch S. 44—45). Das steht in schönster Übereinstimmung damit, daß sich dann in der expliziten Darstellung der Wurzeln, die man in der Schule lernt[1],

$$\left.\begin{matrix}x_1\\x_2\end{matrix}\right\} = -\frac{a}{2} \pm \sqrt{\frac{a^2}{4} - b}$$

die Quadratwurzel reell ziehen läßt. Hingegen trifft für $f\left(-\dfrac{a}{2}\right) > 0$ die Parabel, weil sogar ihr tiefster Punkt noch oberhalb der x-Achse liegt, diese gar nicht, und wir haben zwei komplexe Wurzeln (obere Kurve in Abb. 99 mit $b = 20$); läßt sich doch auch die Quadratwurzel nicht reell ziehen. Bei $f\left(-\dfrac{a}{2}\right) = 0$ schließlich berührt die Parabel die x-Achse von oben (mittlere Kurve in Abb. 99 mit $b = 16$). Wir reden von zwei an derselben Stelle zusammenfallenden Wurzeln der quadratischen Gleichung, die wir uns aus zwei getrennten reellen Wurzeln durch allmähliches Anheben der Parabel erzeugt denken (vgl. auch S. 108).

14. Wendepunkte. Intervalle des Steigens und Fallens der abgeleiteten Kurve $y' = f'(x)$ mit $y'' > 0$ bzw. $y'' < 0$ werden durch die Gipfel- und Talpunkte von $y' = f'(x)$ voneinander getrennt, für die $y'' = 0$ sein muß. Ihnen entsprechen an der Urkurve $y = f(x)$ Punkte, in denen diese von Erhabenheit in Hohlheit nach unten übergeht, z. B. J, L und H in Abb. 98, oder umgekehrt, z. B. G, K, M. Sie heißen *Wendepunkte* von $y = f(x)$. Weil sich die Kurve $y = f(x)$ bis zu einem Wendepunkte hin von Punkt zu Punkt steiler aufrichtet und

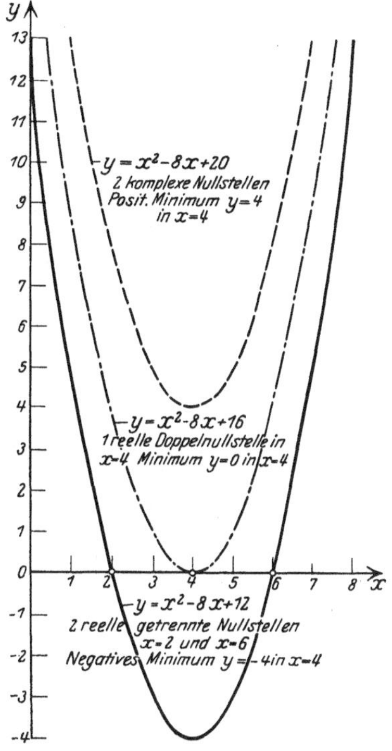

Abb. 99. Wurzeln einer quadratischen Gleichung.

nachher allmählich wieder flacher verläuft oder umgekehrt, muß sie die Tangente im Wendepunkt, die sog. *Wendetangente*, durchsetzen und schmiegt sich ihr besonders gut an. Dies steht in Übereinstimmung damit, daß der Kurve im Wendepunkt eine durch das Schlagwort „Geradlinigkeit" zu kennzeichnende Zwischenstufe zwischen Erhabenheit und Hohlheit zukommt.

Für den Naturwissenschaftler liegt die Bedeutung des Wendepunktes darin, daß in ihm der *Kurvenanstieg bzw. -abfall ein Maximum oder Minimum* hat. (Das wird besonders anschaulich, wenn wir uns die Kurvenstücke um G, J, K, L, M und H herum in Abb. 98 als Gebirgsprofile denken.) Z. B. steigt in Abb. 5 die Wassertemperatur im Kalorimeter bei Kohleverbrennung erst langsam, dann rascher und zum Schluß wieder langsamer an. Die Stelle stärksten Temperaturanstiegs ist der Wendepunkt der nach unten anfangs erhabenen, zuletzt hohlen Kurve. Er tritt etwa um $2^{\mathrm{h}}\,52^{\mathrm{m}}$ bei $21{,}30^0$ Temperatur auf, d. h. wenn sich das Wasser zwischen der Anfangstemperatur $18{,}30^0$ und der Endtemperatur $24{,}30^0$ um die Hälfte erwärmt hat. Diese Tatsache, daß sich bei einer S-förmigen Kurve wie in Abb. 5 der steilste Anstieg einstellt, wenn die in der senkrechten Richtung dargestellte Größe sich in der Mitte zwischen Ausgangs- und Schlußwert be-

---

[1] Vgl. etwa CRANTZ, P.: Arithmetik und Algebra zum Selbstunterricht. 2. Bd., Aus Natur und Geisteswelt 205; FISCHER, P. B.: Elementare Algebra, Sammlung Göschen 930.

findet, wollen wir uns merken — so für eine chemische Reaktion mit katalytischer Wirkung des Reaktionsprodukts: stürmischste Reaktion, wenn etwa die Hälfte umgesetzt ist (S. 201).

Ein formelmäßig leicht faßbares Beispiel für Wendepunkte liefert die Sinuslinie $y = \sin x$. Die zweite Ableitung $y'' = -\sin x$ verschwindet für $x = 0$, $\pm \pi$, $\pm 2\pi$, ..., und dort liegen Wendepunkte (Abb. 88). Die Wendetangenten schließen wegen $y' = \cos x = \pm 1$ für $x = 0$, $\pm \pi$, $\pm 2\pi$, ... bei gleichem Maßstabe in der x- und y-Richtung Winkel von $\pm 45^0$ mit der x-Achse ein.

15. Punkte, in denen mehrere Ableitungen verschwinden. Höhere Ableitungen. Wenn in einem Punkte gleichzeitig y' und y'' Null sind, so kann daselbst eine wagerechte Wendetangente wie für G oder H in Abb. 98 vorliegen, falls nämlich y' vorher und nachher dasselbe Zeichen, also die abgeleitete Kurve $y' = f'(x)$ ein Extremum an der betreffenden Stelle hat und die Urkurve $y = f(x)$ sowohl vorher als auch nachher ansteigt bzw. abfällt. Es ist aber auch möglich, daß die Urkurve ein Extremum aufweist, falls nämlich y' vorher und nachher von verschiedenem Zeichen ist und das Verschwinden von y'' dadurch verschuldet wird, daß die x-Achse eine wagerechte Wendetangente der abgeleiteten Kurve bildet.

Zur bequemen Unterscheidung der beiden Fälle ziehen wir *höhere Ableitungen* als die zweite heran. Die Ableitung $(y'')'$ von y'', welche das Steigen und Fallen der zweiten abgeleiteten Kurve $y'' = f''(x)$ mißt, heißt *dritte Ableitung* $y''' = f'''(x)$ oder *Ableitung dritter Ordnung* von $y = f(x)$, die Ableitung $y^{IV} = f^{IV}(x)$ von y''' *vierte Ableitung* usw. Dann ergibt sich durch sinngemäßes Weiterführen unserer Betrachtungen als allgemeine *Regel zur Unterscheidung von Extremen und Wendepunkten* die folgende:

$y = f(x)$ hat an einer Stelle, wo eine Anzahl aufeinanderfolgender Ableitungen verschwinden, ein Extremum oder einen Wendepunkt, je nachdem die erste nichtverschwindende Ableitung von gerader oder ungerader Ordnung ist.

Wir wissen z. B. schon, daß Nichtverschwinden der zweiten Ableitung mit ihrer geraden Ordnung in einem Punkte mit $y' = 0$ ein Extremum gewährleistet.

16. Maxima und Minima bei Funktionen mehrerer Veränderlicher. Sattelpunkte. Für Funktionen von mehreren, insbesondere von zwei unabhängigen Veränderlichen sei berichtend folgendes erwähnt. Eine notwendige Bedingung für ein Extremum von $z = f(x, y)$, in dem die zugehörige Fläche höher (*Gipfel- oder Kuppenpunkt*) oder tiefer (*Tal- oder Muldenpunkt*) kommt als in der unmittelbaren Umgebung, besteht darin, daß die partiellen Ableitungen z_x und z_y verschwinden (es muß offenbar ein Extremum für alle Schnittkurven durch das Flächenextremum vorliegen). Aber diese Bedingung allein genügt nicht; vielmehr gilt $z_x' = 0$, $z_y = 0$ auch für die sog. *Sattelpunkte*, in denen, wie bei einem Gebirgssattel, die Fläche für eine Richtung, die des Wanderers auf dem Paßhohlwege, so hoch wie möglich aufsteigt, für die Querrichtung von den links und rechts vom Wanderer liegenden Gebirgserhebungen her aber sich so tief wie möglich herabsenkt; ein schönes Modell hierfür hat der Mensch beim Ballen der Faust an seinen Fingerknöcheln.

Die Sattelpunkte lassen sich ausschließen und Maximum und Minimum sich unterscheiden mittels der *zweiten partiellen Ableitungen.* So nennt man die partiellen Ableitungen $(z_x)_x = z_{xx}$ und $(z_x)_y = z_{xy}$ von z_x und $(z_y)_x = z_{yx}$ und $(z_y)_y = z_{yy}$ von z_y nach x bzw. y; übrigens ist in weitaus den meisten für den Naturwissenschaftler belangreichen Fällen, wenn nämlich die „gemischten" Ableitungen z_{xy} und z_{yx} stetig sind, $z_{xy} = z_{yx}$ (*Vertauschbarkeit der Differenzierreihenfolge; z. B. für* $z = xy^2$ *gilt* $z_x = y^2$, $z_y = 2xy$, $z_{xx} = 0$, $z_{xy} = 2y = z_{yx}$, $z_{yy} = 2x$). *Ein Extremum von* $z = f(x, y)$ *an einer Stelle, wo die ersten und zweiten partiellen Ableitungen stetig sind, haben wir für*

$$z_x = 0, \quad z_y = 0, \quad z_{xx} z_{yy} - (z_{xy})^2 > 0,$$

und zwar ein

$$\begin{matrix} Maximum \\ Minimum \end{matrix} \quad \textit{für} \quad z_{xx} \begin{matrix} < \\ > \end{matrix} 0\,.$$

Z. B. hat das Drehparaboloid $z = x^2 + y^2$ im Ursprunge $x = 0$, $y = 0$, $z = 0$ ein Minimum; denn

$$z_x = 2x, \quad z_y = 2y \quad \text{und} \quad z_x = 0, \quad z_y = 0 \quad \text{für} \quad x = 0, \; y = 0,$$

sowie

$$z_{xx} = 2, \quad z_{xy} = 0 = z_{yx}, \quad z_{yy} = 2, \quad z_{xx}z_{yy} - (z_{xy})^2 = 4 > 0, \quad z_{xx} > 0.$$

17. Beispiel: Ausgleichungsgerade durch einen Punkthaufen. Korrelationskoeffizient. Vermittelnde Beobachtungen. Man habe n Wertepaare $x_1, y_1; x_2, y_2; \ldots; x_n, y_n$ beobachtet und die entsprechenden Punkte in einem rechtwinkligen xy-Koordinatensystem vermerkt; sie bilden einen „Punkthaufen" (man zeichne sich ein Bild). Wie können wir das zeichnerisch selbstverständliche Ziehen der „*Ausgleichungsgeraden*" (S. 32—33), welche sich dem Punkthaufen „am besten" anschmiegt, rechnerisch nachmachen? Wir setzen die Gleichung dieser Geraden in der Form $y = ax + b$ an; dann haben wir die Größen a und b „möglichst gut" zu bestimmen. Diese Forderung umschreiben wir genauer folgendermaßen. Wir tragen in die Geradengleichung $y - ax - b = 0$ auf der linken Seite die Zahlen x_ν, y_ν ($\nu = 1, 2, \ldots, n$) statt x und y ein. Dabei wird rechts im allgemeinen nicht 0 erscheinen, weil die beobachteten Punkte nicht streng auf der Geraden liegen werden, sondern $y_\nu - ax_\nu - b$ ist der Abstand des Punktes (x_ν, y_ν) von dem Punkte $(x_\nu, ax_\nu + b)$ auf der Geraden, gemessen in der y-Richtung. Nun sollen a und b „*im Sinne der Methode der kleinsten Quadrate*" gewählt werden, nämlich so, daß die Quadratsumme [1] $\sum (y_\nu - ax_\nu - b)^2$ dieser Unterschiede möglichst klein ausfällt. Sie ist eine Funktion $z(a, b)$ von a und b; durch Ausquadrieren und partielles Differenzieren ergeben sich als notwendige Bedingungen für ein Minimum

$$z_a = 2 \sum (ax_\nu^2 - x_\nu y_\nu + bx_\nu) = 0,$$

$$z_b = 2 \sum (b - y_\nu + ax_\nu) = 2\left\{ nb - \sum y_\nu + a \sum x_\nu \right\} = 0.$$

Man prüft zunächst an Hand von z_{aa}, z_{ab} und z_{bb} nach, daß sich wirklich ein Minimum einstellt. Die zweite Bedingung in der Gestalt

$$\eta = a\,\xi + b \quad \text{mit} \quad \xi = \frac{\sum x_\nu}{n} \quad \text{und} \quad \eta = \frac{\sum y_\nu}{n}$$

lehrt, daß die Gerade durch den „*Schwerpunkt*" des Punkthaufens läuft, d. h. durch einen Punkt, dessen Koordinaten ξ und η die arithmetischen Mittel der Abszissen und Ordinaten aller Punkte des Punkthaufens sind (den mechanischen Gehalt lege man sich selbst zurecht, indem man in den Punkten die Massen 1 anbringt und $\sum x_\nu$ und $\sum y_\nu$ als statische Momente um die y- und x-Achse deutet).

Das Steigungsmaß a der Geraden bestimmt sich am einfachsten, indem man durch $x = \xi + X$, $y = \eta + Y$ die Koordinaten X, Y der Punkte in bezug auf ein zum xy-System paralleles XY-Koordinatensystem mit dem Ursprung im Schwerpunkte des Punkthaufens einführt. Aus $\sum (Y_\nu - aX_\nu)^2 = \sum (Y_\nu^2 - 2aX_\nu Y_\nu + a^2 X_\nu^2) = \min$ finden wir durch Differenzieren nach a

$$a = \frac{\sum X_\nu Y_\nu}{\sum X_\nu^2}.$$

In der Biologie heißt a, das Maß dafür, um wieviel (die Eigenschaft) y „*im Durchschnitt*" oder „*im Mittel*", d. h. auf der Ausgleichungsgeraden, sich ändert, wenn (die Eigenschaft) x um 1 steigt, der „*Regressionskoeffizient*" von y in bezug auf x.

Entsprechend kann eine Gerade $x = \alpha y + \beta$ festgelegt werden, welche sich dem Punkthaufen in der x-Richtung, d. h. mit der Forderung $\sum (x_\nu - \alpha y_\nu - \beta)^2 = \min$, am besten anschmiegt. Auch sie läuft durch den Schwerpunkt, stimmt aber mit der ersten Geraden im allgemeinen nicht überein. Diese zunächst vielleicht verwunderliche Tatsache erklärt sich aus der ganz anderen Vorschrift zur Gewinnung der zweiten Geraden. Das Steigungsmaß

$$\alpha = \frac{\sum X_\nu Y_\nu}{\sum Y_\nu^2}$$

wird in der Biologie der Regressionskoeffizient von x in bezug auf y genannt und die Quadratwurzel aus dem Produkte $a\alpha$

$$r = \sqrt{a\alpha} = \frac{\sum X_\nu Y_\nu}{\sqrt{\sum X_\nu^2 \cdot \sum Y_\nu^2}}$$

als „*Korrelationskoeffizient*" erklärt. Wenn die Nennerquadratwurzel positiv gezogen wird, ist das Vorzeichen von r dasselbe wie das von a und α, d. h. r ist positiv oder negativ, je nachdem y

---

[1] Über das Summenzeichen $\sum$ vgl. S. 84.

mit wachsendem x steigt oder fällt. Aus der Definition von r läßt sich ausrechnen, daß der absolute Betrag $|r|$ immer kleiner als 1 bleibt und daß er dann gleich 1, also $r = +1$ oder $r = -1$ wird, wenn $\alpha = \dfrac{1}{a}$ ist, d. h. wenn (man achte auf die Winkel der Geraden gegen die Achsen!) die beiden Geraden zusammenfallen und die Punkte streng auf einer Geraden liegen. Hingegen ist $r = 0$ für $a = 0$ und $\alpha = 0$. Dann laufen die beiden Ausgleichungsgeraden parallel den Achsen, y ändert sich im Durchschnitt gar nicht bei wechselndem x und umgekehrt x nicht bei wechselndem y. Deshalb nimmt man r als Maß des *Verbundenseins* (der „*Korrelation*") zwischen x und y bzw. seiner „*Strammheit*", indem man sagt, bei $r = \pm 1$ seien x und y sehr stramm und bei $r = 0$ gar nicht verbunden oder korreliert. Jedoch ist beim Gebrauch des Korrelationskoeffizienten Kritik vonnöten — sie wird in der Praxis der rechnenden Biologie bisher nicht immer genügend geübt.

In der eigentlichen Ausgleichungsrechnung faßt man das behandelte Problem meist so auf: Zwei Größen a und b sind nicht direkt beobachtet, sondern es ist nur bekannt, daß für beobachtbare Größen x und y theoretisch eine lineare Gleichung $ax + b = y$ streng bestehen muß. Wir haben n Wertepaare x_ν, y_ν ($\nu = 1, 2, \ldots, n$) ermittelt, welche die Gleichung beinahe befriedigen. Gesucht sind a und b so gut, wie sie aus den gemessenen x_ν, y_ν herleitbar sind. Man redet hier von *indirekten oder vermittelnden Beobachtungen (gleicher Genauigkeit)*. Es ist lohnend, die in I H 13, S. 32—33 zeichnerisch behandelten Beispiele von dem jetzigen Standpunkte aus rechnerisch vorzunehmen[1].

18. Etwas über Variationsrechnung. Eine Verallgemeinerung der Lehre von den Maxima und Minima bildet die *Variationsrechnung*. Leuchtet schon die Bedeutung der so einfachen

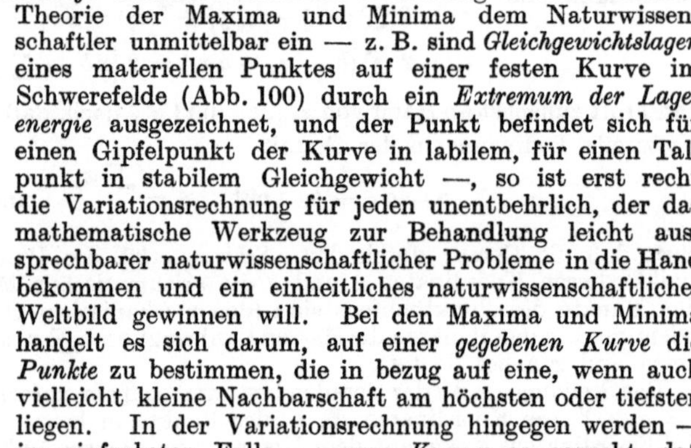

Abb. 100. Gleichgewichtslagen im Schwerefeld.

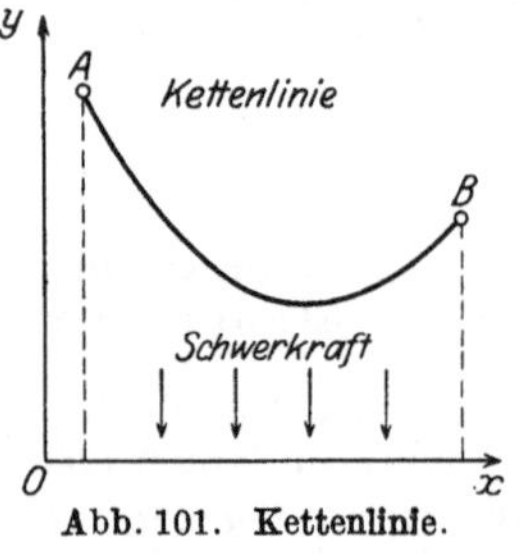

Abb. 101. Kettenlinie.

Theorie der Maxima und Minima dem Naturwissenschaftler unmittelbar ein — z. B. sind *Gleichgewichtslagen* eines materiellen Punktes auf einer festen Kurve im Schwerefelde (Abb. 100) durch ein *Extremum der Lageenergie* ausgezeichnet, und der Punkt befindet sich für einen Gipfelpunkt der Kurve in labilem, für einen Talpunkt in stabilem Gleichgewicht —, so ist erst recht die Variationsrechnung für jeden unentbehrlich, der das mathematische Werkzeug zur Behandlung leicht aussprechbarer naturwissenschaftlicher Probleme in die Hand bekommen und ein einheitliches naturwissenschaftliches Weltbild gewinnen will. Bei den Maxima und Minima handelt es sich darum, auf einer *gegebenen Kurve* die *Punkte* zu bestimmen, die in bezug auf eine, wenn auch vielleicht kleine Nachbarschaft am höchsten oder tiefsten liegen. In der Variationsrechnung hingegen werden — im einfachsten Falle — *ganze Kurven* so gesucht, daß gewisse Extremalforderungen erfüllt sind. Problemstellungen der — im übrigen hier nicht weiter verfolgten und vertiefte Beschäftigung mit der Mathematik erfordernden — Variationsrechnung sind z. B.:

1. Für welche Kurve von gegebener Länge zwischen zwei festen Punkten A und B (Abb. 101) liegt der Schwerpunkt möglichst tief? Das ist die „*Kettenlinie*" mit formelmäßig aufschreibbarer Gleichung (vgl. S. 182) (nicht die Parabel, wie Galilei meinte), d. h. die Kurve, die eine homogene Kette oder ein homogener Faden von der gegebenen Länge zwischen A und B unter dem Einflusse der Schwere bildet.

2. Welche Kurve zwischen A und B (Abb. 101) erzeugt bei Umdrehung um die x-Achse eine Drehfläche von kleinstem Flächeninhalt, eine „*Minimalfläche*"? Dies tut (unter kleinen Zusatzbedingungen über die Lage von A und B) beachtlicherweise gerade wieder die Kettenlinie; die entsprechende Drehfläche heißt *Katenoid*. Als Katenoid spannt sich eine Seifenhaut zwischen zwei die Wege

---

[1] Für die Rechentechnik vgl. etwa KOHLRAUSCH, F.: Lehrbuch der praktischen Physik, 15. Aufl., S. 1—14. Leipzig u. Berlin: B. G. Teubner 1927 (von wo das erste Beispiel S. 32 stammt) oder WHITTAKER, E. T., und ROBINSON, G.: The calculus of observations, Kap. 9. London: Blackie, oder RUNGE, C., und KÖNIG, H.: Vorlesungen über numerisches Rechnen, Kap. 3 (mit dem 3. Beispiel von S. 33). Berlin: Julius Springer oder WEITBRECHT, W.: Ausgleichungsrechnung, Sammlung Göschen 302 u. 641. Ein Beispiel für eine Ausgleichungshyperbel (Prozentgehalt y einer Zuckerlösung in Abhängigkeit von der zur Entfärbung von 100 cm³ Fehlinglösung nötigen Menge x in cm³) bei RUOSS, H.: Über die Genauigkeit der Messungen, die graphischen Darstellungen und die Methode der kleinsten Quadrate bei den physikalischen und chemischen Übungen. Ztschr. f. physik. u. chem. Unterr. Bd. 39, S. 195—201. 1926.

von A und B beim Umlauf um die x-Achse verwirklichenden Drahtkreisen aus, weil die Oberflächenspannung die Oberfläche möglichst klein zu machen sucht.

3. Welche geschlossene Kurve von gegebenem Umfang in der Ebene bedeckt die größte Fläche? Dieses *„isoperimetrische Problem"* wird durch den Kreis gelöst; legt man einen geschlossenen Faden von dem gegebenen Umfang auf eine ebene Seifenhaut und zerstört diese in seinem Innern, so zieht ihn die von außen angreifende Oberflächenspannung in einen Kreis. Ebenfalls für den Kreis wird bei gegebener Fläche der Umfang so klein wie möglich.

19. Kurvendiskussion. Die Aufsuchung der Extrema und Wendepunkte (nebst den Wendetangenten) bildet einen Teil der *„Kurvendiskussion"* für eine formelmäßig durch $y = f(x)$ gegebene Kurve. Durch Eintragen dieser *„merkwürdigen Punkte"* in ein Koordinatensystem erhält man ein Gerippe der Kurve und kann sie mit seiner Hilfe viel leichter und sicherer aufzeichnen, als wenn man wahllos einige gewöhnliche Punkte verwendet. Besonders die Wendetangenten mit ihrem engen Anschluß an die Kurve geben einen vortrefflichen Zeichenbehelf.

Es handle sich z. B. um die Kurve

$$y = x - \cos x \,.$$

Für sie gilt

$$y' = 1 + \sin x \,, \quad y'' = \cos x \,,$$

also liegen Punkte mit wagerechter Tangente bei

$$y' = 1 + \sin x = 0 \quad \text{oder} \quad \sin x = -1 \quad \text{oder} \quad x = \frac{3\pi}{2}, \frac{7\pi}{2}, \ldots, -\frac{\pi}{2}, -\frac{5\pi}{2}, \ldots$$

vor. Und zwar sind dies Wendepunkte mit wagerechter Wendetangente, keine Gipfel- und Talpunkte, weil nicht nur y', sondern auch $y'' = \cos x$ in ihnen verschwindet, aber nicht $y''' = -\sin x$. Die Ordinate $y = x - \cos x$ ist für sie wegen des Verschwindens des Kosinus gleich der Abszisse x. Daher liegen diese Wendepunkte alle auf der Geraden $y = x$. Diese trägt auch die Punkte mit den Abszissen $x = \frac{\pi}{2}, \frac{5\pi}{2}, \ldots, -\frac{3\pi}{2}, -\frac{7\pi}{2}, \ldots$, für die ebenfalls das Glied $-\cos x$ in $y = x - \cos x$ verschwindet und das Verschwinden von $y'' = \cos x$ Wendepunktsnatur erweist; die Tangenten in ihnen haben das Steigungsmaß $y' = 1 + \sin x = 2$. Damit sind aber auch alle Wendepunkte gefunden. Schließlich ist für $x = 0$ die Ordinate $y = x - \cos x = -1$ und das Steigungsmaß der Tangente $y' = 1 + \sin x = 1$; ebenfalls das Tangentensteigungsmaß 1 haben auch die Punkte mit den Abszissen $x = \pm \pi$, $\pm 2\pi$, $\pm 3\pi, \ldots$, welche um $+1$ oder -1 über oder unter der Geraden $y = x$ liegen.

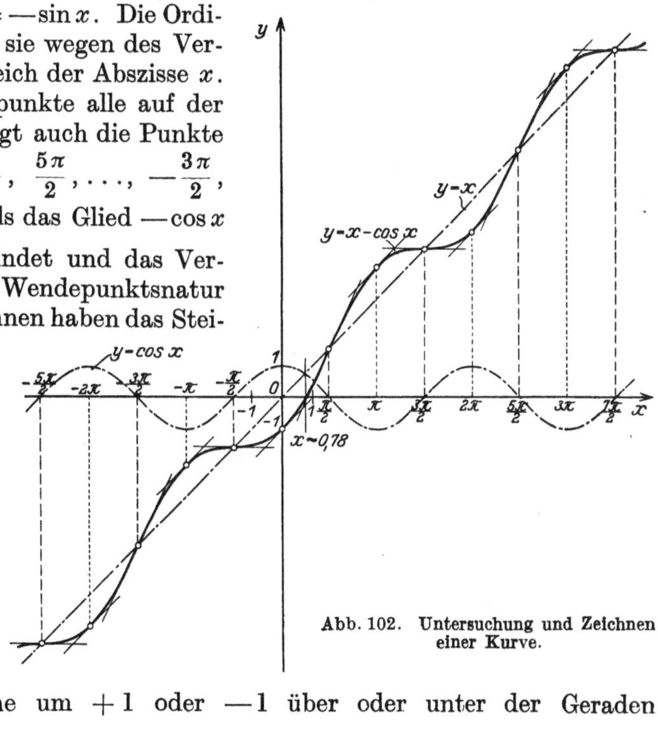

Abb. 102. Untersuchung und Zeichnen einer Kurve.

So entsteht durch sehr bequeme Betrachtungen das Gerippe der Abb. 102, in das die Kurve $y = x - \cos x$ selbst eingezeichnet ist; auch ist ihre Erzeugung durch Subtraktion der Ordinaten für die Kurven $y = x$ und $y = \cos x$ verdeutlicht.

20. Näherungsweise Auflösung von Gleichungen. Wo schneidet unsere Kurve die x-Achse, d. h. für welches x ist $y = x - \cos x = 0$ oder die „*transzendente*" *Gleichung* $x = \cos x$ erfüllt? Aus Abb. 102 entnimmt man $x \approx 0{,}78$ und findet dies dadurch bestätigt, daß die Wurzel der Gleichung $x = \cos x$ offenbar die Abszisse des Schnittpunktes der beiden Kurven $y = x$ (Gerade) und $y = \cos x$ (Kosinuslinie) sein muß.

Auf solche graphische Weise können wir uns auch bei einer beliebigen Gleichung $f(x) = 0$ immer Näherungswerte der Wurzel oder der Wurzeln verschaffen[1]. Wie aber, wenn größere Genauigkeit notwendig ist? Dann muß man entweder den kritischen Teil der Zeichnung vergrößert entwerfen oder rechnerische Verfahren heranziehen, von denen wir jetzt zwei, das *Newtonsche Verfahren* und die *Regula falsi*, auseinandersetzen und gerade durch unser Beispiel erläutern wollen.

21. Newtonsches Verfahren. Man habe irgendwie, z. B. durch Zeichnung, einen Näherungswert x_0 für eine Wurzel der Gleichung $f(x) = 0$, d. h. für einen

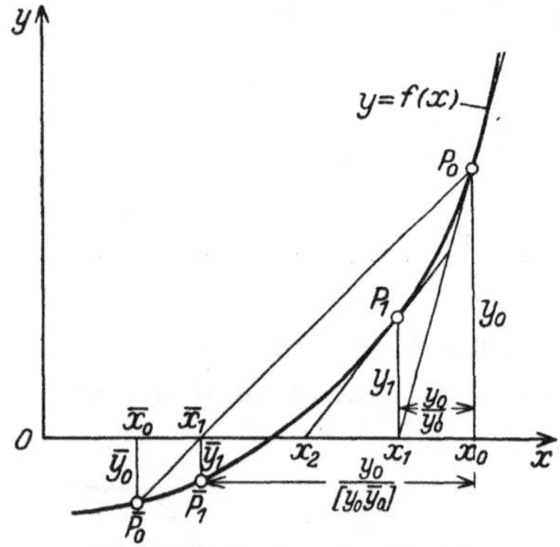

Schnittpunkt der Kurve $y = f(x)$ mit der x-Achse (eine Nullstelle der Funktion $y = f(x)$) ermittelt (Abb. 103). Dann bekommt man oft einen besseren Näherungswert x_1 als Schnittpunkt der Tangente an die Kurve in P_0, welche die Kurve in der Umgebung von P_0 näherungsweise ersetzt, mit der x-Achse. Für die wagerechte Spanne 1 steigt die Tangente um die Ableitung $y_0' = f'(x_0)$, zwischen x_1 und x_0 aber um y_0. Also muß das wagerechte Stück zwischen x_1 und x_0 gleich $y_0 : y_0'$ sein und

$$x_1 = x_0 - \frac{y_0}{y_0'} = x_0 - \frac{f(x_0)}{f'(x_0)}.$$

Abb. 103. Newtonsches Verfahren und Regula falsi.

Hierin liegt die *Vorschrift von Newton*:

Neuer Näherungswert x_1 gleich altem Näherungswert x_0, vermindert um den Quotienten aus Funktionswert y_0 und Ableitung y_0' für x_0.

Auf x_1 wird dasselbe Verfahren angewandt; man hofft, daß der neue Näherungswert $x_2 = x_1 - \dfrac{y_1}{y_1'}$ wieder besser als x_1 ist und daß man durch weitere „*Iteration*" des Verfahrens allmählich mit jeder beliebigen Genauigkeit an die gesuchte Wurzel

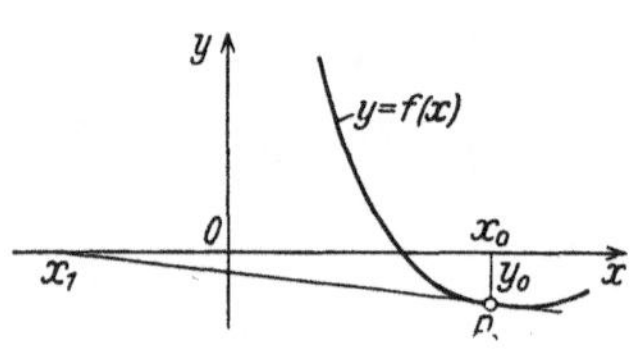

Abb. 104. Versagen des Newtonschen Verfahrens.

herangelangt, daß das Iterationsverfahren, wie man zu sagen pflegt, „*konvergiert*". Dies trifft z. B. sicher zu bei Verhältnissen wie in Abb. 103, d. h. wenn wir auf einem nach unten erhabenen Kurvenbogen mit positivem y'' von einem positiven Funktionswerte y_0 aus beginnen. Hingegen klappt in Abb. 104, wo P_0 bei $y_0'' > 0$ unterhalb der x-Achse liegt, die Sache nicht, weil dann die Tangente in P_0 weiter als x_0 von der Nullstelle entfernt die x-Achse schneiden kann.

Allgemein reichen für die „Konvergenz" des Newtonschen Verfahrens folgende Voraussetzungen hin: auf einem die Nullstelle von $y = f(x)$ enthaltenden Bogen verschwinden weder y' noch y'', es kommen also kein Wagepunkt und kein Wendepunkt vor, und wir beginnen das Verfahren in einem Punkte, in dem Funktionswert y und zweite Ableitung y'' gleiches Vorzeichen haben.

22. Regula falsi. Bei dieser schon im Mittelalter bekannten Methode wird die Kurve $y = f(x)$ statt durch die Tangente in P_0 näherungsweise durch die Sehne

---

[1] Vgl. auch I K 2, S. 44—45.

(Abb. 103) zwischen zwei Punkten P_0 und $\bar{P}_0$ mit entgegengesetztem Vorzeichen der Funktionswerte y_0 und $\bar{y}_0$ ersetzt. Die Sehne hat zum Steigungsmaß den Differenzenquotienten (vgl. S. 31—32, S. 45—46) $\dfrac{y_0 - \bar{y}_0}{x_0 - \bar{x}_0} = [y_0\,\bar{y}_0]$, d. h. steigt für die wagerechte Spanne 1 um $[y_0\,\bar{y}_0]$ an. Vom neuen Näherungswert $\bar{x}_1$ bis x_0 erhebt sie sich um y_0. Das entsprechende wagerechte Stück muß also $\dfrac{y_0}{[y_0\,\bar{y}_0]}$ sein, und wir haben

$$\bar{x}_1 = x_0 - \frac{y_0}{[y_0\,\bar{y}_0]} = x_0 - \frac{f(x_0)}{(f(x_0) - f(\bar{x}_0)):(x_0 - \bar{x}_0)},$$

d. h. die *Regula falsi*:

Neuer Näherungswert $\bar{x}_1$ gleich altem Näherungswert x_0, vermindert um den Quotienten aus Funktionswert y_0 und Differenzenquotienten $[y_0\,\bar{y}_0]$.

$\bar{x}_1$ verbinden wir nun wiederum mit einem x von anderem y-Vorzeichen, z. B. mit x_1, und iterieren so auch dieses Verfahren.

Für die Konvergenz der Regula falsi-Iteration reicht hin, daß auf einem die Nullstelle von $y = f(x)$ enthaltenden Bogen weder y' noch y'' verschwinden und immer Funktionswerte mit entgegengesetztem Vorzeichen verwandt werden.

Praktisch sehr wichtig ist, daß unter unseren Voraussetzungen die Näherungswerte nach dem Newtonschen Verfahren und der Regula falsi von verschiedenen Seiten an die Nullstelle heranrücken, daß wir also durch Verbindung beider Verfahren Schranken für die Wurzel nach oben und unten erhalten.

Wie durch Heranrücken von $\bar{P}_0$ an P_0 aus dem Differenzenquotienten $[y_0\,\bar{y}_0]$ die Ableitung y_0' und damit aus der Regula falsi das Newtonsche Verfahren hervorgeht, werden wir in II C 15, S. 108 sehen.

23. Beispiel. Für die Funktion $y = x - \cos x$ als Beispiel nehmen wir als erste Näherungswerte an die Wurzel der transzendenten Gleichung $x - \cos x = 0$ etwa ganz roh $x_0 = \dfrac{\pi}{2}$ und $\bar{x}_0 = 0$. Dann ergeben sich als neue Näherungswerte mit

$$y_0 = \frac{\pi}{2},\; y_0' = 2,\; \bar{y}_0 = -1,\; [y_0\,\bar{y}_0] = \frac{\dfrac{\pi}{2} + 1}{\dfrac{\pi}{2}}\;\text{ folgende Zahlen:}$$

nach dem Newtonschen Verfahren $x_1 = x_0 - \dfrac{y_0}{y_0'} = \dfrac{\pi}{2} - \dfrac{\dfrac{\pi}{2}}{2} = \dfrac{\pi}{4} \approx 0{,}8$ (zu groß),

nach der Regula falsi $\bar{x}_1 = x_0 - \dfrac{y_0}{[y_0\,\bar{y}_0]} = \dfrac{\pi}{2} - \dfrac{\dfrac{\pi}{2}}{\left(\dfrac{\pi}{2}+1\right):\dfrac{\pi}{2}} = \dfrac{\pi}{\pi+2} \approx 0{,}6$ (zu klein).

Der nächste Schritt liefert mit $y_1 \approx 0{,}103$, $y_1' \approx 1{,}717$, $\bar{y}_1 \approx -0{,}225$, $[y_1\,\bar{y}_1] \approx 1{,}643$

nach dem Newtonschen Verfahren $x_2 \approx 0{,}8 - \dfrac{0{,}103}{1{,}717} \approx 0{,}740$ (zu groß),

nach der Regula falsi $\qquad \bar{x}_2 \approx 0{,}8 - \dfrac{0{,}103}{1{,}643} \approx 0{,}737$ (zu klein).

Die weiteren Näherungswerte $x_3 \approx 0{,}739085$, $\bar{x}_3 \approx 0{,}739085$ stimmen bereits auf 6 Stellen nach dem Komma überein. Die gesuchte Wurzel lautet demnach mit 6 Dezimalen 0,739085.

C. Differential und Funktionsdifferenz.

1. Was ist ein Differential? Die Ableitung y' einer Funktion $y = f(x)$ für das Argument x ist das zur wagerechten Spanne 1 gehörige senkrechte Stück bis zur Tangente im Kurvenpunkte P mit der Abszisse x (Abb. 85 u. 105). Oft bedarf man aber auch des senkrechten Stückes QT bis zur Tangente für eine beliebige (positive oder negative) Spanne $h = PQ$. Dieses Stück ist offenbar proportional zu h mit dem Proportionalitätsfaktor y' und daher gleich $h y'$. Es wird nach Leibniz das *Differential* dy oder $df(x)$ von $y = f(x)$, genauer das Differential zur Spanne h für das Argument x genannt. Also

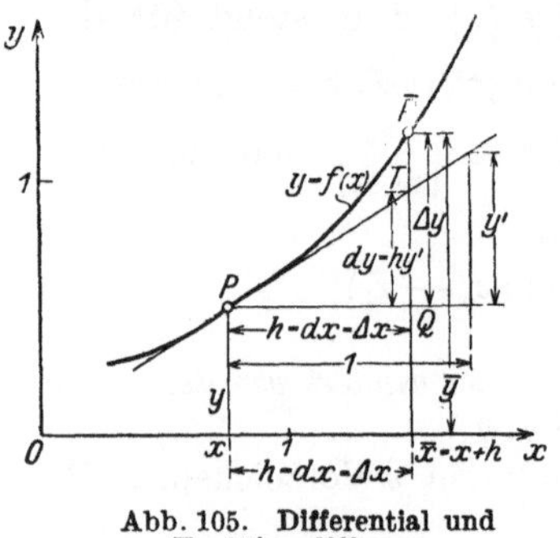

$$\boxed{d y = d f(x) = h y'.}$$

Z. B. haben wir für $y = \sin x$ mit $y' = \cos x$ das Differential $d y = d \sin x = h \cos x$.

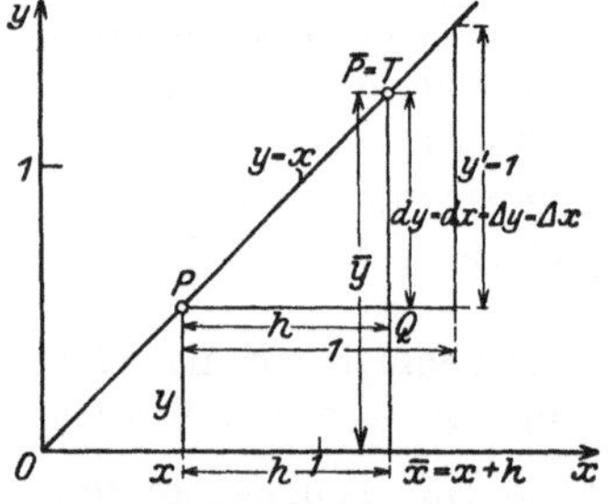

Abb. 105. Differential und Funktionsdifferenz.

Die eigentümliche Bezeichnungsweise dy — dabei ist d natürlich kein Faktor, sondern ein Operationssymbol, das in Verbindung mit y zu dy unsere ganze Worterklärung kurz zusammenfaßt — bringt nicht zum Ausdrucke, daß das Differential dy auch von h abhängt (eine Funktion von h ist). Man tut gut daran, dieser Abhängigkeit stets eingedenk zu bleiben. Insbesondere fällt dy immer kleiner aus, je kleiner h gewählt wird, und, wenn h immer kleinere und kleinere Werte erhält oder, wie man zu sagen pflegt, *nach Null strebt* oder *nach Null konvergiert* (vgl. S. 53), so trifft dasselbe auch für dy zu: $dy \rightarrow 0$ für $h \rightarrow 0$. Geometrisch: Beim Einschrumpfen der wagerechten Spanne $h = PQ$ wird auch das an ihrem Ende senkrecht auf- oder absteigende Differential $dy = QT$ zwischen der Wagerechten und der Tangente zu immer unbeträchtlicherer Größe zusammengepreßt. — Als Differential zur Spanne $h = 1$ stellt sich naturgemäß die Ableitung y' ein,

$$dy = y' \quad \text{für } h = 1.$$

Abb. 106. Differential und Funktionsdifferenz an der geraden Linie $y = x$.

Außer von h, zu dem es proportional ist, hängt dy von x ab. Denn der Proportionalitätsfaktor y', d. h. das Steigungsmaß der Tangente, wechselt ja im allgemeinen von Punkt zu Punkt auf der Kurve $y = f(x)$. Nur für die gerade Linie $y = ax + b$, die durchweg mit ihrer Tangente zusammenfällt, ist er konstant, und zwar gleich a. Im Sonderfalle der Geraden $y = x$, die bei gleichem Maßstabe auf den Achsen unter 45^0 gegen die x-Achse ansteigt, haben wir demnach

$$dy = dx = h \quad \text{für } y = x,$$

was nach Abb. 106 anschaulich unmittelbar einleuchtet.

2. Ableitung als Differentialquotient. Differential bei der Stammfunktion. Wir dürfen also statt der wagerechten Spanne h in Abb. 105 auch dx schreiben, ohne befürchten zu müssen, daß wir uns in Widersprüche verwickeln. dx, das zunächst das senkrecht verlaufende Differential der Sonderfunktion $y = x$ darstellt (Abb. 106), wird nachträglich als wagerechtes „*Differential der unabhängigen Veränderlichen x*" bei einer beliebigen Funktion $y = f(x)$ ausgedeutet (Abb. 105). Hierdurch erzielen wir eine außerordentliche Symmetrie und Geschmeidigkeit in den Bezeichnungen, worin ein Hauptvorteil des Leibnizschen Differentials liegt.

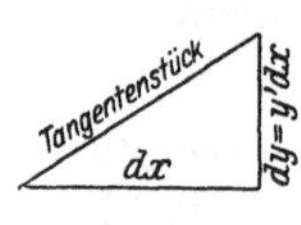

Abb. 107. Steigungsdreieck.

Ein „*Steigungsdreieck*" (Abb. 107) mit einem Tangentenstück als Hypotenuse hat die Katheten dx und dy, und das Differential erhält die Gestalt

$$dy = df(x) = y' dx,$$

z. B. $dy = d \sin x = \cos x\, dx$ für $y = \sin x$.

Die Ableitung y' läßt sich hiernach als Quotient

$$y' = \frac{dy}{dx} = \frac{df(x)}{dx}$$

aus dem Differential dy der Funktion $y = f(x)$ und dem Differential dx der unabhängigen Veränderlichen x, als „*Differentialquotient*" schreiben, etwa $\dfrac{d\sin x}{dx} = \cos x$. Hiermit ist eine weitverbreitete Bezeichnungsweise der Ableitung erklärt.

An Hand des Differentials verstehen wir auch das Symbol $\int f(x)\,dx$ für eine Stammfunktion zu $y = f(x)$ besser: man sucht eine Funktion mit dem Differential $f(x)\,dx$. Statt $\int y'\,dx$ darf folgerichtigerweise $\int dy$ geschrieben werden. In $\int dy = y + C$, z. B. $\int \cos x\,dx = \int d\sin x = \sin x + C$, tilgen sich also die Symbole $\int$ und d gegenseitig aus (bis auf das Hinzutreten der Konstanten C), wodurch die Integration schlagend als Umkehrung der Differentiation beleuchtet wird. Freilich ist hierbei die unabhängige Veränderliche x nicht mehr unmittelbar zu erkennen. Daß dadurch keine Nachteile und Verwirrungen entstehen können, liegt an dem tiefen Satze von der „*Invarianz des Differentials*" (II E 11, S. 150—152, II E 20, S. 161—162).

3. Differenzierregel für die Umkehrfunktion. Zur Verdeutlichung dafür, wie zweckmäßig es ist, die Ableitung $y' = f'(x) = D_x f(x)$ als Differentialquotienten darzustellen, soll die *Differenzierregel der Umkehrfunktion* dienen. Ist $y = f(x)$ stetig und monoton, d. h. steigt die Kurve für $y = f(x)$ bei wachsendem x beständig aufwärts oder beständig abwärts, so haben wir uns auf S. 15—16 überlegt, daß umgekehrt x als Funktion von y darstellbar ist, etwa $x = \varphi(y)$, und dies trifft auch bei nichtmonotonem $y = f(x)$ zu, wenn wir uns auf ein monotones Kurvenstück beschränken (Abb. 13). Z. B. ist für das rechte monotone Stück der Parabel $y = x^2$ über den positiven Abszissen umgekehrt $x = \sqrt{y}$ mit positivem Wurzelvorzeichen. Sehen wir nun die Abb. 108a mit dem Steigungsdreieck von den Katheten dx und dy und einem es zum Rechteck ergänzenden Dreieck für $y = f(x)$ von links seitlich an (Abb. 108b), so läßt sich dy als Differential der unabhängigen Veränderlichen y in der Umkehrfunktion $x = \varphi(y)$ und dx als Differential von $x = \varphi(y)$

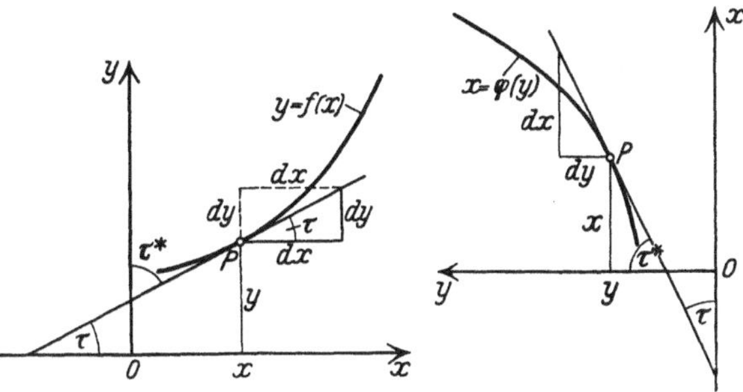

Abb. 108 a und b.   Differenzieren der Umkehrfunktion.

auffassen. Also wird die Ableitung $x' = \varphi'(y) = D_y\,\varphi(y)$ von $x = \varphi(y)$ nach y

$$x' = \frac{dx}{dy} = 1 : \frac{dy}{dx} = \frac{1}{y'}$$

der *Kehrwert* (das Reziprokum) der Ableitung $y' = f'(x) = D_x f(x)$ von $y = f(x)$ nach x:

$$\boxed{\begin{array}{ll} \textit{Urfunktion } x = f(x), & \textit{Ableitung } y' = f'(x) = \dfrac{dy}{dx}, \\[2ex] \textit{Umkehrfunktion } x = \varphi(y), & \textit{Ableitung } x' = \varphi'(y) = \dfrac{dx}{dy} = 1 : \dfrac{dy}{dx} = \dfrac{1}{y'} = \dfrac{1}{f'(x)} \end{array}}$$

Man deute dieses Ergebnis auch mit Hilfe der Winkel τ und $\tau^* = \dfrac{\pi}{2} - \tau$ der Kurventangente gegen die x- und y-Achse (Abb. 108).

Wir bemerken als Vorteil des Differentialquotienten, daß sofort erkennbar ist, nach welcher Veränderlichen differenziert wird; ihr Differential steht im Nenner. Bei Verwendung des Striches zur Bezeichnung der Ableitung sind demgegenüber manchmal Zweifel nicht unmöglich; daher ja auch das Symbol D_x statt des Striches oder des einfachen D.

Damit bei der Division durch y' kein Nenner 0 vorkommt (die Division $1:0$ ist ja sinnlos, es gibt keine Zahl, die mit 0 multipliziert 1 lieferte), müssen wir $y' \neq 0$, d. h. das betrachtete Kurvenstück der Urkurve $y = f(x)$ als frei von wagerechten Tangenten voraussetzen. In der Tat entsprechen ihnen senkrechte Tangenten der Umkehrkurve $x = \varphi(y)$, in deren Berührungspunkten $x = \varphi(y)$ nicht differenzierbar ist (II A 11, S. 76—77). Maxima und Minima von $y = f(x)$ mit $y' = 0$ sind schon durch das Monotonieverlangen ausgeschlossen; die Zusatzforderung $y' \neq 0$ braucht also nur noch gegen wagerechte Wendetangenten zu sichern.

4. Quadratwurzel und zyklometrische Funktionen. Für die Quadratfunktion $y = x^2$ beträgt die Ableitung $y' = 2x$. Daher hat die Quadratwurzel $x = \sqrt{y}$ als Umkehrfunktion (Abb. 14) die Ableitung

$$x' = \left(\sqrt{y}\right)' = \frac{1}{2x} = \frac{1}{2\sqrt{y}}\,.$$

Vertauschen wir x mit y, so haben wir das neue Differenzierergebnis:

$$\boxed{\begin{aligned} y = \sqrt{x} \ \textit{hat die Ableitung } y' &= \left(\sqrt{x}\right)' = \frac{1}{2\sqrt{x}} \\ \textit{und das Differential } dy = d\sqrt{x} &= \frac{dx}{2\sqrt{x}} \end{aligned}}\,.$$

Umgekehrt gilt

$$\boxed{\int \frac{dx}{2\sqrt{x}} = \sqrt{x} + C}\,.$$

Oder für die Urfunktion $y = \sin x$ lautet bei $-\dfrac{\pi}{2} \leq x \leq \dfrac{\pi}{2}$ die Umkehrfunktion $x = \arcsin y$ (vgl. S. 55). Aus $y' = \cos x$ folgt $x' = 1 : \cos x$. Nun gilt wegen $\sin^2 x + \cos^2 x = 1$ die Beziehung $\cos x = \sqrt{1 - \sin^2 x} = \sqrt{1 - y^2}$, und zwar bei unserer Beschränkung von x auf das Intervall zwischen $-\dfrac{\pi}{2}$ und $\dfrac{\pi}{2}$ mit positivem Vorzeichen. Also $x' = 1 : \sqrt{1 - y^2}$ und bei Vertauschung von x und y:

$$\boxed{\begin{aligned} y = \arcsin x \ \textit{hat die Ableitung } y' &= (\arcsin x)' = \frac{1}{\sqrt{1 - x^2}} \\ \textit{und das Differential } dy = d\arcsin x &= \frac{dx}{\sqrt{1 - x^2}} \end{aligned}}\,.$$

Entsprechend folgt aus $y = \cos x$, $y' = -\sin x$, $x = \arccos y$, $x' = -1 : \sin x$:

$$\boxed{\begin{aligned} y = \arccos x \ \textit{hat die Ableitung } y' &= (\arccos x)' = -\frac{1}{\sqrt{1 - x^2}} \\ \textit{und das Differential } dy = d\arccos x &= -\frac{dx}{\sqrt{1 - x^2}} \end{aligned}}\,.$$

Demnach stimmen die Ableitungen von arccos x und $-$ arcsin x überein. Beide Funktionen können sich daher nur um eine additive Konstante unterscheiden (beide sind Stammfunktionen zu $-1 : \sqrt{1 - x^2}$). In der Tat ist arccos x, d. h. der Bogen, dessen Kosinus den Wert x hat, gleich $\frac{\pi}{2}$ — arcsin x (Satz vom Komplementwinkel, Abb. 109). Als Umkehrungsformel können wir demnach

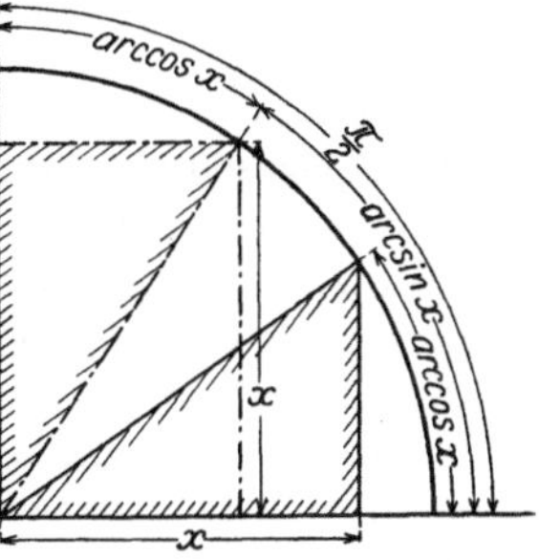

$$\int \frac{dx}{\sqrt{1 - x^2}} = \text{arcsin } x + C = - \text{arccos } x + K$$

buchen, wobei C und K willkürliche Integrationskonstanten bedeuten.

Abb. 109. arccos x + arcsin $x = \frac{\pi}{2}$.

5. Subtangente und Subnormale der Parabel. Die Funktion $y = c \sqrt{x}$ mit konstantem c hat die Ableitung

$$y' = \frac{c}{2\sqrt{x}} = \frac{c^2}{2y} = \frac{p}{y} \qquad \text{mit} \qquad p = \frac{c^2}{2}, \quad c = \sqrt{2p},$$

d. h. eine Ableitung umgekehrt proportional dem Funktionswerte. Bei zunehmendem y, das zunehmendem x entspricht, wird also an der Parabel $y = c \sqrt{x} = \sqrt{2px}$ (Abb. 110) das Steigungsmaß der Tangente immer kleiner, die Tangente legt sich immer flacher, in bester Übereinstimmung mit der Anschauung. Weiterhin kann $y' = p : y$ auch in der Gestalt $y' = y : 2x$ geschrieben werden und erweist sich so als Kathetenverhältnis $QP : AQ$ im rechtwinkligen Dreieck AQP mit den Katheten y und $2x$. Demnach ist die „*Subtangente*" AQ der Parabel $y = \sqrt{2px}$ (oder $y^2 = 2px$), d. h. das Stück auf der Abszissenachse vom Schnittpunkte A der Tangente mit ihr bis zum Fußpunkte Q

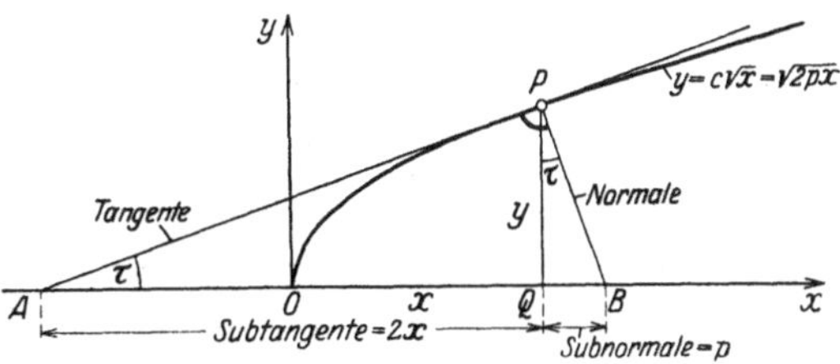

Abb. 110. Subtangente und Subnormale der Parabel.

der Ordinate des Berührungspunktes P, gerade gleich dem Doppelten $2x$ der Abszisse x von P (A liegt ebenso weit links von O wie Q rechts von O). Errichtet man in P die Senkrechte auf der Tangente und ist B der Schnittpunkt dieser „*Normalen*" mit der Abszissenachse, so findet sich der Winkel τ der Tangente gegen die Abszissenachse im Winkel $B\hat{P}Q$ wieder, und $y' = p : y$ kann als Kathetenverhältnis $QB : QP = QB : y$ im Dreieck QBP ausgedeutet werden. Die Kathete QB, die „*Subnormale*" der Parabel, muß also konstant gleich p sein, womit der „*Parameter*" p der Parabel anschaulich aufgezeigt ist.

Geometrische Betrachtungen über Subtangenten, Subnormalen und ähnliche Dinge bei mannigfaltigen Kurven haben in der Frühzeit der Differentialrechnung, teilweise im Wetteifer des Aufgabenstellens und -lösens unter den hervorragendsten Mathematikern, eine mächtige Triebfeder der Entwicklung gebildet.

6. Anlaufen von Metallen. Bedeutet $x = t$ die Zeit, so sagt die Formel $y' = \dot{y}$ $= \frac{p}{y}$ für $y = \sqrt{2pt}$ aus: *Für eine der Quadratwurzel der Zeit t proportionale Größe y ist die Änderungsgeschwindigkeit $\dot{y}$ umgekehrt proportional dem augenblicklichen Werte dieser Größe.* So nimmt z. B. beim *Darüberstreichen von Joddampf über eine Silberplatte* (Abb. 111) die Dicke y der entstehenden Jodsilberschicht proportional der Wurzel aus der Zeit t zu, wenn zu Beginn der Beobachtung ($t = 0$) die Dicke $y = 0$ beträgt, also noch gar kein Jodsilber, sondern eine blanke, reine Silberoberfläche vorhanden ist.

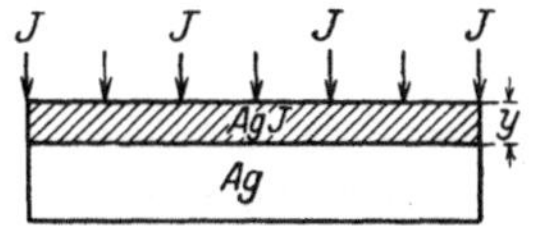

Abb. 111. Eindringen von Joddampf in Silber.

Diese Proportionalität von y mit $\sqrt{t}$ läßt sich durch Beobachtung der mit der Jodsilberbildung einhergehenden Anlauffarben des Metalls nachweisen. Denn es handelt sich um „Farben dünner Blättchen", und diese gestatten bekanntlich, wie in der Optik gelehrt wird[1], auf die Dicke der Schicht zu schließen, an deren Vorder- und Hinterfläche die auf dem Rückwege miteinander interferierenden und dadurch die Färbung hervorrufenden Lichtwellen reflektiert werden.

Der innere Grund für das Quadratwurzelgesetz liegt darin, daß hierbei die Verdickungsgeschwindigkeit $\dot{y}$ der Jodsilberschicht umgekehrt proportional der schon vorhandenen Dicke wird. Es leuchtet ja durchaus ein, daß es dem Joddampf um so schwerer fällt, zu reinem, nichtangegriffenem Silber durchzudringen, je dicker die vorgelagerte Jodsilbermauer ist, und daß dementsprechend die Verdickungsgeschwindigkeit mit wachsendem y abnimmt.

Umgekehrt wird man einer Theorie des Vorgangs als plausibel die nicht unmittelbar nachprüfbare „*Differentialhypothese*" $\dot{y} = p : y$ mit konstantem p über die Verdickungsgeschwindigkeit $\dot{y}$ zugrunde legen. Wie kann man von ihr rechnerisch auf das „*Integralgesetz*" $y = \sqrt{2pt}$ schließen, das dann mit der Erfahrung vergleichbar ist und durch seine Bestätigung die Differentialhypothese rechtfertigt? Wir schreiben

$$\dot{y} = \frac{dy}{dt} = \frac{p}{y}, \quad \text{also} \quad y\,dy = p\,dt.$$

Betrachten wir für den Augenblick links y als unabhängige Veränderliche, so können wir sofort eine Stammfunktion angeben, nämlich $\frac{y^2}{2}$; das Differential $d\frac{y^2}{2}$ von $\frac{y^2}{2}$ lautet $\frac{1}{2} \cdot 2y\,dy = y\,dy$. Rechts ist bei t als unabhängiger Veränderlicher pt eine Stammfunktion. Nun sollen die Differentiale $y\,dy$ und $p\,dt$ einander gleich sein. Also werden sich die Stammfunktionen nur um eine additive Konstante unterscheiden,

$$\frac{y^2}{2} = pt + C.$$

Dieses Ergebnis bekommen wir ohne lange Wortumschreibung aus $y\,dy = p\,dt$ einfach dadurch, daß wir über beide Seiten das Zeichen $\int$ schreiben, $\int y\,dy = \int p\,dt$ und dann „ausintegrieren" (d. h. unsere Integralformeln anwenden). Dabei ist nur zu bedenken, daß auf einer Seite wegen der Unbestimmtheit der Stammfunktion eine willkürliche additive Konstante hinzugefügt werden muß. Naturwissenschaftlich wird die hiermit vom Mathematiker hereingebrachte Unbestimmtheit dadurch sofort wieder aufgehoben, daß für $t = 0$ (zu Beginn der Joddampfeinwirkung) auch $y = 0$ sein muß. Dies ist nur möglich, wenn $C = 0$ ist. Also $\frac{y^2}{2} = p\,t$ und $y = \sqrt{2pt}$.

Durch Differenzieren prüft man nach, daß auf dem Wege zu diesem Ergebnis keine Fehler unterlaufen sind und wirklich $\dot{y} = p : y$ herauskommt. Denn wir haben ja die Kühnheit begangen, $y\,dy$ so zu integrieren, als ob y eine unabhängige Veränderliche wäre, was doch gewiß nicht zutrifft. Daß es trotzdem erlaubt ist, wird sich, wie bereits nach $\int dy = y + C$ (S. 93) zu vermuten, auf S. 161—162 zeigen (Satz von der Invarianz des Differentials). Für jetzt nehmen wir als am Beispiel erprobt eine außerordentlich zugkräftige Methode mit, wie man von naturwissenschaftlichen Differentialhypothesen mathematisch auf Integralgesetze schließt: *Gleichsetzen der Differentiale, Darüberziehen des Integralzeichens $\int$ auf beiden Seiten und unbekümmertes Anwenden von Integrierformeln.*

7. Bedeutung des Differentials. Funktionsdifferenz und Differential. Die Hauptbedeutung des Differentials besteht in folgendem: Es stellt, wie Abb. 105 erkennen

---

[1] Vgl. GRIMSEHL, E.: Lehrbuch der Physik, 1. Bd., 4. Aufl., § 307, S. 810—814. Leipzig u. Berlin: B. G. Teubner. 1920.

läßt, wenigstens bei (absolut) nicht zu großem h einen Näherungswert für die „*Funktionsdifferenz*"

$$\bar{y} - y = f(\bar{x}) - f(x) = f(x + h) - f(x)$$

dar, um die sich der Funktionswert ändert, wenn wir vom Argument x um die Spanne h zum Argument $\bar{x} = x + h$ fortschreiten. Man schreibt diese Funktionsdifferenz unter Verwendung des Symbols $\triangle$ (vgl. S. 29 und S. 46—47) als Aufforderung zum Differenzenbilden gern in der Form

$$\triangle y = \triangle f(x) = \bar{y} - y = f(\bar{x}) - f(x) = f(x + h) - f(x)$$

und hat dann[1]

$$\boxed{\triangle y \approx dy \ \textit{bei absolut nicht zu großem } h}\ .$$

Es ist nämlich $\triangle y$ die senkrechte Strecke $Q\bar{P}$ vom Endpunkte Q der wagerechten Spanne $PQ = h$ bis zum Kurvenpunkte $\bar{P}$ für das Argument $\bar{x} = x + h$, hingegen dy die senkrechte Strecke QT bis zur Tangente in P. Weil die Tangente in P mit der Kurve in der Umgebung von P sehr nahe übereinstimmt (darauf läuft zeichnerisch und begrifflich die Definition der Tangente hinaus: sie ist die in P der Kurve am besten sich anschmiegende Gerade), sind, wenigstens bei nicht zu großem h, die Punkte $\bar{P}$ auf der Kurve und T auf der Tangente nicht allzu weit voneinander entfernt. Daher $Q\bar{P} \approx QT$ oder $\triangle y \approx dy$, wie behauptet.

Auch die Funktionsdifferenz $\triangle y$ hängt ebenso wie das Differential dy von h ab. Freilich im allgemeinen nicht so einfach wie das zu h mit dem Proportionalitätsfaktor y' proportionale $dy = hy'$, dessen Verknüpfung mit h durch die *geradlinige* Tangente versinnlicht wird, sondern in verwickelterer und nur durch wirkliches Bilden von $\triangle y$ als Differenz $f(x + h) - f(x)$ der Funktionswerte $f(x + h)$ und $f(x)$ zu übersehender Weise, deren geometrisches Gegenbild der *krummlinige* Kurvenverlauf ist. Nur bei der geraden Linie $y = ax + b$ wird $\triangle y = ah$ proportional zu h und genau gleich dy, insonderheit (Abb. 106)

$$\triangle y = \triangle x = h = dy = dx \quad \text{für} \quad y = x\ .$$

Wir dürfen daher statt der Spanne h oder statt des Differentials dx der unabhängigen Veränderlichen x auch $\triangle x$ als „*Differenz der unabhängigen Veränderlichen x*" schreiben (Abb. 105, vgl. auch S. 104—109).

8. Ersatz der Funktionsdifferenz durch das Differential. Fehlerrechnung. Der praktische Nutzen, *im Differential dy einen bequemen näherungsweisen Ersatz für die verwickeltere Funktionsdifferenz $\triangle y$ zur Verfügung zu haben*, springt in die Augen. Z. B. ist bei der (Halb-) Schwingungszeit $\dfrac{T}{2} = \tau = \pi\sqrt{\dfrac{l}{g}}$ eines Pendels in Abhängigkeit von der Pendellänge l (Pendelformel) das Differential $d\tau = \dfrac{\pi}{\sqrt{g}}\,\dfrac{1}{2\sqrt{l}}dl = \dfrac{\tau}{2l}dl$ und die Funktionsdifferenz $\triangle \tau \approx \dfrac{\tau}{2l}dl$, also $\dfrac{\triangle \tau}{\tau} \approx \dfrac{1}{2}\dfrac{dl}{l}$: beträgt die relative Änderung der Pendellänge $\dfrac{dl}{l}$, so ist die relative Änderung $\dfrac{\triangle \tau}{\tau}$ der Schwingungszeit angenähert halb so groß. Verlängert man also ein Sekundenpendel unter 45^0 geographischer Breite am Meeresspiegel von $99{,}35$ cm Länge um 1 cm, d. h. rund $1\,^0/_0$, so nimmt die Schwingungszeit um etwa $^1/_2\,^0/_0$, d. h. rund $^5/_{1000}$ sek zu. Wir sehen auch, wie vorteilhaft es ist, Differenzierregeln zur rein rechnerischen Gewinnung der Ableitung wie hier $\left(\sqrt{l}\right)' = \dfrac{1}{2\sqrt{l}}$ zu besitzen, weil wir dann auch das Differential sofort formelmäßig aufschreiben können.

---

[1] $\approx$ bedeutet „angenähert gleich".

Überlegungen über die Änderung einer Größe bei Änderung einer anderen gehören zum täglichen Brot des Naturwissenschaftlers. Das ist einer der Gründe, weshalb er gern und viel mit dem Differential arbeitet. Betrachten wir z. B. die sogenannte *Fehlerrechnung*. Wir haben eine Größe x unmittelbar beobachtet und wollen den Wert einer Funktion $y = f(x)$ für das beobachtete x berechnen. Es sei z. B. x die gemessene *Ausströmungszeit eines Gases* aus einem Gefäß mit feiner Öffnung, $y = k x^2$ mit konstantem k die nach Bunsen als proportional zu x^2 rechnerisch zu ermittelnde *Gasdichte*. Welchen Einfluß hat ein (praktisch unvermeidlicher) Beobachtungsfehler ε bei x auf das gesuchte $y = f(x)$? Die Angabe des möglichen Beobachtungsfehlers ε bei der nach bester Überzeugung als Messungsergebnis gebuchten Zahl x bedeutet, daß das Ergebnis in Wirklichkeit zwischen $x - \varepsilon$ und $x + \varepsilon$ liegen kann. In der Regel wird ε eine halbe Einheit der letzten bei x mitgenommenen Dezimale sein; z. B. meint der Naturwissenschaftler mit der Niederschrift $x = 45{,}3$ sek, daß x zwischen $45{,}25$ sek (einschl.) und $45{,}35$ sek (ausschl.) enthalten ist. Der mögliche Fehler η bei $y = f(x)$ ist offenbar die absolut größte der Differenzen $\triangle y = f(x + h) - f(x)$, wenn h von $- \varepsilon$ bis $+ \varepsilon$ läuft. Man müßte also an sich diese Funktionsdifferenz untersuchen; falls y zwischen $x - \varepsilon$ und $x + \varepsilon$ monoton verläuft, wird ihr Größtwert für $h = - \varepsilon$ oder $h = + \varepsilon$ eintreten. Aber auch mit dieser Kenntnis wäre die Rechnung noch unbequem, weil $x + h$ meist mehr Stellen als x haben wird und man vielleicht froh ist, die möglicherweise auch schon mühsame Berechnung von $f(x)$ für das beobachtete x vollendet zu haben. Deshalb ersetzt man die Kurve $y = f(x)$ für die Fehlerrechnung, wobei es sich ja um eine kleine Umgebung eines Kurvenpunktes handelt, näherungsweise durch ihre Tangente, also die Funktionsdifferenz $\triangle y$ durch das Differential $dy = h y'$ und nimmt seinen größten Wert für $h = \varepsilon$ näherungsweise als möglichen Fehler von y.

Beispielsweise ist bei der Gasdichte $dy = 2 k x \cdot h$ und der mögliche Fehler η von y beim möglichen Fehler ε von x näherungsweise $\eta = 2 k\, x \cdot \varepsilon$. Der mögliche relative Fehler $\dfrac{\eta}{y} = 2 \dfrac{\varepsilon}{x}$ von y fällt daher doppelt so groß aus wie der mögliche relative Fehler von x. Für $x = 45{,}3$ sek ist der relative Fehler der Zeitmessung

$$\frac{5 \cdot 10^{-2} \text{ sek}}{45{,}3 \text{ sek}} \approx 10^{-3} \doteq 1 \ ^0/_{00} \ (\text{reichlich}),$$

der mögliche relative Gasdichtenfehler also reichlich $2 \ ^0/_{00}$, wonach man sich bei der Stellenzahl von y richten wird.

Oder der Fehler der Gegenkathete $a = c \sin\alpha$ zu einem möglicherweise fehlerhaften Winkel α in einem rechtwinkligen Dreieck mit der fehlerfreien Hypotenuse c wird aus $da = c \cos\alpha\, d\alpha$ als angenähert proportional dem Kosinus von α gefunden, der relative Fehler aus $da : a = c \cos\alpha\, d\alpha : c \sin\alpha = \cot\alpha\, d\alpha$ als proportional dem Kotangens von α. Wir haben also einen großen relativen Fehler bei kleinem α und Abnahme des relativen Fehlers bei wachsendem α. Das ist durchaus verständlich; denn ein α nahe an 0 ist ja mit einem kleinen a verknüpft, auf das ein Fehler bei α im Verhältnis sehr stark einwirkt. Zum Beispiel sei $c = 500$ m und $\alpha = 10^0$ mit einem möglichen Fehler von ε''. $d\alpha$ ist im Bogenmaß zu rechnen. Die ε'' gehen also als Bogen $4848 \cdot 10^{-9}\,\varepsilon$ in die Rechnung ein, und wir erhalten als möglichen Fehler η von a

$$\eta = 500 \cdot 0{,}9848 \cdot 4848 \cdot 10^{-9}\,\varepsilon \ \text{m} = 2{,}4\,\varepsilon \ \text{mm} \,,$$

als relativen Fehler

$$\eta : a \approx 5{,}671 \cdot 4848 \cdot 10^{-9}\,\varepsilon = 2{,}75 \cdot 10^{-5}\,\varepsilon = 2{,}75 \cdot 10^{-2}\,\varepsilon \ ^0/_{00} \,,$$

etwa bei $\varepsilon = 60$ ($1'$ möglichem Fehler)

$$\eta \approx 14{,}4 \ \text{cm} \,, \qquad \eta : a \approx 2 \ ^0/_{00} \ (\text{knapp}) \,.$$

9. Rechnen mit kleinen Größen. Allgemein versteht man unter *Fehlerrechnung* die *Kunst des Abschätzens der Genauigkeit von Messungs- und Rechnungsergebnissen.* In ihr läßt sich häufig mit größtem Gewinn Gebrauch von einigen einfachen Regeln des *Rechnens mit kleinen Größen* machen, die jeder Naturwissenschaftler unermüdlich üben und für Überschläge im Kopfe, so zur Nachprüfung logarithmischer Berechnungen oder zur raschen Einsicht in verwickelte Zahlenausdrücke, stets bereit halten sollte. Sie sind im letzten Grunde Folgerungen aus der Formel $\triangle y \approx dy$ für den näherungsweisen Ersatz der Funktionsdifferenz $\triangle y$ durch das Differential dy, können aber auch unabhängig davon hergeleitet werden.

Es sei ε eine positive, gegen 1 kleine Zahl, z. B. $\varepsilon = 0{,}01$. Dann sind ε^2 und noch höhere Potenzen von ε wiederum klein gegen ε oder, wie man zu sagen pflegt, *von kleinerer Größenordnung* als ε, z. B. $\varepsilon^2 = 0{,}0001$; ihre bedeutsamen (von Null verschiedenen) Dezimalen beginnen erst viel später als die von ε. Daher kann man diese Potenzen und ihre Vielfachen mit nicht zu großen Koeffizienten oft vernachlässigen; kommt doch vielleicht $\varepsilon = 0{,}01 = 1\,{}^0/_0$ noch sehr wohl in Betracht, hingegen $\varepsilon^2 = 0{,}0001 = {}^1/_{100}\,{}^0/_0$ nicht mehr.

So erhalten wir z. B. aus $(1 \pm \varepsilon)^2 = 1 \pm 2\,\varepsilon \boxed{+ \varepsilon^2}$ die Näherungsformel

$$(1 \pm \varepsilon)^2 \approx 1 \pm 2\,\varepsilon\,. \tag{1}$$

D. h. eine Zahl nahe an 1 wird quadriert, indem man ihren Unterschied gegen 1 verdoppelt und mit demselben Zeichen zu 1 hinzufügt. Z. B.

$$0{,}997^2 = (1 - 0{,}003)^2 \approx 1 - 0{,}006 = 0{,}994 \ (\text{genau } 0{,}994009),$$
$$1{,}02^2 \approx 1{,}04 \ (\text{genau } 1{,}0404).$$

Mit Benutzung des Differentials kommt die Formel (1) so zustande: Man betrachte die Funktionsdifferenz $(1 \pm \varepsilon)^2 - 1$ von $y = x^2$ für $x = 1 \pm \varepsilon$ und $x = 1$. Sie ist angenähert gleich dem Differential $dy = h\,y' = h \cdot 2\,x$ von $y = x^2$ für $x = 1$ und $h = \pm \varepsilon$, also gleich $\pm 2\,\varepsilon$, und $(1 \pm \varepsilon)^2 - 1 \approx \pm 2\,\varepsilon$ ist gleichbedeutend mit (1).

Umgekehrt wird zum Quadratwurzelziehen der Unterschied gegen 1 halbiert:

$$\sqrt{1 \pm \varepsilon} \approx 1 \pm \frac{\varepsilon}{2}\,; \tag{2}$$

denn

$$\left(1 \pm \frac{\varepsilon}{2}\right)^2 = 1 \pm \varepsilon \boxed{+ \frac{\varepsilon^2}{4}} \approx 1 \pm \varepsilon\,.$$

Z. B.

$$\sqrt{0{,}984} = \sqrt{1 - 0{,}016} \approx 1 - 0{,}008 = 0{,}992 \ (\text{genauer } 0{,}99197),$$
$$\sqrt{1{,}2} \approx 1{,}1 \ (\text{genauer } 1{,}0955)\,.$$

Für den *Kehrwert* einer Größe nahe an 1 gilt

$$\frac{1}{1 \pm \varepsilon} \approx 1 \mp \varepsilon\,, \tag{3}$$

weil

$$(1 \pm \varepsilon)\,(1 \mp \varepsilon) = 1 \boxed{- \varepsilon^2} \approx 1 \ \text{ist.}$$

Man nimmt also den Unterschied gegen 1 mit entgegengesetztem Zeichen; z. B.

$$\frac{1}{1{,}04} \approx 1 - 0{,}04 = 0{,}96 \ (\text{genauer } 0{,}9615)\,,$$
$$\frac{1}{0{,}9988} \approx 1 + 0{,}0012 = 1{,}0012 \ (\text{genauer } 1{,}001201)\,.$$

Durch Verbindung von (3) mit (1) und (2) entsteht

$$\frac{1}{(1 \pm \varepsilon)^2} \approx \frac{1}{1 \pm 2\,\varepsilon} \approx 1 \mp 2\,\varepsilon\,, \tag{4}$$

z. B.

$$\frac{1}{0{,}97^2} \approx 1{,}06 \ (\text{genauer } 1{,}0628); \qquad \frac{1}{1{,}0006^2} \approx 0{,}9988 \ (\text{genauer } 0{,}9988011),$$

und

$$\frac{1}{\sqrt{1 \pm \varepsilon}} \approx \frac{1}{1 \pm \dfrac{\varepsilon}{2}} \approx 1 \mp \frac{\varepsilon}{2}\,, \tag{5}$$

z. B.

$$\frac{1}{\sqrt{0{,}978}} \approx 1{,}011 \ (\text{genauer } 1{,}01118); \qquad \frac{1}{\sqrt{1{,}024}} \approx 0{,}988 \ (\text{genauer } 0{,}98819)\,.$$

Alle bisherigen Formeln werden zusammengefaßt durch die Beziehung für die *Potenz*

$$(1 \pm \varepsilon)^m \approx 1 \pm m\,\varepsilon\,, \tag{6}$$

indem der Exponent für das Quadrat $m = 2$, für die Quadratwurzel $m = \dfrac{1}{2}$, für den Kehrwert $m = -1$, für das reziproke Quadrat $m = -2$ und für die reziproke Quadratwurzel $m = -\dfrac{1}{2}$ wird. (6) besteht sogar für ganz beliebige positive oder negative, ganze oder gebrochene, absolut nicht zu große Exponenten m, z. B.

$$(1 \pm \varepsilon)^{\frac{1}{3}} = \sqrt[3]{1 \pm \varepsilon} \approx 1 \pm \frac{\varepsilon}{3} \quad \text{oder} \quad (1 \pm \varepsilon)^{-\frac{3}{4}} = \frac{1}{\sqrt[4]{(1 \pm \varepsilon)^3}} \approx 1 \mp \frac{3}{4}\,\varepsilon.$$

Der Beweis läuft nach dem Muster des bei $m = 2$ Vorgeführten darauf hinaus, die Ableitung und damit das Differential der Potenz $y = x^m$ bei beliebigem m anzugeben (vgl. S. 140). Für positives ganzes m folgt er auch unmittelbar so: In

$$(1 \pm \varepsilon)^m = \underbrace{(1 \pm \varepsilon)\ (1 \pm \varepsilon) \cdots (1 \pm \varepsilon)}_{m\ \text{Faktoren}}$$

kommt beim Ausmultiplizieren, wenn aus allen Faktoren die 1 genommen wird, zunächst eine 1, dann, wenn wir aus je einem Faktor $\pm\varepsilon$, aus allen übrigen die 1 verwenden, m-mal je $\pm\varepsilon$; schließlich sind bei den übrigen Gliedern des Produkts je mindestens zwei Faktoren mit $\pm\varepsilon$ beteiligt. Wir haben also

$$(1 \pm \varepsilon)^m = 1 \pm m\,\varepsilon + \text{Glieder mit } \varepsilon^2, \varepsilon^3, \ldots, \varepsilon^m\,.$$

Falls m nicht allzu groß ist, kann die Anzahl der Glieder mit $\varepsilon^2, \varepsilon^3, \ldots, \varepsilon^m$ nicht so beträchtlich sein, daß die große Gliederzahl die Kleinheit von $\varepsilon^2, \varepsilon^3, \ldots, \varepsilon^m$ ausgleicht und den letzten Bestandteil zu einer mit $\pm m\varepsilon$ vergleichbaren Größenordnung aufschwellen läßt, und es gilt wirklich $(1 \pm \varepsilon)^m \approx 1 \pm m\,\varepsilon$. Bei vergleichsweise allzu großem m braucht dies hingegen keineswegs mehr zuzutreffen. Z. B. rechnen wir mit Logarithmen

$$
\begin{aligned}
1{,}1^{10} &\approx 2{,}5937 \\
1{,}01^{100} &\approx 2{,}7048 \\
1{,}001^{1000} &\approx 2{,}7169 \\
1{,}0001^{10\,000} &\approx 2{,}7181
\end{aligned}
$$

als recht verschieden von dem nach der Näherungsformel zu findenden Werte $1 + 1 = 2$ aus.

Nach dem Anblicke der letzten Zahlen steht übrigens zu vermuten, daß sich die Zahlen $(1 + \varepsilon)^{\frac{1}{\varepsilon}}$ für immer kleineres $\varepsilon \longrightarrow 0$ mehr und mehr einer gewissen Zahl nähern, deren erste Stellen 2,718 lauten und von der wir durch Verkleinerung von ε immer mehr Dezimalen erhalten. So ist es in der Tat. Diese Zahl ist die mit e bezeichnete *Basis des „natürlichen" Logarithmensystems* (vgl. II F 19, S. 183—184).

Eine bekannte Folgerung aus der Formel $(1 + \varepsilon)^m \approx 1 + m\,\varepsilon$ für $m = 3$ bildet die Tatsache, daß die *kubische Wärmeausdehnungsziffer* (*Volumenausdehnungsziffer*) γ *angenähert das Dreifache der linearen Ausdehnungsziffer* β ist. Denn zwischen dem Volumen $v_t = v_0\,(1 + \gamma t)$ und der Kantenlänge $l_t = l_0(1 + \beta t)$ eines Würfels bei der Temperatur t^0 C und v_0 und l_0 bei 0^0 C bestehen die Beziehungen $v_t = l_t^3$, $v_0 = l_0^3$, also

$$1 + \gamma t = (1 + \beta t)^3\,.$$

Nun ist für fast alle festen Körper $\beta < 3 \cdot 10^{-5}$, also $\beta t < 3 \cdot 10^{-3}$ bei t zwischen 0^0 und 100^0, daher $(1 + \beta t)^3 \approx 1 + 3\beta t$ und $\gamma \approx 3\beta$.

Bezeichnet δ wie bisher ε ebenfalls eine gegen 1 kleine Größe, so wird auch das Produkt $\delta\varepsilon$ häufig vernachlässigt werden können. Dann ergibt sich für das *Produkt*

$$(1 \pm \delta)(1 \pm \varepsilon) \approx 1 \pm \delta \pm \varepsilon \tag{7}$$

und für den *Quotienten* nach (3)

$$\frac{1 \pm \delta}{1 \pm \varepsilon} \approx (1 \pm \delta)(1 \mp \varepsilon) \approx 1 \pm \delta \mp \varepsilon\,. \tag{8}$$

Diese Beziehungen sind ohne Mühe auf Produkte mit mehr als zwei Faktoren und auf Brüche zu übertragen, bei denen im Zähler und Nenner mehrere Faktoren stehen. Die Unterschiede gegen 1 kommen bei den Faktoren aus dem Zähler additiv, bei den Faktoren aus dem Nenner subtraktiv zu 1 hinzu. Verbindung von (7) und (8) mit den früheren Formeln ermöglicht sehr angenehmes und schnelles Überschlagsrechnen, z. B.

$$\frac{1{,}07 \cdot 0{,}92 \cdot \sqrt{1{,}04}}{1{,}05 \cdot 0{,}88} \approx \left. \begin{array}{l} 1 + 0{,}07 - 0{,}08 + \dfrac{1}{2} \cdot 0{,}04 \\[2mm] - 0{,}05 + 0{,}12 \end{array} \right\} \approx 1{,}08 \ (\text{genauer } 1{,}0865)\,,$$

$$\frac{\sqrt[3]{1{,}027} \cdot (1{,}004)^2}{\sqrt{0{,}998} \cdot 1{,}012} \approx \left. \begin{array}{l} 1 + \dfrac{1}{3} \cdot 0{,}027 + 2 \cdot 0{,}004 \\[2mm] + \dfrac{1}{2} \cdot 0{,}002 - 0{,}012 \end{array} \right\} \approx 1{,}006 \ (\text{genauer } 1{,}005954)\,.$$

Meist muß die Form $1 \pm \varepsilon$ einer Größe nahe bei 1 erst hergestellt werden. Dies geschieht, wenn die vorgelegte Größe $a \pm \alpha$ heißt, dadurch, daß man a aushebt, also $a \pm \alpha = a\left(1 \pm \dfrac{\alpha}{a}\right)$ schreibt. Mit dem ersten Faktor a rechnet man unmittelbar, mit dem zweiten $1 \pm \dfrac{\alpha}{a}$ nach den Regeln für kleine Größen; $\pm \dfrac{\alpha}{a}$ ist die relative Verbesserung an 1, die wir gern in Hundertsteln $\pm \dfrac{100\,\alpha}{a}$ ausdrücken[1]. Man braucht sich als *Quintessenz unserer Formeln* nur zu merken, *daß sich diese relativen Verbesserungen wie Logarithmen verhalten: beim Multiplizieren werden sie addiert, beim Dividieren subtrahiert, beim Potenzieren mit dem Potenzexponenten multipliziert*[2].

Besonders bei Reduktionen auf das Vakuum, auf 760 mm Barometerstand, auf 0° C u. dgl. ergibt sich ein erstaunlich bequemes Rechnen. So besteht für die *Bestimmung der Dampfdichte d* nach Viktor Meyer die Formel

$$d = \frac{a}{v} \cdot \frac{1 + 0{,}004t}{1{,}293 \cdot 10^{-3}} \cdot \frac{760}{b - h/13{,}6}$$

(a Gewicht der eingebrachten Substanz in g, v Volumen des Dampfes bzw. der verdrängten Luft in cm³, t Zimmertemperatur, $1{,}293 \cdot 10^{-3}$ g cm⁻³ spezifisches Gewicht von Luft bei 760 mm Barometerstand und 0° C, b Barometerstand, h Höhe der Wassersäule im Auffangrohr in mm, also $b - h/13{,}6$ Druck der verdrängten Luft). Z. B. in einem Versuche für Naphthalin $h = 425$ mm, $h : 13{,}6 \approx 31{,}2$ mm,

$$d = \frac{98{,}3 \cdot 10^{-3}}{19{,}6}\ \frac{1 + 0{,}004 \cdot 22{,}2}{1{,}293 \cdot 10^{-3}}\ \frac{760}{756{,}9 - 31{,}2} \approx \frac{100(1 - 2\,\%)}{20(1 - 2\,\%)}\ \frac{1 + 9\,\%}{\frac{5}{4}(1 + 3\frac{1}{2}\,\%)}\ \frac{760}{760(1 - 4\frac{1}{2}\,\%)}$$

$$\approx 4(1 - 2\,\% + 9\,\% + 2\,\% - 3\tfrac{1}{2}\,\% + 4\tfrac{1}{2}\,\%) = 4(1 + 10\,\%) = 4{,}4 \ (\text{genauer } 4{,}425)\,.$$

Oder nehmen wir die *Doppelwägung* nach Gauss! Eine feine Wage habe die (ganz wenig verschiedenen) Armlängen l und r nach links und nach rechts. Als Gegengewicht für die gesuchte Last p_2 braucht man grob die Last p_1 von Gewichtsstücken, feiner

für p_2 rechts (Hebelarm r): $p_1 +$ Übergewicht λ links   (Hebelarm l),

für p_2 links (Hebelarm l): $p_1 +$ Übergewicht ϱ rechts (Hebelarm r).

Das Hebelgesetz liefert als Gleichgewichtsbedingungen

$$p_2 r = (p_1 + \lambda)l \quad \text{und} \quad p_2 l = (p_1 + \varrho)r\,.$$

Durch Multiplikation und Wurzelziehen folgt für das gesuchte Gewicht p_2

$$p_2 = \sqrt{(p_1 + \lambda)(p_1 + \varrho)} = p_1 \sqrt{\left(1 + \frac{\lambda}{p_1}\right)\left(1 + \frac{\varrho}{p_1}\right)} \approx p_1\left(1 + \frac{\lambda}{2p_1} + \frac{\varrho}{2p_1}\right)$$

$$= p_1 + \frac{\lambda + \varrho}{2} = \frac{(p_1 + \lambda) + (p_1 + \varrho)}{2}\,;$$

p_2 ist also genau das geometrische, näherungsweise das arithmetische Mittel der genauen Gegengewichte $p_1 + \lambda$ und $p_1 + \varrho$.

---

[1] So wird mit $\pi \approx 3{,}1416$ multipliziert, indem man mal 3 nimmt und das Produkt um $5\,\%$ vergrößert; das Ergebnis stimmt etwa auf $3\,\%_{00}$.

[2] Für Summen und Differenzen hingegen sind die relativen Verbesserungen ebenso ungeeignet wie Logarithmen. Da muß man die α selbst beibehalten.

Für das Balkenverhältnis liefern Division und Wurzelziehen

$$l : r = \sqrt{\frac{p_1 + \varrho}{p_1 + \lambda}} = \sqrt{\frac{1 + \varrho/p_1}{1 + \lambda/p_1}} \approx 1 + \frac{\varrho}{2\,p_1} - \frac{\lambda}{2\,p_1} = 1 - \frac{\lambda - \varrho}{2\,p_1}.$$

Allgemein kann das geometrische Mittel $\sqrt{(p_1 + l)(p_1 + r)} = \sqrt{a\,b}$ *von zwei wenig verschiedenen Zahlen* $p_1 + l = a$ *und* $p_1 + r = b$ *genähert durch ihr arithmetisches Mittel* $\dfrac{a + b}{2}$ *ersetzt werden.*

Wollen wir beim Wägen einer Last P vom spezifischen Gewicht s durch Gewichtsstücke vom Gewicht G und spezifischen Gewicht s' den *Auftrieb der Luft* vom spezifischen Gewicht σ berücksichtigen, so haben wir die Gleichung

$$P - \frac{P}{s}\,\sigma = G - \frac{G}{s'}\,\sigma,$$

weil P vom Volumen $\dfrac{P}{s}$ um das Gewicht $\dfrac{P}{s}\,\sigma$ eines gleich großen Luftvolumens erleichtert wird und G ebenso um $\dfrac{G}{s'}\,\sigma$. Die Last P wiegt also in Wirklichkeit nicht G, sondern

$$P = G\,\frac{1 - \dfrac{\sigma}{s'}}{1 - \dfrac{\sigma}{s}} \approx G\left(1 - \frac{\sigma}{s'} + \frac{\sigma}{s}\right) = G + \left(\frac{1}{s} - \frac{1}{s'}\right)\sigma\,G.$$

Z. B. ist ein in Luft von 20^0 C mit dem spezifischen Gewicht $\sigma = 1{,}189 \cdot 10^{-3}\,\mathrm{g\,cm^{-3}}$ durch 100 g Messinggewichte vom spezifischen Gewicht $s' = 8{,}5\,\mathrm{g\,cm^{-3}}$ austariertes Magnesiumblech vom spezifischen Gewicht $s = 1{,}75\,\mathrm{g\,cm^{-3}}$ in Wirklichkeit um

$$\left(\frac{1}{1{,}75} - \frac{1}{8{,}5}\right)1{,}189 \cdot 10^{-3} \cdot 100\,\mathrm{g} = \left(\frac{4}{7} - \frac{2}{17}\right)1{,}189 \cdot 10^{-3} \cdot 100\,\mathrm{g}$$

$$= \frac{54}{119} \cdot 1{,}189 \cdot 10^{-3} \cdot 100\,\mathrm{g} \approx 54\,\mathrm{mg}$$

schwerer.

In der Spektroskopie spielt beim Zeemaneffekt bei positivem x und y die Abschätzung

$$\sqrt{x^2 \pm \frac{2}{3}\,xy + y^2} = \sqrt{x^2 + 2xy + y^2 - 2\left(1 \mp \frac{1}{3}\right)xy}$$

$$= \sqrt{(x + y)^2 - 2\left(1 \mp \frac{1}{3}\right)xy} = (x + y)\sqrt{1 - 2\left(1 \mp \frac{1}{3}\right)\frac{xy}{(x + y)^2}}$$

$$\approx (x + y)\left\{1 - \left(1 \mp \frac{1}{3}\right)\frac{xy}{(x + y)^2}\right\} = x + y - \left(1 \mp \frac{1}{3}\right)\frac{xy}{x + y}$$

eine Rolle; genauere mathematische Betrachtung erweist, daß die Abweichung zwischen $\sqrt{x^2 \pm \dfrac{2}{3}\,xy + y^2}$ und dem Näherungsausdrucke $x + y - \left(1 \mp \dfrac{1}{3}\right)\dfrac{xy}{x + y}$ weniger als $\dfrac{x + y}{10}$ beträgt.

Die Ausdehnung eines Stabes von der Länge l_0 bei 0^0 C und $l_t = l_0(1 + \alpha t)$ bei t^0 C zwischen zwei Temperaturen t_1 und t_2 geht wegen

$$l_{t_1} = l_0(1 + \alpha t_1), \quad l_{t_2} = l_0(1 + \alpha t_2)$$

und

$$l_{t_2} = l_{t_1}\frac{1 + \alpha t_2}{1 + \alpha t_1} \approx l_{t_1}\left(1 + \alpha(t_2 - t_1)\right)$$

angenähert linear mit der Temperaturdifferenz $t_2 - t_1$, so daß man auch einen anderen Bezugspunkt für die Temperatur als gerade 0^0 C wählen kann und doch wieder ein Gesetz vom Typus $l_t = l_0(1 + \alpha t)$ erhält.

Für die *trigonometrischen Funktionen* wissen wir von S. 53 bei kleinem ε

$$\sin \varepsilon \approx \varepsilon \;(\text{auf } 1\,{}^0/_0 \text{ bis } 14^0), \quad \cos \varepsilon \approx 1 \;(\text{auf } 1\,{}^0/_0 \text{ bis } 8^0).$$

Unter Berücksichtigung der Additionstheoreme (S. 52) folgt hieraus allgemeiner

$$\sin(x \pm \varepsilon) = \sin x \cos \varepsilon \pm \cos x \sin \varepsilon \approx \sin x \pm \varepsilon \cos x,$$
$$\cos(x \pm \varepsilon) = \cos x \cos \varepsilon \mp \sin x \sin \varepsilon \approx \cos x \mp \varepsilon \sin x.$$

Diese Formeln sind gleichbedeutend mit $\triangle y \approx dy$ für $y = \sin x$ bzw. $y = \cos x$, weil an letzter Stelle die **Differentiale** $h\,y' = h \cos x$ bzw. $-h \sin x$ für $h = \pm \varepsilon$ stehen.

10. Grundformel der Differentialrechnung. Der *Zusammenhang zwischen Funktionsdifferenz* $\triangle y$ *und Differential* dy läßt sich noch wesentlich feiner als durch $\triangle y \approx dy$ beschreiben, so daß wir das vollkommene rechnerische Gegenbild der Annäherung einer Kurve durch ihre Tangente gewinnen. $\triangle y$ reicht bis zur krummlinigen Kurve, dy bis zur geradlinigen Tangente (Abb. 105), welche geometrisch Proportionalität zur Spanne h mit dem Proportionalitätsfaktor y' widerspiegelt. Bei Verkleinerung von h schmiegt sich die Kurve immer inniger an die Tangente an, was wir roh durch $\triangle y \approx dy$ ausgedrückt haben. Jetzt sagen wir: $\triangle y$ ist zwar nicht genau, aber bei kleinem h wenigstens angenähert proportional zu h mit dem Proportionalitätsfaktor y'. Und zwar bildet sich diese Proportionalität um so schöner heraus, je kleiner h ist. $\triangle y$ ist gleich h mal einem Faktor, der beinahe konstant gleich y' ausfällt und sich von y' um so weniger unterscheidet, je kleiner wir h wählen. Das spricht sich durch die Beziehung

$$\triangle y = (y' + \varepsilon)\, h = y'h + \varepsilon h = dy + \varepsilon h$$

aus; dabei ist ε klein bei kleinem h und nähert sich für $h \to 0$ (für *„nullstrebiges"* h) selbst der Null. εh hat daher als Produkt von zwei kleinen Größen einen unvergleichlich viel kleineren Wert als das selbst kleine h oder als die zugleich mit h kleinen Größen $\triangle y$ und dy und vermag das Proportionalitätsglied $y'h = dy$ nur wenig zu stören.

Man schreibt ein solches Produkt εh von h mit einer für $h \to 0$ selbst nullstrebigen Größe ε gern in der Gestalt $o(h)$ (lies „klein o von h"). Das kleine o ist in Anlehnung an den sprachlichen Ausdruck *„von kleinerer Ordnung"* gewählt, so daß bereits die Bezeichnung $o(h)$ das Wesentliche scharf herausarbeitet. Z. B. ist $h^2 = o(h)$, was wir S. 99 beim Rechnen mit kleinen Größen praktisch benutzt haben, oder $1 - \cos h = o(h)$ (vgl. I L 6, S. 53—55).

Die hiermit gewonnene Formel

$$\boxed{\triangle y = dy + \varepsilon h = dy + o(h)}$$

nennen wir die *Grundformel der Differentialrechnung*; sie bildet trotz ihrer Einfachheit — ist sie doch nur eine formelmäßige Fassung der anschaulich selbstverständlichen Beziehung zwischen Kurve und Tangente — gleichwohl den Grundpfeiler für dieses Gebiet der Mathematik.

11. Proportionalität im Kleinen und Linearisierung. Durch die Grundformel erhält zunächst der Umstand, daß wir zur Definition der Ableitung und damit des Differentials die ungleichmäßig ansteigende Kurve durch die gleichmäßig ansteigende Tangente ersetzt haben, ein neues Gesicht — jetzt stehen die Worte *„Proportionalität"* und *„Linearität"* im Vordergrunde. Die Änderung $\triangle y$ einer beliebigen Funktion $y = f(x)$ beim Fortschreiten um die Spanne h ist zwar nicht *„im Großen"*, d. h. für beliebiges h, proportional zu h wie bei der linearen Funktion $y = ax + b$, aber doch wenigstens näherungsweise *„im Kleinen"*. Sie zerfällt in das zu h proportionale *„Hauptglied"* dy, zugeordnet der die Kurve näherungsweise ersetzenden geradlinigen Tangente, und einen „Rest" oder ein „Restglied" $\varepsilon h = o(h)$ von wesentlich kleinerer Größenordnung. Das Differential besorgt, wie man zu sagen pflegt, die *„Linearisierung im Kleinen"*, es rettet von der linearen Funktion zu einer beliebigen Funktion soviel hinüber, wie sich ermöglichen läßt. Oder auch: im Differential haben wir das mathematische Werkzeug vor uns, um die dem Naturwissenschaftler so geläufige *„Proportionalität im Kleinen"* mathematisch auszudrücken. Wer diesen Sinn des Differentials aufgefaßt hat, ist imstande, die Differentialrechnung auf naturwissenschaftliche Probleme anzuwenden, den mathematischen „Ansatz" zu machen, wozu bloße Kenntnis von Formeln und Regeln allein niemals zu verhelfen vermag. Fast alles übrige ist dann nur Sache der Übung — zugespitzt gesagt: der Übung im Nachschlagen in einer Formelsammlung.

12. Beispiel: Lichtdurchgang durch eine Platte. Ein typisches Beispiel gibt die Lichtabsorption beim Durchgange von Licht durch eine Platte, eine Flüssigkeitsschicht o. dgl. Es sei J die irgendwie gemessene auf eine Platte von der Dicke h auffallende und $\bar{J}$ die austretende Intensität (Abb. 112). An dicken Platten mit verschiedenem h überzeugt man sich durch den Versuch, daß die austretende Intensität keineswegs, wie man zuerst vermuten möchte, linear mit h abnimmt, also die Intensitätsabnahme $J - \bar{J}$ keineswegs im Großen proportional zu h verläuft. Wohl aber ist an dünnen Platten zu bemerken (Aufeinanderlegen sehr dünner Platten in verschiedener Anzahl), daß bei kleinem h die Abnahme $J - \bar{J}$ wenigstens angenäherte Proportionalität zu h zeigt, und zwar um so besser, je

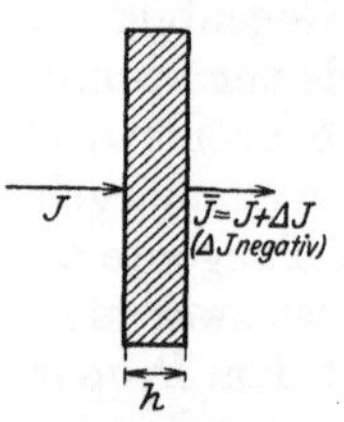

Abb. 112. Lichtabsorption in einer Platte.

kleiner h ist. Außerdem ist $J - \bar{J}$ proportional J; wenn z. B. doppelt so starkes Licht auffällt, tritt auch doppelt so starkes Licht aus, und es wird doppelt so viel verschluckt. $J - \bar{J}$ stellt das Negative $-\triangle J$ der Funktionsdifferenz $\triangle J = \bar{J} - J$ dar, und der Sinn unseres experimentellen Befundes:

$$\triangle J = \bar{J} - J \text{ proportional } J,\ \text{angenähert proportional } h \text{ bei kleinem } h,$$
$$\text{um so genauer, je kleiner } h \text{ ist}$$

besteht darin, daß $\triangle J$ in einen zu h proportionalen Bestandteil $-\alpha J h$ und einen Rest von kleinerer Größenordnung zerfällt:

$$\triangle J = -\alpha J h + o(h)\,.$$

Der zu h proportionale Bestandteil muß das Differential dJ von J zur Spanne h sein, und wir haben in treffender Herausarbeitung und treuer Wiedergabe der naturwissenschaftlichen Tatsachen, wie sie eben gerade das Differential ermöglicht,

$$dJ = -\alpha J h\,.$$

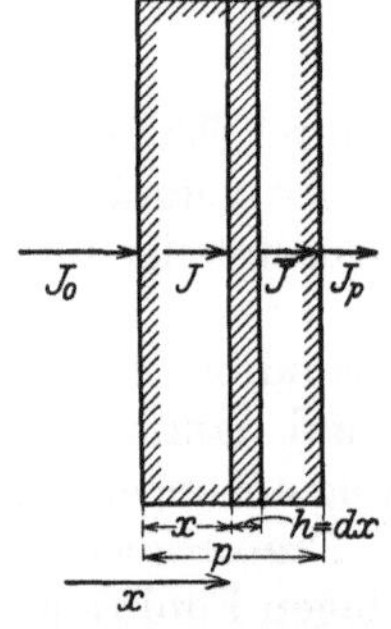

Abb. 113. Lichtabsorption in einer Platte.

Gewöhnlich denkt man sich die dünne Platte von der Dicke h, an der dieser Ausdruck für das Differential dJ gewonnen wird, herausgeschnitten aus der eigentlich zu untersuchenden dicken Platte von der Dicke p mit der eintretenden Intensität J_0 und austretenden Intensität J_p (Abb. 113). Indem wir noch eine x-Achse in der Lichtrichtung senkrecht zur Platte legen, also die Intensität J in verschiedenen Abständen x von der Eintrittsoberfläche als Funktion von x betrachten (Abb. 113), können wir $h = dx$ schreiben. Wie man von der so gewonnenen „*Differentialgleichung*"

$$dJ = -\alpha J\, dx$$

zu einem Ausdrucke für J selbst als Funktion von x fortschreitet, werden wir in II F 22, S. 187 sehen; daß das Differential dJ oder auch der Differentialquotient $dJ : dx$ proportional zum Funktionswerte J ist, charakterisiert J als *Exponentialfunktion*. α heißt Absorptionskoeffizient.

13. Rechnerische Erklärung der Ableitung. Schreiben wir die Grundformel mittels Division durch h in der Gestalt

$$\frac{\triangle y}{h} = \frac{dy}{h} + \varepsilon = y' + \varepsilon\,,$$

so folgt wegen $\varepsilon \to 0$ für $h \to 0$

$$\boxed{\ \frac{\triangle y}{h} \to y' \text{ für } h \to 0\,.\ }$$

D. h. wir erhalten die Ableitung y', wenn wir den „*Differenzenquotienten*" (S. 46)

$$[y\bar{y}] = \frac{\triangle y}{h} = \frac{\triangle y}{\triangle x} = \frac{f(x+h) - f(x)}{h} = \frac{f(\bar{x}) - f(x)}{\bar{x} - x} = \frac{\bar{y} - y}{\bar{x} - x}$$

aus Funktionsdifferenz $\triangle y = f(x+h) - f(x) = f(\bar{x}) - f(x)$ und Spanne h (Argumentdifferenz $\bar{x} - x = \triangle x$) bilden und in ihm der willkürlich gewählten Größe h nullstrebige Werte geben. Man schreibe die Differenzenquotienten $\triangle y : h$ etwa für $h = 0,1$; $h = -0,01$; $h = 0,001$; ...; $h = -10^{-6}$; ...; $h = 10^{-50}$; ... oder für sonstige nullstrebige h auf. Am Anfange der so entstehenden „*Folge von Differenzenquotienten*" zeigt sich vielleicht gar kein Gesetz. Aber wenn wir weiter zu absolut immer kleineren h fortschreiten, bemerken wir, daß sich die Zahlen immer mehr stabilisieren. Ein neuer Differenzenquotient hat mit dem vorangehenden immer mehr Dezimalen gemein und unterscheidet sich von ihm erst in immer entfernteren Dezimalen. So werden allmählich immer mehr Stellen von y' festgelegt, ähnlich, wie das übliche Quadratwurzelziehen etwa für $\sqrt{2}$ immer mehr Stellen liefert, je weiter man es fortsetzt. Man sagt (vgl. S. 53): *Die Ableitung y' ist der Grenzwert oder Limes der Folge der Differenzenquotienten $\triangle y : h$ bei nullstrebigem h* und schreibt auch

$$y' = \lim_{h \to 0} \frac{\triangle y}{h}$$ (lies: „Limes von $\frac{\triangle y}{h}$ für $h \to 0$") — analog, wie man $\sqrt{2}$ als Grenzwert der Folge

$$1; \quad 1,4; \quad 1,41; \quad 1,414; \quad 1,4142; \quad 1,41421; \ldots$$

aufeinanderfolgender Annäherungszahlen beim Quadratwurzelziehen zu bezeichnen hat. Hiermit haben wir eine von der zeichnerischen Konstruktion von II A 4, S. 69 losgelöste, *rein rechnerische Definition der Ableitung*, die in den meisten Lehrbüchern an die Spitze der Differentialrechnung gestellt wird[1].

Beispielsweise ist für die Funktion $y = x^2$ der Differenzenquotient

$$\frac{\triangle y}{h} = \frac{(x+h)^2 - x^2}{h} = \frac{2h\,x + h^2}{h} = 2x + h\,.$$

Je kleiner h ist, desto weniger fällt der letzte Summand h ins Gewicht, und bei $h \to 0$ erstreckt sich sein Einfluß nur noch auf immer entferntere Dezimalen von $2x + h$, während die ersten Dezimalen mit denen von $2x$ übereinstimmen. $\triangle y : h$ strebt somit für $h \to 0$ nach $2x$, und die Ableitung von $y = x^2$ beträgt $y' = (x^2)' = 2x$, wie wir schon auf S. 72 zeichnerisch gefunden haben.

Oder beim Sinus $y = \sin x$ gilt nach dem Additionstheorem

$$\frac{\triangle y}{h} = \frac{\sin(x+h) - \sin x}{h} = \cos x\,\frac{\sin h}{h} - \sin x\,\frac{1 - \cos h}{h}\,.$$

Wir wissen bei $h \to 0$ von S. 53—55 $\frac{\sin h}{h} \to 1$ (bei kleinem Argument unterscheidet sich der Sinus immer weniger vom Bogen) und $\frac{1 - \cos h}{h} \to 0$ (der Unterschied zwischen 1 und $\cos h$ bei kleinem h ist von viel kleinerer Größenordnung als h selbst) und haben also

$$\frac{\triangle y}{h} \to \cos x \cdot 1 - \sin x \cdot 0 = \cos x = (\sin x)'\,.$$

Man differenziere entsprechend den Kosinus.

---

[1] Die Grundformel $\triangle y = y'h + \varepsilon h$ ist dann eine Folgerung und zeigt, daß bei Voraussetzung der Differenzierbarkeit (d. h. jetzt der Existenz eines Grenzwertes für $\triangle y : h$ bei $h \to 0$, der y' genannt wird) für $h \to 0$ auch $\triangle y \to 0$ strebt, also $y = f(x)$ stetig ist.

Für die lineare Funktion $y = ax + b$ mit ihrer zu h streng proportionalen Funktionsdifferenz $\triangle y = ah$ ist der Differenzenquotient $\triangle y : h = ah : h = a$. D. h. jede Folge von Differenzenquotienten für $h \to 0$ besteht aus lauter einander gleichen Zahlen a. Auch der Grenzwert y' muß daher gleich a sein oder $(ax + b)' = a$, insbesondere $x' = 1$ und $b' = 0$ für $y = x$ bzw. $y = b$. Man denke zum Vergleich an mechanische Anwendung des Quadratwurzelziehens auf ein Quadrat, etwa 4, wobei die aufeinanderfolgenden Näherungswerte 2; 2,0; 2,00; 2,000; ... alle einander gleich sind und hierdurch ihren Grenzwert $\sqrt{4}$ als 2 erweisen.

14. Warnungstafeln. Natürlicher Wert unbestimmter Ausdrücke. Unendlich kleine Größen. Der geschilderte „*Grenzübergang*" $h \to 0$, d. h. die Bestimmung des Grenzwertes $y' = \lim\limits_{h \to 0} \dfrac{\triangle y}{h}$ durch sorgfältige Untersuchung der Folge der Differenzenquotienten $\dfrac{\triangle y}{h}$ für nullstrebige h, läßt sich nicht etwa dadurch ersetzen, daß man im Zähler und Nenner von $\dfrac{\triangle y}{h}$ einzeln ohne weiteres $h = 0$ einträgt. Hierdurch würde man in Wirklichkeit nicht scheinbare Umständlichkeiten und mathematische Haarspaltereien vermeiden, sondern wegen $f(x + h) - f(x) = 0$ für $h = 0$ auf $\triangle y : h = 0 : 0$ stoßen. Das Symbol $0 : 0$ aber kann jede Zahl sein, weil 0 mit jeder Zahl multipliziert wieder 0 liefert. Man hätte also gar nichts gewonnen, sondern wäre nur um einen „*unbestimmten Ausdruck*" reicher, mit dem sich nichts Brauchbares anfangen läßt. Mathematische Vorschriften müssen eben genau in der verlangten Art ausgeführt werden, sonst sind Ungereimtheiten oder nutzlose Ergebnisse nicht ausgeschlossen.

Umgekehrt können wir gerade durch Differenzieren einen „*natürlichen Wert*" für unbestimmte Ausdrücke von der Form $0 : 0$ festsetzen. Der Quotient $y = f(x) = \dfrac{\varphi(x)}{\psi(x)}$ von zwei Funktionen $\varphi(x)$ und $\psi(x)$ erscheine beim unbedenklichen Eintragen eines Arguments $x = a$ in der unbestimmten Form $0 : 0$, indem $\varphi(a)$ und $\psi(a)$ beide gleich 0 sind; ein Beispiel bildet $\dfrac{\sin x}{x}$ für $x = 0$. Dann liegt es, falls $f(x) = \dfrac{\varphi(x)}{\psi(x)}$ für $x \to a$ nach einem Grenzwerte strebt, nahe, als natürlichen Wert von $f(x)$ für $x = a$ diesen Grenzwert zu *definieren*[1]. D. h. geometrisch, man zeichnet die Kurve $y = f(x)$. Sie hat eine Lücke für $x = a$, wo die Ordinate nicht definiert ist. Aber man führt die Kurve in Fortsetzung des Kurvenzugs für die Nachbarabszissen frisch über die Lücke hinweg und nimmt die so eingeschnittene Ordinate als „natürliche" Ordinate für $x = a$ $\left(\text{vgl. Abb. 63 mit der Kurve } y = \dfrac{\sin x}{x}\right)$.

Statt $\dfrac{\varphi(x)}{\psi(x)}$ für a-strebiges x kann offenbar auch $\dfrac{\varphi(a + h)}{\psi(a + h)}$ für $h \to 0$ geschrieben werden. Wegen $\varphi(a) = 0$, $\psi(a) = 0$ gilt weiter

$$\frac{\varphi(a + h)}{\psi(a + h)} = \frac{\varphi(a + h) - \varphi(a)}{\psi(a + h) - \psi(a)} = \frac{\dfrac{\varphi(a + h) - \varphi(a)}{h}}{\dfrac{\psi(a + h) - \psi(a)}{h}}.$$

Jetzt streben bei Voraussetzung der Differenzierbarkeit von $\varphi(x)$ und $\psi(x)$ an der Stelle $x = a$ der Zähler und Nenner für $h \to 0$ nach den Ableitungen $\varphi'(a)$ und $\psi'(a)$ von $\varphi(x)$ und $\psi(x)$ für $x = a$. D. h.: *Der natürliche Wert* $\lim\limits_{x \to a} \dfrac{\varphi(x)}{\psi(x)}$ *eines unbestimmten Ausdrucks* $\dfrac{\varphi(a)}{\psi(a)} = \dfrac{0}{0}$ *wird erhalten, indem man Zähler und Nenner einzeln differenziert und in* $\dfrac{\varphi'(x)}{\psi'(x)}$ *den kritischen Wert* $x = a$ *einträgt. Kommt hierbei wieder* $\dfrac{0}{0}$, *so wende man dasselbe Verfahren auf* $\dfrac{\varphi'(x)}{\psi'(x)}$ *an und so weiter bis zum Erfolg.* (Das letzte haben wir nicht bewiesen.)

---

[1] Man vermeide den schlechten Ausdruck „wahrer Wert". Denn in Wirklichkeit handelt es sich nicht um Aufspürung einer nur verborgenen Wahrheit, sondern um eine Definition.

Z. B. $\dfrac{\cos x - 1}{x^2} = \dfrac{0}{0}$ für $x = 0$. Der Zähler gibt differenziert $-\sin x$, der Nenner $2x$, und $\dfrac{-\sin x}{2x}$ hat für $x = 0$ wegen[1] $\dfrac{\sin x}{x} \to 1$ den natürlichen Wert $-\dfrac{1}{2}$. Das ist also der natürliche Wert von $\dfrac{\cos x - 1}{x^2}$ für $x = 0$. Man zeichne die Kurve $y = \dfrac{\cos x - 1}{x^2}$.

Auch wenn in einem Quotienten $\dfrac{\varphi(x)}{\psi(x)}$ Zähler und Nenner für $x \to a$ gegen ∞ streben $\left(\text{unbestimmte Form } \dfrac{\infty}{\infty}\right)$, ist die Vorschrift anwendbar; die Rechtfertigung sei hier übergangen. Und wenn in einem Produkt ein Faktor nach 0, der andere nach ∞ strebt (unbestimmte Form $0 \cdot \infty$), stelle man, indem man den Kehrwert des einen Faktors als Nenner nimmt, zunächst die Form $\dfrac{0}{0}$ oder $\dfrac{\infty}{\infty}$ her.

Schreiben wir die Ableitung y' als Differentialquotienten $\dfrac{dy}{dx}$, so darf man sich durch die Beziehung $\dfrac{\triangle y}{\triangle x} \to \dfrac{dy}{dx}$ für zusammenschrumpfende Argumentdifferenz $\triangle x \to 0$ nicht dazu verleiten lassen, in das Differential allerlei mystische und eines klaren Sinnes entbehrende Vorstellungen von „*unendlich kleinen Größen*" u. dgl. hineinzugeheimnissen. Solche Vorstellungen spuken leider, von schlechten Büchern zäh festgehalten, in vielen Köpfen und geben der höheren Mathematik fälschlich den Anstrich einer Art schwarzer Kunst, in der nicht alles mit rechten Dingen zugeht.

Es ist nicht so, daß dy und dx einzeln aus den für $\triangle x \to 0$ immer kleiner werdenden Größen $\triangle y$ und $\triangle x$ hervorgehen. Sonst müßte man ja analog aus der S. 54 in mannigfaltiger Weise veranschaulichten Beziehung $\dfrac{\sin x}{x} \to 1$ für $x \to 0$, indem man z. B. 1 in der Form $\dfrac{5}{5}$ schreibt, $\sin x \to 5$ und $x \to 5$ für $x \to 0$ schließen können — ein vollkommener Widersinn! Vielmehr steht es in Zusammenfassung unserer Überlegungen folgendermaßen: Der Differenzenquotient $\dfrac{\triangle y}{\triangle x} = \dfrac{\triangle y}{h}$ legt für $h \to 0$ als Verhältnis zweier einzeln nullstrebiger Größen $\triangle y$ und h die Ableitung y' fest, ähnlich wie in $\dfrac{\sin x}{x}$ für $x \to 0$ die bedeutsamen Stellen von Zähler und Nenner immer weiter rechts rücken, dabei aber immer weitergehend miteinander übereinstimmen und so zum Grenzwerte 1 für ihr Verhältnis führen. An die Ableitung y' schließt sich als *abgeleiteter Begriff* das Differential $dy = hy'$ an mit einem ganz beliebigen h, das mit jenem $h \to 0$ der Definition von y' unmittelbar nichts zu tun hat. Dieses dy erweist sich als der zu h proportionale Bestandteil eines $\triangle y$ vom selben h; die Bezeichnung dy paßt sich gerade dem Zusammenhange mit $\triangle y$ an. Mit Gebrauch von dy läßt sich die Ableitung y' als Differentialquotient $\dfrac{dy}{dx}$ zweier in Abb. 105 sichtbarer Differentiale dy und dx schreiben, womit nichts Neues gewonnen, sondern nur die Definition von dy umgekehrt wird. Gestaltet man nun $\dfrac{\triangle y}{h} = \dfrac{\triangle y}{\triangle x} \to y'$ um zu $\dfrac{\triangle y}{h} = \dfrac{\triangle y}{\triangle x} \to \dfrac{dy}{dx}$, so hat man es mit zwei ganz verschiedenen h zu tun: links mit einem nullstrebigen h, rechts in dy mit einem beliebig gewählten h.

Der Ausdruck „unendlich klein" oder „infinitesimal" wurde in der Frühzeit der Differential- und Integralrechnung, als alles noch unausgereift und in gärender Entwicklung war, in einer von den großen Forschern selbst nur gefühlsmäßig erfaßten und schon von ihren Zeitgenossen angegriffenen Weise verwandt, ähnlich wie in der Chemie das „Phlogiston", in der Biologie die „vis vitalis" usw. Hierdurch wurden oft richtige Ergebnisse erzielt, während die Methode einer Kritik nicht standhält. Nachträglich ist in mühevoller Arbeit erkannt worden, daß sich die höhere Mathematik oder Infinitesimalrechnung logisch einwandfrei aufbauen läßt, wenn man „unendlich klein" den Sinn „nullstrebig" oder einen durch „nullstrebig" und „Grenzwert" umschreibbaren Sinn unterlegt, so daß also einfach eine dogmatische Wortdefinition vorliegt.

Z. B.: $\dfrac{\sin x}{x} \to 1$ für unendlich kleines x. Oder: $\dfrac{\sin x}{x} = 1$ für unendlich kleines x, d. h. der Grenzwert von $\dfrac{\sin x}{x}$ für nullstrebiges x ist gleich 1.

Es ist Geschmacksache, ob man den Ausdruck „unendlich klein" in der geschilderten scharfen und stichhaltigen Bedeutung verwenden will. Mindestens dem Anfänger ist eher ab- als zu-

---

[1] $\dfrac{\sin x}{x}$ für $x = 0$ durch Differenzieren von Zähler und Nenner, das $\dfrac{\cos x}{1}$ liefert, zu 1 festzulegen, bedeutet einen Zirkelschluß, weil $\dfrac{\sin x}{x} \to 1$ für $x \to 0$ bei der Gewinnung der Differenzierformel $(\sin x)' = \cos x$ benutzt ist.

zuraten, zumal man ohne diesen Ausdruck meist größere Durchsichtigkeit nicht nur in mathematischer, sondern auch in naturwissenschaftlicher Beziehung erzielt. Jedenfalls zwinge man sich selbst bei allen Schritten erbarmungslos zu restloser begrifflicher und anschaulicher Klarheit!

15. Sekante und Tangente. Besonders klar wird der Grenzübergang $\dfrac{\triangle y}{h} \longrightarrow y'$ vom Differenzenquotienten $\triangle y : h$ zur Ableitung y' durch geometrische Veranschaulichung. $[y\,\bar{y}] = \triangle y : h$ ist (Abb. 114) das Steigungsmaß der *Sekante* $P\bar{P}$ durch die Kurvenpunkte P und $\bar{P}$ zu den Abszissen x und $\bar{x} = x + h$ und den Ordinaten $y = f(x)$

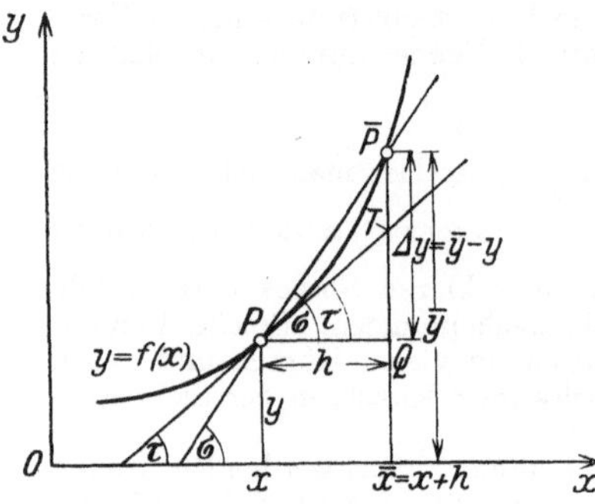

Abb. 114.　Sekante und Tangente.

und $\bar{y} = f(x+h)$, bei gleichem Maßstabe auf den Achsen der tan des Winkels σ der Sekante gegen die x-Achse. Für zusammenschrumpfende Spanne $h \longrightarrow 0$ rückt P an $\bar{P}$ heran, die Sekante $P\bar{P}$ nähert sich mehr und mehr der *Tangente* in P und das Steigungsmaß $\triangle y : h$ der Sekante dem Steigungsmaße y' der Tangente, das bei gleichem Maßstabe auf den Achsen der tan des Winkels τ der Tangente gegen die x-Achse ist. Man sagt: Die Tangente stellt sich als *Grenzlage* oder als *Grenzfall* oder als *Grenzgebilde* der Sekante ein, wenn die Schnittpunkte der Sekante mit der Kurve mehr und mehr zusammenrücken (in altertümlicher, heutzutage aber für den eben geschilderten Sachverhalt weiter verwandter Sprechweise: „unendlich benachbart" sind). Ein Beispiel: Aus der Regula falsi mit der Sehne und dem Differenzenquotienten kann durch Grenzübergang das Newtonsche Verfahren mit der Tangente und der Ableitung gewonnen werden, vgl. S. 91. Ein anderes Beispiel: Beim Anheben der unteren Parabel $y = x^2 - 8x + b$ mit $b = 12$ und den beiden getrennten Nullstellen in $x = 2$ und $x = 6$ in Abb. 99 nähern sich für $b \longrightarrow 16$ die Nullstellen (Schnittpunkte mit der x-Achse) einander mehr und mehr; wir kommen zu einer „Doppelnullstelle" in $x = 4$. Die x-Achse, die für $y = x^2 - 8x + 12$ eine Parabelsekante bildet, wird für die Parabel $y = x^2 - 8x + 16$ zur Tangente, und die Wurzeln der quadratischen Gleichung $x^2 - 8x + 16 = (x-4)^2 = 0$ „fallen zusammen" in der „Doppelwurzel" $x = 4$ (vgl. auch S. 44—45 und S. 85).

Genauer müssen, soll die Differenzierbarkeit (S. 77 und S. 105), d. h. die Existenz der Ableitung gewährleistet sein, die Sekanten für alle möglichen Wahlen von $\bar{P}$ ein und derselben, eben durch die Tangente gegebenen Grenzlage zustreben. Rechnerisch: die $\triangle y : h$ müssen für *irgendwie* durch positive oder negative Werte oder gemischt durch teils positive, teils negative Werte der Null zueilendes h einen einzigen wohlbestimmten Grenzwert in seinen aufeinanderfolgenden Dezimalen herauskristallisieren lassen. Es darf z. B. nicht etwa so sein, daß zwar die $\triangle y : h$ für positives $h \longrightarrow 0$ einen Grenzwert festlegen und die $\triangle y : h$ für negatives $h \longrightarrow 0$ auch einen, daß aber die beiden Grenzwerte verschieden sind. Das würde einer Ecke der Kurve entsprechen (Abb. 95), wo die „rechtsseitigen" oder „vorderen" Sekanten für positives h und $\bar{P}$ rechts von P einer rechtsseitigen oder vorderen Tangente zustreben und die „linksseitigen" oder „hinteren" Sekanten für negatives h und $\bar{P}$ links von P einer linksseitigen oder hinteren Tangente.

16. Mittlere Geschwindigkeit und Momentangeschwindigkeit. Bedeutet $x = t$ die Zeit und $y = f(t)$ den Abstand eines bewegten Punktes A von einem Bezugspunkte C (Abb. 84), so ist $\triangle y : \triangle t = (\bar{y} - y) : (\bar{t} - t)$ das Verhältnis des in der Zeitspanne $\triangle t = \bar{t} - t$ zurückgelegten Weges $\triangle y = \bar{y} - y$ zur dazu benötigten Zeit, und zwar ohne Rücksicht darauf, wie die Bewegung in der Zeitspanne zwischen t und $\bar{t}$ wirklich verlaufen ist, ob gleichförmig oder ungleichförmig. $\triangle y : \triangle t$ stellt also die *mittlere Geschwindigkeit* für die Zeitspanne $\triangle t$ dar. Man denke etwa an die mittlere Geschwindigkeit eines Zuges zwischen zwei Haltepunkten, die durch Division der Entfernung durch die Differenz: Ankunftszeit — Abgangszeit gefunden wird und die Ungleichmäßigkeiten in der Geschwindigkeit beim Anfahren und Bremsen nicht berücksichtigt.

Wählen wir Zeitspanne $\bar{t}-t$ und Weg $\bar{y}-y$ unbegrenzt kleiner, so spiegelt die mittlere Geschwindigkeit mehr und mehr das wider, was wir gefühlsmäßig als *Geschwindigkeit* oder *Momentangeschwindigkeit* zur Zeit t zu bezeichnen pflegen. Diese erweist sich so als der Grenzwert von $(\bar{y}-y):(\bar{t}-t)$ für $\bar{t}\to t$, und wir sehen von anderem Standpunkte als S. 70 wiederum, daß sie die Ableitung $\dot{y}$ von $y=f(t)$ ist. Um die Annäherung der Momentangeschwindigkeit $\dot{y}$ durch die mittlere Geschwindigkeit $\triangle y:\triangle t$ mit sehr kleinen $\triangle t$ praktisch zu verwirklichen, hätte man etwa für einen Zug an den Schienen in kurzem Abstande $\triangle y$ elektrische Kontakte anzubringen, welche durch das Antreffen der vorderen Lokomotivenräder die Zeitdifferenz $\bar{t}-t=\triangle t$ registrieren.

In der Elektrizitätslehre wird die Geschwindigkeit, mit der die elektrische Ladung Q sich ändert, als *Stromstärke* i bezeichnet. Bei einem gleichbleibenden Strom ist sie das Verhältnis der in einer Zeitspanne $\triangle t$ durch einen gewissen Leitungsquerschnitt gehenden Elektrizitätsmenge $\triangle Q$ zu $\triangle t$ (meist wird $\triangle t$ gleich der Zeiteinheit gewählt). Schwankt der Strom, so ziehen wir immer kürzere Zeitspannen heran und erhalten damit $i=\dot{Q}=\dfrac{dQ}{dt}$.

17. Höhere Differentiale. Um auch die höheren Ableitungen y'', y''', $\ldots$, $y^{(n)}$ (lies y n-Strich) als Differentialquotienten darstellen zu können, benutzt man *höhere Differentiale*. Analog zum „ersten" Differential $hy'=dy$ erklärt man als zweites, drittes, $\ldots$, n-tes Differential

$$h^2y''=d^2y\,(\text{lies }d\text{ zwei }y)\,,\quad h^3y'''=d^3y\,,\ldots,\quad h^ny^{(n)}=d^ny\,.$$

d^2y läßt sich als Differential $d(dy)$ des Differentials dy bei konstantem h

$$d^2y=d(dy)=d(hy')=h\cdot(hy')'=h^2y''$$

auffassen, ebenso d^3y als Differential $d(d^2y)$ von d^2y usw. Indem wir wieder $h=dx$ einführen und verabreden, daß dx^2, dx^3, $\ldots$ (lies dx Quadrat usw.) dasselbe wie $(dx)^2$, $(dx)^3$, $\ldots$ bedeuten soll, können wir auch schreiben

$$d^2y=y''dx^2\,,\quad d^3y=y'''dx^3\,,\ldots,\quad d^ny=y^{(n)}dx^n\,.$$

Verwechslungen sind nicht zu befürchten, wenn wir bei den Differentialen $d(x^2)=2x\,dx$, $d(x^3)$, $\ldots$ von $y=x^2$, $y=x^3$, $\ldots$ immer die Klammern beibehalten. Die Ableitungen y'', y''', $\ldots$, $y^{(n)}$ sind jetzt die Quotienten

$$y''=\frac{d^2y}{dx^2}\,,\quad y'''=\frac{d^3y}{dx^3}\,,\quad\ldots,\quad y^{(n)}=\frac{d^ny}{dx^n}$$

aus dem zweiten, dritten, $\ldots$, n-ten Differential von $y=f(x)$ und der zweiten, dritten, $\ldots$, n-ten Potenz des Differentials dx der unabhängigen Veränderlichen x (der Spanne h).

Genauere mathematische Betrachtung zeigt: Wie das erste Differential dy eine Annäherung an die erste Funktionsdifferenz $\triangle y=\triangle f(x)=f(x+h)-f(x)$ gibt, so nähern das zweite, dritte, $\ldots$, n-te Differential die zweite, dritte, $\ldots$, n-te Funktionsdifferenz

$$\overset{2}{\triangle}y=\triangle f(x+h)-\triangle f(x)=f(x+2h)-2f(x+h)+f(x)\,,$$
$$\overset{3}{\triangle}y=\overset{2}{\triangle}f(x+h)-\overset{2}{\triangle}f(x)=f(x+3h)-3f(x+2h)+3f(x+h)-f(x)\,,$$
$$\cdot\ \cdot$$
$$\overset{n}{\triangle}y=\triangle\left(\overset{n-1}{\triangle}f(x)\right)$$

an; genauer gilt in Analogie zur Grundformel

$$\overset{n}{\triangle}y=h^ny^{(n)}+\varepsilon h^n=d^ny+o(h^n)\quad\text{mit}\quad\varepsilon\to0\text{ für }h\to0\,,$$

also ist in Analogie zur rechnerischen Definition der Ableitung

$$\frac{\overset{n}{\triangle}y}{h^n} \longrightarrow y^{(n)} \text{ für } h \longrightarrow 0 ,$$

d. h. die n-te Ableitung $y^{(n)}$ ist der Grenzwert des n-ten Differenzenquotienten $\overset{n}{\triangle}y : h^n$.

18. Mittelwertsatz. Bei der Grundformel $\triangle y = dy + o(h)$ liegt insofern eine gewisse Unbestimmtheit vor, als wir zwar wissen, daß das zweite Glied $o(h) = \varepsilon h$ von kleinerer Größenordnung ist als das erste Glied $dy = hy'$ ($\varepsilon \longrightarrow 0$ für $h \longrightarrow 0$), es aber im übrigen nicht näher kennen. Wir wissen z. B. allgemein nicht, ob $o(h)$ für $h = 0,01$ nur 10^{-6} oder noch 10^6 ausmacht. Die Unbestimmtheit ist sehr natürlich und gar nicht verwunderlich bei der Fülle von Funktionen $y = f(x)$, zu denen die Grundformel passen soll[1]. Aber für gewisse, namentlich für rein mathematische Untersuchungen bietet es einen Vorteil, sie nicht im zweiten Gliede einer Summe zu haben. Das erreicht man beim *Mittelwertsatze der Differentialrechnung.* Ist $y = f(x)$ zwischen x und $\bar{x} = x + h$ einschließlich der Grenzen x und $\bar{x}$ durchweg differenzierbar, so gibt es zwischen den Kurvenpunkten P und $\bar{P}$ (Abb. 115) mit den Abszissen x und $\bar{x}$ einen Punkt Π mit der Abszisse ξ, dessen *Tangente parallel der Sekante* $P\bar{P}$ läuft. Das Steigungsmaß $\eta' = f'(\xi)$ der Tangente ist also gleich dem Steigungsmaße $\dfrac{\triangle y}{h} = \dfrac{f(\bar{x}) - f(x)}{\bar{x} - x}$ der Sekante, d. h.

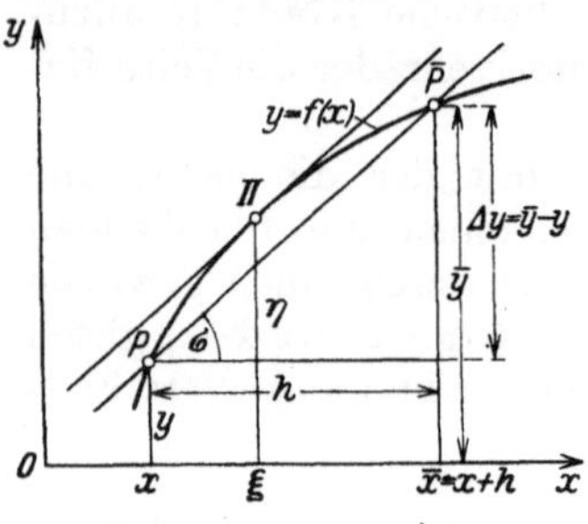

Abb. 115. Mittelwertsatz $\dfrac{\triangle y}{h} = f'(\xi)$.

$$\triangle y = h\eta' = hf'(\xi)$$

oder in leichtverständlicher Symbolik

$$\triangle y = (dy)_\xi .$$

Die zwei Glieder $dy + o(h)$ sind also jetzt durch das eine Glied $(dy)_\xi$ ersetzt, und der Mangel an Kenntnissen über $o(h)$ ist auf einen entsprechenden Mangel bei ξ verschoben. Wenn Nichtdifferenzierbarkeitsstellen vorkommen, braucht die Formel nicht zuzutreffen, vgl. Abb. 116 mit einer Ecke zwischen P und $\bar{P}$ (keine Tangente liegt parallel der Sehne $P\bar{P}$).

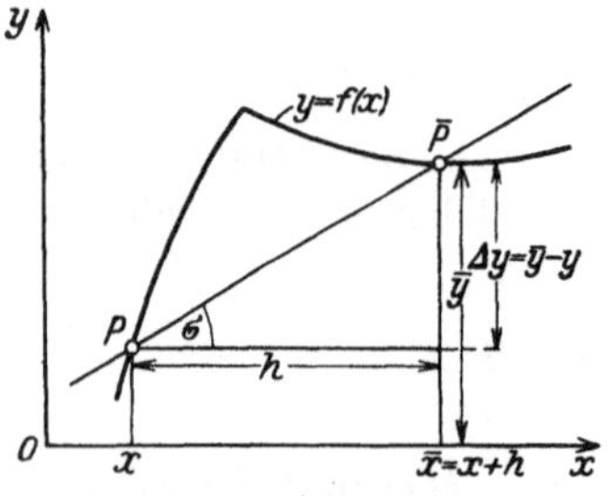

Die auch rein rechnerisch beweisbare Tatsache der Existenz eines allgemein nicht näher angebbaren Zwischenwertes oder (sprachlich weniger gut) Mittelwertes ξ zwischen x und $\bar{x}$, für den die Ableitung gleich dem Differenzenquotienten oder das Differential gleich der Funktionsdifferenz wird, geht üblicherweise gerade unter der Benennung „Mittelwertsatz". Für den Mathematiker hat er große, für den Naturwissenschaftler nur geringe Bedeutung. Man möge etwa mit ihm die Funktionsdifferenz $\triangle \sin x = \sin(x + h) - \sin x = h \cos \xi$, wenn h positiv ist und x und $x + h$ beide zwischen 0 und $\dfrac{\pi}{2}$ liegen, wegen der alsdann vorhandenen monotonen Abnahme von $\cos x$ als größer denn $h \cos(x + h)$ und als kleiner denn $h \cos x$ abschätzen u. dgl.

Abb. 116. **Nichtbestehen des Mittelwertsatzes.**

19. Taylorsche Entwicklung. Eine andere Art, die Unbestimmtheit des Zusatzgliedes $o(h)$ in der Grundformel $\triangle y = dy + o(h)$ zu verschieben, ist für den Naturwissenschaftler weit wichtiger. Das erste Glied der Grundformel saugt aus der Funktionsdifferenz $\triangle y$ das hinweg, was von derselben Größenordnung wie h ist und die Form $a_1 h$ mit einem gewissen (von x abhängigen) a_1 hat (a_1 ist, wie wir wissen, gleich y'). Man wird vermuten, daß aus dem Überbleibsel $o(h)$ ein Glied

---

[1] Man rechne als genaue Werte z. B. aus

$$\varepsilon = h \quad \text{für} \quad y = x^2,$$

$$\varepsilon = -\cos x \left(1 - \frac{\sin h}{h}\right) - \sin x \frac{1 - \cos h}{h} \quad \text{für} \quad y = \sin x.$$

$a_2 h^2$ von der Größenordnung h^2 abspaltbar ist und ein Rest $o(h^2)$ folgt, daß weiterhin dieses $o(h^2)$ in ein Glied $a_3 h^3$ von der Größenordnung h^3 und einen Rest $o(h^3)$ zerfällt und daß bei Fortsetzung des Verfahrens die entstehende „Reihe" nach Potenzen von h etwa mit einem Gliede $a_n h^n$ und einem Restgliede $o(h^n)$ von demgegenüber kleinerer Größenordnung abgeschlossen werden kann. Es wäre also

$$\triangle y = f(x+h) - f(x) = a_1 h + a_2 h^2 + \cdots + a_n h^n + R_n$$

mit $R_n = o(h^n)$ bei $h \to 0$. Der englische Mathematiker Brook Taylor hat 1715 die Bestimmung der Koeffizienten $a_1, a_2, \ldots, a_n$ dieser „Entwicklung" von $\triangle y$ nach Potenzen von h gelehrt. Sie sind Bruchteile der aufeinanderfolgenden Ableitungen $y', y'', y''', \ldots$ von $y = f(x)$, und zwar ist

$$a_1 = y' = \frac{y'}{1}, \; a_2 = \frac{y''}{1 \cdot 2} = \frac{y''}{2!}, \quad a_3 = \frac{y'''}{1 \cdot 2 \cdot 3} = \frac{y'''}{3!}, \; \ldots, \; a_n = \frac{y^{(n)}}{1 \cdot 2 \cdots n} = \frac{y^{(n)}}{n!}$$

mit der bekannten Abkürzung $n! = 1 \cdot 2 \cdot 3 \cdots n$. Hiernach haben wir als „Taylorsche Entwicklung"

$$\boxed{\begin{aligned} \triangle y = f(x+h) - f(x) &= h \frac{y'}{1!} + h^2 \frac{y''}{2!} + \cdots + h^n \frac{y^{(n)}}{n!} + R_n \\ &= \frac{dy}{1!} + \frac{d^2 y}{2!} + \cdots + \frac{d^n y}{n!} + R_n. \end{aligned}} \tag{*}$$

Z. B. gilt für $y = x^2$, wie man durch Ausmultiplizieren von $(x+h)^2$ nachweist,

$$\triangle y = (x+h)^2 - x^2 = h \cdot 2x + h^2 = h \cdot 2x + h^2 \frac{2}{2!}.$$

Wirklich ist $(x^2)' = 2x$ und $(x^2)'' = 2$, so daß es hier mit der Taylorschen Entwicklung stimmt.

Oder für $y = x^3$ ist

$$\triangle y = (x+h)^3 - x^3 = h \cdot 3x^2 + h^2 \cdot 3x + h^3 = h \cdot 3x^2 + h^2 \cdot \frac{6x}{2!} + h^3 \cdot \frac{6}{6!}.$$

Setzen wir vermutungsweise $(x^3)' = 3x^2$ (für die Richtigkeit vgl. S. 140 141), so können wir weiterhin $(x^3)'' = 6x$, $(x^3)''' = 6$, $(x^3)^{IV} = 0$ ausrechnen und haben wenigstens in gewissem Umfange eine neue Probe für eine Taylorsche Entwicklung. Auch hat z. B. beim Abbrechen nach $h^2 \cdot 3x$ der Rest $R_2 = h^3$ wirklich die Größenordnung $o(h^2)$.

Mit der Taylorschen Formel (*) ist für $n > 1$ eine wesentlich feinere Darstellung der Funktionsdifferenz $\triangle y$ gewonnen als in der Grundformel. Denn dort berücksichtigt man nur die *erste* Potenz von h und weiß vom Restgliede $o(h)$ nur, daß es bei $h \to 0$ von kleinerer Größenordnung als diese *erste* Potenz ist. Hier hingegen gehen wir bis zur n-ten Potenz von h, also z. B. bei $h = 0,1$ und $n = 6$ bis zu $h = 10^{-6}$. Zum Lohne für diese Mitnahme von mehr Gliedern darf dann ein weniger als bei der Grundformel ins Gewicht fallendes Zusatzglied R_n erwartet werden.

Wir wissen, daß y'' mit der Krümmung der Kurve $y = f(x)$ zusammenhängt (S. 83) und können also die Taylorsche Entwicklung auch so auffassen: Das erste Glied $dy = h y'$, welches der Annäherung der Kurve durch die geradlinige Tangente entspricht, wird schrittweise so verbessert, daß auch der Krümmung und weiteren Feinheiten des Kurvenverlaufs Rechnung getragen wird. Das ist auch meist der *Sinn der Taylorschen Entwicklung für den Naturwissenschaftler.* Er sieht durch den Erfolg, daß bei der Funktionsdifferenz $\triangle y$ die Annäherung der Kurve durch das „*Glied erster Ordnung*" $dy = h' y$ nicht fein genug ist, und nimmt deshalb noch das „*Glied zweiter Ordnung*" $\dfrac{d^2 y}{2!} = h^2 \dfrac{y''}{2}$, allenfalls (in der Praxis schon ziemlich selten) das „*Glied dritter Ordnung*" $\dfrac{d^3 y}{3!} = h^3 \dfrac{y'''}{6}$ mit usw. Z. B. ist bei kleinem h der Unterschied $\cos h - 1 = o(h)$ (S. 53—55, S. 103), das Glied erster Ordnung in der Taylorschen Entwicklung von $\cos(x+h) - \cos x$ bei $x = 0$ verschwindet (in der Tat: $(\cos x)' = -\sin x = 0$ für $x = 0$). Reicht das nicht aus, so rechnet man weiter $(\cos x)'' = -\cos x = -1$ für $x = 0$, $h^2 \dfrac{y''}{2} = -\dfrac{h^2}{2}$ und $\cos h - 1 = -\dfrac{h^2}{2} + o(h^2)$.

Setzen wir in der Taylorschen Formel $f(x) = y$ auf die rechte Seite, so gibt die entstehende Gleichung

$$f(x+h) = f(x) + h\frac{f'(x)}{1!} + h^2\frac{f''(x)}{2!} + \cdots + h^n\frac{f^{(n)}(x)}{n!} + R_n$$

— man schreibt sie gern auch in der Form[1]

$$f(x+h) = \sum_{\nu=0}^{n} h^\nu \frac{f^{(\nu)}(x)}{\nu!} + R_n$$

—, einen *Aufbau des Funktionswertes $f(x+h)$ für das um die Spanne h abgeänderte Argument $x+h$ nach Potenzen von h mit Hilfe des Funktionswertes und der Ableitungen von $f(x)$ für das ursprüngliche Argument x.* Man hofft natürlich, durch hinreichende Vergrößerung von n, die h^n bei kleinem h an Null herandrückt, $f(x+h)$ beliebig genau zu bekommen. Vertiefte Untersuchungen darüber, wann dies der Fall ist, wann die beliebig weit fortgesetzte „*unendliche Taylorsche Reihe*" „*konvergiert*" und den gewünschten Funktionswert $f(x+h)$ bei immer größerer Gliederzahl immer genauer liefert, sind Sache des Mathematikers. Er benutzt dabei oft mit Vorteil den von dem französischen Mathematiker Lagrange, einem der Begründer der Variationsrechnung (II B 18, S. 88—89) und Schöpfer der analytischen Mechanik, herrührenden Ausdruck $R_n = h^{n+1}\dfrac{f^{(n+1)}(\xi)}{(n+1)!}$ des Restgliedes mit einem ξ zwischen x und $x+h$ (Verallgemeinerung des Mittelwertsatzes).

Für den Naturwissenschaftler wird diese Wendung der Dinge nach der „*Potenzreihenentwicklung*" einer Funktion erst dann von Belang, wenn er über die Anfangsgründe der mathematischen Behandlung seiner Probleme fortschreiten will, z. B. beim systematischen Studium von Differentialgleichungen. Wir können uns hier mit einem Beispiel für die Taylorsche unendliche Reihe begnügen. Setzen wir $x = 0$ und schreiben nachher x statt h, $\mathfrak{R}_n$ statt R_n, so gewinnen wir den oft mißbräuchlich als Maclaurinsche Entwicklung bezeichneten Sonderfall

$$f(x) = f(0) + x\frac{f'(0)}{1!} + x^2\frac{f''(0)}{2!} + \cdots + x^n\frac{f^{(n)}(0)}{n!} + \mathfrak{R}_n = \sum_{\nu=0}^{n} x^\nu \frac{f^{(\nu)}(0)}{\nu!} + \mathfrak{R}_n$$

der Taylorschen Entwicklung; der Funktionswert an der Stelle x wird nach Potenzen von x entwickelt, wobei in die Koeffizienten der Funktionswert und die Ableitungen an der Stelle 0 eingehen. Wir nehmen $f(x) = \sin x$, dann wird

$$f'(x) = \cos x, \quad f''(x) = -\sin x, \quad f'''(x) = -\cos x, \quad f^{IV}(x) = \sin x, \ldots.$$

---

[1] Das Summenzeichen $\displaystyle\sum_{\nu=0}^{n}$ fordert, nacheinander $\nu = 0, 1, 2, \ldots, n$ zu setzen ($f^{(0)}(x) = f(x)$, $0! = 1$) und die entsprechenden Ausdrücke

$$h^0 \frac{f^{(0)}(x)}{0!} = f(x), \quad h\frac{f'(x)}{1!}, \quad h^2\frac{f''(x)}{2!}, \ldots, \quad h^n\frac{f^{(n)}(x)}{n!}$$

zu summieren, vgl. S. 84 und S. 87.

Für $x = 0$ verschwinden daher $f(x)$ und die Ableitungen gerader Ordnung sämtlich; die Ableitungen ungerader Ordnung erhalten alle die Werte $+1$ oder -1. Mithin

$$\sin x = x - \frac{x^3}{3!} + \frac{x^5}{5!} - \frac{x^7}{7!} + \cdots$$

als „*Potenzreihenentwicklung*" von $\sin x$. Durch die Punkte ist angedeutet, daß die Reihe immer weiter fortgesetzt werden soll; sie liefert, wie der Mathematiker zeigt, bei Berücksichtigung von genügend vielen Gliedern $\sin x$ mit jeder gewünschten Genauigkeit, und zwar für alle x. Z.B. Berechnung von $\sin 1$ (entsprechend 57^0 $17'\ 45''$, vgl. S. 21):

$$
\begin{array}{ll}
1{,}000000 & -\dfrac{1}{3!} \approx -0{,}166667 \\[2ex]
+\dfrac{1}{5!} \approx 0{,}008333 & -\dfrac{1}{7!} \approx -0{,}000198 \\[2ex]
+\dfrac{1}{9!} \approx 0{,}000003 & -\dfrac{1}{11!} \approx -0{,}000000 \\[1ex]
\hline
1{,}008336 & -0{,}166865
\end{array}
$$

$$
\begin{array}{r}
1{,}008336 \\
-0{,}166865 \\
\hline
0{,}841471 = \sin 1\,.
\end{array}
$$

Man überlege sich entsprechend

$$\cos x = 1 - \frac{x^2}{2!} + \frac{x^4}{4!} - \frac{x^6}{6!} + \cdots,$$

vergleiche die Reihen mit den Beziehungen $\dfrac{\sin x}{x} \to 1$ und $1 - \cos x = o(x)$ für $x \to 0$ von S. 53 und schöpfe aus den Taylorschen Entwicklungen von $\cos(x + h)$ und $\sin(x + h)$ nach Potenzen von h die Additionstheoreme von Kosinus und Sinus.

Recht wichtig ist auch die „Binomialreihe", vgl. II E 3, S. 141.

Hergeleitet hat Taylor seine Entwicklung folgendermaßen. Das Newtonsche Interpolationspolynom $g(x)$ vom n-ten Grade, das mit $f(x)$ an $(n + 1)$ äquidistanten Interpolationsstellen $a, a + h, a + 2h, \ldots, a + nh$ übereinstimmt, lautet (S. 47)

$$g(x) = f(a) + (x - a)\frac{\triangle f(a)}{h} + (x - a)(x - a - h)\frac{\overset{2}{\triangle} f(a)}{2!\,h^2} + \cdots$$

$$+ (x - a)(x - a - h) \cdots (x - a - (n - 1)h)\frac{\overset{n}{\triangle} f(a)}{n!\,h^n}\,.$$

Für nullstrebiges h rücken die Interpolationsstellen alle nach dem Punkte a zusammen, aus den Differenzenquotienten $\dfrac{\triangle f(a)}{h}$, $\dfrac{\overset{2}{\triangle} f(a)}{h^2}$, $\ldots$, $\dfrac{\overset{n}{\triangle} f(a)}{h^n}$ gehen (S. 109—110) die Ableitungen $f'(a)$, $f''(a)$, $\ldots$, $f^{(n)}(a)$ hervor, aus den Produkten $(x - a)(x - a - h), \ldots, (x - a)(x - a - h) \cdots (x - a - (n - 1)h)$ die Potenzen $(x - a)^2, \ldots, (x - a)^n$. So wird aus dem Interpolationspolynom $g(x)$ das „*Schmiegungspolynom*"

$$h(x) = f(a) + (x - a)\frac{f'(a)}{1!} + (x - a)^2\frac{f''(a)}{2!} + \cdots + (x - a)^n\frac{f^{(n)}(a)}{n!}\,,$$

das mit $y = f(x)$ an der Stelle a den Funktionswert und die n ersten Ableitungen gemein hat, und aus der Interpolationsparabel durch $(n + 1)$ Punkte von $y = f(x)$

die „*Schmiegungsparabel*" mit besonders engem Anschluß an die Kurve $y = f(x)$ im Punkte mit der Abszisse a. Das Schmiegungspolynom ist aber bis auf R_n gerade die rechte Seite der Taylorschen Entwicklung S. 112, wenn x statt a, $x + h$ statt x, h statt $x - a$ geschrieben wird. Die *Taylorsche Entwicklung* entpuppt sich so als *Grenzfall eines Ergebnisses der Interpolationsrechnung*. Noch naturgemäßer könnte man übrigens von der allgemeinen Newtonschen Interpolationsparabel (S. 45—46) durch $(n + 1)$ ganz beliebige Punkte von $y = f(x)$ mit den Abszissen $x_0, x_1, \ldots, x_n$ ausgehen. Wandern alle Interpolationsstellen $x_0, x_1, \ldots, x_n$ nach einem Punkte a, so entstehen, wie der Mathematiker näher begründet, aus den Steigungen $[y_0 y_1]$, $[y_0 y_1 y_2]$, $\ldots$, $[y_0 y_1 \ldots y_n]$ der Newtonschen Formel die aufeinanderfolgenden Ableitungen von $y = f(x)$ für $x = a$, dividiert durch $1!, 2!, \ldots, n!$, also die Größen $\dfrac{f'(a)}{1!}$, $\dfrac{f''(a)}{2!}$, $\ldots$, $\dfrac{f^{(n)}(a)}{n!}$, und wir sind wieder bei der Schmiegungsparabel. Abb. 117 zeigt für $n = 1, 3, 5$ die Schmiegungsparabeln von $y = \sin x$ an der Stelle $x = 0$; sie entsprechen den „Abschnitten" x, $x - \dfrac{x^3}{3!}$, $x - \dfrac{x^3}{3!} + \dfrac{x^5}{5!}$ der Potenzreihe $\sin x = x - \dfrac{x^3}{3!} + \dfrac{x^5}{5!} - \cdots$.

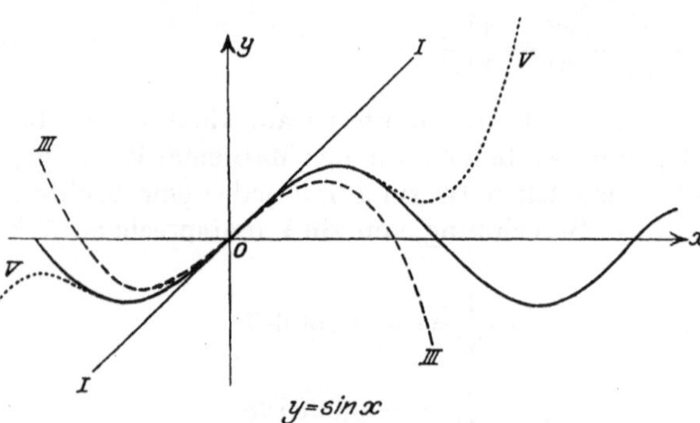

Abb. 117.　Schmiegungsparabeln der Sinuslinie (ausgezogen) $y = \sin x$.

I (ausgezogen): Gerade $y = x$.

III (gestrichelt): kubische Parabel $y = x - \dfrac{x^3}{3!}$.

V (punktiert): Parabel 5. Grades $y = x - \dfrac{x^3}{3!} + \dfrac{x^5}{5!}$.

20. Andeutung über Fouriersche Reihen. Im Anschluß an die Potenzreihen sei noch auf eine andere Art von Reihen hingewiesen, deren eine tieferdringende Beschreibung naturwissenschaftlicher Erscheinungen ebenfalls bedarf. Das sind die *Fourierschen* oder (weniger gut, weil zu allgemein) trigonometrischen *Reihen*, benannt nach dem französischen theoretischen Physiker und Politiker Fourier, einem Zeitgenossen Napoleons. Eine Fouriersche Reihe sieht so aus:

$$a_0 + a_1 \cos x + a_2 \cos 2x + a_3 \cos 3x + \cdots$$
$$+ b_1 \sin x + b_2 \sin 2x + b_3 \sin 3x + \cdots,$$

mit konstanten Koeffizienten $a_0, a_1, a_2, a_3, \ldots, b_1, b_2, b_3, \ldots$; sie schreitet also nach Sinus und Kosinus der aufeinanderfolgenden Vielfachen von x fort. Weil allgemein etwa in $\sin \omega x$ der Faktor ω mit der Frequenz derjenigen Schwingung zusammenhängt, welche das naturwissenschaftliche Gegenbild für den Verlauf des Sinus mit seiner periodischen Wiederkehr gibt (S. 156—157), ist es selbstverständlich, daß die Fourierschen Reihen auf *periodische* Funktionen zugeschnitten sind und sich z. B. zur „*harmonischen Analyse*" eines Tones in Grundton und Obertöne, deren Frequenzen die Vielfachen der Frequenz des Grundtons sind, eignen. Ferner

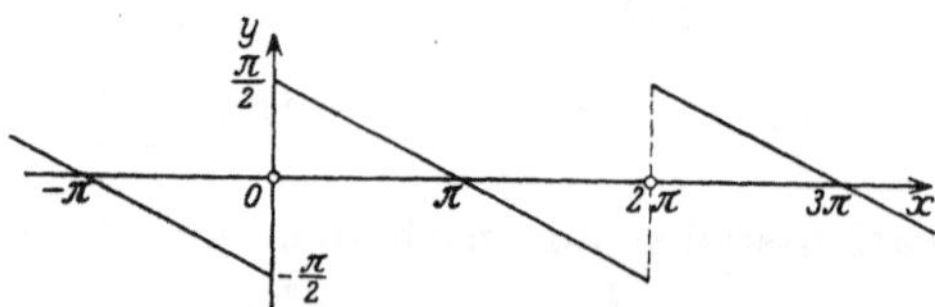

Abb. 118.　Durch eine Fouriersche Reihe darstellbare Funktion mit Sprüngen.

spielen sie für die Theorie der Diffusion, der Wärmeleitung, der Elektrizitäts- oder Flüssigkeitsströmungen usw. eine große Rolle. Viele Teile der theoretischen Physik bilden eigentlich nur ein naturwissenschaftliches Anwendungsfeld der Fourierschen Reihen. Mathematisch sind die Fourierschen Reihen dadurch bemerkenswert, daß ihnen auch *unstetige* Funktionen zugänglich sind. Z. B. hat die unstetige Funktion der Abb. 118

$$f(x) = \frac{\pi - x}{2} \quad \text{für } 0 < x < 2\pi,$$
$$f(0) = f(2\pi) = 0,$$

$f(x)$ periodisch fortgesetzt mit der Periode 2π

mit Sprungstellen in $x = 0, \pm 2\pi, \pm 4\pi, \ldots$ die Fouriersche Reihe

$$f(x) = \sin x + \frac{\sin 2x}{2} + \frac{\sin 3x}{3} + \cdots = \sum_{\nu=1}^{\infty} \frac{\sin \nu x}{\nu}.$$

Die Kunst, eine empirisch festgelegte periodische Funktion $y = f(x)$ durch eine Fouriersche Reihe darzustellen, sie „in Grund- und Oberschwingungen aufzulösen", nennt man *praktische harmonische Analyse*; sie spielt in der Meteorologie, Wechselstromtechnik usw. eine Rolle. Die Funktion $y = f(x)$ ist meist durch eine Zeichnung ihrer Kurve im rechtwinkligen xy-Koordinatensystem oder durch ihre (etwa experimentell gemessenen oder als Ordinaten der Kurve abgelesenen) Werte für gewisse äquidistante x-Werte einer Periode gegeben. Im letzten Falle behandelt man die Aufgabe schematisch, wozu vorgedruckte, auch von ganz Ungeübten benutzbare Rechenschemata käuflich sind [1]; man trägt in sie die bekannten Funktionswerte ein und wird dann durch das Schema mit Hilfe einiger einfacher Multiplikationen und Additionen zu den „*Fourierkoeffizienten*" $a_0, a_1, a_2, \ldots, b_1, b_2, \ldots$ von $y = f(x)$ geführt. Verfügen wir hingegen über den ganzen Kurvenverlauf und nicht nur über einzelne Werte von $y = f(x)$, so empfehlen sich zeichnerische Verfahren [2] oder der Gebrauch eines „*harmonischen Analysators*". Ein solches Instrument, wie deren ziemlich viele mit verschiedenen Grundgedanken gebaut worden sind [3], gestattet entweder, durch Entlangfahren mit einem Stift an der gegebenen Kurve die Fourierkoeffizienten zu bestimmen (Analyse), oder es zeichnet umgekehrt bei Einstellung der Fourierkoeffizienten die entsprechende Gesamtkurve auf, die durch Zusammentreten der Einzelglieder der Fourierschen Reihe entsteht (Übereinanderlagerung oder „Superposition" von Schwingungen).

21. Differential bei Funktionen mehrerer Veränderlicher. Bei einer Funktion $z = f(x, y)$ von zwei unabhängigen Veränderlichen x und y mit den partiellen Ableitungen (S. 78—79) z_x nach x und z_y nach y erklärt man als *Differential* oder *vollständiges Differential* dz von z zu den Spannen h bei x und k bei y die Summe

$$\boxed{dz = hz_x + kz_y},$$

z. B. bei $z = xy$

$$dz = hy + kx.$$

Nehmen wir für z die Sonderfunktionen $z = x$ und $z = y$, so erkennen wir, daß h und k ohne Gefahr von Verwirrung auch als „*Differentiale der unabhängigen Veränderlichen*" dx und dy geschrieben werden dürfen, also

$$dz = z_x dx + z_y dy.$$

Für $k = 0$ oder $h = 0$ spricht man manchmal von einem *partiellen Differential* und schreibt dann zur Unterscheidung

$$\partial z = z_x \partial x \quad \text{und} \quad \partial z = z_y \partial y.$$

Wirklich üblich ist diese Bezeichnungsweise aber nur, wenn man durch

$$z_x = \frac{\partial z}{\partial x} \quad \text{und} \quad z_y = \frac{\partial z}{\partial y}$$

die partiellen Ableitungen als *partielle Differentialquotienten* darstellt.

Das Differential dz gibt, darin liegt naturwissenschaftlich sein eigentlicher Gehalt, einen Annäherungswert an die *Funktionsdifferenz* [4]

$$\triangle z = f(x + h, y + k) - f(x, y),$$

---

[1] Am bekanntesten: a) Rechnungsformular zur Zerlegung einer empirisch gegebenen periodischen Funktion in Sinuswellen von C. RUNGE und F. EMDE (arbeitet mit 12 oder 24 bekannten Ordinaten). Braunschweig: Fr. Vieweg u. Sohn; b) Schablonen des Königsberger Physiologen L. HERMANN, vgl. LOHMANN, W.: Harmonische Analyse zum Selbstunterricht. Berlin W: Fischers Medizinische Buchhandlung 1921; ZIPPERER, L.: Tafeln zur harmonischen Analyse periodischer Kurven. Berlin: Julius Springer 1922. Vgl. auch POLLAK, W.: Rechentafeln zur harmonischen Analyse. Leipzig: J. A. Barth 1926.

[2] Vgl. FRIESECKE, H.: Zeichnerische Ermittlung von Fourierkoeffizienten. Ztschr. f. angew. Math. u. Mech., Bd. 2, S. 313—316. 1922.

[3] Vgl. WILLERS, Fr. A.: Mathematische Instrumente, Sammlung Göschen 922.

[4] Ein Beispiel zur *Fehlerrechnung* bei Funktionen mehrerer Veränderlicher, die sich ebenso wie bei einer unabhängigen Veränderlichen (vgl. S. 98) auf die Beziehung zwischen Funktionsdifferenz und Differential stützt, findet man in II E 6, S. 145—146.

um die sich z ändert, wenn man vom Punkte x, y der xy-Grundebene des rechtwinkligen xyz-Koordinatensystems in der x-Richtung um h und in der y-Richtung um k zum Punkte $x + h, y + k$ fortschreitet. Es ist also

$$\boxed{\triangle z \approx dz = hz_x + kz_y}\,.$$

Man gehe von x, y zunächst parallel der x-Achse um h nach $x + h, y$; die Änderung von z hierbei beträgt näherungsweise hz_x (*Änderungstendenz z_x mal Fortschreitungsstück h* in der x-Richtung). Dann wandere man senkrecht zur x-Achse in der y-Richtung um k von $x + h, y$ nach $x + h, y + k$; hierbei ändert sich z näherungsweise um kz_y (die Änderungstendenz z_y wird an der Ausgangsstelle x, y, nicht an der in der x-Richtung bereits abgeänderten Stelle $x + h, y$ genommen).

Z. B. beträgt bei einem idealen Gase mit der Zustandsgleichung $pV = RT$ die Änderung $\triangle T$ der absoluten Temperatur T bei Änderung des Druckes p um dp und des Volumens V um dV näherungsweise

$$\triangle T \approx dT = \frac{V}{R} dp + \frac{p}{R} dV = \frac{T}{p} dp + \frac{T}{V} dV;$$

die relative Änderung

$$\frac{\triangle T}{T} \approx \frac{dp}{p} + \frac{dV}{V}$$

der Temperatur ist also angenähert gleich der Summe der relativen Änderungen von Druck und Volumen (vgl. die ganz entsprechende Feststellung für das Produkt, hier pV, in der Fehlerrechnung S. 100—101).

Versuchen wir uns durch naturwissenschaftliche Überlegungen das Differential einer von zwei unabhängigen Veränderlichen abhängigen Größe als bei kleinem h und k immer besseren Annäherungswert der Funktionsdifferenz zu verschaffen, gerade so, wie wir S. 103—104 für Funktionen einer Veränderlichen vorgegangen sind, so brauchen wir auf kein Differential in dem von uns definierten Sinne zu stoßen: es können nämlich die Koeffizienten von h und k möglicherweise nicht die partiellen Ableitungen z_x und z_y ein und derselben Funktion $z = f(x, y)$ sein. Beispielsweise beträgt nach S. 124—125 die von einem idealen Gase bei Ausdehnung des Volumens um dV geleistete Arbeit näherungsweise pdV; damit das Gas diese Arbeit leistet, muß ihm daher irgendwie die Energie (Wärmemenge) pdV zugeführt werden (z. B. von außen her [Feuer unter dem Dampfkessel] oder aus ihm selbst [Abkühlung]). Andererseits ist zur Änderung der Temperatur des Gases um dT bei konstantem Volumen die Wärmemenge $c_v dT$ erforderlich, indem wir unter c_v die (erfahrungsgemäß konstante) spezifische Wärme bei konstantem Volumen verstehen. Der Vorgang: Änderung der Temperatur um dT, des Volumens um dV erfordert daher im Sinne des Differentials die Wärmemenge

$$dQ = c_v dT + p dV,$$

wobei nur in allen Gliedern gleichmäßig entweder mechanisches oder kalorisches Maß der Energie verwandt werden muß. Hier liegt aber kein Differential der ursprünglich erklärten Art vor. Denn soll

$$M dx + N dy$$

(M und N Funktionen von x und y) das Differential dz einer Funktion z sein, so muß $M = z_x$ und $N = z_y$ ausfallen, also, damit der Satz $z_{xy} = z_{yx}$ von der Vertauschbarkeit der Differentiationsreihenfolge gelten kann,

$$M_y = N_x \qquad \text{oder} \qquad \frac{\partial M}{\partial y} = \frac{\partial N}{\partial x}\,.$$

Diese Bedingung heißt die „*Bedingung des vollständigen Differentials*" oder „*Integrabilitätsbedingung*". Sie ist bei $c_v dT + p dV$ offenbar nicht erfüllt, weil c_v als Konstante beim Differenzieren nach V Null liefert und $p = \dfrac{RT}{V}$ beim Differenzieren nach T zu $\dfrac{R}{V}$ führt. Multiplizieren wir hingegen mit dem „*integrierenden Faktor*" oder „*Eulerschen Multiplikator*" $\dfrac{1}{T}$, so wird

$$\frac{dQ}{T} = \frac{c_v}{T} dT + \frac{p}{T} dV = \frac{c_v}{T} dT + \frac{R}{V} dV$$

ein vollständiges Differential; denn $\dfrac{\partial \dfrac{c_v}{T}}{\partial V} = 0$ und $\dfrac{\partial \dfrac{R}{V}}{\partial T} = 0$. Die Funktion S, deren Differential $dS = \dfrac{dQ}{T}$ hierdurch erklärt wird, nennt man die *Entropie*. Ihre — dem Laien meist ganz unverständliche und ohne Mathematik auch nicht recht erklärbare — Bedeutung besteht gerade darin, daß sie, im Gegensatze zur Wärmemenge Q, ein vollständiges Differential hat.

Tiefere mathematische Betrachtung lehrt, daß bei Größen mit vollständigem Differential der Unterschied zwischen irgendeinem Anfangswert und irgendeinem Endwert unabhängig davon ist, über welche Zwischenstufen der betreffende Prozeß verläuft, und insbesondere gleich Null wird, wenn man zum Ausgangszustande zurückkehrt; z. B. ändert sich bei einem „Kreisprozesse" (vgl. S. 127, 172) die Entropie nicht. Weiter kann hier auf die damit angeschnittenen Fragen, die in den Kern der mathematischen Physik (Thermodynamik) hinleiten, nicht eingegangen werden.

Streng ist für Funktionen von zwei Veränderlichen die Funktionsdifferenz $\triangle z$ mit dem Differential dz durch die *Grundformel*

$$\triangle z = dz + o(r)$$

verknüpft; r bezeichnet den Abstand der beiden Punkte x, y und $x + h, y + k$. Ferner kann als *Mittelwertsatz*

$$\triangle z = (dz)_{\xi,\,\eta} = h\,(z_x)_{\xi,\,\eta} + k\,(z_y)_{\xi,\,\eta}$$

ausgesprochen werden; ξ, η soll ein Punkt der Verbindungsstrecke von x, y und $x + h, y + k$ sein, in dem die partiellen Ableitungen z_x und z_y zu bilden sind. Schließlich läßt sich $\triangle z$, statt nur durch dz, in *Taylorscher Entwicklung* durch eine Summe aus dz und *höheren Differentialen* viel feiner annähern.

D. Bestimmtes Integral und Fundamentalsatz der Differential- und Integralrechnung.

1. Differential als Rechtecksstreifen an der abgeleiteten Kurve. Bisher haben wir das Differential $dy = h\,y' = y'\,dx$ an der Kurve $y = f(x)$ veranschaulicht, und zwar als die *senkrechte Strecke* QT vom Endpunkte Q der wagerechten Spanne $PQ = h = dx$ bis zur Kurventangente in P (Abb. 119 oben). Die Produktgestalt $h \cdot y'$ legt noch eine andere geometrische Deutung nahe, nämlich als *Inhalt eines Rechtecks* von der Grundlinie h und der Höhe y'. Ein solches Rechteck können wir sofort an der abgeleiteten Kurve $y' = f'(x)$ aufzeichnen (Abb. 119 unten); es setzt sich als „*Rechtecksstreifen*" an die Ordinate y' mit der Spanne h als Breite an.

Das Studium dieser neuen Versinnlichung des Differentials oder vielmehr der beiden Versinnlichungen nebeneinander und in innigster Verknüpfung miteinander leitet zum Höhepunkte der Differential- und Integralrechnung. Wir bekommen dabei als neues methodisches Hilfsmittel die „*Fläche der abgeleiteten Kurve*" (Abb. 120) in die Hand. Hierdurch können

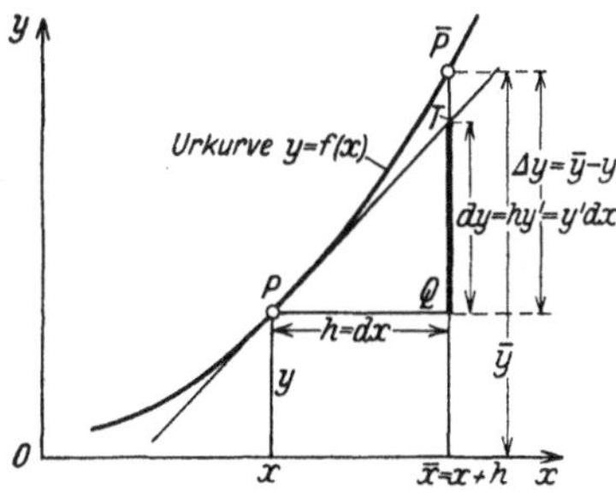

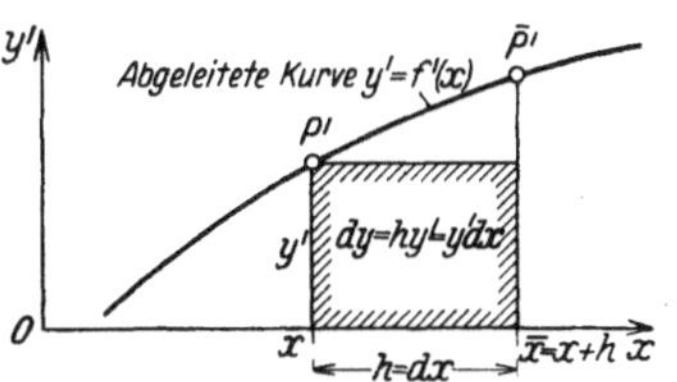

Abb. 119. Differential $dy = h\,y' = y'\,dx$ als senkrechte Strecke an der Urkurve $y = f(x)$, als Rechteck an der abgeleiteten Kurve $y' = f'(x)$.

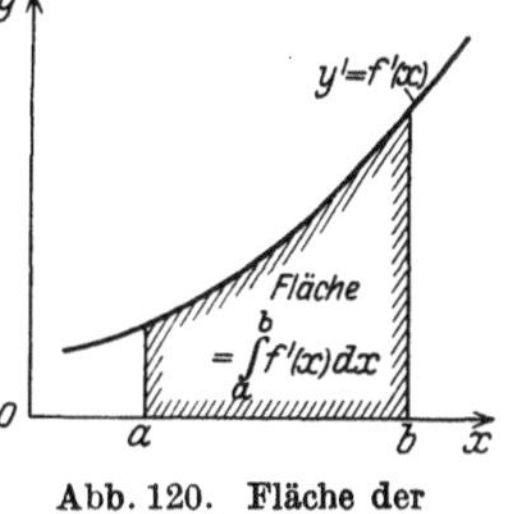

Abb. 120. Fläche der abgeleiteten Kurve.

wir z. B. die auf S. 70—72 lediglich formal eingeführte und bisher nur als eine Art Anhängsel der Differentialrechnung erscheinende Integration mit gleichem plastischem Leben erfüllen, wie es uns für die Differentiation durch die Betrachtung des Anstiegs der Kurve $y = f(x)$ von vornherein gelungen ist.

2. Differentialsumme als Rechteckssumme und als Erhebungssumme. Fassen wir die mittels der Ableitungen y_0', y_1', y_2', $\ldots$, y_{n-1}' für Argumente $x_0 = a$, $x_1 = a + h$, $x_2 = a + 2h$, $\ldots$, $x_{n-1} = a + (n-1)h$ im Abstande h voneinander aufgebaute

„*Differentialsumme*" $h\,y_0' + h\,y_1' + h\,y_2' + \cdots + h\,y_{n-1}' = \sum_{\nu=0}^{n-1} h\,y_\nu' = \sum_{\nu=0}^{n-1} d\,y_\nu$ ins Auge!

An der abgeleiteten Kurve $y' = f'(x)$ wird sie als „*Rechteckssumme*" abgebildet; ihr entspricht der Gesamtinhalt einer aus mehreren, genauer n nebeneinanderliegenden Rechtecksstreifen bestehenden „*Rechteckstreppe*" (Abb. 121 unten). Dieser

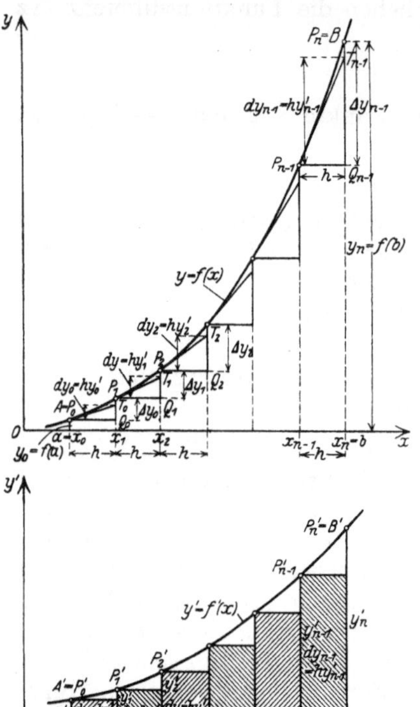

Gesamtinhalt stellt augenfällig einen Annäherungswert an die Fläche der abgeleiteten Kurve zwischen den Abszissen $a = x_0$ und $b = a + nh = x_n$ dar, d. h. an den Flächeninhalt, der von der x-Achse, der abgeleiteten Kurve $y' = f'(x)$, der Anfangsordinate y_0' zur Abszisse $a = x_0$ und der Endordinate y_n' zur Abszisse $b = x_n$ begrenzt wird. (Hierin liegt der Grund dafür, daß wir der Differentialsumme Aufmerksamkeit schenken. Sie bietet sich in natürlicher Weise zur Ermittlung der Fläche der abgeleiteten Kurve dar, indem wir z. B. auf Millimeterpapier in millimeterbreite Rechtecksstreifen entsprechend der senkrechten Netzeinteilung zerlegen.)

An der Urkurve $y = f(x)$ ist die Differentialsumme als *Summe senkrechter Erhebungen* (oder Senkungen) $Q_0 T_0$, $Q_1 T_1$, $\ldots$, $Q_{n-1} T_{n-1}$ (Abb. 121 oben), von denen jede nicht ganz bis zur Wagerechten des Beginnes der folgenden reicht oder etwas darüber hinausschießt, beinahe gleich der *Gesamterhebung* oder dem *Höhenunterschiede* $y_n - y_0$ $= f(b) - f(a)$ der Urkurve zwischen den Punkten $A = P_0$ und $B = P_n$ zu den Abszissen a und b. Um genaue Gleichheit zu haben, müßte man nur statt bis zu den Tangenten nach T_0, T_1, $\ldots$, T_{n-1} jedesmal bis zur Kurve selbst

Abb. 121. Differentialsumme an Urkurve und abgeleiteter Kurve (Rechteckstreppe „nach vorwärts").

nach P_1, P_2, $\ldots$, P_n steigen, also statt der Differentiale $d\,y_\nu$ die Funktionsdifferenzen $\triangle y_\nu$ und statt der Differentialsumme $\sum_{\nu=0}^{n-1} d\,y_\nu$ die *Funktionsdifferenzensumme* $\sum_{\nu=0}^{n-1} \triangle y_\nu$ $= Q_0 P_1 + Q_1 P_2 + \cdots + Q_{n-1} P_n$ verwenden, deren Gleichheit mit $y_n - y_0$ rechnerisch aus

$$\sum_{\nu=0}^{n-1} \triangle y_\nu = (y_1 - y_0) + (y_2 - y_1) + (y_3 - y_2) + \cdots + (y_n - y_{n-1})$$

durch gegenseitiges Sichtilgen der meisten Glieder hervorgeht.

Vereinigen wir die beiden Ausdeutungen der Differentialsumme, so sehen wir, daß die Fläche der abgeleiteten Kurve zwischen den Abszissen a und b zum mindesten angenähert gleich der Differenz $f(b) - f(a)$ aus Endordinate $f(b)$ und Anfangsordinate $f(a)$ der Urkurve sein muß. Eine überraschende und belangreiche Tatsache! Die abgeleitete Kurve, zu der wir von der Urkurve aus vermöge des Anstiegs gelangt sind, wird auf neue Weise an die Urkurve gekettet. Und zwar in umgekehrtem Sinne, durch das mit der abgeleiteten Kurve selbst gegebene Gebilde ihrer Fläche. Der Rückweg von der abgeleiteten Kurve zur Urkurve öffnet sich.

Und weiter, wenn wir auf die in beiden Fällen den näherungsweisen Ersatz besorgende Differentialsumme achten: Gewisse mit Ableitungen gebildete Summen, deren Bedeutung für den Naturwissenschaftler bald zutage treten wird, lassen sich mindestens näherungsweise als Differenz zweier Werte der Urfunktion auswerten.

3. Fundamentalsatz der Differential- und Integralrechnung, erste Fassung. Wir wollen uns überzeugen, daß sogar *genaue Gleichheit zwischen der Fläche der abgeleiteten Kurve und dem Höhenunterschiede $f(b) - f(a)$ an der Urkurve* besteht. Der Weg dazu ist die Betrachtung von Differentialsummen, bei denen unter Festhaltung von Anfangsabszisse a und Endabszisse b die Spanne h, der n-te Teil $\dfrac{b-a}{n}$ des Abstandes $b - a$, immer kleiner und demgemäß die Gliederzahl n immer größer ist, die also aus immer mehr, selbst immer kleineren Gliedern bestehen. Sowohl die Genauigkeit für die Annäherung der Fläche der abgeleiteten Kurve durch die Rechteckssumme als auch die Genauigkeit, mit der wir die Summe $Q_0 P_1 + Q_1 P_2 + \cdots + Q_{n-1} P_n$ von Teilerhebungen bis zur Urkurve durch die Summe $Q_0 T_0 + Q_1 T_1 + \cdots + Q_{n-1} T_{n-1}$ von Teilerhebungen bis zu den Tangenten erstatten dürfen, sind, wie der Augenschein lehrt, um so größer, je mehr Zwischenpunkte $P_1, P_2, \ldots, P_{n-1}$ zwischen die festen Punkte $A = P_0$ und $B = P_n$ eingeschaltet sind und je dichter sie aneinanderliegen. Es handelt sich dann um Rechteckstreppen aus zahlreichen schmalen Rechtecken, bei denen die kleinen über die Fläche der abgeleiteten Kurve überschießenden oder an ihr fehlenden Zwickel im Vergleiche zur Gesamtfläche nur wenig ausmachen, und um ein Steigen in vielen winzigen Schritten, von denen jeder wegen der bei kleinem h sehr guten Annäherung der Funktionsdifferenz durch das Differential beinahe die richtige Größe hat.

Wir brauchen nicht etwa wegen der mit dem Schmälerwerden der Rechtecke einhergehenden Zunahme ihrer Anzahl eine Anhäufung der vielen kleinen „Zwickelfehler" zu einem merkbaren Gesamtfehler zu befürchten; vielmehr wird dieser durch Verkleinerung von h sogar immer mehr herabgedrückt. Denn die Rechteckssumme ist jedenfalls kleiner als die Fläche einer Kurve durch die über die abgeleitete Kurve überstehenden Rechtecksecken und größer als die Fläche einer Kurve durch die unter der abgeleiteten Kurve bleibenden Rechtecksecken; diese beiden Kurven aber ziehen sich mit dem Schmälerwerden der Rechtecke an die abgeleitete Kurve selbst heran. Auch beim Ersatze der Funktionsdifferenzensumme $\sum\limits_{\nu=0}^{n-1} \triangle y_\nu$ an der Urkurve durch die Differentialsumme $\sum\limits_{\nu=0}^{n-1} d y_\nu$ zeigt der Gesamtfehler dasselbe Verhalten. Das folgt aus der Grundformel. Der Unterschied zwischen $\triangle y_\nu$ und $d y_\nu$ beträgt $\varepsilon_\nu h$ mit $\varepsilon_\nu \to 0$ für $h \to 0$, daher der Gesamtfehler $\sum\limits_{\nu=0}^{n-1} \varepsilon_\nu h$. Er ist absolut kleiner als die Summe $\sum\limits_{\nu=0}^{n-1} \varepsilon h = n \cdot \varepsilon h = \varepsilon(b-a)$, die zustandekommt, wenn wir alle ε_ν durch den Absolutbetrag ε des absolut größten unter ihnen ersetzen. $\varepsilon(b-a)$ aber hat zugleich mit ε einen kleinen, für $h \to 0$ nullstrebigen Wert. Der Mathematiker muß übrigens die Tatsache, daß beim Ersatze der verschiedenen Funktionsdifferenzen $\triangle y_\nu$ durch die Differentiale $d y_\nu$ die ε_ν „*gleichmäßig*" klein ausfallen und für $h \to 0$ gegen Null streben, noch schärfer herausarbeiten.

Jedenfalls weicht also bei sehr kleinem h die Differentialsumme $\sum\limits_{\nu=0}^{n-1} d y_\nu$ als Rechteckssumme nur noch in ungeheuer entfernten Dezimalen von der Fläche der abgeleiteten Kurve und als Erhebungssumme ebenfalls nur noch in ungeheuer entfernten Dezimalen von dem Höhenunterschiede $f(b) - f(a)$ zwischen Anfangs- und Endpunkt auf der Urkurve ab. Und dabei können die Abweichungen durch Verkleinerung des schon kleinen h noch immer weiter hinausgeschoben werden. Das ist nur möglich, wenn die beiden Größen, denen sich die Differentialsumme mit jeder gewünschten Genauigkeit nähert, einander gleich sind. Damit haben wir unser Ziel erreicht.

Außerdem merken wir an, daß ihr gemeinsamer Wert mit immer mehr richtigen Dezimalen aus Differentialsummen für immer kleineres h und damit immer größeres n herauskristallisiert. Er ist mit einer Bezeichnungsweise von S. 53 und S. 105 der

$$\textit{Grenzwert } \lim_{\substack{h \to 0 \\ n \to \infty}} \sum_{\nu=0}^{n-1} h\,y_\nu' = \lim_{\substack{h \to 0 \\ n \to \infty}} \sum_{\nu=0}^{n-1} d\,y_\nu \text{ einer Folge von Differentialsummen}^1, \text{ wenn } h \to 0$$

und folglich $n \to \infty$ strebt (vgl. für die Bezeichnung $n \to \infty$ S. 35).

Namentlich für die Anwendungen empfiehlt es sich oft, statt der Spanne h die Differenz $\triangle x$ der unabhängigen Veränderlichen x zu schreiben, analog wie beim Grenzübergange vom Differenzenquotienten $\dfrac{\triangle y}{h} = \dfrac{\triangle y}{\triangle x}$ zur Ableitung y' (S. 105—107).

Alles in allem gilt

$$\boxed{\begin{array}{c} \textit{Fläche der abgeleiteten Kurve } y' = f'(x) \textit{ zwischen den Abszissen } a \textit{ und } b \\[2mm] = \textit{Differenz } f(b) - f(a) \textit{ von End- und Anfangsordinate der Urkurve } y = f(x) \\[2mm] = \lim_{\substack{h \to 0 \\ n \to \infty}} \sum_{\nu=0}^{n-1} d\,y_\nu = \lim_{\substack{h \to 0 \\ n \to \infty}} \sum_{\nu=0}^{n-1} h\,y_\nu' = \lim_{\substack{\triangle x \to 0 \\ n \to \infty}} \sum_{\nu=0}^{n-1} f'(x_\nu)\,\triangle x \, . \end{array}}$$

Damit haben wir eine der Fassungen gewonnen, in denen man den sog. *Fundamentalsatz der Differential- und Integralrechnung* aussprechen kann. In ihm steckt, wie nach den Bemerkungen auf S. 117 zu erwarten, eine schier unerschöpfliche Fülle mathematisch und naturwissenschaftlich bedeutsamer Dinge.

4. Bestimmtes Integral. Fundamentalsatz, zweite Fassung. Statt des zwar den Gedankengang gut widerspiegelnden, im übrigen aber umständlichen Symbols $\lim\limits_{\substack{\triangle x \to 0 \\ n \to \infty}} \sum\limits_{\nu=0}^{n-1} f'(x_\nu)\triangle x$ schreibt man gewöhnlich das neue Symbol $\int_a^b f'(x)\,dx$, das außerdem, wie sogleich klar werden wird, den Fundamentalsatz schon in der Bezeichnung vorwegnimmt. $\int_a^b f'(x)\,dx$ heißt das *bestimmte Integral* der Funktion $y' = f'(x)$ von a bis b oder zwischen den *Grenzen* a und b (bestimmt, weil die Grenzen gegeben sind) und wird geometrisch durch die Fläche der abgeleiteten Kurve $y' = f'(x)$ von der Anfangsabszisse a bis zur Endabszisse b versinnlicht (Abb. 120). Das Integralzeichen $\int$ rührt von Leibniz her; es ist ein stilisiertes Summenzeichen S und erinnert daran, daß wir es mit dem Grenzwerte einer Summe zu tun haben.

Bei den Anwendungen des Fundamentalsatzes ist meistens die abgeleitete Kurve das Gegebene und in der Form $y = f(x)$ vorgelegt. Dann vermögen wir zunächst ganz entsprechend wie bisher den Begriff des bestimmten Integrales $\int_a^b f(x)\,dx$ als des Grenzwertes der Summe $\sum\limits_{\nu=0}^{n-1} f(x_\nu)\,\triangle x$ für $\triangle x \to 0$ und $n \to \infty$ zu bilden und $\int_a^b f(x)\,dx$ über Rechteckstreppen hinweg als Fläche der Kurve $y = f(x)$ von a bis b auszudeuten. Daß dies ganz unabhängig von anderen Dingen geschehen kann, ist theoretisch und in sehr hohem Grade auch praktisch wichtig (vgl. z. B. S. 122—123 und S. 135).

---

[1] Wer dies vollständig durchschaut hat, mag auch von einer „Summe unendlich vieler unendlich kleiner Größen" reden mit einem Ausdrucke, der die ganze Überlegung symbolisch zusammenfaßt.

Andererseits tritt an die Stelle unseres bisherigen $y = f(x)$ offenbar eine *Stammfunktion* oder ein *unbestimmtes Integral* $\int f(x)\,dx$ zu der jetzt die Rolle der Ableitung spielenden Funktion $y = f(x)$; denn $\int f(x)\,dx$ steht zu $f(x)$ in derselben Beziehung wie $f(x)$ zu $f'(x)$.

Da kommt aber ein Einwand. Die Stammfunktion $\int f(x)\,dx$ einer Funktion $y = f(x)$, die wir auf S. 71 bzw. 93 in Umkehrung zum Ableitungs- und Differentialbegriff dadurch definierten, daß sie die Ableitung $f(x)$ und das Differential $f(x)\,dx$ haben soll, ist nicht eindeutig bestimmt (S. 71), das Symbol $\int f(x)\,dx$ ist „unendlich vieldeutig". Können hieraus vielleicht Schwierigkeiten entstehen? Bemerkenswerterweise nicht. Denn wir wissen: Bedeutet $F(x)$ eine einzelne Stammfunktion zu $f(x)$ mit $F'(x) = f(x)$ und $dF(x) = f(x)\,dx$, so sind auch die Funktionen $F(x) + C$ mit willkürlichem konstantem C Stammfunktionen, und andererseits erhalten wir so auch sämtliche Stammfunktionen. Für $F(x) + C$ ist aber die Differenz $[F(b) + C]$ $- [F(a) + C] = F(b) - F(a)$ der Werte für $x = b$ und $x = a$ ebenso groß wie für $F(x)$. Geometrisch: Alle Stammkurven zu $y = f(x)$ mit der abgeleiteten Kurve $y = f(x)$ gehen aus einer von ihnen durch Parallelverschieben in der y-Richtung hervor, das den Höhen*unterschied* zwischen Anfangs- und Endpunkt nicht beeinflußt.

Damit läßt sich der Fundamentalsatz in der Form aussprechen:

Das bestimmte Integral $\int\limits_a^b f(x)\,dx$ einer Funktion $y = f(x)$ zwischen den Grenzen a und b, definiert als Grenzwert der Summe $\sum\limits_{v=0}^{n-1} f(x_v)\,\triangle x$ bei nullstrebigem $\triangle x$ und demgemäß unbegrenzt zunehmendem n und dargestellt durch die Fläche der Kurve $y = f(x)$ zwischen den Abszissen a und b, kann gefunden werden (die Funktion $y = f(x)$ kann von a bis b integriert werden), indem man eine Stammfunktion $\int f(x)\,dx$ sucht (d. h. eine Funktion, deren Ableitung $f(x)$ und deren Differential $f(x)\,dx$ ist[1]), in dieser Stammfunktion als Argument einmal die obere Grenze b, dann die untere Grenze a einträgt und den Wert der Stammfunktion für a vom Werte für b abzieht.

Das symbolisiert man auch durch $\left[\int f(x)\,dx\right]_a^b$ oder durch $\int f(x)\,dx\,\Big|_a^b$ oder schließlich gerade durch $\int\limits_a^b f(x)\,dx$. Hiermit ist die Bezeichnung $\int\limits_a^b f(x)\,dx$ an die Bezeichnung $\int f(x)\,dx$ angeschlossen. Die Gegenbrücke von $\int\limits_a^b f(x)\,dx$ zu $\int f(x)\,dx$ wird auf S. 135 geschlagen werden. Sie ist das Ursprünglichere, weil das Integralzeichen $\int$ an sich vom Summencharakter des bestimmten Integrals herkommt.

Für eine von vornherein als Ableitung einer Urfunktion $y = f(x)$ geschriebene Funktion $y' = f'(x)$ haben wir

$$\int\limits_a^b f'(x)\,dx = \left[\int f'(x)\,dx\right]_a^b = \left[f(x)\right]_a^b = f(x)\,\Big|_a^b = f(b) - f(a),$$

wobei zuletzt statt $f(x)$ auch $f(x) + C$ stehen könnte.

[b] Man hüte sich, über den Bezeichnungen $\int f(x)\,dx$, unbestimmtes Integral einerseits, $\int\limits_a^b f(x)\,dx$, bestimmtes Integral andererseits, die schon äußerlich den Fundamentalsatz soweit als möglich widerspiegeln, den tiefen eigentlichen Gehalt dieses Satzes zu übersehen. Der Fundamentalsatz bringt zwei an sich völlig verschiedene Dinge in engste Beziehung zueinander: die Stammfunktion, bei deren Definition der Anstieg einer Kurve das Grundelement bildet $[\int f(x)\,dx$ bedeutet eine Funktion, deren Anstieg durch $f(x)$ beschrieben wird], und den ganz

---

[1] Die Gestalt $f(x)\,dx$ dieses Differentials kann leicht formal aus der Gestalt $f(x_v)\,\triangle x$ des allgemeinen Gliedes der Näherungssumme für das bestimmte Integral erschlossen werden.

unabhängig davon definierbaren Flächeninhalt unter einer Kurve, rechnerisch gesprochen: den Grenzwert einer gewissen Summe. Flächenbestimmungen oder *Quadraturen*, wie man mit einem altertümlichen Ausdrucke im Gedanken an die Verwandlung in ein flächengleiches Quadrat sagt, hatte schon Archimedes ausgeführt, und dem Anstieg einer Kurve oder dem Tangentenproblem und den Maxima und Minima hatten der große französische Mathematiker Fermat in der ersten Hälfte des 17. Jahrhunderts, Descartes, Huygens und andere brennendes Interesse zugewandt. Bemerkt zu haben, daß zwischen beiden Problemen eine so innige Verkettung besteht, die eben durch den Fundamentalsatz gegeben wird — darin besteht die unsterbliche Leistung von Barrow, Leibniz und Newton, von denen die beiden letzten geradezu als Erfinder der Differential- und Integralrechnung bezeichnet zu werden pflegen.

Man durchdenke auch, daß es sich beim Differential der Stammfunktion um ein ganz beliebiges h handelt, beim Differential in der Differentialsumme der Definition des bestimmten Integrals hingegen um nullstrebiges h. Die Verhältnisse bei $\lim\limits_{\substack{\triangle x \to 0 \\ n \to \infty}} \sum\limits_{v=0}^{n-1} f(x_v)\triangle x = \int\limits_a^b f(x)\, dx$ liegen ganz ähnlich wie bei $\lim\limits_{\triangle x \to 0} \dfrac{\triangle y}{\triangle x} = \dfrac{dy}{dx}$; es lohnt sich, in diesem Sinne Vergleiche mit den Erörterungen von S. 107 anzustellen und sich Faustregeln über die Formalisierung des Grenzübergangs durch Ersetzen von $\triangle$ durch d, Σ durch $\int$ zurechtzulegen (vgl. S. 137).

5. Beispiel. Wir verdeutlichen den Fundamentalsatz am Sonderfalle der Parabel $y = x^2$ als Urkurve. Hier wird die abgeleitete Kurve durch die gerade Linie $y' = 2x$ gebildet. Ihre Fläche zwischen den Abszissen a und b (Abb. 122) vermögen wir elementargeometrisch auszuwerten. Sie ist ein Trapez mit den parallelen Seiten $2a$ und $2b$, der Mittellinie $a + b$ und der Höhe $b - a$; sein Inhalt beträgt $(a + b)(b - a) = b^2 - a^2$. Das ist aber gerade auch die Differenz der Werte b^2 und a^2 der Urfunktion $y = x^2$ für die Argumente b und a.

Das Differential lautet allgemein $dy = h \cdot 2x$, also $dy_v = 2h(a + vh)$ für die Argumente $a + vh$ mit $v = 0, 1, 2, \ldots, n - 1$. Die Differentialsumme ist mithin[1]

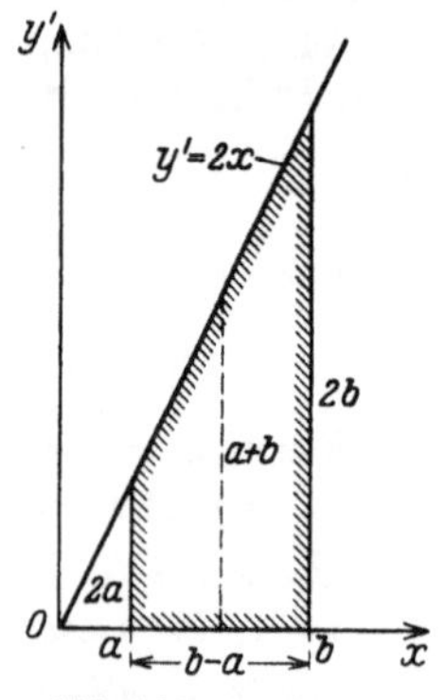

Abb. 122. Fläche der abgeleiteten Kurve $y' = 2x$ zur Parabel $y = x^2$.

$$\sum_{v=0}^{n-1} 2h(a + vh) = 2h\left\{ na + h(1 + 2 + \cdots + n - 1) \right\} = 2h\left\{ na + h\,\frac{n(n-1)}{2} \right\}$$

$$= 2h\left\{ na + \frac{n-1}{2}(b - a) \right\} = nh\left\{ a + b - \frac{b-a}{n} \right\} = b^2 - a^2 - \frac{(b-a)^2}{n}.$$

Für zunehmendes n fällt der letzte Bestandteil immer weniger ins Gewicht, so daß als Grenzwert wirklich $b^2 - a^2$ herausspringt.

Schließlich in Integralschreibweise

$$\int_a^b 2x\, dx = \left[\int 2x\, dx \right]_a^b = \left[x^2 \right]_a^b = b^2 - a^2 .$$

6. Anwendung: Mechanische Arbeit. Grenzwerte von Summen der Form $\sum\limits_{v=0}^{n-1} h f(x_v)$ oder $\sum\limits_{v=0}^{n-1} f(x_v)\triangle x$, d.h. bestimmte Integrale, drängen sich dem Naturwissenschaftler bei vielen Gelegenheiten geradezu zwangläufig auf. Z. B. versteht man unter der *Arbeit A* einer konstanten Kraft P bei geradliniger Verschiebung des Angriffspunktes in der Kraftrichtung um den Weg s bekanntlich das Produkt $P \cdot s$.

---

[1] Die Summe der ganzen Zahlen von 1 bis $n - 1$ beträgt bekanntlich $\dfrac{n(n-1)}{2}$.

So leistet die Schwerkraft mg beim Fall einer Masse m um die Strecke s die Arbeit mgs. Nehmen wir die Verschiebungsgerade zur x-Achse und tragen die konstante Kraft als Ordinate auf[1], so entspricht der Arbeit $P \cdot s$ der *Inhalt eines Rechtecks* von der Grundlinie s und der Höhe P (Abb. 123). Ist hingegen die Kraft veränderlich, eine Funktion $P = P(x)$ der Abszisse x des jeweiligen Angriffspunktes (Abb. 124) und wandert dieser von $x = a$ bis $x = b$, so bietet sich zur Erklärung

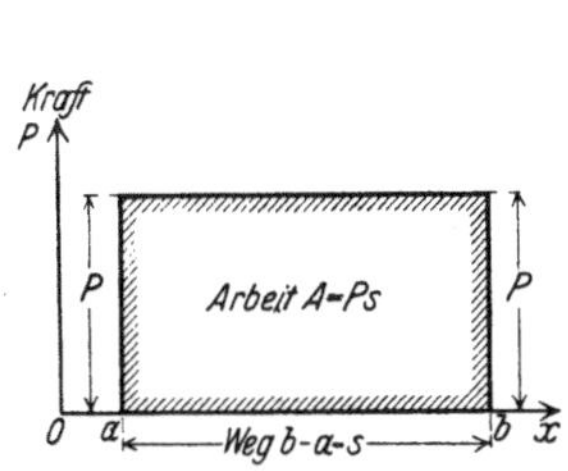

Abb. 123. Arbeit einer konstanten Kraft als Rechteck.

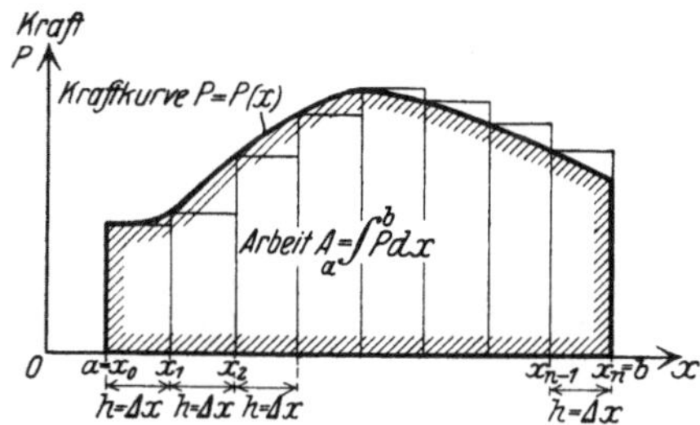

Abb. 124. Arbeit als Fläche der Kraftkurve.

der Arbeit folgendes Verfahren dar: Wir zerlegen die Verschiebungsstrecke durch die Punkte $x_0 = a$, $x_1 = a + h$, ..., $x_{n-1} = a + (n-1)h$, $x_n = a + nh = b$ in n gleiche Teile je von der Länge $h = \triangle x = \dfrac{b-a}{n}$ und denken uns für jede solche Teilverschiebungsstrecke die Kraft konstant gleich ihrem Anfangswerte, was bei großem n und kleinem h gut mit der Wirklichkeit übereinstimmen wird. Die Gesamtarbeit der stückweise konstanten Ersatzkräfte beträgt $\sum\limits_{\nu=0}^{n-1} P(x_\nu) \cdot \triangle x$. Je größer n und je kleiner h gewählt wird, desto näher kommen wir dem, was wir gefühlsmäßig als Arbeit A der veränderlichen Kraft $P = P(x)$ erklären möchten. Wir definieren daher A als den Grenzwert unserer Summe für $n \rightarrow \infty$ und $\triangle x \rightarrow 0$, d. h.: *Die von einer Kraft $P = P(x)$ bei geradliniger Verschiebung des Angriffspunktes von $x = a$ nach $x = b$ geleistete mechanische Arbeit ist $A = \int\limits_a^b P(x)\,dx$.* Veranschaulicht wird A durch die *Fläche der Kraftkurve* zwischen den Abszissen a und b (Abb. 124). A kann daher z. B. durch unmittelbares Bestimmen dieses Flächeninhaltes gefunden werden. Dazu zählen wir etwa die Quadratmillimeter der

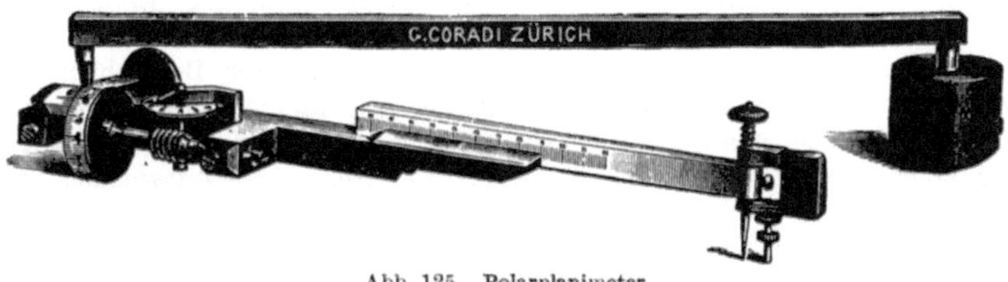

Abb. 125. Polarplanimeter.

Fläche auf Millimeterpapier aus, wobei wir die von der Kurve eingeschnittenen Teile von vollen Netzquadraten abschätzen. Oder wir benutzen ein Instrument, das „*Planimeter*" (eine Ausführungsart, das Polarplanimeter[2], Abb. 125), das

---

[1] Man verwechsle dieses Veranschaulichungsbild nicht mit der Aufzeichnung einer senkrecht zur Verschiebungsrichtung wirkenden Kraft, wobei bekanntlich die Arbeit gleich Null ausfällt (denn die Kraftkomponente in der Verschiebungsrichtung verschwindet).

[2] Über Planimeter im allgemeinen vgl. WILLERS, FR. A.: Mathematische Instrumente, Sammlung Göschen 922.

beim Umfahren einer Fläche mittels eines Stiftes den Flächeninhalt an einer Laufrolle ablesen läßt; es verwirklicht mechanisch das „*Integrationsprinzip*" der Ermittlung einer Fläche durch Zerschneiden in viele kleine Teilflächen (analog unseren Rechtecksstreifen, vgl. auch Flächeninhalte in Polarkoordinaten S. 125—126, sowie S. 137).

Ein zweites Verfahren, um A zu bekommen, liefert der Fundamentalsatz, insbesondere für den Fall, daß man das Kraftgesetz $P = P(x)$ formelmäßig kennt: man entnimmt aus $A = \int\limits_a^b P(x)\,dx$ oder formal aus dem allgemeinen Gliede $P(x_v)\,\triangle\,x$ der Ersatzkräftearbeit als „*Arbeitsdifferential*" $dA = P\,dx$ und versucht hiernach A auf dem Wege über eine Stammfunktion zu $P(x)\,dx$ zu bestimmen.

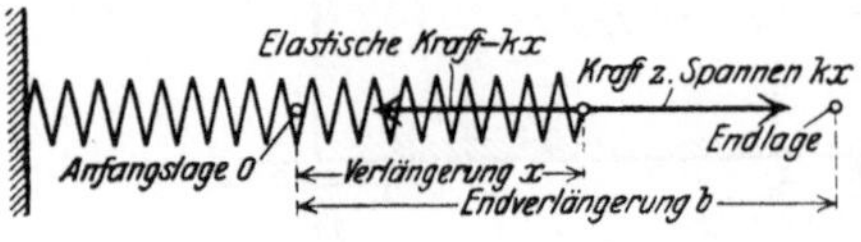

Wenn wir z. B. eine elastische Spiralfeder von der Ruhelage $x = 0$ bis zur Schlußlage $x = b$ ihres freien Endpunktes spannen (Abb. 126), so ist die erforderliche Kraft das Entgegengesetzte $k\,x$ zur elastischen

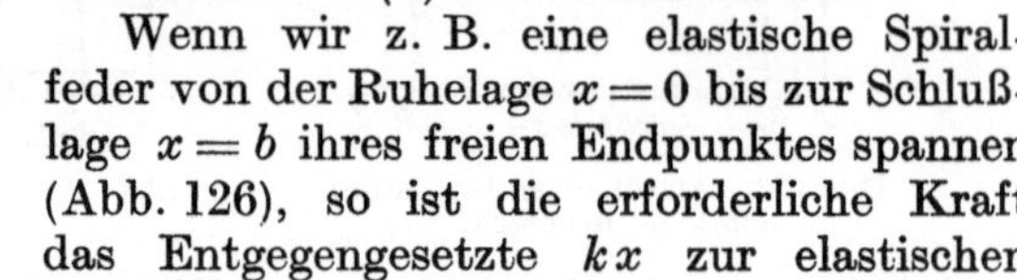

Abb. 126.   Spannen einer Feder.

Kraft $-k\,x$, welche die Feder in die Ruhelage zurückzieht und nach dem Hookeschen Gesetz proportional der Verlängerung x ist. Wir haben daher die Arbeit

$$A = \int\limits_0^b k\,x\,dx = \Big[\int k\,x\,dx\Big]_0^b = \frac{k\,x^2}{2}\bigg|_0^b = \frac{k\,b^2}{2}$$

zu leisten. Sie ist übrigens gleich der Arbeit, die man leisten würde, wenn man statt mit der von 0 bis $k\,b$ linear zunehmenden wirklichen Spannkraft auf der ganzen Verlängerungsstrecke b mit der konstanten mittleren Spannkraft $\frac{k\,b}{2}$ spannen könnte.

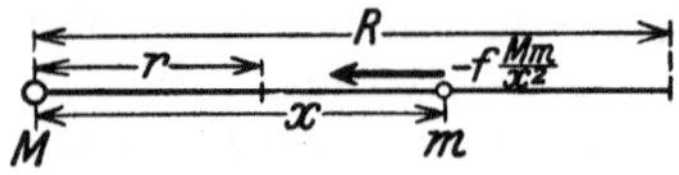

Oder wir entfernen eine gravitierende, elektrische oder magnetische Masse m vom Abstande r von einer anziehenden Masse M bis zum Abstande R

Abb. 127.   Verschieben einer Masse m gegen die Anziehung einer Masse M.

(Abb. 127). Die Anziehungskraft für den Abstand x beträgt $-f\dfrac{M\,m}{x^2}$ (f Gravitationskonstante bzw. $f = 1$ bei Coulombschen Kräften). Daher leisten wir die Arbeit

$$A = \int\limits_r^R f\,\frac{M\,m}{x^2}\,dx\,.$$

Diesen Ausdruck werden wir S. 147 weiter ausführen.

7. Allgemeines Integrationsprinzip. Beispiele. Aus unserer Betrachtung über die mechanische Arbeit ziehen wir das folgende allgemeine *Integrationsprinzip*:

Man habe sich bei konstantem y mit einer Größe $y \cdot s$ beschäftigt, wobei s als Differenz $b - a$ einer Veränderlichen x zwischen $x = a$ und $x = b$ ausgedeutet werden kann. Dann wird diese Größe, falls y eine Funktion $y = f(x)$ von x ist, durch das bestimmte Integral $\int\limits_a^b f(x)\,dx$ gegeben und kann entweder auf irgendeine Weise unmittelbar als Fläche der Kurve $y = f(x)$ von $x = a$ bis $x = b$ oder über eine Stammfunktion zum Differential $f(x)\,dx$ hinweg gefunden werden.

$\dfrac{1}{b-a}\int\limits_a^b f(x)\,dx$ heißt der *Mittelwert* von y für das Intervall von a bis b; wird das veränderliche $y = f(x)$ durch diesen konstanten Mittelwert ersetzt, so kommt derselbe Wert für unsere untersuchte Größe zustande wie bei dem veränderlichen y.

Beispiele sind etwa:

a) *Mechanische Arbeit bei Ausdehnung eines Gases.* Wir denken uns ein Gas vom Drucke p in einen quaderförmigen Kasten vom Volumen V mit beweglicher rechter Seitenwand von der Fläche f eingeschlossen (Abb. 128). Die Lage dieser Seitenwand beschreiben wir durch ihren Abstand x von der gegenüberliegenden festen Seitenwand. Auf die bewegliche Seitenwand übt das Gas die Kraft pf (Druck p mal gedrückte Fläche f) aus. Verschiebt es sie von $x = a$ bis $x = b$ um $b - a = s$ nach auswärts, so leistet es bei konstantem p die Arbeit $pfs = p(V_b - V_a)$, weil fs die Volumenzunahme $V_b - V_a$ ist. Bei veränderlichem p, das durch die näheren Versuchsbedingungen als Funktion $p = p(x)$ von x oder $p = p(V)$ von V festgelegt sein möge, beträgt daher die Arbeit

$$A = \int\limits_a^b p(x)\,f\,dx = \int\limits_{V_a}^{V_b} p(V)\,dV$$

und das Arbeitsdifferential $dA = p\,dV$.

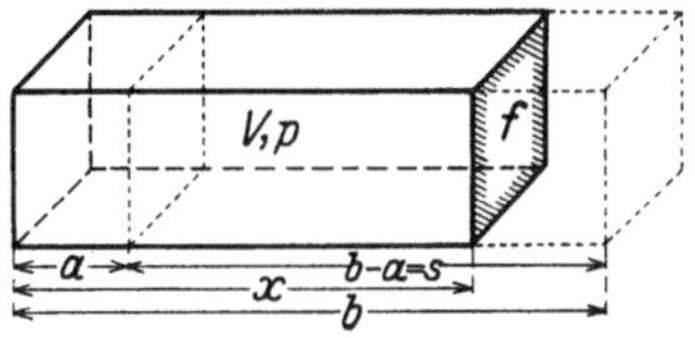

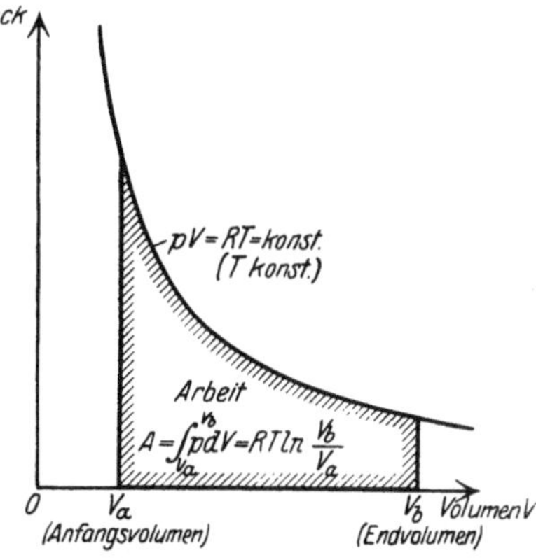

Abb. 128. Ausdehnung eines Gases.

Anschaulich wird die Arbeit durch die Fläche der Volumen-Druckkurve zwischen Anfangs- und Endvolumen V_a und V_b gegeben. Eine solche pV-Kurve oder „*Zustandskurve*" zeichnet z. B. der Indikator einer Dampfmaschine oder eines Motors auf; ein Schreibstift registriert selbsttätig zu jedem Zylindervolumen V den zugehörigen Druck p im Zylinder (vgl. S. 127, Abb. 131). Oder bei isothermer Ausdehnung eines idealen Gases geht aus dem Gasgesetze $pV = RT$ für konstantes T das Boyle-Mariottesche Gesetz $pV = \text{konst} = k$ hervor, und die Arbeit

$$A = \int\limits_{V_a}^{V_b} \frac{k}{V}\,dV$$ ist gleich der Fläche unter der

gleichseitigen Hyperbel $pV = k$ (Abb. 129). Auf S. 171 werden wir sie, indem wir eine Stammfunktion zu $\dfrac{dV}{V}$ bzw. den Flächeninhalt unter der gleichseitigen Hyperbel „natür-

Abb. 129. Arbeit bei isothermer Ausdehnung eines idealen Gases.

lichen Logarithmus" nennen, wesentlich als Logarithmus des Quotienten $\dfrac{V_b}{V_a}$ schreiben.

b) *Flächeninhalt (Sektor) in Polarkoordinaten.* Der Flächeninhalt eines „*Sektors*" (Abb. 130) einer Kurve $r = f(\varphi)$ in Polarkoordinaten hat bei konstantem r (Kreis) die Größe $\dfrac{r^2}{2}(\varphi_b - \varphi_a)$; für $\varphi_b - \varphi_a = 2\pi$ ergibt sich der Vollkreis $r^2\pi$. Für veränderliches r wird der Flächeninhalt daher durch

$$S = \int\limits_{\varphi_a}^{\varphi_b} \frac{r^2}{2}\,d\varphi$$

geliefert.

c) *Volumen eines Drehkörpers.* Dreht sich ein Rechteck von der Höhe y über dem Stücke der x-Achse zwischen $x = a$ und $x = b$ als Grundlinie $b - a = s$ um die x-Achse, so erzeugt es einen Kreiszylinder vom Inhalte $\pi y^2 s$ (Grundkreis πy^2 mal Zylinderhöhe s; man zeichne sich ein Bild). Mithin buchen wir als Volumen des Drehkörpers zu einem beliebigen Kurvenstück $y = f(x)$ zwischen $x = a$ und $x = b$

$$V = \int_a^b \pi\, y^2\, dx\,.$$

So entsteht durch Umdrehung der Parabel $y = \sqrt{2px}$ (Abb. 110) um die x-Achse ein „*Drehparaboloid*". Durch Begrenzen mit einer Ebene $x = b$ rechts kommt ein Körper zustande, der an ein halbes Ei (Ei quer zur Längsrichtung durchgeschnitten) erinnert. Sein Volumen beträgt

$$V = \int_0^b \pi \left(\sqrt{2px}\right)^2 dx = 2\pi p \int_0^b x\, dx = 2\pi p\, \frac{x^2}{2}\,\Big|_0^b = 2\pi p\, \frac{b^2}{2} = \pi \left(\sqrt{2pb}\right)^2 \frac{b}{2} = \frac{1}{2}\, \pi\, y_b^2\, b\,,$$

ist also gleich der Hälfte des Volumens $\pi\, y_b^2\, b$ für den Kreiszylinder von demselben Grundkreisradius $y_b = \sqrt{2pb}$ und derselben Höhe b.

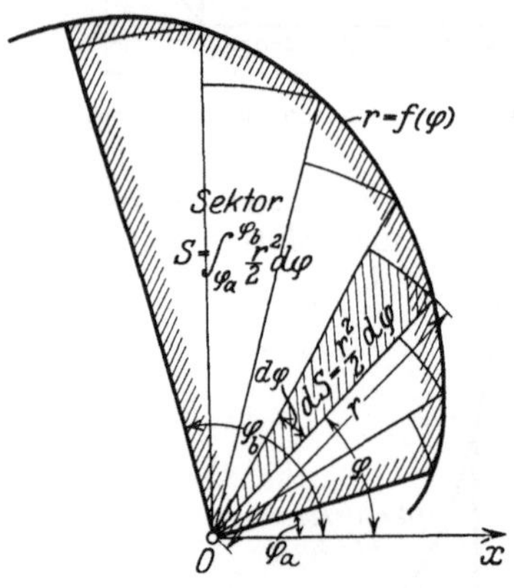

Abb. 130. Flächeninhalt eines Sektors in Polarkoordinaten. Sektordifferential.

Sowohl für den allgemeinen Fall als auch für die Beispiele überlege man sich ausführlich die zum bestimmten Integral führende Zerschneidung des Intervalls von a bis b und die geometrische Bedeutung der Annäherungssummen, wozu Abb. 130 für die Summe schmaler Kreissektoren anleitet.

8. Positive und negative Flächen. Ecken und Sprünge. In den Abbildungen zur ersten Fassung des Fundamentalsatzes haben wir angenommen, daß $b > a$ und $y' = f'(x) > 0$ ist, daß also die Endordinate rechts von der Anfangsordinate liegt und die abgeleitete Kurve oberhalb der x-Achse verläuft. Dann befinden wir uns in Übereinstimmung mit der gebräuchlichen Vorstellung vom Inhalte eines Rechtecks. Die Fläche der abgebildeten Kurve wird positiv und ebenso die Ordinatendifferenz an der Urkurve $y = f(x)$; denn die Urkurve steigt wegen $y' > 0$ zwischen a und b von einem kleineren Werte $f(a)$ zu einem größeren Werte $f(b)$ an.

Der Fundamentalsatz bleibt aber auch ohne diese Einschränkungen in Kraft. Wenn die Urkurve fällt, also die abgeleitete Kurve sich unterhalb der x-Achse hinzieht, gehen bei $b > a$ die Rechtecksstreifen der Rechteckssumme negativ in die Rechnung ein, weil ihre Höhen y' nach unten führen und negativ zählen. Liegt die Fläche der abgeleiteten Kurve unterhalb der x-Achse, so muß sie also bei $b > a$ *negativ* gerechnet werden. Gleichzeitig ist aber auch die Differenz aus Endordinate und Anfangsordinate an der fallenden Urkurve negativ. Man überlege sich schließlich den Fall teilweise fallender, teilweise steigender Urkurve durch, indem man in Teilflächen zerlegt. *Flächenstücke mit Anfangsordinate links, Endordinate rechts sind oberhalb der x-Achse positiv, unterhalb der x-Achse negativ zu nehmen.*

Daß sich die Flächen von a bis b und von b bis c zur Fläche von a bis c zusammensetzen, kommt formelmäßig durch die Gleichung

$$\int_a^b f'(x)\, dx + \int_b^c f'(x)\, dx = [f(b) - f(a)] + [f(c) - f(b)] = f(c) - f(a) = \int_a^c f'(x)\, dx$$

zum Ausdruck.

Z. B. ist die Fläche der Kosinuslinie $y' = \cos x$ (Abb. 59 und 88), der abgeleiteten Kurve zur Sinuslinie $y = \sin x$, zwischen den Abszissen $x = 0$ und $x = \frac{\pi}{2}$, wo sich $y' = \cos x$ über der x-Achse aufhält, gleich

$$\int_0^{\frac{\pi}{2}} \cos x\, dx = \sin x\,\Big|_0^{\frac{\pi}{2}} = \sin\frac{\pi}{2} - \sin 0 = 1\,,$$

(jedenfalls positiv), die in bezug auf den Punkt $x = \frac{\pi}{2}$ spiegelbildliche Fläche unterhalb der x-Achse zwischen den Abszissen $x = \frac{\pi}{2}$ und $x = \pi$ gleich

$$\int_{\frac{\pi}{2}}^{\pi} \cos x\, dx = \sin x\,\Big|_{\frac{\pi}{2}}^{\pi} = \sin \pi - \sin\frac{\pi}{2} = -1$$

(entgegengesetzt gleich 1 und jedenfalls negativ), schließlich die Fläche zwischen $x = 0$ und $x = \pi$ gleich

$$\int\limits_0^\pi \cos x \, dx = \sin x \Big|_0^\pi = \sin \pi - \sin 0 = 0 = \int\limits_0^{\frac{\pi}{2}} \cos x \, dx + \int\limits_{\frac{\pi}{2}}^\pi \cos x \, dx\,;$$

die Flächen 1 oberhalb der x-Achse zwischen 0 und $\frac{\pi}{2}$ und -1 unterhalb der x-Achse zwischen $\frac{\pi}{2}$ und π tilgen sich gegenseitig aus.

Oder beim Weg-Kraft-Schaubilde (Abb. 123 und 124) wird man Kräfte in der einen Richtung als positiv nach oben, Kräfte in der entgegengesetzten Richtung als negativ nach unten auftragen. Dann entsprechen die einen der Flächen oberhalb und unterhalb der x-Achse geleisteter, die anderen verzehrter Arbeit.

Die Fläche der abgeleiteten Kurve von einer größeren Abszisse zu einer kleineren ist das Negative der Fläche für umgekehrte Abszissendurchwanderung. Aber auch die Ordinatendifferenz an der Urkurve wechselt das Zeichen, und ihre Beziehung zu jener Fläche ist gerettet:

$$\int\limits_b^a f'(x)\,dx = f(a) - f(b) = -[f(b) - f(a)] = -\int\limits_a^b f'(x)\,dx\,.$$

Ein schönes Beispiel liefert das Indikatordiagramm (vgl. S. 125) einer Expansions-Kolbendampfmaschine Abb. 131. Der obere Kurvenbogen zwischen A und B entspricht dem Vorwärtstreiben des Kolbens durch den Dampf (Zunahme des Zylindervolumens V), der untere Kurvenbogen dem Rückgange des Kolbens (Sinken des Zylindervolumens). Geleistet wird mechanische Arbeit vom Dampfe für den oberen Kurvenbogen, veranschaulicht durch die positive Fläche zwischen diesem und der nach rechts durchlaufenen x-Achse, verzehrt (zur Kondensation) für den unteren Kurvenbogen, veranschaulicht durch die negative Fläche zwischen diesem und der jetzt nach links durchlaufenen x-Achse. Den Gesamtgewinn an mechanischer Arbeit bei unserem „Kreisprozesse" finden wir also durch Ausmessen der von der geschlossenen Indikatorkurve umgrenzten Fläche (praktisch etwa durch Umfahren mit dem Planimeter).

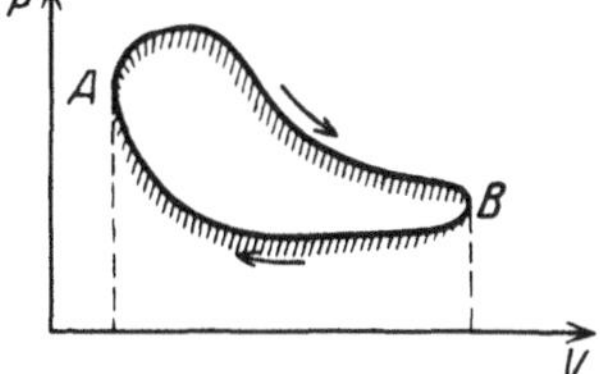

Abb. 131. Indikatordiagramm einer Expansions-Kolbendampfmaschine.

Übrigens sieht man, daß es nichts schadet, wenn die Urkurve $y = f(x)$ Ecken, die abgeleitete Kurve $y' = f'(x)$ demnach Sprünge hat. Wir brauchen dann nur für einen Augenblick die Urkurve durch die Ecken in Teilbögen zu zerlegen, für deren jeden sich die Betrachtung wie bisher durchführen läßt. Addieren wir zum Schlusse alles auf, so fügen sich die Teilflächen der abgeleiteten Kurve zur Gesamtfläche zusammen, und bei der Summe der Ordinatendifferenzen der Urkurve heben sich die einmal als Schluß- und einmal als Anfangsordinaten für Teilbögen auftretenden Ordinaten der Ecken heraus, so daß nur die Differenz aus der allerletzten und der allerersten Ordinate übrigbleibt.

Der Fundamentalsatz bewahrt hiernach in allen für den Naturwissenschaftler in Betracht kommenden Fällen seine Gültigkeit. Und zwar genügt es, vorauszusetzen, daß die abgeleitete Kurve bis auf endlich viele Sprungstellen stetig verläuft, worunter alles vernünftig Aufzeichenbare inbegriffen ist.

Man vergegenwärtige sich dieses Ergebnis sowohl mit den Bezeichnungen $f'(x)$ und $f(x)$ als auch mit den Bezeichnungen $f(x)$ und $\int f(x)\,dx$.

9. Beliebige Rechteckstreppen.

Es ist offenbar unwesentlich, daß wir die Fläche der abgeleiteten Kurve $y' = f'(x)$ gerade durch die Rechteckssumme $h\,y_0' + h\,y_1' + h\,y_2' + \cdots + h\,y_{n-1}'$ angenähert haben. Wir hätten ebensogut z. B. die Rechteckssumme $h\,y_1' + h\,y_2' + \cdots + h\,y_n'$ verwenden können, deren Rechteckstreppe in Abb. 132 zu sehen ist; denn beim Grenzübergange $h \to 0$, $n \to \infty$

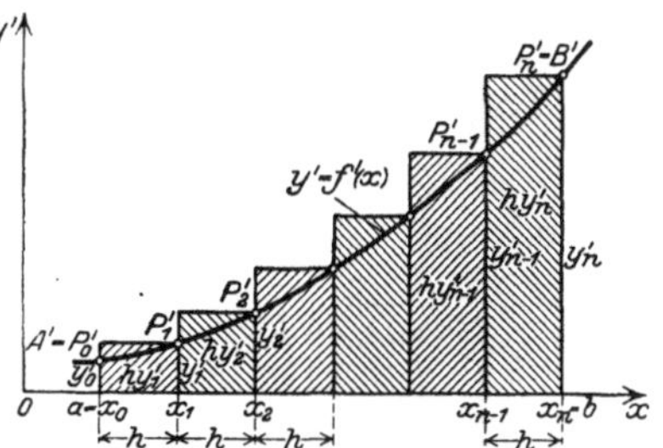

Abb. 132. Rechteckstreppe „nach rückwärts".

wird auch hier die Fläche der abgeleiteten Kurve „ausgeschöpft". Noch allgemeiner bieten sich Rechteckstreppen wie in Abb. 133 dar. Das Intervall $b - a$ zwischen der festen Anfangsabszisse a und der festen Endabszisse b sei mit $a = x_0$, $b = x_n$ durch ganz beliebige Zwischenabszissen x_1, x_2, $\ldots$, x_{n-1} in

Teilintervalle von den Spannen $x_1 - x_0 = h_0$, $x_2 - x_1 = h_1$, $\ldots$, $x_n - x_{n-1} = h_{n-1}$ eingeteilt (bei $b > a$ sind die h_ν selbst, bei $b < a$ die Zahlen $-h_\nu$ die Längen der Teilintervalle). In jedem Teilintervall sei eine ganz beliebige Zwischenabszisse ξ_ν

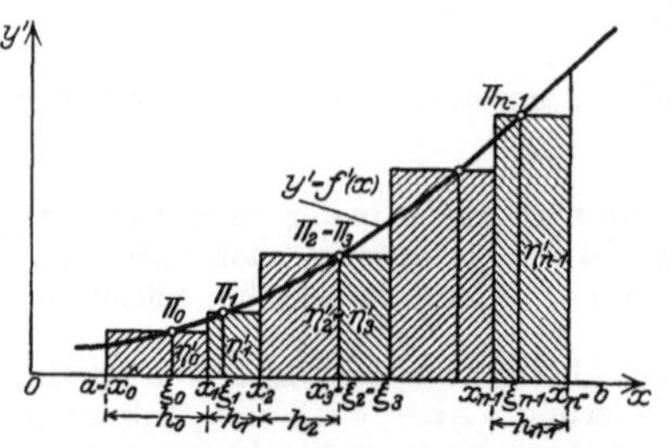

Abb. 133. Allgemeine Rechteckstreppe.

gewählt, die vielleicht mit der Anfangs- oder Endabszisse zusammenfällt (wie in Abb. 133 ξ_2 und ξ_3 mit x_3) ξ_0 für h_0, ξ_1 für h_1, $\ldots$, ξ_{n-1} für h_{n-1}. Die Werte $f'(\xi_0) = \eta_0'$, $f'(\xi_1) = \eta$, $\ldots$, $f'(\xi_{n-1}) = \eta_{n-1}'$ der Ableitung $y' = f'(x)$ sind als Höhen, die Spannen $h_0, h_1, \ldots, h_{n-1}$ als Grundlinien der Rechtecke für die Rechteckstreppe genommen. Auch hier gibt die zugehörige Rechteckssumme

$$h_0 \eta_0' + h_1 \eta_1' + \cdots + h_{n-1} \eta_{n-1}' = \sum_{\nu=0}^{n-1} h_\nu \eta_\nu' ,$$

wie der Augenschein lehrt, einen Annäherungswert an die Fläche der abgeleiteten Kurve. Rechteckstreppen der geschilderten Art mit immer mehr Rechtecken und immer kürzeren Grundlinien lassen die Fläche der abgeleiteten Kurve, wie früher S. 119, immer feiner sich herausschälen, d. h. es ist auch

$$\lim_{\substack{\text{alle } h_\nu \to 0 \\ n \to \infty}} \sum_{\nu=0}^{n-1} h_\nu f'(\xi_\nu) = \int_a^b f'(x)\, dx = f(b) - f(a) .$$

Analog haben wir natürlich für $y = f(x)$:

$$\lim_{\substack{\text{alle } h_\nu \to 0 \\ n \to \infty}} \sum_{\nu=0}^{n-1} h_\nu f(\xi_\nu) = \int_a^b f(x)\, dx = \quad \begin{array}{l}\text{Fläche der Kurve } y = f(x) \\ \text{zwischen den Abszissen } a \text{ und } b.\end{array}$$

Von einem höheren Standpunkte aus wird übrigens die Fläche einer Kurve überhaupt erst *definiert* als Grenzwert solcher Rechteckssummen. Denn von Flächenmessung und damit von einem Flächeninhalte ist ja in Elementargeometrie und Praxis zunächst nur bei geradlinig begrenzten Figuren die Rede, bei Dreiecken, Rechtecken, Trapezen u. dgl. oder aus solchen aufbaubaren Figuren. Für krummlinig begrenzte Figuren müssen wir uns erst klar werden, was eigentlich vernünftigerweise unter dem Flächeninhalte zu verstehen ist. Nun zerlegt man z. B. ein krummlinig begrenztes Grundstück zur Flächenbestimmung in so viele Teile, daß man für jeden die Begrenzung praktisch als geradlinig ansehen und die Formeln der Elementargeometrie anwenden kann. Was man hierdurch findet, *setzt man verabredungsgemäß als Flächeninhalt der krummlinig begrenzten Figur fest.* Unsere Überlegungen sind einfach eine Verfeinerung dieses Gedankens. Man vergleiche sie auch mit der Ausschöpfung des Kreises durch eingeschriebene Vielecke bei der Definition der Zahl π .

10. Trapezregel. Verbinden wir die Annäherungen der Fläche $\int_a^b f(x)\, dx$ einer Kurve $y = f(x)$ zwischen den Abszissen a und b durch Rechteckssummen „nach vorwärts" und „nach rückwärts" (wie in Abb. 121 und 132 für $y' = f'(x)$)

$$\int_a^b f(x)\, dx \approx h y_0 + h y_1 + h y_2 + \cdots + h y_{n-1}$$
$$\int_a^b f(x)\, dx \approx \qquad h y_1 + h y_2 + \cdots + h y_{n-1} + h y_n$$
$$\text{mit } y_\nu = f(x_\nu),$$

die oft (wenn nämlich $y = f(x)$ beständig ansteigt oder beständig abfällt) Schranken für $\int_a^b f(x)\, dx$ nach unten und nach oben liefern, so bemerken wir, daß auch das arithmetische Mittel die Fläche annähern muß:

$$\int_a^b f(x)\,dx \approx h\left(\tfrac{1}{2}y_0 + y_1 + y_2 + \cdots + y_{n-1} + \tfrac{1}{2}y_n\right) \qquad (*)$$

oder

$$\int_a^b f(x)\,dx \approx \frac{b-a}{2n}\left\{y_0 + y_n + 2(y_1 + y_2 + \cdots + y_{n-1})\right\},$$

und zwar um so besser, je kleiner h ist. Das leuchtet anschaulich unmittelbar ein; denn dieses arithmetische Mittel ist der Gesamtinhalt einer Anzahl aufeinanderfolgender „*Sehnentrapeze*" von $y = f(x)$ (Abb. 134) mit den Inhalten (Mittellinie mal Höhe)

$$\frac{y_0 + y_1}{2}\,h; \qquad \frac{y_1 + y_2}{2}\,h; \qquad \ldots; \qquad \frac{y_{n-1} + y_n}{2}\,h.$$

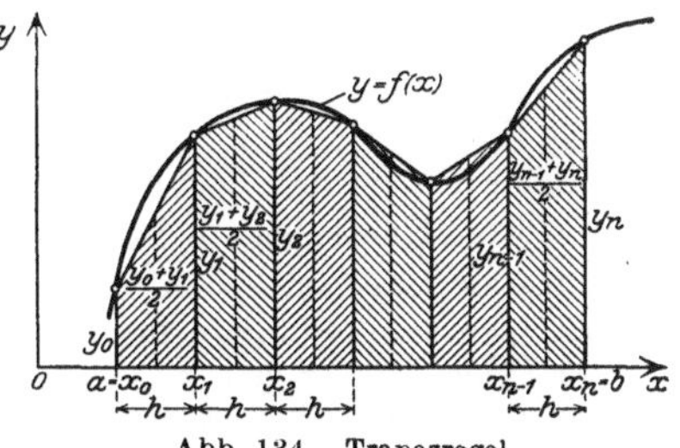

Abb. 134. Trapezregel.

Durch die „*Trapezregel*" oder „*Trapezformel*" (*) wird meist eine bessere Annäherung von $\int_a^b f(x)\,dx$ erzielt als mittels Rechteckstreppen. Denn die Sehne schließt sich im allgemeinen der Kurve besser an als die wagerechte Decklinie eines Rechtecksstreifens.

Man verwendet die Trapezregel, um die Fläche einer Kurve $y = f(x)$ von a bis b bzw. damit gleichbedeutend das bestimmte Integral $\int_a^b f(x)\,dx$ angenähert zu ermitteln, indem man die Ordinaten $y_0, y_1, y_2, \ldots, y_n$ von $y = f(x)$ für die äquidistanten Argumente $x_0 = a, x_1, x_2, \ldots, x_n = b$ im Abstande $h = \dfrac{b-a}{n}$ voneinander berechnet, mit dem Maßstabe mißt oder sich sonstwie verschafft und dann die rechte Seite von (*) bildet. Das ist wichtig z. B. für folgende Fälle:

1. Der Weg des Fundamentalsatzes über eine Stammfunktion zu $f(x)$ versagt für die Praxis dadurch, daß diese Stammfunktion sich gar nicht oder nur in ungeheuer verwickelter Weise durch die geläufigen Funktionen ausdrücken läßt (vgl. S. 74, S. 135—137 und S. 168).

2. Ein formelmäßig bekanntes bestimmtes Integral soll auch numerisch angenähert werden.

Zur Schätzung des Unterschiedes zwischen dem Integral $\int_a^b f(x)\,dx$ und der Trapezsumme stellt der Fachmathematiker die genaue Formel

$$\int_a^b f(x)\,dx = h\left(\tfrac{1}{2}y_0 + y_1 + y_2 + \cdots + y_{n-1} + \tfrac{1}{2}y_n\right) - \frac{b-a}{12}h^2 f''(\xi)$$

zur Verfügung; dabei bedeutet ξ eine allgemein nicht weiter angebbare Zwischenabszisse zwischen a und b. Der Fehler nimmt also, wenn $f''(x)$ zwischen a und b annähernd konstant ist, etwa proportional h^2 oder umgekehrt proportional dem Quadrate n^2 der Anzahl der Teilintervalle ab[1]. Praktisch recht brauchbar ist auch folgende Faustregel, die sich leicht aus dem angeführten Ausdrucke für das „Restglied" ergibt: Man wiederhole die Rechnung mit doppelter Intervallanzahl $2n$ und halber Spanne $\dfrac{h}{2}$. Dann ist die am Näherungswert für $\dfrac{h}{2}$ anzubringende Verbesserung etwa gleich einem Drittel der Differenz Näherungswert mit $\dfrac{h}{2}$ minus Näherungswert mit h. (Übrigens ist diese Faustregel völlig gleichwertig mit der Simpsonschen Regel von S. 130, wie man selbst nachprüfen möge.)

---

[1] Jedenfalls liefert die Trapezregel, wenn $f''(x)$ zwischen a und b durchweg positiv (negativ) ist, einen zu großen (zu kleinen) Näherungswert für das Integral. Man halte dies mit der anschaulichen Tatsache zusammen, daß für $f''(x) > 0$ bzw. $f''(x) < 0$ die Kurve $y = f(x)$ erhaben bzw. hohl nach unten ist.

11. Simpsonsche Regel. Noch wesentlich feiner als die Trapezregel nähert gewöhnlich die „*Simpsonsche Regel*" (oder *Parabelregel*)

$$\int\limits_a^b f(x)\,dx \approx \frac{h}{3}\left\{ y_0 + y_n + 4\,(y_1 + y_3 + \cdots + y_{n-1}) + 2\,(y_2 + y_4 + \cdots + y_{n-2}) \right\}$$

das Integral $\int\limits_a^b f(x)\,dx$ an; in ihr muß n eine gerade Zahl sein, h bedeutet wie bei der Trapezregel den n-ten Teil $\dfrac{b-a}{n}$ von $b-a$. Benannt ist die Regel, freilich geschichtlich mit Unrecht, nach dem englischen Mathematiker Simpson (um 1740).

Zur Herleitung legt man durch je drei aufeinanderfolgende Kurvenpunkte P_0, P_1, P_2; P_2, P_3, P_4; ...; P_{n-2}, P_{n-1}, P_n die Newtonsche Interpolationsparabel 2. Ordnung (S. 45—47) und nimmt den aus den Bögen dieser Parabeln zwischen P_0 und P_2, P_2 und P_4, ..., P_{n-2} und P_n gebildeten Kurvenzug als Ersatz für $y = f(x)$. Für die Parabelbögen lassen sich die bestimmten Integrale zwischen x_0 und x_2, x_2 und x_4, ..., x_{n-2} und x_n explizit angeben (vgl. S. 142). Addiert man zum Schlusse alles auf, so kommt die Simpsonsche Regel heraus.

Der Fehler bei ihr geht angenähert umgekehrt proportional der vierten Potenz n^4 der Teilintervallanzahl n, und es besteht eine entsprechende Faustregel zur Genauigkeitsbestimmung durch Verdoppeln der Intervallanzahl wie bei der Trapezformel, nur mit $\frac{1}{15}$ statt $\frac{1}{3}$.

Die numerische Berechnung von Integralen systematisch zu untersuchen, ist die Aufgabe der „*numerischen Integration*" oder „*mechanischen Quadratur*"[1], eines Zweiges der Interpolationsrechnung (vgl. S. 45—49). Sie ist namentlich für astronomische Zwecke zur numerischen Bewältigung des Mehrkörperproblems und der Störungstheorie [Was für Bahnen beschreiben Massen, von denen jede alle anderen anzieht und von ihnen angezogen wird, z. B. im System Sonne — Erde — Mond?] zu hoher praktischer Vollkommenheit ausgebildet worden. Trapezregel und Simpsonsche Regel sind zwei ihrer Ecksteine, deren Verwendbarkeit der Naturwissenschaftler zu seinem Schaden meistens nicht genügend würdigt.

12. Beispiel für Trapezregel und Simpsonsche Regel: Berechnung von π. Von S. 94 kennen wir die Stammfunktion $\int \dfrac{dx}{\sqrt{1-x^2}} = \arcsin x + C$. Daher gilt $\int\limits_a^b \dfrac{dx}{\sqrt{1-x^2}} = \arcsin b$ — $\arcsin a$, insbesondere für $a = 0$ und $b = \dfrac{1}{2}$

$$\int\limits_0^{\frac{1}{2}} \frac{dx}{\sqrt{1-x^2}} = \arcsin \frac{1}{2} = \frac{\pi}{6}$$

(der Winkel, dessen Sinus den Wert $\frac{1}{2}$ hat, ist $\frac{\pi}{6}$ entsprechend 30°). Wir können also durch numerische Integration des linksstehenden Integrals angenähert die Zahl π berechnen. Dabei wollen wir die Spannen 0,1 und 0,05 benutzen

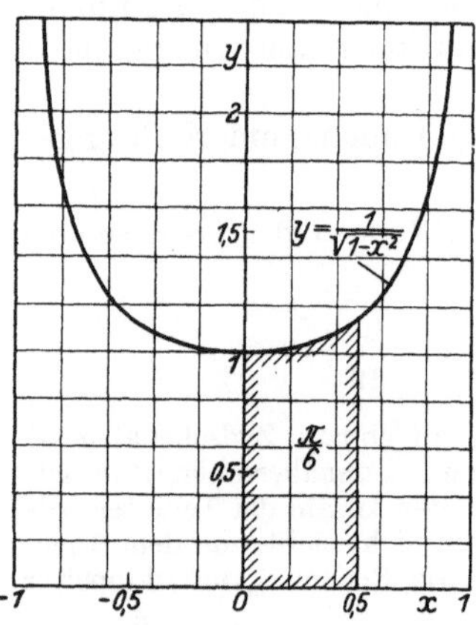

Abb. 135. Kurve $y = \dfrac{1}{\sqrt{1-x^2}}$.

x	$y = 1:\sqrt{1-x^2}$	x	$y = 1:\sqrt{1-x^2}$
0	1	0,3	1,04829
0,05	1,00125	0,35	1,06752
0,1	1,00504	0,4	1,09109
0,15	1,01144	0,45	1,11978
0,2	1,02062	0,5	1,15470
0,25	1,03280		

und müssen uns deshalb zunächst irgendwie die vorstehende kleine Tabelle der Funktion $y = 1:\sqrt{1-x^2}$ (Abb. 135) verschaffen. Die Rechnung besteht dann wesentlich nur noch in Additionen von Zahlen dieser Tabelle.

---

[1] Zum Worte „Quadratur" vgl. S. 121—122. „Mechanice" sagte man im Mittelalter von angenäherten Konstruktionen im Gegensatze zu den im Sinne der griechischen Geometrie mit Zirkel und Lineal „demonstrative" ausführbaren Konstruktionen.

a) Trapezregel.

a) $h = 0{,}1$.

Es sind die Funktionswerte für $x = 0{,}1$; $0{,}2$; $0{,}3$; $0{,}4$ zusammenzuzählen, und zur Summe sind die halben Funktionswerte für $x = 0$ und $x = 0{,}5$ hinzuzufügen; die Gesamtsumme mal $\frac{1}{10}$ liefert den gesuchten Annäherungswert an $\frac{\pi}{6}$:

$$
\begin{aligned}
&1{,}00504 \\
&1{,}02062 \\
&1{,}04829 \\
&1{,}09109 \\
\hline
&4{,}16504 \\
&0{,}5 \\
&0{,}57735 \\
\hline
&5{,}24239 \cdot \frac{1}{10}
\end{aligned}
$$

$$\frac{\pi}{6} \approx 0{,}524239$$

b) $h = 0{,}05$.

Die Summe aus den Funktionswerten für die Zehntel $x = 0{,}1$ bis $0{,}4$ und den halben Funktionswerten an den Enden $x = 0$ und $x = 0{,}5$ ist schon zu $5{,}24239$ gefunden; wir brauchen sie daher wesentlich nur noch mit der Summe für die Zwanzigstel $x = 0{,}05$; $0{,}15$; ...; $0{,}45$ zu vereinen:

$$
\begin{aligned}
&1{,}00125 \\
&1{,}01144 \\
&1{,}03280 \\
&1{,}06752 \\
&1{,}11978 \\
\hline
&5{,}23279 \\
&5{,}24239 \\
\hline
&10{,}47518 \cdot \frac{1}{20}
\end{aligned}
$$

$$\frac{\pi}{6} \approx 0{,}523759$$

Die Differenz: feiner Näherungswert (für $h = 0{,}05$) minus grober Näherungswert (für $h = 0{,}1$) beträgt $0{,}523759 - 0{,}524239 = -0{,}000480$, ein Drittel davon $-0{,}000160$. Das ist angenähert der Fehler des feinen Näherungswertes bzw. die an diesem anzubringende Verbesserung. $0{,}523759 - 0{,}000160 = 0{,}523599$ stimmt in der Tat für alle sechs Stellen mit $\frac{\pi}{6}$ überein und liefert $\pi \approx 3{,}141594$ statt $3{,}141593$.

b) Simpsonsche Regel.

Sie ist nur anwendbar für $h = 0{,}05$ mit der geraden Anzahl 10 von Teilintervallen, aber nicht für $h = 0{,}1$ mit der ungeraden Anzahl 5. Wir müssen die Summe von Anfangs- und Endordinate mit dem Vierfachen der schon gefundenen Summe $5{,}23279$ der Ordinaten für die ungeraden Vielfachen $0{,}05$; $0{,}15$; ...; $0{,}45$ von $0{,}05$ und dem Doppelten der Summe $4{,}16504$ der Ordinaten für die geraden Vielfachen $0{,}1$; $0{,}2$; $0{,}3$; $0{,}4$ vereinigen und dann durch das Dreifache 60 des Nenners von $\frac{1}{20}$ teilen:

$$
\begin{aligned}
&1 \\
&1{,}15470 \\
&20{,}93116 \\
&8{,}33008 \\
\hline
&31{,}41594 \cdot \frac{1}{60}
\end{aligned}
$$

$$\frac{\pi}{6} \approx 0{,}523599 \text{ auf sechs Stellen richtig.}$$

13. Rechteckstreppen zu einem Sehnenzuge und zu einer Tangentenkette der Urkurve. Von den allgemeinen Rechteckstreppen der S. 127 bis 128 spielen zwei in der Praxis eine beträchtliche Rolle[1]. Erstens liege bei jedem Rechtecksstreifen die Decklinie so, daß sein Inhalt genau gleich dem Inhalte des entsprechenden Kurvenstreifens ausfällt. Dazu muß z. B. (Abb. 136) für das erste Teilintervall von x_0 bis x_1 zwischen

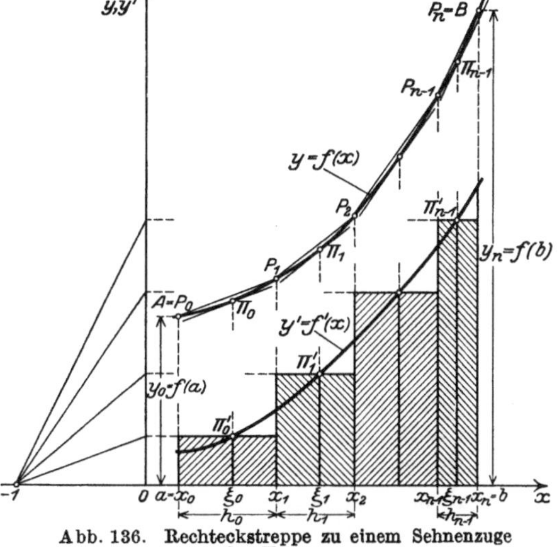

Abb. 136. Rechteckstreppe zu einem Sehnenzuge der Urkurve.

x_0 und dem Zwischenpunkte ξ_0 ein ebenso großer, schraffierter Zwickel des Kurvenstreifens über den Rechtecksstreifen überschießen wie zwischen ξ_0 und x_1

---

[1] Wir denken uns die Kurve $y' = f'(x)$ *monoton* oder ein monotones Stück herausgegriffen.

an ihm (weiß gelassen) fehlt (oder umgekehrt), entsprechend muß es für das zweite Teilintervall von x_1 bis x_2 mit dem Zwischenpunkte ξ_1 sein usw. Der Inhalt des ersten Rechtecksstreifens an der abgeleiteten Kurve $y' = f'(x)$ beträgt $(x_1 - x_0) f'(\xi_0)$ mit einem gewissen, gerade durch unsere Forderung festgelegten ξ_0, der Inhalt des ersten Kurvenstreifens $\int\limits_{x_0}^{x_1} f'(x)\, dx = f(x_1) - f(x_0)$ (er ist die Funktionsdifferenz der Urfunktion $y = f(x)$ zwischen x_0 und x_1, vgl. S. 121). Die Gleichheit beider hat zur Folge

$$f'(\xi_0) = \frac{f(x_1) - f(x_0)}{x_1 - x_0}\,,$$

d. h.: *Die Tangente der Urkurve für den Punkt Π_0 mit der Abszisse ξ_0 verläuft parallel der Sehne durch die Punkte P_0 und P_1 für die Abszissen x_0 und x_1.* Unser hier durch die Bedingung für den Rechtecksstreifen bestimmtes ξ_0 ist also ein ξ_0 des Mittelwertsatzes der Differentialrechnung (S. 110).

Zweitens sei die Höhe für den ersten Rechtecksstreifen zwischen x_0 und x_1 gleich der Anfangsordinate, also $\xi_0 = x_0$. Die Decklinie des zweiten Rechtecksstreifens zwischen x_1 und x_2 schneide die Kurve $y' = f'(x)$ so (Abb. 137), daß links von ξ_1 ein ebenso großer Zwickel (schraffiert) des zweiten Rechtecksstreifens über die Kurve überschießt wie (weiß gelassen) beim ganzen ersten Rechtecksstreifen bis zur Kurve fehlt (oder umgekehrt). Weiter tilge sich der rechte weiß gelassene Zwickel beim zweiten Rechtecksstreifen gegen den schraffierten linken Zwickel beim dritten Rechtecksstreifen usw., schließlich

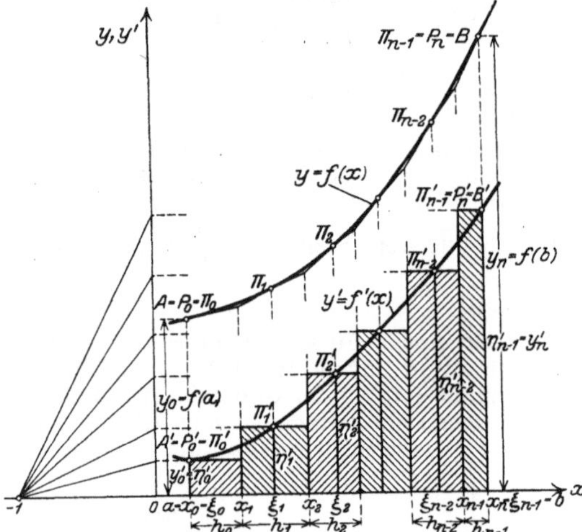

Abb. 137. Rechteckstreppe zu einer Tangentenkette der Urkurve. Graphische Integration.

der rechte Zwickel des vorletzten Rechtecksstreifens gegen den ganzen Zwickel für den letzten Rechtecksstreifen, indem ξ_{n-1} mit x_n zusammengelegt, d. h. als Höhe des letzten Rechtecksstreifens die Endordinate genommen wird. Dann findet Gleichheit zwischen der Fläche von $y' = f'(x)$ von der Anfangsabszisse x_0 an und zwischen Rechteckstreppen statt für $\xi_1, \xi_2, \ldots, \xi_{n-1} = x_n$, also z. B.

$$(x_1 - x_0) f'(x_0) + (\xi_1 - x_1) f'(\xi_1) = \int\limits_{x_0}^{\xi_1} f'(x)\, dx = f(\xi_1) - f(x_0)\,.$$

An der Urkurve $y = f(x)$ bedeutet die rechte Seite die Erhebung von x_0 bis ξ_1, die linke Seite ebenfalls diese Erhebung, nur daß man von x_0 bis x_1 der Tangente in P_0 (Abszisse x_0) mit dem Steigungsmaße $f'(x_0)$ und von x_1 bis ξ_1 der Tangente in Π_1 (Abszisse ξ_1) mit dem Steigungsmaße $f'(\xi_1)$ folgen soll. *Die Rechteckstreppe Abb. 137 an der abgeleiteten Kurve $y' = f'(x)$ entspricht also einer Kette aufeinanderfolgender Tangenten der Urkurve $y = f(x)$. Die Berührungspunkte sind den Treffpunkten zwischen Rechtecksdecklinien und abgeleiteter Kurve und die Schnittpunkte je zweier aufeinanderfolgender Tangenten den Übergängen von einem Rechteck zum nächsten zugeordnet. Der Inhalt der ganzen Rechteckstreppe zwischen a und b ist gleich dem Höhenunterschiede $f(b) - f(a)$ von Anfangs- und Endpunkt der Urkurve $y = f(x)$.*

Zur Übung sei empfohlen, von einer Tangentenkette der Urkurve ausgehend die senkrechten Erhebungen bis zu den Tangenten als Rechtecke an der abgeleiteten Kurve auszudeuten und so zum Fundamentalsatze vorzudringen. Man genießt dabei den Vorteil, daß der Inhalt der Rechteckstreppe von vornherein als $f(b) — f(a)$ bekannt ist und bei der die Fläche ausschöpfender Verfeinerung von Tangentenkette und Rechteckstreppe fest bleibt. Er weist sich so von vornherein auch als Grenzwert der Rechteckssumme, d. h. als Fläche der abgeleiteten Kurve aus.

14. Graphische Integration. Die letzten Überlegungen ermöglichen die sehr bequeme und genaue zeichnerische Lösung des folgenden Problems: *Wie können wir, wenn die Urkurve $y = f(x)$ bis auf einen einzigen Punkt $A = P_0$ fortgelöscht ist, von der abgeleiteten Kurve $y' = f'(x)$ her zu ihr zurückgelangen?* Anders ausgedrückt: *Wie können wir die Kurve $y' = f'(x)$ graphisch integrieren, d. h. eine Stammkurve zu ihr zeichnen?*

Wir konstruieren einfach an der Kurve $y' = f'(x)$ eine Rechteckstreppe wie in Abb. 137. Dem Verlangen, daß sich die Zwickel gegenseitig tilgen sollen, läßt sich zeichnerisch vortrefflich nachkommen, weil das Auge an den kleinen Zwickeln Gleichheit oder Ungleichheit sehr gut abzuschätzen vermag. Die Zwischenpunkte werden im Laufe der Konstruktion passend gewählt, übrigens zweckmäßig nicht zu eng. Von den Rechtecksdecklinien geht man wagerecht auf die y'-Achse herüber. Verbinden der eingeschnittenen Punkte mit dem Punkte -1 auf der x-Achse liefert vermöge der entstehenden Steigungsdreiecke (vgl. S. 77—78) die Tangentenrichtungen der Urkurve (Abb. 137). Die erste Tangente läuft durch den gegebenen Punkt P_0 der Urkurve als Berührungspunkt. Man verfolgt sie (beim gebräuchlichen Einzeichnen der Urkurve in dasselbe Koordinatensystem wie die abgeleitete Kurve oder in ein senkrecht darüber befindliches) bis senkrecht über die Endseite des ersten Rechtecksstreifens und bricht dann zur zweiten Tangente um. Ihr Berührungspunkt liegt senkrecht über dem Schnitte der zweiten Rechtecksdecklinie mit der abgeleiteten Kurve. Senkrecht über der Endseite des zweiten Rechtecks schließt an die zweite Tangente die dritte an usw. In die gefundene Tangentenkette mit ihren Berührungspunkten läßt sich die Urkurve leicht und sicher einzeichnen, womit das Ziel erreicht ist.

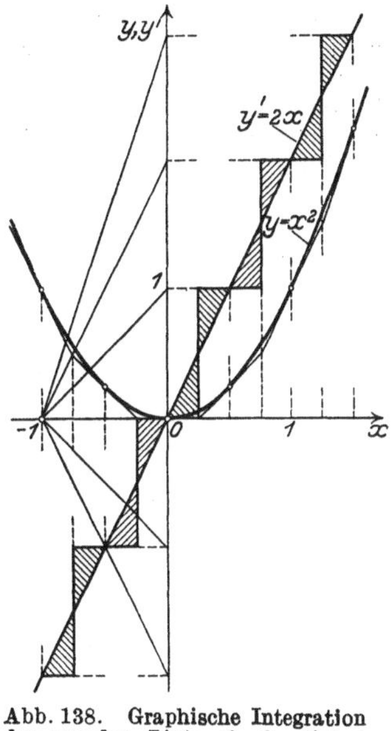

In Abb. 138 ist die graphische Integration der geraden Linie $y' = 2x$ als abgeleiteter Kurve zu sehen,

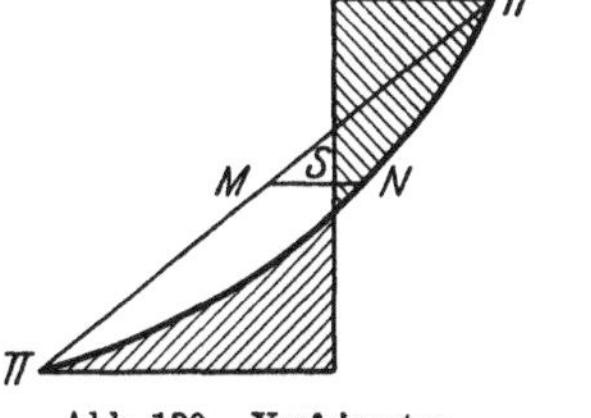

Abb. 138. Graphische Integration der geraden Linie $y' = 2x$ liefert die Parabel $y = x^2$.

wenn wir von der Urkurve noch wissen, daß sie den Koordinatenursprung trägt. Ausführung der einfachen Konstruktion wird jeden überzeugen, wie außerordentlich schön die Parabel $y = x^2$ als Urkurve zustande kommt.

Will man sich beim Abgleichen der Zwickel gegeneinander nicht auf das Augenmaß verlassen, so bietet sich das Verfahren der Abb. 139 dar. Durch Π komme von links eine wagerechte Rechtecksdecklinie an, und durch Π^* soll eine neue nach rechts abgehen. Wir ziehen die Sehne $\Pi\Pi^*$, halbieren sie in M und dritteln die wagerechte Strecke MN in S so, daß das kleinere Stück nach der Kurve zu liegt. Für die Senkrechte durch S werden die anschraffierten Zwickel einander annähernd flächengleich. Streng gilt dies, wenn der Bogen $\Pi\Pi^*$

Abb. 139. Verfeinertes Zwickelabgleichen.

einer Parabel mit wagerechter Achse (in $y = \sqrt{x}$-Lage) angehört. — Unsere Vorschrift ermöglicht den Gebrauch breiter Rechtecksstreifen und liefert sehr genaue Ergebnisse; sie spiegelt zeichnerisch die Simpsonsche Regel (S. 130) wider, bei welcher die vorgelegte Kurve ja auch durch Parabelbögen (dort allerdings in $y = x^2$-Lage) ersetzt wird. Auf Millimeterpapier zeichnet man natürlich die Wagerechte MN gar nicht ein, sondern markiert an Hand der Sehne $\Pi\Pi^*$, ihres Halbierungspunktes M und der Netzlinien sofort den Punkt S für die Senkrechte. In dieser Weise ist z. B. Abb. 140 entstanden; doch sind die Hilfslinien nachträglich fortgelöscht worden.

Statt der Rechteckstreppe der Abb. 137 kann auch, allerdings weniger vorteilhaft, die Rechteckstreppe von Abb. 136 zur graphischen Integration verwandt werden. Die Wagerechten der Rechtecksdecklinien schneiden hier auf der y'-Achse die Steigungsmaße von Sehnen der Urkurve ein, deren Begrenzungspunkte je senkrecht über den zwei Rechtecken gemeinsamen senkrechten Seiten liegen; die erste läuft durch den gegebenen Punkt P_0. Man erhält also hier nur Punkte der Urkurve, aber keine Tangenten. Das ist ein Mangel, den jeder Zeichenkundige empfinden wird. Für die zu den Sehnen parallelen Tangenten kennt man zwar die Senkrechten der Berührungspunkte (sie führen durch die Schnittpunkte der Rechtecksdecklinien mit der abgeleiteten Kurve), aber nicht diese selbst.

Ausdrücklich sei noch das eigentlich Problematische bei der graphischen Integration gekennzeichnet: Wir können zwar bei Kenntnis von y' als Ordinate der abgeleiteten Kurve sofort für jeden Punkt das Steigungsdreieck der Urkurve herstellen, dessen Hypotenuse die Tangenten*richtung* gibt. Aber wir kennen nicht die *absolute Lage* der Tangente. Wenn wir mehrere aufeinanderfolgende Ordinaten der abgeleiteten Kurve benutzen, so sind wir deshalb im Zweifel, wo wir von einer Tangente der Urkurve zur nächsten abschwenken müssen. Der Praktiker möchte ohne Kenntnis des Fundamentalsatzes vielleicht vorschlagen, das Umbrechen von einer Tangente zur nächsten immer in der Mitte der Teilintervalle vorzunehmen; dies würde zum graphischen Gegenbilde der Trapezregel führen und nur einen Streckenzug *nahe* der Urkurve liefern. Hingegen gewinnen wir durch das Verfahren der Abb. 137 einen wirklichen Tangentenzug einschließlich der Berührungspunkte, weil die besondere Rechteckswahl das Umbrechen vollständig charakterisiert.

Entsprechend läßt sich zu einer in der Form $y = f(x)$ statt $y' = f'(x)$ vorgelegten Funktion mittels einer Rechteckstreppe an der Kurve $y = f(x)$ graphisch eine *Stammkurve*, die Kurve einer *Stammfunktion* $\int f(x)\,dx$, konstruieren, wenn von ihr ein Punkt bekannt ist. Andernfalls nehmen wir ihn beliebig an (vgl. die Willkür der Integrationskonstanten bei der formelmäßigen Behandlung) und erhalten so jedenfalls

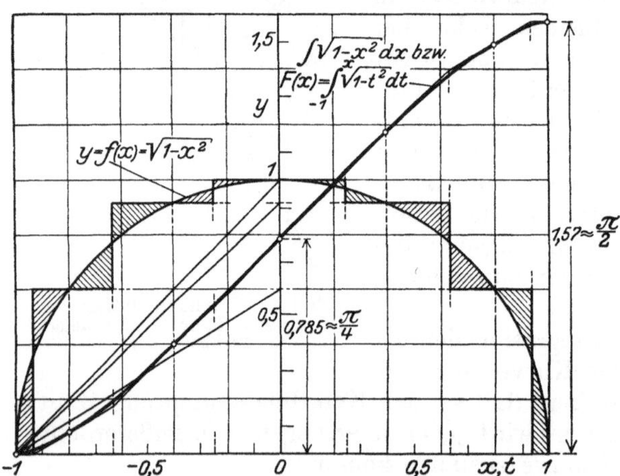

Abb. 140. **Graphische Integration eines Halbkreises.**

Flächeninhalt $F(x) = \int\limits_{-1}^{x} \sqrt{1-t^2}\,dt$ vom Punkte -1 an

als Stammfunktion $\int \sqrt{1-x^2}\,dx$ zu $y = \sqrt{1-x^2}$.

wieder eine Stammkurve, aus der alle anderen durch Parallelverschieben in der y-Richtung erzeugbar sind. Und zwar läuft zeichnerisch alles ebenso glatt und einfach wie bei der graphischen Differentiation (S. 69 bis 70 und S. 77—78), dem Aufsuchen der abgeleiteten Kurve mittels des Steigungsdreiecks. *Zu jeder gezeichneten Kurve $y = f(x)$ läßt sich graphisch mit Leichtigkeit eine Stammkurve oder Integralkurve herstellen, für welche die gegebene Kurve abgeleitete Kurve ist*[1]. Abb. 140 verdeutlicht dies für die Funktion $y = \sqrt{1 - x^2}$, welche durch die obere Hälfte des Kreises $x^2 + y^2 = 1$ gegeben wird.

Das „*Integrationsproblem*", die Stammfunktion oder das unbestimmte Integral $\int f(x)\,dx$ zu $y = f(x)$ zu ermitteln, bietet also zeichnerisch nicht die geringsten Schwierigkeiten. Das ist

---

[1] Es gibt auch Apparate, die das Zeichnen der Stammkurve mechanisch besorgen, wenn ein Stift auf der gegebenen Kurve geführt wird, die sog. *Integraphen*; vgl. WILLERS, FR. A.: Mathematische Instrumente, Sammlung Göschen 922.

für die Praxis sehr wichtig und doch gar nicht allgemein bekannt. Der Praktiker überschätzt oft die formelmäßigen Verfahren gegenüber den viel anschaulicheren zeichnerischen oder den numerischen vom Schlage der Trapezregel. Nun ist oft die formelmäßige Integration nicht in solcher Art durchführbar wie wunderbarerweise die formelmäßige Differentiation. Da wird denn die Flinte ins Korn geworfen bei Gelegenheiten, wo man mit graphischer Integration vollständig durchkommen könnte.

Ein glänzendes Beispiel für graphische und numerische Integration liefert der natürliche Logarithmus (vgl. Abschnitt II F, S. 165—202).

15. Flächeninhalt als Stammfunktion. Das bestimmte Integral als Funktion der oberen Grenze. Fundamentalsatz, dritte Fassung. Mit den letzten Dingen sind wir unvermerkt zu einer neuen Auffassung des Fundamentalsatzes hinübergeglitten.

Früher hatten wir ihn dazu benutzt, das bestimmte Integral $\int_a^b f(x)\,dx$ [die Fläche von $y = f(x)$ zwischen den Abszissen a und b] aus dem unbestimmten Integral $\int f(x)\,dx$ [der Stammfunktion mit der Ableitung $f(x)$] zu ermitteln. Jetzt sind wir bei unserer graphischen Integration umgekehrt von $\int_a^b f(x)\,dx$ aus zu $\int f(x)\,dx$ gelangt.

Dies wird am deutlichsten, wenn wir bei unserer Konstruktion den willkürlichen Anfangspunkt der Stammkurve auf der x-Achse in $x = a$ wählen. Dann mißt die Ordinate der Stammkurve für $x = b$ unmittelbar die Fläche von $y = f(x)$ zwischen $x = a$ und $x = b$; denn der Subtrahend in der Differenz der Ordinaten der Stammkurve für $x = a$ und $x = b$, die nach dem Fundamentalsatze dieser Fläche gleich ist, verschwindet. Die so durch graphische Integration gezeichnete besondere Stammkurve dient daher zur Flächenbestimmung für die vorgelegte Kurve, indem ihre Ordinate mit dem Längenmaßstab gemessen wird. Ermittlung der Fläche durch Auszählen der Quadratmillimeter auf Millimeterpapier oder durch Umfahren mit dem Planimeter (vgl. S. 123) liefert eine wertvolle Probe. Z. B. ist in Abb. 140 durch graphische Integration der Flächeninhalt des links von der y-Achse gelegenen Viertelkreises vom Radius 1 bestimmt. Die im Punkte $x = -1$ beginnende Flächeninhaltsstammkurve schneidet für $x = 0$ in der Höhe 0,785 hindurch, was eine vorzügliche Annäherung an den theoretisch zu erwartenden Wert $\dfrac{\pi}{4} \approx 0{,}7854$ darstellt. Für $x = 1$ liest man als Ordinate $1{,}57 \approx$ Halbkreisfläche $\dfrac{\pi}{2}$ ab.

Wichtiger aber ist für uns jetzt das Umgekehrte:

Tragen wir den (z. B. durch Auszählen von Quadratmillimetern gefundenen) *Flächeninhalt der Kurve $y = f(x)$, gemessen von der Ordinate für einen festen Punkt A mit der Abszisse a bis zur Ordinate für einen wandernden Punkt B mit der Abszisse b, als Funktion $F(b)$ von b auf, so erhalten wir eine Stammkurve zu $y = f(x)$.* Und zwar handelt es sich um diejenige Stammkurve, die für das Argument a (z. B. -1 in Abb. 140) den Wert 0 hat (der Flächeninhalt wird ja immer kleiner, je näher B an A heranrückt).

Anders ausgedrückt, als letzte Ausprägung des Fundamentalsatzes:

Das bestimmte Integral $\int_a^b f(x)\,dx$ ist bei festem a und veränderlichem b eine Funktion $F(b)$ von b, die für $b = a$ verschwindet und deren Ableitung $F'(b)$ gleich dem Werte $f(b)$ von $f(x)$ an der oberen Grenze b ausfällt.

Gewöhnlich schreibt man wieder x statt b. Dann wird man, um keine Verwirrung zu bekommen, in $f(x)$ unter dem Integralzeichen an Stelle von x als „*Integrationsveränderliche*" einen anderen Buchstaben, etwa t, wählen und hat damit (Abb. 141):

$$F(x) = \int_a^x f(t)\,dt\,, \qquad F(a) = 0\,, \qquad F'(x) = f(x)\,.$$

Das bestimmte Integral $\int\limits_a^x f(t)\,dt$ *ist also ein spezielles unbestimmtes Integral* $\int f(x)\,dx$ [1].

Das läßt sich auch unmittelbar folgendermaßen bestätigen, womit wir wieder auf die Betrachtungen vom Beginne dieses Abschnitts S. 117 zurückfallen und der Kreis des Fundamentalsatzes geschlossen wird. Wir gehen von x um die Spanne h weiter zu $x + h$, dann ändert sich die Fläche um die Funktionsdifferenz $F(x+h) - F(x) = \triangle F(x)$ von $F(x)$, dargestellt durch den Kurvenstreifen an $y = f(x)$ zwischen x und $x + h$ (Abb. 141). Einen Annäherungswert an diesen Kurvenstreifen $\triangle F(x)$ gibt der Rechtecksstreifen $h f(x)$ von der Grundlinie h und der Höhe $f(x)$. Beide unterscheiden sich verhältnismäßig immer weniger, je kleiner h ist. Nach

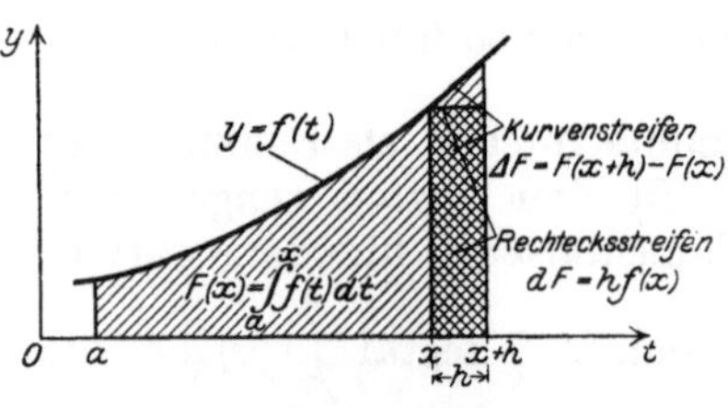

Abb. 141. Flächeninhalt als Stammfunktion: $F'(x) = f(x)$.

dem Differentialbegriffe (S. 103) muß daher $h f(x)$ das Differential $dF(x)$ von $F(x)$ sein und $f(x)$ die Ableitung $F'(x)$. In der Tat strebt, wie unmittelbar zu sehen, der Quotient $\triangle F(x) : h$, die „mittlere Höhe" des Kurvenstreifens, für $h \longrightarrow 0$ nach $f(x)$. Wir haben also vermöge der rechnerischen Definition der Ableitung (S. 104—105) $F'(x) = f(x)$; der Flächeninhalt $F(x)$ ist eine Funktion mit der Ableitung $f(x)$, d. h. eine Stammfunktion zu $f(x)$. Den Rechtecksstreifen $dF(x) = h f(x)$ mag man passend „*Differential der Integralrechnung*" nennen und ihm die senkrechte Erhebung bis zur Tangente in Abb. 105 als „*Differential der Differentialrechnung*" gegenüberstellen. Abb. 119 und 121 vereinigen beide Ausdeutungen des Differentials und fassen dadurch in nuce die ganze Differential- und Integralrechnung zusammen. Man veranschauliche sich auch die Grundformel der Differentialrechnung (S. 103) durch Abb. 141 in der Gestalt

$$\triangle F = dF + o(h);$$

das Restglied $o(h)$ von kleinerer Größenordnung ist der Unterschiedszwickel zwischen Kurvenstreifen $\triangle F$ und Rechtecksstreifen dF; er entspricht dem Stücke $T\overline{P}$ in Abb. 105.

Es zeigt sich hier besonders deutlich, daß Differential- und Integralrechnung nur zwei verschiedene Ausprägungen einer einzigen Sache sind, die man etwa durch das Wort „*Grenzwertrechnung*" kennzeichnen kann.

Man überlege sich entsprechend, daß $dS = \dfrac{r^2}{2}\,d\varphi$ als „*Sektordifferential*" einer Kurve $r = f(\varphi)$ in Polarkoordinaten (Abb. 130, S. 126) ein Annäherungswert an die „Sektordifferenz" $\triangle S$ ist, welche der Radiusvektor überstreicht, wenn der Polarwinkel sich von φ zu $\varphi + h = \varphi + d\varphi$ ändert. Erfolgt dieses Überstreichen im Laufe der Zeit $\triangle t$, so heißt $\lim\limits_{\triangle t \to 0} \dfrac{\triangle S}{\triangle t} = \dfrac{dS}{dt} = \dfrac{r^2}{2}\dfrac{d\varphi}{dt}$ die „*Flächengeschwindigkeit*". Sie spielt in der Theorie der Planetenbewegung eine Rolle; führt der Radiusvektor von der Sonne nach einem Planeten, so besagt das 2. Keplersche Gesetz, daß $\dfrac{dS}{dt}$ konstant ist (vgl. S. 156).

Mit welchem Buchstaben die Integrationsveränderliche in einem bestimmten Integral bezeichnet wird, ist gleichgültig. Kommt es doch für die Fläche einer Kurve gar nicht darauf an, ob diese Kurve $y = f(x)$ oder $y = f(t)$ oder $\eta = f(\xi)$ oder sonstwie geschrieben ist. Z. B.

$$\int\limits_a^b 2x\,dx = \int\limits_a^b 2t\,dt = \int\limits_a^b 2\xi\,d\xi = b^2 - a^2$$

bedeutet einheitlich die Fläche der geraden Linie (Abb. 122 und Abb. 138)

Ordinate = 2 mal Abszisse

zwischen den Abszissen a und b.

---

[1] Abb. 140 gibt in diesem Sinne, wie schon gesagt, eine Stammkurve $\int \sqrt{1-x^2}\,dx$ zu $y = \sqrt{1-x^2}$.

Hat man das bestimmte Integral als Funktion der oberen Grenze x, so wird häufig der Buchstabe x auch als Integrationsveränderliche beibehalten, also $\int\limits_{a}^{x} f(x)\,dx$ geschrieben. Dadurch werden freilich die Integrationsveränderliche, d. h. die unabhängige Veränderliche der zu integrierenden Funktion, und die obere Grenze, d. h. die unabhängige Veränderliche des Integrals, durcheinandergemischt, und es tritt nicht klar hervor, daß tatsächlich eine Funktion lediglich der oberen Grenze vorliegt. Deshalb empfiehlt es sich, auch dann, wenn die Kurve, deren Fläche gesucht wird, wie üblich in der Gestalt $y = f(x)$ gegeben ist, in Gedanken für einen Augenblick zu $y = f(t)$ oder $y = f(\xi)$ o. dgl. hinüberzuwechseln und $\int\limits_{a}^{x} f(t)\,dt$ zu schreiben.

Etwa nach der Trapezregel vermögen wir ein bestimmtes Integral $\int\limits_{a}^{x} f(t)\,dt$ numerisch angenähert auszuwerten. Tun wir das für verschiedene x, so ergibt sich die Funktionstabelle der Stammfunktion $F(x)$ von $f(x)$. Auch numerisch stehen also dem Integrieren ebensowenig Hindernisse entgegen wie zeichnerisch (zur Anwendung vgl. Abschnitt II F, insbesondere S. 168).

16. Grundsätzliches zur Differentialmethode. Unsere Überlegungen zum Fundamentalsatze enthalten, das sei zum Schlusse rückschauend herausgearbeitet, die Rechtfertigung der vom Naturwissenschaftler immerzu angewandten *„Differentialmethode"*. Darunter versteht man, allgemein gesprochen, das Verfahren, beim mathematischen Ansatze eines naturwissenschaftlichen Problems zuerst „ins Kleine" zu gehen, in *„Elemente"*, wie schmale Streifen oder Sektoren, dünne Platten, Stäbchen, Kreisringe, Kugelschalen o. dgl. zu zerschneiden, kurze Zeiten, kleine Verschiebungen ins Auge zu fassen usw. Manchmal wird dabei sogleich wieder an eine Zusammenfügung der „Elemente" gedacht, so bei den „Elementararbeiten" S. 123 oder bei der scharfen Fassung des *„Cavalierischen Prinzips"*, daß man z. B. einen Körper aus aufeinandergelegten flächenförmigen „Elementen" aufbauen könne. Dann handelt es sich im Grunde eigentlich nur um den Begriff des bestimmten Integrals. Öfter aber stellt die Differentialmethode — und dann tritt sie erst vollständig hervor —, ohne scheinbar weiterzudenken, zunächst nur eine *Differentialbeziehung* oder *Differentialgleichung* für Ableitungen oder Differentiale auf. Diese kann als Extrakt aus beobachteten und zweckmäßig aufgefaßten experimentellen Tatsachen abgezogen sein, wie bei der Lichtabsorption in einer Platte (S. 104). Oder sie verkörpert vielleicht eine nach theoretischen Überlegungen als möglichst einleuchtend und anschaulich angenommene *Differentialhypothese*, etwa für die Geschwindigkeit des Joddampfeindringens in Silber (S. 95—96). Der Fundamentalsatz besagt dann: Wir dürfen beim Differentialansatze, der auf kleine Änderungen achtet, unbedenklich Funktionsdifferenzen durch Differentiale ersetzen; auch wenn wir nachträglich durch Integrieren zu *Integralbeziehungen* oder *Integralgesetzen* für die Funktionen selbst fortschreiten, die sich mit der Erfahrung vergleichen lassen, besteht keine Gefahr der Aufhäufung sehr vieler sehr kleiner Einzelfehler. Vielmehr gestattet jenes Hereinbringen des Differentials gerade, den Grenzprozeß der Summation sehr vieler sehr kleiner Glieder, d. h. das Integrieren, ganz mechanisch und ohne neue Überlegungen durchzuführen. So trägt die Differentialmethode schon im Ansatze der nachfolgenden mathematischen Behandlung (dem Integrieren) Rechnung und bildet sie soweit wie irgend möglich vor.

Übrigens zeichnet sich der Differentialansatz häufig durch bestrickende Einfachheit aus, ohne selbst erfahrungsmäßig nachprüfbar zu sein. Dann wird er erst durch Bestätigung des Integralgesetzes gestützt.

Der innere Grund für die Differentialmethode läßt sich meistens durch das Schlagwort *„Proportionalität (Gleichförmigkeit) im Kleinen"* (vgl. S. 103—104) charakterisieren[1]; man überlege sich daraufhin alle unsere Beispiele durch. Vorteile bei ihr sind z. B.:

Sie faßt oft einen ungeheuren Erfahrungsstoff übersichtlich und einheitlich zusammen, so Newtons Differentialgesetz für die Gravitation: „Gravitationsbeschleunigung proportional den Massen, umgekehrt proportional dem Quadrate der Entfernung" die Keplerschen (Integral-) Gesetze und die ganze Himmelsmechanik, Guldberg-Waages Massenwirkungs(differential)gesetz: „Reaktionsgeschwindigkeit proportional dem Produkte der Konzentrationen" die chemische Kinetik;

---

[1] Auch Beispiele mit Geschwindigkeiten können dem untergeordnet werden. Z. B. ist beim Joddampfeindringen in Silber die Dickenzunahme $\triangle y$ angenähert proportional der Zeitspanne dt und umgekehrt proportional der schon vorhandenen Dicke y, in präziser Ausprägung $dy = \dfrac{p}{y}\,dt$. Gezwungen erscheint das Hinausspielen auf Proportionalität im Kleinen bei Beispielen mit Richtungen u. dgl., z. B. bei der Oberfläche einer rotierenden Flüssigkeit (S. 76).

sie ermöglicht dadurch eine wirkliche Theorie der Erscheinungen und lenkt den Blick auf das Wesentliche, den eigentlichen Mechanismus der Naturvorgänge[1];

durch Probieren verschiedener Differentialhypothesen ergibt sich zuweilen am schnellsten das zu experimentellen Befunden passende Gesetz.

Schließlich noch ein allgemeines Wort: Wer die Differentialmethode völlig erfaßt hat, der beherrscht begrifflich die „höhere" Mathematik.

E. Differenzier- und Integrierregeln.

1. Allgemeines. Mit Hilfe der Grundformel[2]

$$\triangle y = dy + o(h) = hy' + \varepsilon h \qquad (\varepsilon \to 0 \text{ für } h \to 0)$$

für den Zusammenhang zwischen Funktionsdifferenz $\triangle y = \bar{y} - y = f(x + h) - f(x)$ und Differential $dy = hy'$ oder mit Hilfe der rechnerischen Definition der Ableitung

$$\frac{\triangle y}{h} \to y' \text{ für } h \to 0$$

ist es ein Leichtes, die sog. *Differenzierregeln* herzuleiten. Diese, von Leibniz gefunden und bereits auf S. 74 im großen charakterisiert, bilden das Rückgrat der formelmäßigen Differentialrechnung und gestatten, Aufgaben der Differentialrechnung auf dem Papiere etwa so zu behandeln, wie man bei Kenntnis des kleinen Einmaleins beliebige Multiplikationen ausführen kann. Einige der Differenzierregeln ergeben in Umkehrung nützliche *Integrierregeln*.

2. Differenzieren und Integrieren einer Summe. Wir kennen schon von S. 74 die Regel, daß eine *Summe* $y = f(x) = u(x) + v(x)$ von zwei Funktionen $u = u(x)$ und $v = v(x)$ *gliedweise differenziert* werden darf, d. h. daß die Ableitung $y' = (u + v)'$ der Summe $y = u + v$ gefunden wird, indem man die Ableitungen u' und v' der Summanden addiert: $(u + v)' = u' + v'$.

Aus der Grundformel folgt dies so: Es ist

$$\triangle u = du + \varepsilon_1 h = hu' + \varepsilon_1 h \quad \text{und} \quad \triangle v = dv + \varepsilon_2 h = hv' + \varepsilon_2 h,$$

wobei $\triangle u = u(x+h) - u(x)$ und $\triangle v = v(x + h) - v(x)$ die Funktionsdifferenzen, $du = hu'$ und $dv = hv'$ die Differentiale der Funktionen u und v, schließlich ε_1 und ε_2 bei kleinem h kleine Größen mit $\varepsilon_1 \to 0$ und $\varepsilon_2 \to 0$ für $h \to 0$ sind. Nun ist die Funktionsdifferenz

$$\triangle y = \triangle(u + v) = f(x + h) - f(x) = [u(x + h) + v(x + h)] - [u(x) + v(x)]$$

der Summe $y = u + v$ offenbar gleich

$$[u(x + h) - u(x)] + [v(x + h) - v(x)] = \triangle u + \triangle v,$$

d. h. gleich der Summe der Funktionsdifferenzen für u und v einzeln, also

$$\triangle y = \triangle(u + v) = \triangle u + \triangle v = du + dv + (\varepsilon_1 + \varepsilon_2)h = (u' + v')h + (\varepsilon_1 + \varepsilon_2)h \, .$$

D. h. $\triangle(u + v)$ ist dargestellt als Summe aus $du + dv = (u' + v')h$ und einem Gliede $(\varepsilon_1 + \varepsilon_2)h$ von kleinerer Größenordnung, weil mit ε_1 und ε_2 auch $\varepsilon_1 + \varepsilon_2$ klein ausfällt und für $h \to 0$ nach Null strebt. Daher muß der erste Bestandteil $du + dv$ das Differential $d(u + v)$ von $u + v$ sein:

$$d(u + v) = du + dv$$

und der Faktor $u' + v'$ von h in ihm die Ableitung von $u + v$:

$$(u + v)' = u' + v'.$$

---

[1] Die neueste Entwicklung der Physik läuft zum Teil etwas anders, und auch in der Mathematik geht neuerdings eine Strömung dahin, solange als möglich mit Differenzen statt Differentialen zu arbeiten. Doch wird die Differentialmethode wohl immer ihre Bedeutung für den Naturwissenschaftler behalten.

[2] Ausdeuten können wir diese Formel, wie noch einmal zusammenfassend bemerkt sei:
1. an der Kurve $y = f(x)$, und zwar ist $\triangle y$ die senkrechte Strecke $\overline{QP}$ vom Endpunkte Q der wagerechten Spanne $PQ = h$ bis zur Kurve, während $dy = QT$ von Q bis zur Tangente in P führt;
2. an der Kurve $y' = f'(x)$, und zwar ist $\triangle y$ der Kurvenstreifen von der Breite h zwischen x und $x + h$, dy der zugehörige, an die Anfangsordinate y' angefügte Rechteckstreifen, vgl. Abb. 119. Entsprechendes gilt für die Beziehung $\triangle y : h \to y'$ für $h \to 0$.

Aus der Differenzierregel entfließt wie früher als Umkehrung die Integrierregel

$$\int (u + v)\, dx = \int u\, dx + \int v\, dx\,,$$

eine *Summe* darf *gliedweise integriert* werden.

3. Differenzieren eines Produkts. Ableitung der Potenz. Binomialformel. Unsere frühere Differenzierregel vom konstanten Faktor (S. 75) erweist sich jetzt als ein Sonderfall einer Regel über das Differenzieren eines *Produkts* $y = f(x) = u(x)\,v(x)$ von zwei Funktionen $u = u(x)$ und $v = v(x)$. Um diese Regel herzuleiten, benutzen wir am einfachsten die rechnerische Definition $\triangle y : h \to y'$ der Ableitung. Wir kennen die Ableitungen u' und v' und wünschen die Ableitung $(uv)'$. Offenbar muß zur Ausbeutung der Definition $\triangle y : h \to y'$ die Funktionsdifferenz $\triangle (uv) = u(x+h)v(x+h) - u(x)v(x)$ des Produkts uv in Verbindung mit den Funktionsdifferenzen $\triangle u = u(x+h) - u(x)$ und $\triangle v = v(x+h) - v(x)$ der Faktoren gebracht werden. Wir deuten $\triangle (uv)$ als Inhaltsänderung eines Rechtecks mit den Seiten u und v, wenn diese bei der Änderung von x in $x+h$ um $\triangle u$ und $\triangle v$ wachsen. Man liest aus Abb. 142 ab

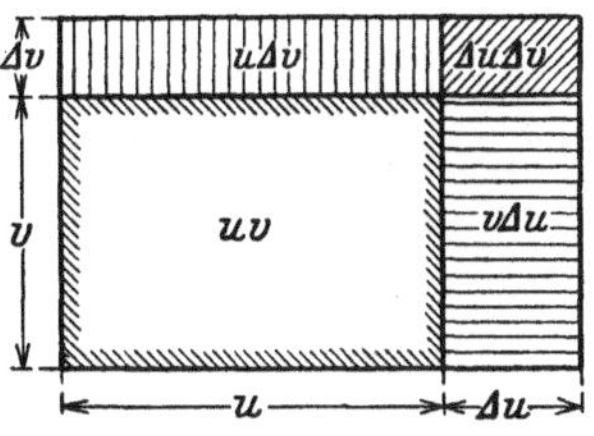

Abb. 142. Änderung eines Produkts bei Änderung der Faktoren.

$$\triangle (uv) = v\triangle u + u\triangle v + \triangle u\triangle v$$

und bestätige dies auch rein rechnerisch unter Heranziehung von $u(x+h) = u(x) + \triangle u$, $v(x+h) = v(x) + \triangle v$ (wichtig für negative u und v oder $\triangle u$ und $\triangle v$, wobei die geometrische Veranschaulichung kleine, allerdings durch Zusatzverabredungen leicht zu behebende Schwierigkeiten mit sich bringt). Dividieren wir durch h, so sind die entstehenden Differenzenquotienten für den Grenzübergang $h \to 0$, der zu den Ableitungen $(uv)'$, u' und v' führt, geeignet:

$$\frac{\triangle (uv)}{h} = \frac{\triangle u}{h}\,v + \frac{\triangle v}{h}\,u + \frac{\triangle u}{h}\,\triangle v\,.$$

Nur das letzte Glied erfordert noch einen Augenblick Sonderüberlegung: $\dfrac{\triangle u}{h}$ strebt für $h \to 0$ nach der Ableitung u', die Funktionsdifferenz $\triangle v$ aber nach Null (das senkrechte Stück bis zur Kurve schrumpft bei hinschwindender Spanne selbst immer mehr zusammen), also das ganze letzte Glied ebenfalls nach Null. Damit haben wir

$$\boxed{(uv)' = u'v + v'u,}$$

Ableitung des Produkts gleich Ableitung des ersten Faktors mal zweitem Faktor plus Ableitung des zweiten Faktors mal erstem Faktor.

Multiplizieren wir beiderseits mit einem beliebigen h, so sind $h(uv)'$, hu', hv' die Differentiale des Produkts uv und der Faktoren u und v, d. h.:

$$\boxed{d(uv) = v\,du + u\,dv\,.}$$

Man leite dies auch mit Hilfe der Grundformel her!

Ist insbesondere die eine Funktion v eine *Konstante c*, so wird $v' = c' = 0$ und $(cu)' = cu'$, wir stoßen auf die Regel vom Vortreten einer Konstanten beim Differenzieren.

Einige Beispiele:

$$(x \sin x)' = x' \sin x + (\sin x)' x = 1 \cdot \sin x + \cos x \cdot x = \sin x + x \cos x\,,$$

$$(\sin^2 x)' = (\sin x \cdot \sin x)' = (\sin x)' \sin x + (\sin x)' \sin x = 2 \sin x \cos x = \sin 2x$$

(der Verlauf der für die Elektrotechnik wichtigen Funktion $y = \sin^2 x$ ist in Abb. 143 zu sehen, vgl. auch S. 164—165),

$$(x^2)' = (x \cdot x)' = x' \cdot x + x' \cdot x = 2x ,$$

$$(x^3)' = (x^2 \cdot x)' = (x^2)' x + x' (x^2) = 2x \cdot x + 1 \cdot x^2 = 3 x^2 .$$

Mit dem neuen Ergebnis

$$(x^3)' = 3 x^2$$

für die *Ableitung des Kubus* $y = x^3$ (Abb. 41, S. 34) können wir weiterschreiten und $(x^4)' = (x^3 \cdot x)' = 4 x^3$ für die 4. Potenz von x usw. finden. Wir wollen statt dessen allgemeiner zunächst ein *Produkt* $uvw\cdots$ *von mehr als zwei Funktionen* $u = u(x)$, $v = v(x)$, $w = w(x)$, ... von x differenzieren und dann alle Faktoren gleich x setzen, um so auf die Ableitung der Potenzen von x mit positivem ganzem Exponenten zu kommen. Es ergibt sich, indem wir den ersten Faktor u für sich und das Produkt $vw\cdots$ aller übrigen als einen Ausdruck zusammennehmen, nach unserer Regel:

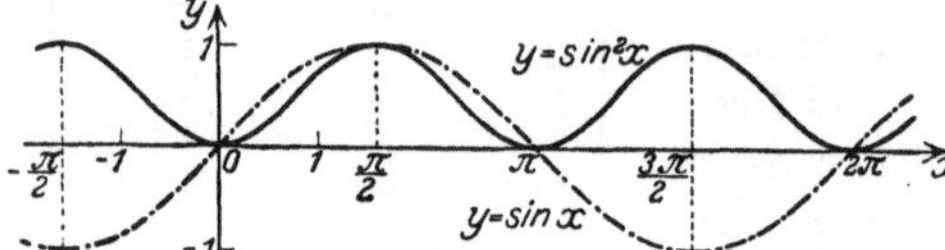

Abb. 143. Kurve $y = \sin^2 x$ (und Sinuslinie $y = \sin x$).

$$(uvw\cdots)' = [u \cdot (vw\cdots)]' = u'(vw\cdots) + (vw\cdots)'u .$$

Nun wird $(vw\cdots)'$ in entsprechender Weise ausgeführt:

$$(vw\cdots)' = v'(w\cdots) + (w\cdots)'v .$$

Die Schlußformel lautet, wie leicht zu übersehen,

$$(uvw\cdots)' = u'vw\cdots + v'uw\cdots + w'uv\cdots + \cdots ;$$

wir multiplizieren die Ableitung jedes Faktors mit allen übrigen Faktoren und addieren die sämtlichen derartigen Produkte.

Insbesondere

$$(x^n)' = \underbrace{(x \cdot x \cdots x)'}_{n\,\text{Faktoren}} = x' \underbrace{(x \cdot x \cdots x)}_{(n-1)\,\text{Faktoren}} + x' \underbrace{(x \cdot x \cdots x)}_{(n-1)\,\text{Faktoren}} + \cdots + x' \underbrace{(x \cdot x \cdots x)}_{(n-1)\,\text{Faktoren}}$$

$$\underbrace{}_{n\,\text{Summanden}}$$

$$= n x^{n-1} , \text{ d. h.:}$$

> *Die Potenz* $y = x^n$ *hat die Ableitung* $y' = (x^n)' = n x^{n-1}$
> *und das Differential* $dy = n x^{n-1} dx .$

Zur Differentiation der Potenz x^n *zieht man den Exponenten* n *als Faktor vor und vermindert ihn oben an* x *um* 1; z. B.: $(x^2)' = 2 x^{2-1} = 2x$, $(x^5)' = 5 x^{5-1} = 5 x^4$, $(x^{-1}) = -1 \cdot x^{-2} = -x^{-2}$, $\left(x^{\frac{4}{3}}\right)' = \frac{4}{3} x^{\frac{4}{3}-1} = \frac{4}{3} x^{\frac{1}{3}}$. Eigentlich müßten wir verlangen, daß n positiv ganz sein soll — aber es wird sich zeigen, daß die hier für positives ganzes n bewiesene Regel für ganz beliebiges n in Kraft bleibt (vgl. S. 146 bis 147, S. 150, S. 152, S. 160—161). Das wird man schon nach der von S. 94 bekannten Differenzierformel $(\sqrt{x})' = \dfrac{1}{2\sqrt{x}}$, die sich jetzt als $\left(x^{\frac{1}{2}}\right)' = \frac{1}{2} x^{\frac{1}{2}-1} = \frac{1}{2} x^{-\frac{1}{2}}$ einordnet, und nach den Regeln des Rechnens mit kleinen Größen (S. 99—100) vermuten.

Für $n = 3$, also $y = x^3$ ist das Differential $dy = 3x^2 dx$. Wenn man die Kantenlänge x eines Würfels vom Volumen $y = x^3$ um ein kleines Stück $h = dx$ ändert, beträgt hiernach die Änderung $\triangle y \approx dy$ des Volumens angenähert $3x^2 dx = 3hx^2$. Das läßt sich anschaulich aus Abb. 144 ablesen. $x^2 h$ ist das Volumen jeder der 3 auf 3 Würfelflächen aufgesetzten Platten von der Grundfläche x^2 und der Höhe h, die den Löwenanteil der Volumenzunahme liefern. Außerdem kommen zum Ausgangsvolumen nur noch drei verhältnismäßig raumärmere Säulen von der Grundfläche h^2 und der Höhe x, also dem Inhalte $h^2 x$, und ein noch weniger ins Gewicht fallender Würfel von der Kantenlänge h und dem Inhalte h^3 hinzu. Der Gesamtinhalt $3h^2 x + h^3$ dieser Zusatzgebilde gibt das gegenüber dem Gesamtinhalte $3hx^2$ der drei Platten unbedeutsame Glied $o(h)$ in $\triangle y = dy + o(h) = 3hx^2 + (3hx$

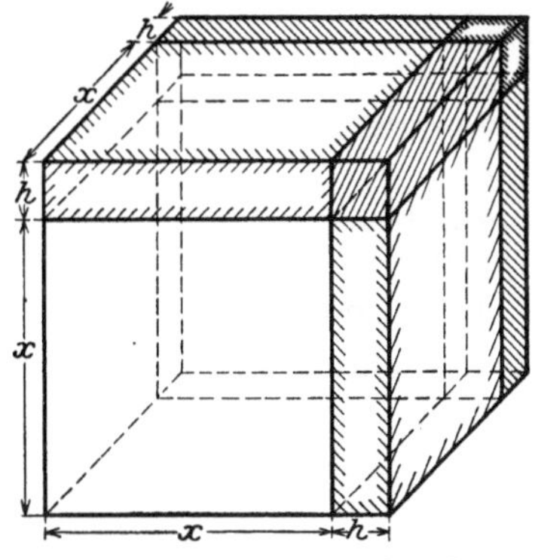

Abb. 144. Volumenänderung eines Würfels $\triangle(x^3) = 3x^2 h + 3xh^2 + h^3$.

$+ h^2)h$. Man deute entsprechend $d(x^2) = 2x\,dx$ an einem Quadrate von der Seitenlänge x aus!

Aus dem Ausdrucke $dy = nx^{n-1} dx$ für das Differential der Potenz x^n mit beliebigem Exponenten n folgt für die Funktionsdifferenz an den Stellen $x = 1$ und $x = 1 \pm \varepsilon$ bei kleinem $|\varepsilon|$

$$(1 \pm \varepsilon)^n - 1 \approx (nx^{n-1} dx)_{x=1,\ dx=\pm\varepsilon} = \pm n\varepsilon, \quad \text{d. h.} \quad (1 \pm \varepsilon)^n \approx 1 \pm n\varepsilon$$

(vgl. S. 100). Als Verfeinerung hiervon kann (mit etwas anderen Bezeichnungen) die „Binomialformel" oder „Binomialreihe"

$$(1 + x)^n = 1 + \binom{n}{1} x + \binom{n}{2} x^2 + \binom{n}{3} x^3 + \cdots$$

aufgefaßt werden. Sie entsteht, wenn man die aufeinanderfolgenden Ableitungen

$$(x^n)' = nx^{n-1}, \quad (x^n)'' = n(n-1) x^{n-2}, \quad (x^n)''' = n(n-1)(n-2) x^{n-3}, \ldots$$

der Potenz x^n bildet, mit ihnen als Taylorsche Entwicklung (S. 112)

$$(x + h)^n = x^n + \frac{h}{1} nx^{n-1} + \frac{h^2}{1\cdot 2} n(n-1) x^{n-2} + \frac{h^3}{1\cdot 2\cdot 3} n(n-1)(n-2) x^{n-3} + \cdots$$

$$= x^n + \binom{n}{1} h x^{n-1} + \binom{n}{2} h^2 x^{n-2} + \binom{n}{3} h^3 x^{n-3} + \cdots$$

aufschreibt und nachher x durch 1 und h durch x ersetzt, also die Potenz um den Punkt 1 herum entwickelt; $\binom{n}{k}$ ist der Binomialkoeffizient $\dfrac{n(n-1)(n-2)\cdots(n-k+1)}{1\cdot 2\cdot 3\cdots k}$. Die Binomialformel ist zunächst bei positivem ganzem n für alle x gültig; dann bricht die Reihe nämlich ab, weil die Binomialkoeffizienten $\binom{n}{n+1}$, $\binom{n}{n+2}$, $\ldots$ infolge des Auftretens einer Null im Zähler sämtlich verschwinden. Z. B.

$$(1 + x)^3 = 1 + \binom{3}{1} x + \binom{3}{2} x^2 + \binom{3}{3} x^3 = 1 + 3x + 3x^2 + x^3.$$

Man spricht hier meist vom *binomischen Satze*. Für nicht positiv ganzes n ist die Binomialreihe nur für $x < 1$ konvergent, daher besteht die Binomialformel dann auch nur für die x mit $|x| < 1$ (bei $n > 0$ wird sie übrigens auch noch für $x = -1$ und bei $n > -1$ für $x = 1$ gerettet). Z. B.

$$\sqrt{1 + x} = (1 + x)^{\frac{1}{2}} = 1 + \binom{\frac{1}{2}}{1} x + \binom{\frac{1}{2}}{2} x^2 + \binom{\frac{1}{2}}{3} x^3 + \cdots$$

$$= 1 + \frac{1}{2} x - \frac{1}{8} x^2 + \frac{1}{16} x^3 - \cdots \qquad \text{für} \quad x \leqq 1$$

(hieraus die beliebte Näherungsformel

$$\sqrt{1+x} \approx 1 + \frac{1}{2}\,x - \frac{1}{8}\,x^2 \text{ bei kleinem } x)$$

oder

$$\frac{1}{1+x} = (1+x)^{-1} = 1 + \binom{-1}{1}x + \binom{-1}{2}x^2 + \binom{-1}{3}x^3 + \cdots$$
$$= 1 - x + x^2 - x^3 + \cdots \text{ für } |x| < 1$$

(*unendliche „geometrische" Reihe*; jedes Glied entsteht aus dem vorangehenden durch Multiplikation mit $-x$).

4. Integration der Potenz. Fläche der Parabel. Inhalte von Kegel und Kugel.

Die Umkehrung der Formel $(x^n)' = n\,x^{n-1}$ lautet $\int n\,x^{n-1}\,dx = x^n + C$. Gewöhnlich ist nicht $n\,x^{n-1}$, sondern x^n zu integrieren. Dann haben wir

$$\boxed{\int x^n\,dx = \frac{x^{n+1}}{n+1} + C}\,.$$

Um die Potenz x^n zu integrieren, wird der Exponent n oben an x um 1 erhöht und der vermehrte Exponent $n+1$ unter x^{n+1} als Nenner daruntergeschrieben; z. B.

$$\int x^2\,dx = \frac{x^3}{3} + C, \quad \int x^5\,dx = \frac{x^6}{6} + C, \quad \int x^{-3}\,dx = -\frac{x^{-2}}{2} + C, \quad \int x^{\frac{1}{2}}\,dx = \frac{2}{3}x^{\frac{3}{2}} + C.$$

Zum Beweise ersetzen wir entweder in $\int n\,x^{n-1}\,dx = x^n + C$ die Zahl n durch $n+1$ und dividieren dann durch $n+1$, oder wir prüfen durch Differenzieren nach: $\left(\dfrac{x^{n+1}}{n+1}\right)' = \dfrac{1}{n+1} \cdot (n+1)\,x^{n+1-1} = x^n$.

Damit kein Nenner 0 auftritt, müssen wir $n+1 \neq 0$ oder n als verschieden von -1 voraussetzen. Das Integral $\int x^{-1}\,dx = \int \dfrac{dx}{x}$ wird also durch unsere Formel nicht erledigt; es erheischt in der Tat eine besondere Behandlung und führt zu etwas ganz Neuem, dem natürlichen Logarithmus (II F, S. 165—202).

Als Anwendung bestimmen wir etwa die in Abb. 145 schräg schraffierte Fläche der Parabel $y = x^2$ vom Ursprunge $x = 0$ bis zur Abszisse $x = b$. Sie beträgt (S. 121):

$$\int_0^b x^2\,dx = \frac{x^3}{3}\Big|_0^b = \frac{b^3}{3} = \frac{2}{3} \cdot \frac{b \cdot b^2}{2},$$

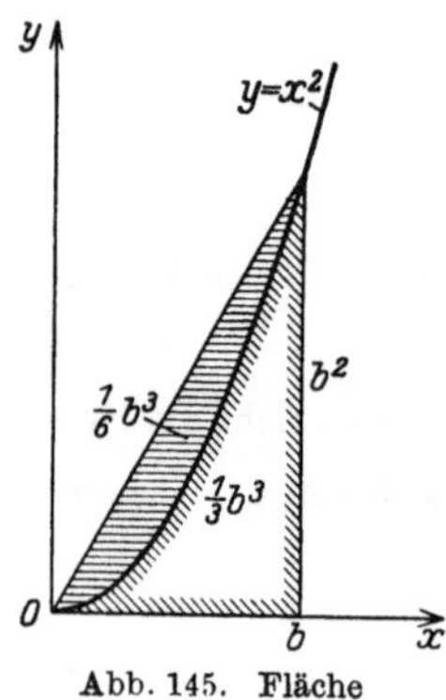

Abb. 145. Fläche der Parabel.

d. h. $\dfrac{2}{3}$ vom Inhalte $\dfrac{b \cdot b^2}{2}$ des Dreiecks, das durch Verbinden des Ursprungs mit dem Parabelpunkte zur Abszisse b entsteht. Das wagerecht schraffierte „Parabelsegment" erfüllt daher $\dfrac{1}{3}$ dieses Dreiecksinhalts und ist halb so groß wie die schräg schraffierte Fläche.

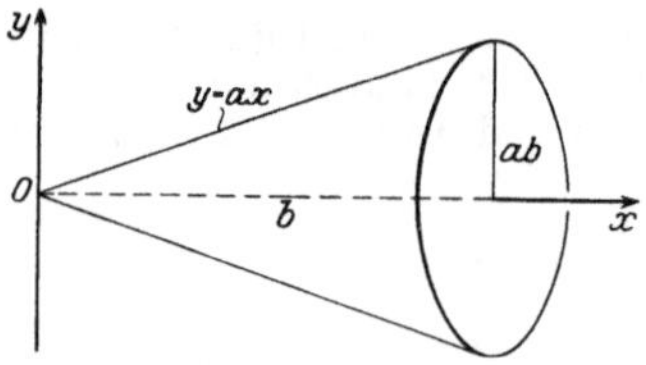

Oder für den Inhalt des durch Drehung des Stückes der Geraden $y = a x$ zwischen $x = 0$ und $x = b$ um die x-Achse erzeugten Drehkegels (Abb. 146) finden wir (S. 125)

Abb. 146. Drehkegel.

$$\int_0^b \pi(a x)^2\,dx = \pi a^2 \frac{x^3}{3}\Big|_0^b = \pi a^2 \frac{b^3}{3} = \frac{1}{3}\pi(a b)^2 b\,.$$

$\pi(ab)^2$ ist die Fläche des Grundkreises vom Radius ab und b die Höhe des Kegels. D. h. wir haben die bekannte Formel für den Kegelinhalt: „$\frac{1}{3}$ Grundfläche mal Höhe" gewonnen.

Ihre im Kerne eine Integration darstellende Entdeckung bildet eine Glanzleistung von Archimedes. Man denke daran zurück, in welcher Weise man sich in der Schule vom Bestehen der Formel überzeugt hat, und vergegenwärtige sich, daß die dort vielleicht vorgenommene Zerschneidung in flache zylindrische Platten oder der Gebrauch des Cavalierischen Prinzips mit seinem Aufbau einer Fläche aus schmalen Streifen, eines Körpers aus dünnen Scheiben auf verhüllte Integration hinauslaufen.

Schließlich der Kugelinhalt: der Halbkreis $y = \sqrt{a^2 - x^2}$ zwischen $x = -a$ und $x = +a$ (Abb. 11, S. 14) beschreibt bei Drehung um die x-Achse eine Kugel vom Inhalte

$$\int_{-a}^{+a} \pi \left(\sqrt{a^2 - x^2}\right)^2 dx = \int_{-a}^{+a} \pi(a^2 - x^2)\,dx = \pi \left(a^2 x - \frac{x^3}{3}\right)\Bigg|_{-a}^{+a}$$

$$= \pi \left\{ a^2[a - (-a)] - \left[\frac{a^3}{3} - \frac{(-a)^3}{3}\right] \right\} = \pi \left(2a^3 - \frac{2}{3} a^3\right) = \frac{4}{3} \pi a^3 \,.$$

Hier wie beim Kegelinhalte verstehen wir von unserem allgemeinen Standpunkte aus den auftretenden Nenner 3 besser als in der Schulmathematik: er kommt durch Integration der Potenz x^2 herein.

5. Teilintegration. Als Umkehrung der Beziehung $(uv)' = u'v + v'u$ können wir aufschreiben

$$uv = \int u'v\,dx + \int v'u\,dx \,.$$

Denn für die linke Seite $(uv)'$ ist uv eine Stammfunktion (vollständig: $\int (uv)'\,dx = uv + C$); auf der rechten Seite integrieren wir die Summe $u'v + v'u$ gliedweise und denken uns bei den vieldeutigen Symbolen $\int u'v\,dx$ und $\int v'u\,dx$ die darin mit inbegriffenen Integrationskonstanten so bestimmt, daß insgesamt auch zur rechten Seite als Stammfunktion gerade uv erscheint. Die umgestaltete Formel

$$\boxed{\int u'v\,dx = uv - \int uv'\,dx}$$

verkörpert uns die praktisch überaus wichtige Regel zur *Teilintegration (partiellen Integration, Produktintegration)*:

Ein Integral, dessen Integrand sich als Produkt der Ableitung u' einer Funktion u mit einer Funktion v schreiben läßt, kann erhalten werden, indem man u' zu u ausintegriert und das Produkt uv um das Integral über das Produkt aus dem eben aufgeschriebenen u mit der Ableitung v' der bisher unverändert übernommenen Funktion v vermindert.

Es kann sein, daß man hierdurch praktisch gar nichts gewinnt, indem das Integral $\int uv'\,dx$ genau so wenig mit Hilfe der in Betracht gezogenen Funktionen ausdrückbar ist wie das ursprüngliche Integral $\int u'v\,dx$. So steht es z. B., wenn wir in $\int x \cos x\,dx$ den Faktor x als u' und $\cos x$ als v nehmen. Mit $u = \frac{x^2}{2}$ (die Ableitung von $\frac{x^2}{2}$ ist x) und $v' = -\sin x$ entsteht

$$\int x \cos x\,dx = \frac{x^2}{2} \cos x + \int \frac{x^2}{2} \sin x\,dx \,,$$

wobei das letzte Integral sogar noch verwickelter aussieht als das linksstehende.

Aber es kann auch sein, daß wir in uv' die Ableitung einer bekannten Funktion erkennen oder sonstwie statt $\int uv'\,dx$ eine bekannte Funktion aufzuschreiben vermögen. Das trifft bei $\int x \cos x\, dx$ zu, wenn wir $\cos x$ als u' und x als v wählen $(u = \sin x,\ v' = 1)$:

$$\int x \cos x\, dx = x \sin x - \int \sin x\, dx$$

und wegen $-\int \sin x\, dx = \cos x + C$

$$\int x \cos x\, dx = x \sin x + \cos x + C\,.$$

Ein Differenzierergebnis von S. 139 bestätigt diese Formel.

Die frühere Umformung kann jetzt dazu benutzt werden, das bei ihr auftretende Integral $\int \frac{x^2}{2} \sin x\, dx$ „auszuführen" wie folgt:

$$\int \frac{x^2}{2} \sin x\, dx = -\frac{x^2}{2} \cos x + \int x \cos x\, dx = -\frac{x^2}{2} \cos x + x \sin x + \cos x + C\,.$$

Man prüfe dies durch Differenzieren nach (als Ableitung der rechten Seite muß der Integrand $\frac{x^2}{2} \sin x$ erscheinen) und behandle analog das Integral $\int x \sin x\, dx$.

Ohne Überlegung und ohne eine durch Üben erwerbbare Geschicklichkeit führt, wie man sieht, die Teilintegration nicht zum Ziele — sie ist keine Integrationsmaschinerie, die sich mechanisch handhaben ließe. Zum Vergleich mag man daran denken, daß auch beim Dividieren Raten und Probieren nötig sind, wievielmal bei jedem einzelnen Schritte der Divisor im Dividenden aufgeht. Sollte kein Versuch fruchten, so heißt das: das vorgelegte Integral $\int u'v\, dx$ ist nicht mit Hilfe bekannter Funktionen ausdrückbar, sondern definiert eine neue Funktion. Wir haben ja schon auf S. 74 angedeutet, daß die Integration im Gegensatz zur Differentiation oft aus dem Kreise der zunächst betrachteten Funktionen herausführt. Für solche dem Naturwissenschaftler oft begegnende Fälle kennen wir von S. 129—130, S. 134 und S. 137 zwei nie versagende Hilfsmittel: die graphische Integration und die numerische Vertafelung einer speziellen Stammfunktion (nämlich der Fläche von einer beliebigen festen Anfangsordinate bis zu einer veränderlichen Endordinate) durch die Trapezregel o. dgl.

Man gibt der Regel der Teilintegration, indem man $u'\, dx$ und $v'\, dx$ als Differentiale du und dv schreibt, gern auch die Gestalt

$$\boxed{\int v\, du = uv - \int u\, dv\,.}$$

Hiermit bauen wir eine Bemerkung von S. 93 folgerichtig weiter aus; z. B. ist $\int v\, du$ eine Funktion mit dem Differential $v\, du$. (Vgl. auch den Satz von der Invarianz des Differentials S. 151.)

So kann in $\int x \cos x\, dx$ der Bestandteil $\cos x\, dx$ als Differential $d \sin x$ von $\sin x$ aufgefaßt werden. Daher

$$\int x \cos x\, dx = \int x\, d\sin x = x \sin x - \int \sin x\, dx = x \sin x + \cos x + C\,.$$

Oder für die sehr häufig vorkommenden Integrale $\int \sin^2 x\, dx$ und $\int \cos^2 x\, dx$ gilt

$$\int \sin^2 x\, dx = -\int \sin x\, d\cos x$$
$$= -\sin x \cos x + \int \cos x\, d \sin x = -\sin x \cos x + \int \cos^2 x\, dx\,,$$

wobei zuerst $\sin x\, dx = -d \cos x$ und zuletzt $d \sin x = \cos x\, dx$ geschrieben ist. Das letzte Integral $\int \cos^2 x\, dx$ hängt aufs einfachste mit dem Ausgangsintegral zusammen; es ist nämlich wegen $\sin^2 x + \cos^2 x = 1$

$$\int \cos^2 x\, dx = \int (1 - \sin^2 x)\, dx = \int dx - \int \sin^2 x\, dx = x - \int \sin^2 x\, dx\,.$$

Tragen wir dies oben ein, so ergibt sich

$$\int \sin^2 x\, dx = -\sin x \cos x + x - \int \sin^2 x\, dx$$

und bei Vereinigung der beiden $\int \sin^2 x\, dx$ auf einer Seite

$$\int \sin^2 x\, dx = \frac{1}{2}\,(x - \sin x \cos x) + C$$

(man überlege, wie es mit der Integrationskonstanten steht!), entsprechend

$$\int \cos^2 x\, dx = \frac{1}{2}\,(x + \sin x \cos x) + C\,.$$

Es ist zweckmäßig, diese beiden Schlußergebnisse zu praktischer Verwendung jederzeit genau so bereit zu halten wie etwa die Formel $\int \cos x\, dx = \sin x + C$ (vgl. eine elektrotechnische Anwendung S. 164—165).

6. Differenzieren eines Quotienten. Fehler bei der Dichtebestimmung nach der Auftriebsmethode. Wie sich die Ableitung des Produktes uv zweier Funktionen $u = u(x)$ und $v = v(x)$ mittels der Ableitungen u' und v' von u und v einzeln aufbauen läßt, so auch die Ableitung des *Quotienten* $\dfrac{u}{v}$. Analog wie beim Produkt kommt es wesentlich darauf an, die Funktionsdifferenz $\triangle \dfrac{u}{v}$ von $\dfrac{u}{v}$ in Verbindung mit den Funktionsdifferenzen $\triangle u$ und $\triangle v$ zu bringen. Es ist

$$\triangle \frac{u}{v} = \frac{u(x+h)}{v(x+h)} - \frac{u(x)}{v(x)} = \frac{u(x+h)\,v(x) - u(x)\,v(x+h)}{v(x)\,v(x+h)}$$

und wegen $u(x+h) = u(x) + \triangle u,\ \ v(x+h) = v(x) + \triangle v$

$$\triangle \frac{u}{v} = \frac{v(x)\,\triangle u - u(x)\,\triangle v}{v(x)\,[v(x) + \triangle v]}\,.$$

Division durch h

$$\frac{\triangle \dfrac{u}{v}}{h} = \frac{\dfrac{\triangle u}{h}\,v(x) - \dfrac{\triangle v}{h}\,u(x)}{v(x)\,[v(x) + \triangle v]}$$

und Grenzübergang $h \to 0$ liefern entsprechend wie früher

$$\boxed{\left(\frac{u}{v}\right)' = \frac{u'v - v'u}{v^2}}\,,$$

Ableitung eines Quotienten gleich Ableitung des Zählers mal Nenner minus Ableitung des Nenners mal Zähler, das Ganze dividiert durch Nenner im Quadrat. (Der Zähler $u'v - v'u$ stimmt bis auf das Minuszeichen mit der Ableitung $u'v + v'u$ des Produktes uv überein; stillschweigend ist $v \neq 0$ vorausgesetzt.)

Als Differential von $\dfrac{u}{v}$ ergibt sich durch Multiplikation mit einem beliebigen h

$$\boxed{d\,\frac{u}{v} = \frac{v\,du - u\,dv}{v^2}}\,.$$

Sogleich ein etwas verwickelteres Beispiel: Wie groß ist der Fehler bei der Bestimmung der Dichte s eines festen Körpers nach der Auftriebsmethode? Es sei das Gewicht des Körpers in Luft m, in Wasser $\bar{m}$, dann gibt der Gewichtsverlust $m - \bar{m}$ nach dem Archimedischen Prinzip das Gewicht der verdrängten Wassermenge oder auch das ihm zahlenmäßig gleiche Volumen dieser Wassermenge und damit des Körpers. Die Dichte s bietet sich somit als Funktion $s = \dfrac{m}{m - \bar{m}}$ der beiden unabhängigen Veränderlichen m und $\bar{m}$ dar. Der Fehler bei s, den die Fehler dm bei m und $d\bar{m}$ bei $\bar{m}$ im Gefolge haben, wird näherungsweise durch das vollständige Differential

$$ds = \frac{\partial s}{\partial m}\,dm + \frac{\partial s}{\partial \bar{m}}\,d\bar{m}$$

geliefert (S. 115). Die partiellen Ableitungen heißen nach der Quotientenregel

$$\frac{\partial s}{\partial m} = \frac{1 \cdot (m - \bar{m}) - 1 \cdot m}{(m - \bar{m})^2} = -\frac{\bar{m}}{(m - \bar{m})^2} \quad \text{und} \quad \frac{\partial s}{\partial \bar{m}} = \frac{0 \cdot (m - \bar{m}) - (-1) \cdot m}{(m - \bar{m})^2} = \frac{m}{(m - \bar{m})^2},$$

daher ist das Differential

$$ds = \frac{-\bar{m}\,dm + m\,d\bar{m}}{(m - \bar{m})^2}.$$

Der Fehler bei s fällt hiernach absolut am größten aus, wenn dm negativ und $d\bar{m}$ positiv ist (oder umgekehrt), d. h. statt m ein zu kleines $m + dm$ und statt $\bar{m}$ ein zu großes $\bar{m} + d\bar{m}$ gemessen wird. Z. B. läßt sich für ein Messingstück, das in Luft mit 5 mg möglichem Fehler rund 100 g und in Wasser mit 8 mg möglichem Fehler rund 88 g wiegt, die Dichte rund bis auf

$$\frac{88 \cdot 5 \cdot 10^{-3} + 100 \cdot 8 \cdot 10^{-3}}{12^2} \approx 9 \cdot 10^{-3}$$

oder etwa $1^0/_0$ ermitteln (Wägung in Wasser weniger genau!).

7. Ableitung des Kehrwertes. Kompressibilität eines Gases. Nach der Quotientenregel finden wir als Ableitung des *Kehrwertes* $\frac{1}{x}$ von x

$$\left(\frac{1}{x}\right)' = \frac{1' \cdot x - x' \cdot 1}{x^2} = \frac{0 \cdot x - 1 \cdot 1}{x^2} = -\frac{1}{x^2}.$$

Daß etwas stets Negatives auftritt (x^2 hat als Quadrat für alle von 0 verschiedenen x immer einen positiven Wert), steht im Einklange damit, daß die gleichseitige Hyperbel $y = \frac{1}{x}$ sowohl für positives als auch für negatives x fällt (Abb. 42, S. 34).

Anwenden können wir dieses Ergebnis z. B. beim Boyle-Mariotteschen Gesetze $pV = p_0 V_0$ für isotherme Zustandsänderung eines idealen Gases. Bilden des Differentials für $V = \frac{p_0 V_0}{p}$ führt zu der Aussage, daß sich das Volumen V bei der Druckänderung dp näherungsweise um

$$dV = -\frac{p_0 V_0}{p^2}\,dp$$

ändert. Der Faktor $-\frac{p_0 V_0}{p^2}$ von dp, d. h. die Änderungsgeschwindigkeit $\frac{dV}{dp}$ des Volumens V mit dem Druck p, wird zuweilen *Kompressibilitätskoeffizient* oder *Kompressibilität* genannt. Er ist klein bei großem p; um dann das Volumen noch merklich zu verkleinern, müssen wir den Druck sehr stark steigern. Umgekehrt entspricht bei starker Verdünnung einer kleinen Druckabnahme (negatives dp) bereits ein riesiger Volumenzuwachs. Man veranschauliche sich dies an der gleichseitigen Hyperbel.

Formen wir die Beziehung $dV = -\frac{p_0 V_0}{p^2}\,dp$ um zu $dV = -\frac{pV}{p^2}\,dp = -\frac{V}{p}\,dp$, so ergibt sich $p\,dV = -V\,dp$. Diese neue Gestalt des Arbeitsdifferentials $p\,dV$ (S. 125) für isotherme Ausdehnung wird uns auf S. 160 in allgemeinerem Lichte wieder begegnen.

Allgemeiner gilt für den Kehrwert $\frac{1}{x^m}$ einer Potenz x^m mit positivem ganzem Exponenten m wegen $(x^m)' = m\,x^{m-1}$

$$\left(\frac{1}{x^m}\right)' = \frac{1' \cdot x^m - (x^m)' \cdot 1}{x^{2m}} = \frac{-m\,x^{m-1}}{x^{2m}} = -\frac{m}{x^{m+1}},$$

z. B. $\dfrac{1}{x^5} = -\dfrac{5}{x^{5+1}} = -\dfrac{5}{x^6}$. Setzen wir $-m = n$, schreiben also $\dfrac{1}{x^m} = x^{-m} = x^n$ als Potenz mit negativem ganzem Exponenten, so erhalten wir in

$$\left(\frac{1}{x^m}\right)' = (x^{-m})' = -\frac{m}{x^{m+1}} = -m\,x^{-m-1} \quad \text{oder} \quad (x^n)' = n\,x^{n-1}$$

die Bestätigung unserer Voraussage von S. 140, daß die dort für positive ganze n bewiesene Differenzierregel der Potenz $y = x^n$ auch für negative ganze n in Kraft bleibt.

8. Etwas über das Potential. In Umkehrung zu $\left(\dfrac{1}{x}\right)' = -\dfrac{1}{x^2}$ besteht die Formel

$$\int \frac{dx}{x^2} = -\frac{1}{x} + C\,;$$

sie kann natürlich auch als Sonderfall $\int x^{-2}\,dx = \dfrac{x^{-2+1}}{-2+1} + C = -x^{-1} + C$ der allgemeinen Beziehung $\int x^n\,dx = \dfrac{x^{n+1}}{n+1} + C$ von S. 142 für $n = -2$ aufgefaßt werden. Mit ihrer Hilfe läßt sich der Ausdruck, den wir S. 124 für die Arbeit zur Verschiebung einer Masse m gegen die von einer Masse M umgekehrt proportional dem Quadrate des Abstandes ausgeübte Newtonsche oder Coulombsche Anziehung gefunden hatten, weiter ausführen: Um m vom Abstande r in den Abstand R zu rücken, ist die Arbeit

$$A = \int_r^R f\frac{Mm}{x^2}\,dx = -f\frac{Mm}{x}\Big|_r^R = fMm\left(\frac{1}{r} - \frac{1}{R}\right)$$

erforderlich[1].

Wählen wir bei festem r den Abstand R immer größer, ziehen also die Masse m immer weiter fort von M, so wird das Abzugsglied $\dfrac{1}{R}$ immer kleiner, und durch hinreichende Vergrößerung von R können wir es so klein machen, wie wir wollen. Die Arbeit zur Entfernung der Masse m aus dem Abstande r „ins Unendliche" oder „ganz aus dem Anziehungsbereiche von M heraus", d. h. der Grenzwert der Arbeit $fMm\left(\dfrac{1}{r} - \dfrac{1}{R}\right)$ für $R \to \infty$, beträgt daher

$$U = \frac{fMm}{r}\,.$$

Sie heißt das *Potential* der Masse M auf die Masse m für den Abstand r (bei $m = 1$ redet man häufig einfach vom Potential von M) und stellt offenbar eine Funktion $U = U(r)$ von r dar. Der negative Differentialquotient von U nach r

$$-\frac{dU}{dr} = \frac{fMm}{r^2}$$

gibt gerade die Anziehungskraft oder bei $m = 1$ die *Feldstärke* (die Anziehungskraft auf die Masse 1); — U ist also eine Stammfunktion zur Kraft, und U führt aus diesem Grunde auch den Namen *Kräftefunktion*. Konstant ist U für $r =$ konst, d. h. auf einer Kugel vom Radius r um M. Die „*Äquipotentialflächen*" oder „*Niveauflächen*" (S. 61) einer punktförmigen Masse M sind demnach konzentrische Kugelflächen.

Verstehen wir unter R jetzt wieder einen beliebigen Endabstand, so kann die Arbeit zur Bewegung von m gegen die Anziehung von M zwischen r und R als „*Potentialdifferenz*"

$$A = U(r) - U(R)$$

der Werte des Potentials auf den Äquipotentialflächen vom Radius r und R geschrieben werden. Ebenso groß ist die potentielle Energie, die durch das Verschieben von r nach R in der Masse m aufgespeichert wird und ihr im Abstande R gegen-

---

[1] Zur Übung baue man nach Zerschneiden des Intervalls von r bis R in eine Anzahl Teilintervalle mit näherungsweise konstanter Anziehung die Arbeit $\int_r^R f\dfrac{Mm}{x^2}\,dx$ von der Differentialsumme konstanter Ersatzkräfte her auf!

über dem Abstande r innewohnt. Die Masse m vermag, wenn sie durch die Anziehung von M rückwärts von R nach r gezogen wird, die Arbeit $U(r) - U(R)$ zu leisten.

Denken wir uns z. B. die Erdmasse M im Erdmittelpunkte vereinigt, so hat eine Masse m in der Höhe h über der Erdoberfläche, welche den Radius r besitzen möge, gegenüber der Erdoberfläche die potentielle Energie

$$f\frac{Mm}{r} - f\frac{Mm}{r+h} = f\frac{Mm}{r(r+h)}\,h\,.$$

Nun stimmt für irdische Verhältnisse $r + h$ immer beinahe mit $r = 6370$ km überein. Daher ist der Nenner $r(r+h)$ beinahe gleich r^2 und $f\dfrac{Mm}{r(r+h)}$ beinahe gleich der Schwerkraft $f\dfrac{Mm}{r^2} = mg$ auf die Masse m an der Erdoberfläche, und wir stoßen auf den bekannten Ausdruck mgh für die potentielle Energie von m in der Höhe h.

Oft nimmt man auch bei anziehenden Kräften (z. B. für Gravitation) $-\dfrac{fMm}{r}$ als Potential und bei abstoßenden Kräften (z. B. für gleichnamige elektrische Ladungen) $\dfrac{fMm}{r}$. Dann ist das Potential die Arbeit, die geleistet werden muß, um die Masse m aus dem Unendlichen bis in den Abstand r zu bringen, oder die potentielle Energie, die frei wird, wenn die Abstoßung von M die Masse m ins Unendliche treibt; daher auch der Name Potential.

Das genauere Studium des Potentials ist Sache der von Gauß und Green begründeten *Potentialtheorie*, eines Zweiges der mathematischen Physik. In ihr wird z. B. gezeigt, daß wir für Anziehungsfragen eine homogene kugelförmige Masse wirklich, wie wir es getan haben, im Mittelpunkte konzentrieren dürfen.

9. Ableitung des Tangens. Tangentenbussole. Als weiteres Beispiel für die Quotientenregel nehmen wir den *Tangens* $y = \tan x = \dfrac{\sin x}{\cos x}$:

$$(\tan x)' = \frac{(\sin x)' \cos x - (\cos x)' \sin x}{\cos^2 x} = \frac{\cos^2 x + \sin^2 x}{\cos^2 x} = \frac{1}{\cos^2 x} = 1 + \tan^2 x,$$

je nachdem wir $\cos^2 x + \sin^2 x = 1$ benutzen oder gliedweise ausdividieren.

Das Ergebnis

$$\boxed{\;y = \tan x \ \textit{hat die Ableitung}\ y' = (\tan x)' = \frac{1}{\cos^2 x} = 1 + \tan^2 x\;}\,,$$

dem man unter Heranziehung von $\cot x = \dfrac{\cos x}{\sin x}$ oder $\cot x = \dfrac{1}{\tan x}$ selbst das weitere

$$\boxed{\;y = \cot x \ \textit{hat die Ableitung}\ y' = (\cot x)' = -\frac{1}{\sin^2 x} = -1 - \cot^2 x\;}$$

zur Seite stellen möge, spielt unter anderem eine Rolle bei der Fehlerschätzung für die zum Bestimmen einer elektrischen Stromstärke dienende *Tangentenbussole*. Bei diesem Instrumente ist die gesuchte Stromstärke J proportional dem Tangens des beobachteten Ausschlagswinkels φ, etwa $J = K \tan \varphi$ mit einer Apparatkonstanten K (der Stromstärke für $\varphi = 45^0$). Das Differential von J beträgt $dJ = \dfrac{K}{\cos^2 \varphi}\,d\varphi$. So groß ist also näherungsweise der Fehler bei dem aus φ berechneten J zu einem Beobachtungsfehler $d\varphi$ bei φ. Ihm entspricht der relative Fehler

$$\frac{dJ}{J} = \frac{K}{\cos^2 \varphi}\,d\varphi : K \tan \varphi = \frac{d\varphi}{\sin \varphi \cos \varphi} = \frac{2\,d\varphi}{\sin 2\varphi} = \frac{200\,d\varphi}{\sin 2\varphi}\;{}^0/_0\,.$$

Z. B: für $\varphi = 15^0$ ist $\sin 2\varphi = \sin 30^0 = \frac{1}{2}$; können wir auf $\frac{1}{2}^0$ genau ablesen, so ist $d\varphi$, das in Bogenmaß gerechnet werden muß, $\frac{1}{2} \cdot 1745 \cdot 10^{-5}$ (1^0 hat das Bogenmaß $1745 \cdot 10^{-5}$, S. 21), und der mögliche relative Fehler der Stromstärke beträgt

$$\frac{dJ}{J} = \frac{200 \cdot \frac{1}{2} \cdot 1745 \cdot 10^{-5}}{\frac{1}{2}} {}^0/_0 \approx 3\frac{1}{2} {}^0/_0 \,.$$

Bei konstantem $d\varphi$, wenn wir beispielsweise alle Ablenkungswinkel auf $\frac{1}{2}^0$ genau abzulesen vermögen, wird der mögliche relative Fehler $\frac{dJ}{J}$ am kleinsten, die relative Genauigkeit also am größten, wenn der Nenner $\sin 2\varphi$ möglichst groß ist, d. h. für $2\varphi = 90^0$, $\varphi = 45^0$, weil der Sinus seinen Maximalwert 1 für das Argument 90^0 erreicht. Die Tangentenbussole arbeitet am genauesten beim Ausschlagswinkel 45^0; ihn sucht man deshalb in der Praxis durch Zuschalten von Widerstand o. dgl. stets herbeizuführen. Z. B. ist dann bei $\frac{1}{2}^0$ Ablesegenauigkeit $\frac{dJ}{J} \approx 1\frac{3}{4} {}^0/_0$, was gegenüber $3\frac{1}{2} {}^0/_0$ bei 15^0 Ablenkung eine Verdopplung der Genauigkeit bedeutet.

10. Differenzieren der Umkehrfunktion. Von S. 93 ist uns noch eine weitere Differenzierregel geläufig, die für die *Umkehrfunktion*. Nach ihr wird der Differentialquotient $\frac{dx}{dy}$ (die Ableitung x') der Umkehrfunktion $x = \varphi(y)$ einer monotonen Funktion $y = f(x)$ oder eines monotonen Stückes $y = f(x)$ einer nichtmonotonen Funktion als Kehrwert $\frac{dx}{dy} = 1 : \frac{dy}{dx}$ des Differentialquotienten $\frac{dy}{dx}$ (der Ableitung y') der Urfunktion $y = f(x)$ gefunden. Wir haben diese Regel früher nur mit anschaulichem geometrischem Beweise versehen; der Leser möge, wenn er das Bedürfnis dazu verspürt, sich selbst einen rechnerischen Beweis zurechtlegen, z. B. mittels der selbstverständlichen Beziehung $\frac{\triangle x}{\triangle y} = 1 : \frac{\triangle y}{\triangle x}$ für die Differenzenquotienten (Deutung an der Kurvensekante und ihren Winkeln gegen die x- und y-Achse).

Die Zahl der Beispiele von S. 94 vermehren wir zunächst durch die Annahme $y = \tan x$, also $x = \arctan y$ mit $-\frac{\pi}{2} < x < \frac{\pi}{2}$. Die Ableitung $\frac{dy}{dx} = 1 + \tan^2 x = 1 + y^2$ hat zum Kehrwerte $\frac{dx}{dy} = 1 : (1 + y^2)$. Bei Vertauschung von x und y folgt

$$\boxed{\; y = \arctan x \; \textit{hat die Ableitung} \; y' = (\arctan x)' = \frac{1}{1 + x^2} \cdot \;}$$

Die zugehörige Integralformel lautet

$$\boxed{\; \int \frac{dx}{1 + x^2} = \arctan x + C \,. \;}$$

Hiernach ist

$$\int_0^1 \frac{dx}{1 + x^2} = \arctan x \,\Big|_0^1 = \arctan 1 - \arctan 0 = \frac{\pi}{4} \,;$$

man benutze dies, um durch numerische Integration mittels der Trapezformel oder der Simpsonschen Regel oder durch graphische Integration der Kurve $y = \frac{1}{1 + x^2}$ zwischen 0 und 1 die Zahl $\frac{\pi}{4}$ auszuwerten (vgl. S. 130—131 und S. 135).

Die Potenz $y = x^m$ mit positivem oder negativem ganzem Exponenten m hat die Umkehrfunktion $x = \sqrt[m]{y} = y^{\frac{1}{m}}$. Aus dem bisher vollständig bewiesenen Differenzierergebnis $\frac{dy}{dx} = m\,x^{m-1}$ entfließt daher

$$\frac{dx}{dy} = \frac{1}{mx^{m-1}} = \frac{1}{m\,y^{1-\frac{1}{m}}} = \frac{1}{m}\,y^{\frac{1}{m}-1}.$$

Vertauschen wir x und y und setzen $\frac{1}{m} = n$, so lehrt dieses Ergebnis, daß in der Differenzierformel $(x^n)' = n\,x^{n-1}$ für die Potenz x^n der Exponent n nicht nur eine positive oder negative ganze Zahl, sondern auch der Kehrwert davon sein darf.

11. Differenzieren der zusammengesetzten Funktion. Kettenregel und Invarianz des Differentials. Wollte man eine Rangordnung für die Wichtigkeit der Differenzierregeln aufstellen, so würde der Praktiker wohl der jetzt zu besprechenden Regel vom Differenzieren einer zusammengesetzten Funktion (S. 17) den ersten Platz anweisen. Werden doch durch sie die Differenziermöglichkeiten in ganz ungeahnter und überraschender Weise erweitert, womit häufige und fruchtreiche Verwendung der Regel Hand in Hand geht.

Es sei $u = \varphi(x)$ und $y = f(u)$, also $y = f(\varphi(x))$ eine zusammengesetzte Funktion von x mit der Zwischenveränderlichen u (S. 17). Der Änderung von x um die Spanne h entspricht bei $u = \varphi(x)$ die Änderung $\triangle u = \varphi(x + h) - \varphi(x)$, als senkrechte Strecke vom Endpunkte der wagerechten Spanne h bis zur Kurve $u = \varphi(x)$ im xu-System zu sehen in Abb. 147 links. Sie heiße auch k und ist bei differenzierbarem, also stetigem $u = \varphi(x)$ zugleich mit h klein, präziser $k \to 0$ für $h \to 0$. Die Änderung k von u hat ihrerseits die Änderung $\triangle y = f(u + k) - f(u)$ von $y = f(u)$ im Gefolge. D. h. wir gehen aus dem xu-System der Abb. 147 links ins uy-System

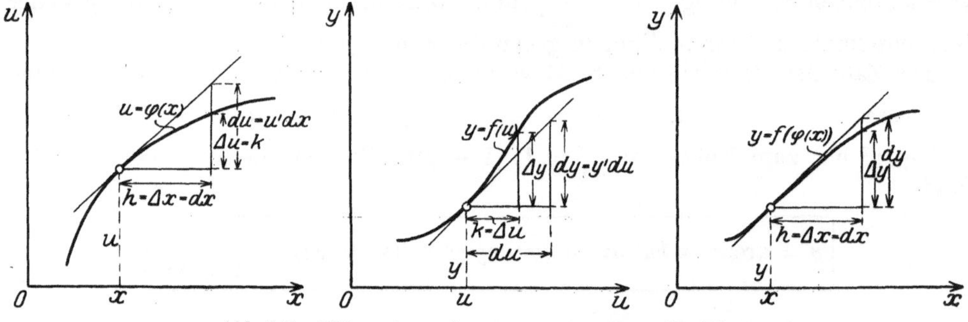

Abb. 147. Differenzieren einer zusammengesetzten Funktion.

der Abb. 147 Mitte, nehmen die bisherige senkrechte Funktionsdifferenz $\triangle u = k$ von $u = \varphi(x)$ als wagerechte Spanne für $y = f(u)$ und finden zu ihr als senkrechte Strecke bis zur Kurve $\triangle y$. Dieses $\triangle y$ ist offenbar die Funktionsdifferenz der zusammengesetzten Funktion $y = f(\varphi(x))$ für die Spanne h bei x (Abb. 147 rechts). Es kann gleich Null sein, wenn nämlich $\triangle u = 0$ ist (etwa für gleichhohe Ordinaten $\varphi(x)$ und $\varphi(x + h)$ links und rechts von einem Maximum von $u = \varphi(x)$).

Es steht zu vermuten — und ist notwendig, soll der Begriff des Differentials nicht mit inneren Widersprüchen behaftet sein — daß wir analog das Differential dy von $y = f(\varphi(x))$ zur Spanne $h = dx$ bekommen, wenn wir das bis zur Tangente reichende senkrechte Differential $du = h\varphi'(x) = \varphi'(x)\,dx$ von $u = \varphi(x)$ aus Abb. 147 links als wagerechte Spanne des Differentials $dy = f'(u)\,du$ von $y = f(u)$ aus Abb. 147 Mitte wählen. Dies hätte, während sich die Funktionsdifferenz $\triangle y$

nicht übersichtlich, sondern nur unter Häufung von Klammern mit h in Verbindung bringen läßt, die einfache Formel

$$\boxed{d\,y = d\,f(\varphi(x)) = f'(u)\,\varphi'(x)\,d\,x = h\,f'(u)\,\varphi'(x)} \qquad (*)$$

zur Folge; die Striche bedeuten Ableitungen nach den dabeistehenden unabhängigen Veränderlichen, wie zur Vermeidung von Verwechslungen ausdrücklich hervorgehoben werden muß.

Der rechnerische Beweis unserer Vermutung entfließt aus der Grundformel für den Zusammenhang zwischen Funktionsdifferenz und Differential. Es ist $k = \triangle u = h\,\varphi'(x) + \varepsilon\,h$ mit einem für kleines h selbst kleinen ε, das für $h \to 0$ gegen Null strebt (vielleicht auch für gewisse h gleich Null wird), und $\triangle y = k\,f'(u) + \eta\,k$ mit einem ebensolchen η in bezug auf k oder gleichfalls in bezug auf h, weil $k \to 0$ mit $h \to 0$ gekoppelt ist. Zusammenrechnen ergibt

$$\triangle y = f'(u)\,[\varphi'(x)\,h + \varepsilon h] + \eta\,[\varphi'(x)\,h + \varepsilon h] = h\,f'(u)\,\varphi'(x) + [\varepsilon f'(u) + \eta\,\varphi'(x) + \varepsilon\eta]\,h.$$

Mit kleinem ε und η ist auch die letzte geschweifte Klammer, sie heiße δ, klein und strebt für $h \to 0$ selbst gegen Null. Damit haben wir $\triangle y$ in der Grundformelgestalt

$$\triangle y = h\,f'(u)\,\varphi'(x) + \delta\,h$$

dargestellt, in der das zweite Glied von viel kleinerer Größenordnung als das erste ist und so dieses als Differential $d\,y$ der zusammengesetzten Funktion $y = f(\varphi(x))$ für die Spanne h bei x erweist. (Für $k = 0$ setze man auch $\eta = 0$.)

In Worten läßt sich die nicht hoch genug einzuschätzende Formel (*) auf zweierlei Weisen aussprechen. Entweder, indem man den Differentialquotienten $\dfrac{d\,y}{d\,x}$ gleich der Ableitung $\big(f(\varphi(x))\big)'$ von $f(\varphi(x))$ nach x herstellt:

<h3 style="text-align:center">Kettenregel für das Differenzieren einer zusammengesetzten Funktion $f(\varphi(x))$ nach x:</h3>

Man bildet, indem man $\varphi(x) = u$ setzt, zuerst die Ableitung $f'(u)$ von $f(u)$ nach der Zwischenveränderlichen u, dann die Ableitung $\varphi'(x)$ der Zwischenveränderlichen $u = \varphi(x)$ nach x und multipliziert beide Ableitungen miteinander.

Oder, weil $\varphi'(x)\,d\,x$ das Differential der Zwischenveränderlichen $u = \varphi(x)$ ist:

<h3 style="text-align:center">Satz von der Invarianz des Differentials:</h3>

Das Differential einer Funktion $y = f(u)$ lautet immer $dy = f'(u)\,du$, einerlei, ob u die unabhängige Veränderliche oder selbst eine Funktion, etwa $u = \varphi(x)$, einer weiteren Veränderlichen x ist.

Im ersten Falle ist $d\,u$ das willkürlich wählbare Differential der unabhängigen Veränderlichen u, im zweiten Falle das davon begrifflich verschiedene, zu einem willkürlichen Differential $d\,x$ der Veränderlichen x gehörige Differential $d\,u = d\varphi(x)$ $= \varphi'(x)\,d\,x$ der Funktion $u = \varphi(x)$.

Anders ausgedrückt: *Das Differential $d\,y = f'(u)\,d\,u$ bleibt ungeändert (invariant), wenn die ursprüngliche unabhängige Veränderliche u nachträglich als Funktion $u = \varphi(x)$ einer weiteren Veränderlichen x aufgefaßt und $d\,u = \varphi'(x)\,d\,x$ eingetragen wird.*

Gern schreibt man die Kettenregel in der einprägsamen Gestalt

$$\frac{d\,y}{d\,x} = \frac{d\,y}{d\,u} \cdot \frac{d\,u}{d\,x}.$$

Dabei genießen wir wieder wie schon S. 93—94 bei der Umkehrfunktion den Vorteil des Differentialquotienten, daß die Veränderliche, nach der differenziert werden soll, unzweideutig erkenntlich ist.

Man hüte sich, das Wegkürzen von $d\,u$ als strengen Beweis anzusehen. Es ist vielmehr wegen der an sich vorhandenen begrifflichen Verschiedenheit der beiden $d\,u$ (in $\dfrac{d\,u}{d\,x}$ Differential der Funktion $u = \varphi(x)$, in $\dfrac{d\,y}{d\,u}$ willkürlich wählbares Differential der unabhängigen Veränderlichen u) eine Folgerung aus unseren Überlegungen. — Gewinn wird man davon haben, den Fall $\varphi'(x) = 0$ mit $du = d\varphi(x) = 0$ durchzudenken.

Wenn x eine Funktion $x = g(t)$ einer weiteren Veränderlichen t ist, gilt für die dreifach zusammengesetzte Funktion $y = f[\varphi(g(t))]$:

$$\frac{dy}{dt} = \frac{dy}{du} \cdot \frac{du}{dx} \cdot \frac{dx}{dt}.$$

Wir müssen uns durch fortgesetztes Differenzieren nach immer neuen Zwischenveränderlichen wie an einer Kette bis zur unabhängigen Veränderlichen hindurchtasten — daher der Name Kettenregel.

12. Beispiele zur Kettenregel. Für die Potenz $y = x^n = x^{\frac{p}{q}}$ mit gebrochenem Exponenten $n = \dfrac{p}{q}$ bestätigt sich bei $u = x^{\frac{1}{q}}$ (S. 18) die Differenzierregel der Potenz von S. 140, welche hiermit ganz allgemein bewiesen ist.

Für $y = \sin^2 x$ ist, indem $\sin x = u$, also $y = u^2$ gesetzt wird,

$$\frac{dy}{du} = \frac{d(u^2)}{du} = 2u, \qquad \frac{du}{dx} = \frac{d\sin x}{dx} = \cos x, \qquad \frac{dy}{dx} = 2u \cdot \cos x = 2\sin x \cos x = \sin 2x,$$

was wir schon auf S. 142 nach der Produktregel durch die Aufspaltung $\sin^2 x = \sin x \cdot \sin x$ gefunden haben.

Auch auf noch andere Weise können wir das Ergebnis bestätigen. Nach einer trigonometrischen Formel von S. 53 ist $\sin^2 x = \frac{1}{2}(1 - \cos 2x)$. Daher mit $2x = u$, $y = \frac{1}{2}(1 - \cos u)$

$$\frac{dy}{dx} = \frac{d\frac{1}{2}(1 - \cos u)}{du} \cdot \frac{d(2x)}{dx} = \frac{1}{2}\sin u \cdot 2 = \sin 2x.$$

Die Beschleunigung $b = \dfrac{dv}{dt}$ einer Bewegung läßt sich, wenn s den Weg bedeutet, nach der Kettenregel in die Gestalt

$$b = \frac{dv}{dt} = \frac{dv}{ds} \cdot \frac{ds}{dt} = v\frac{dv}{ds}$$

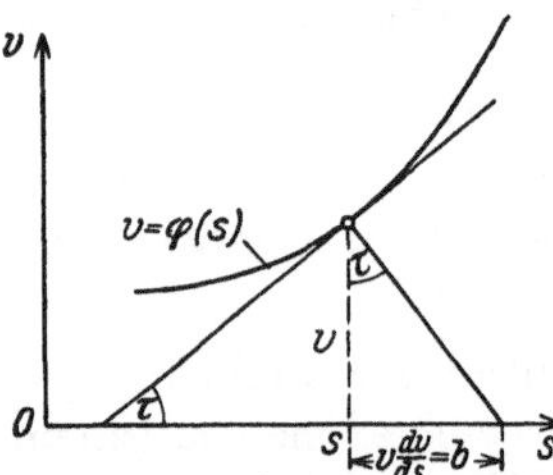

Abb. 148. Beschleunigung als Subnormale im Weg-Geschwindigkeitsschaubild.

bringen, weil $\dfrac{ds}{dt} = v$ die Geschwindigkeit darstellt. $v\dfrac{dv}{ds}$ aber kann als Subnormale (vgl. S. 95) im *Weg-Geschwindigkeitsschaubild* (Abb. 148) ausgedeutet werden, in dem zu jedem Wege s (bzw. Abstande von einem Bezugspunkte) die zugehörige Geschwindigkeit v aufgetragen ist. Denn der Winkel τ der Tangente gegen die s-Achse findet sich in dem rechtwinkligen Dreiecke aus Ordinate und Subnormale wieder, und ihm entspricht das Steigungsmaß $\dfrac{dv}{ds}$. In der praktischen Kinematik wird so die Beschleunigung zeichnerisch als Subnormale im Weg-Geschwindigkeitsschaubild konstruiert, z. B. bei der Bewegung der Kolbenstange einer Dampfmaschine oder bei der Bewegung von Zahnrädern.

Weitere Übungsbeispiele zur Kettenregel sind etwa:

1. $y = \sqrt{a + bx}$, $a + bx = u$, $y = \sqrt{u}$; $\dfrac{dy}{dx} = \dfrac{1}{2\sqrt{u}} \cdot b = \dfrac{b}{2\sqrt{a + bx}}$,

2. $y = \sqrt{1 - x^2}$, $1 - x^2 = u$, $y = \sqrt{u}$; $\dfrac{dy}{dx} = \dfrac{1}{2\sqrt{u}}(-2x) = -\dfrac{x}{\sqrt{1 - x^2}}$,

3. $y = \tan 3x$, $3x = u$, $y = \tan u$; $\dfrac{dy}{dx} = \dfrac{1}{\cos^2 u} \cdot 3 = \dfrac{3}{\cos^2 3x}$.

Verbindung mit den früheren Regeln kommt z. B. in Frage bei:

4. $y = \sqrt{\dfrac{1+x}{1-x}}$, $\quad \dfrac{1+x}{1-x} = u$, $\quad y = \sqrt{u}$; $\quad$ nach der Quotientenregel ist

$$\frac{du}{dx} = \frac{1-x-(-1)(1+x)}{(1-x)^2} = \frac{2}{(1-x)^2},$$

daher

$$\frac{dy}{dx} = \frac{1}{2\sqrt{u}} \cdot \frac{2}{(1-x)^2} = \sqrt{\frac{1-x}{1+x}} \, \frac{1}{(1-x)^2} = \frac{1}{(1-x)\sqrt{1-x^2}}.$$

Bei den folgenden Beispielen wollen wir statt mit der Kettenregel mit der Invarianz des Differentials arbeiten:

5. $y = \arctan \dfrac{2x}{1-x^2}$; $\quad$ mit $\dfrac{2x}{1-x^2} = u$ $\quad$ gilt $\quad dy = \dfrac{1}{1+u^2}\,du$,

weiter $\quad du = \dfrac{(1-x^2)\,d(2x) - 2x\,d(1-x^2)}{(1-x^2)^2} = \dfrac{2(1-x^2)\,dx + 2x \cdot 2x\,dx}{(1-x^2)^2} = \dfrac{2(1+x^2)}{(1-x^2)^2}\,dx$,

also

$$dy = \frac{(1-x^2)^2}{(1-x^2)^2 + 4x^2} \, \frac{2(1+x^2)}{(1-x^2)^2} \, dx = \frac{2}{1+x^2} \, dx.$$

Ebenso findet man für

6. $y = \arccos \dfrac{1-x^2}{1+x^2}$ das Differential $dy = \dfrac{2}{1+x^2}\,dx$. Die drei Funktionen $y = \arctan \dfrac{2x}{1-x^2}$, $\quad y = \arccos \dfrac{1-x^2}{1+x^2}$ und $y = 2\arctan x$ haben demnach alle das gleiche Differential $dy = \dfrac{2}{1+x^2}\,dx$. Sie können sich daher nur um Konstanten unterscheiden. Man zeige durch Festlegung der Konstanten vermöge der Annahme $x = 0$ oder durch trigonometrische Überlegungen aus der Definition der zyklometrischen Funktionen heraus, daß sie sogar einander gleich sind!

7. $y = \arcsin 2x\sqrt{1-x^2}$ hat das Differential

$$dy = \frac{1}{\sqrt{1-(2x\sqrt{1-x^2})^2}} \left(2\sqrt{1-x^2} - \frac{2x \cdot x}{\sqrt{1-x^2}} \right) dx = \frac{2}{\sqrt{1-x^2}} \, dx.$$

Hier ist die zu vermutende Übereinstimmung von y mit $z = 2\arcsin x$ im Augenblicke zu bestätigen; denn es ist

$$\sin y = 2x\sqrt{1-x^2} = 2\sin\frac{z}{2}\cos\frac{z}{2} = \sin z \quad \text{und daher} \quad y = z.$$

Im letzten Beispiele ist angedeutet, wie man bei etwas mehr Übung, die um jeden Preis zu erstreben ist, die Zwischenveränderlichen nicht mehr mit Buchstaben benennt. Sondern man faßt nur in Gedanken $2x\sqrt{1-x^2}$ zu einer Zwischenveränderlichen zusammen, differenziert den Arkussinus, was $\dfrac{1}{\sqrt{1-\text{Quadrat}}}$ gibt, und setzt als Grundzahl des Quadrats sofort wieder $2x\sqrt{1-x^2}$ ein.

8. Man differenziere $f(cx)$ nach x, und zwar a) nach der Kettenregel, b) nach den Differenzierregeln für die Umkehrfunktion und den konstanten Faktor.

13. Spiegelungs- und Brechungsgesetz. Die Kettenregel brauchen wir z. B., wenn wir aus dem *Fermatschen Prinzip der kürzesten Lichtzeit* das *Spiegelungs- und Brechungsgesetz* folgern wollen. Dieses Prinzip besagt bekanntlich, reichlich allgemein ausgesprochen: *Ein Lichtstrahl läuft zwischen zwei Punkten P_1 und P_2 so, daß er von P_1 nach P_2 in möglichst kurzer Zeit gelangt.* Hiernach möchte man zunächst auf die geradlinige Verbindungsstrecke $P_1 P_2$ als Lichtweg schließen. Aber in der Regel ist noch gewissen Nebenumständen Rechnung zu tragen, wodurch das Prinzip erst seine wirkliche Bedeutung erhält. Z. B. soll bei Spiegelung der Lichtstrahl zwischen P_1 und P_2 die spiegelnde Fläche treffen, oder bei Brechung liegen P_1 und P_2 in Medien mit verschiedenen Lichtgeschwindigkeiten c_1 und c_2.

Das Fermatsche Prinzip gehört an sich der Variationsrechnung (S. 88) an, da es sich um die Anpassung des ganzen Lichtwegs an die Forderung kürzester Lichtzeit handelt. Aber zuweilen läßt sich das Problem in einleuchtender Weise vereinfachen und auf eine Aufgabe der gewöhnlichen Theorie der Maxima und Minima, d. h. auf die Differentialrechnung zurückführen.

Z. B. beschränken wir beim Spiegelungsgesetz (Brechungsgesetz) die Betrachtung auf eine Normalebene durch P_1 und P_2 zu einer spiegelnden Ebene (zur Trennungsebene zweier Medien mit den Lichtgeschwindigkeiten c_1 und c_2) (Abb. 149 bzw. 150) und nehmen den einfallenden Strahl P_1Q und den zurückgeworfenen (gebrochenen) Strahl QP_2 von vornherein als geradlinig an. Dann handelt es sich nur noch um die Bestimmung der Lage des Punktes Q bzw. der ihn festlegenden Zahl x (Abb. 149 und 150). Mit den Bezeichnungen der Abbildungen ist $P_1Q = \sqrt{h_1^2 + x^2}$, $QP_2 = \sqrt{h_2^2 + (a - x)^2}$ und z. B. bei Spiegelung die Zeit zum Durchlaufen von P_1Q mit c als Lichtgeschwindigkeit $\sqrt{h_1^2 + x^2} : c$. So ergeben sich als Forderungen des Fermatschen Prinzips bei

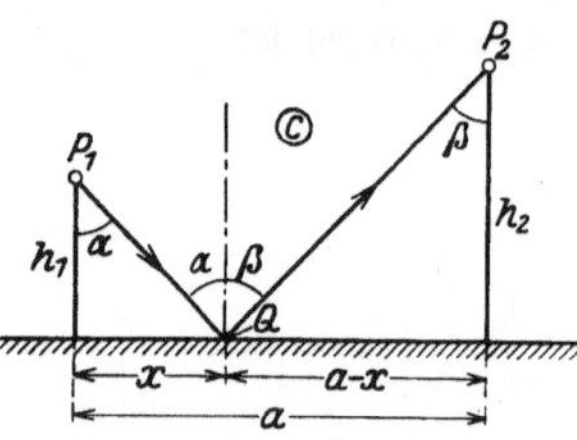

Abb. 149. Spiegelungsgesetz $\alpha = \beta$.

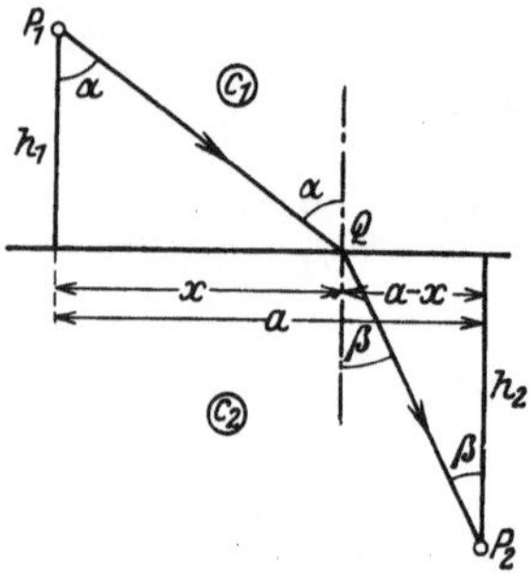

$$\text{Spiegelung:} \quad \frac{\sqrt{h_1^2 + x^2}}{c} + \frac{\sqrt{h_2^2 + (a - x)^2}}{c} = \min ,$$

$$\text{Brechung:} \quad \frac{\sqrt{h_1^2 + x^2}}{c_1} + \frac{\sqrt{h_2^2 + (a - x)^2}}{c_2} = \min .$$

Differenzieren nach x liefert im ersten Falle als notwendige Extremalbedingung (Verschwinden der Ableitung)

$$\frac{2x}{2c\sqrt{h_1^2 + x^2}} + \frac{-2(a - x)}{2c\sqrt{h_2^2 + (a - x)^2}} = 0 .$$

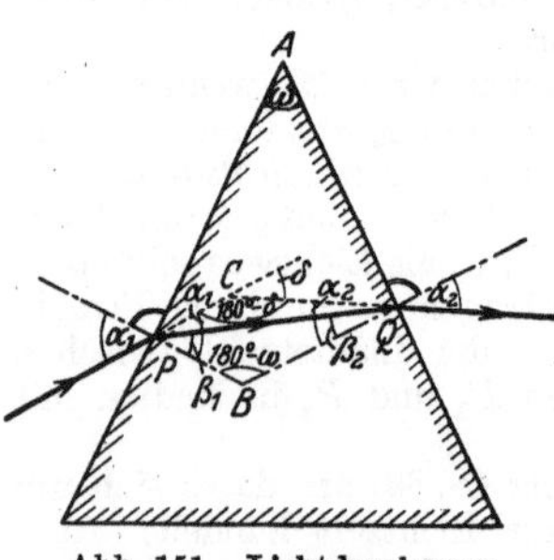

Abb. 150. Brechungsgesetz
$$\frac{\sin\alpha}{\sin\beta} = \frac{c_1}{c_2} = n .$$

Denn z. B. die Ableitung von $\sqrt{h_2^2 + (a - x)^2}$ beträgt, indem wir im Geiste den Radikanden als Zwischenveränderliche auffassen, zunächst $1 : 2$ mal Wurzel. Damit ist die Wurzel differenziert. Nun nehmen wir den Radikanden vor. Da hat die Konstante h_2^2 die Ableitung 0, das Quadrat $(a - x)^2$ die Ableitung 2 mal Grundzahl $(a - x)$. In dieser Grundzahl $a - x$ schließlich dringen wir differenzierend zur Veränderlichen x selbst vor und erhalten noch die Ableitung -1 von $-x$ als letzten Faktor in der Kettenregel.

Nun ist $x : \sqrt{h_1^2 + x^2} = \sin\alpha$ und $(a - x) : \sqrt{h_2^2 + (a - x)^2} = \sin\beta$ für den Einfallswinkel α und Ausfallswinkel β der Abb. 149. Daher vereinfacht sich unser Ergebnis zu

$$\sin\alpha = \sin\beta \quad \text{oder} \quad \alpha = \beta, \quad \textit{Einfallswinkel gleich Ausfallswinkel};$$

das Spiegelungsgesetz ist gewonnen.

Entsprechend bei Brechung

$$\frac{2x}{2c_1\sqrt{h_1^2 + x^2}} + \frac{-2(a - x)}{2c_2\sqrt{h_2^2 + (a - x)^2}} = 0$$

oder

$$\frac{\sin\alpha}{c_1} - \frac{\sin\beta}{c_2} = 0 , \quad \frac{\sin\alpha}{\sin\beta} = \frac{c_1}{c_2} = \text{konst} = n .$$

Es erscheint das Snelliussche Brechungsgesetz, und der *Brechungsquotient n* erweist sich als *Verhältnis der Lichtgeschwindigkeiten* c_1 und c_2.

Mittels der zweiten Ableitung prüfe man selbst nach, daß wirklich je ein Minimum vorliegt, und überlege sich außerdem (S. 82), daß das Minimum auch der überhaupt kleinste Wert ist.

14. Minimalablenkung beim Prisma. Auch zum Beweise der für die Optik wichtigen Tatsache, daß bei Lichtdurchgang durch ein Prisma die Minimalablenkung für symmetrischen Durchgang eintritt, ist die Kettenregel dienlich. Abb. 151 lehrt erstens im Viereck $APBQ$ mit zwei rechten Winkeln: Winkel bei B gleich $180^0 - \omega$, zweitens im Viereck $PBQC$ für den Winkel δ zwischen eintretendem und austretendem Strahl, d. h. für die Ablenkung δ:

$$\alpha_1 + \alpha_2 + 180^0 - \omega + 180^0 - \delta = 360^0 , \qquad \delta = \alpha_1 + \alpha_2 - \omega .$$

Bei Minimalablenkung muß, indem wir α_1 als unabhängige Veränderliche nehmen,

$$\frac{d\delta}{d\alpha_1} = 1 + \frac{d\alpha_2}{d\alpha_1} = 0$$

Abb. 151. Lichtdurchgang durch ein Prisma.

sein. α_2 ist Funktion von α_1 durch Vermittlung der Zwischenveränderlichen β_1 und β_2; wir schreiben deshalb nach der Kettenregel

$$\frac{d\alpha_2}{d\alpha_1} = \frac{d\alpha_2}{d\beta_2} \cdot \frac{d\beta_2}{d\beta_1} \cdot \frac{d\beta_1}{d\alpha_1}.$$

Und zwar lauten die Beziehungen, die eine Zwischenveränderliche an die nächste anhängen,

$$\alpha_2 = \arcsin(\sin\alpha_2) = \arcsin(n\sin\beta_2) \quad \text{nach dem Brechungsgesetz } \sin\alpha_2 = n\sin\beta_2\,,$$

$$\beta_2 = \omega - \beta_1 \qquad\qquad\qquad \text{im Dreieck } PBQ\,,$$

$$\beta_1 = \arcsin(\sin\beta_1) = \arcsin\left(\frac{\sin\alpha_1}{n}\right) \quad \text{nach dem Brechungsgesetz } \sin\beta_1 = \frac{1}{n}\sin\alpha_1\,.$$

Daher

$$\frac{d\alpha_2}{d\beta_2} = \frac{1}{\sqrt{1-\sin^2\alpha_2}} \, n\cos\beta_2\,, \qquad \frac{d\beta_2}{d\beta_1} = -1\,, \qquad \frac{d\beta_1}{d\alpha_1} = \frac{1}{\sqrt{1-\sin^2\beta_1}} \, \frac{\cos\alpha_1}{n}$$

und als Minimalbedingung

$$\frac{\cos\beta_2}{\sqrt{1-\sin^2\alpha_2}} = \frac{\sqrt{1-\sin^2\beta_1}}{\cos\alpha_1}\,.$$

Trägt man noch $\cos\beta_2 = \sqrt{1-\sin^2\beta_2} = \sqrt{1-\dfrac{\sin^2\alpha_2}{n^2}}$, ferner $\sin^2\beta_1 = \dfrac{\sin^2\alpha_1}{n^2}$ und $\cos\alpha_1 = \sqrt{1-\sin^2\alpha_1}$ ein, so folgt durch Quadrieren und Zusammenrechnen unter der selbstverständlichen Voraussetzung $n \neq 1$

$$\sin^2\alpha_1 = \sin^2\alpha_2\,, \qquad \alpha_1 = \alpha_2\,, \qquad \text{also } \textit{Minimum der Ablenkung für symmetrischen Durchgang.}$$

15. Geschwindigkeit und Beschleunigung in Polarkoordinaten. Ein Punkt P laufe auf einer durch Angabe der Polarkoordinaten r und φ beschriebenen Bahn (Abb. 152); es seien also r und φ als Funktionen $r = r(t)$ und $\varphi = \varphi(t)$ der Zeit t bekannt. Wie steht es mit den Geschwindigkeits- und Beschleunigungsverhältnissen?

Differenzieren wir die Umrechnungsgleichungen $x = r\cos\varphi$ und $y = r\sin\varphi$ in rechtwinklige Koordinaten x und y nach t (durch Punkte angedeutet), wobei wir die Produktregel und die Kettenregel benutzen, so ergibt sich

$$\dot{x} = \dot{r}\cos\varphi - r\sin\varphi\cdot\dot{\varphi}\,,$$
$$\dot{y} = \dot{r}\sin\varphi + r\cos\varphi\cdot\dot{\varphi}\,.$$

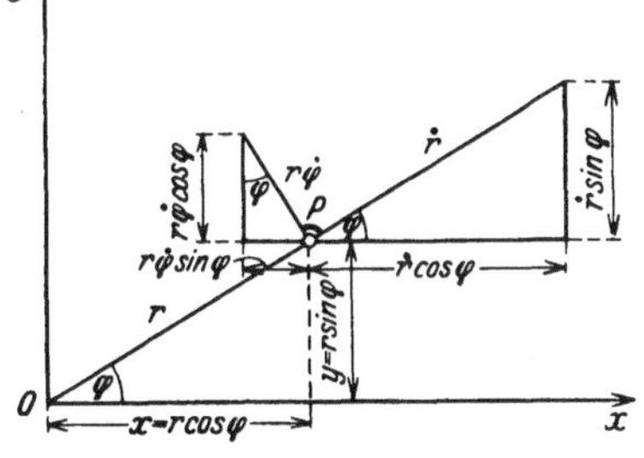

Abb. 152. Geschwindigkeit in Polarkoordinaten.

Links stehen offenbar die Geschwindigkeiten $v_x = \dot{x}$ und $v_y = \dot{y}$ des Punktes in der x- und y-Richtung. Die Gleichungen besagen: diese Geschwindigkeiten kommen zustande (Abb. 152), wenn wir für zwei Geschwindigkeiten $v_r = \dot{r}$ in der Richtung des Radiusvektors unter dem Winkel φ gegen die x-Achse und $v_c = r\dot{\varphi}$ senkrecht zum Radiusvektor die Komponenten in der x- und y-Richtung bilden und zusammenfügen. Denn es ist z. B. die Komponente von v_r in der x-Richtung gleich $\dot{r}\cos\varphi$ und die Komponente von v_c gleich $-r\dot{\varphi}\sin\varphi$ (sie führt in entgegengesetzter Richtung wie $\dot{r}\cos\varphi$). Wir nennen die Geschwindigkeit

$v_r = \dot{r}$ in Richtung des Radiusvektors   *Radialgeschwindigkeit,*
$v_c = r\dot{\varphi} = r\omega$ senkrecht zum Radiusvektor   *Zirkulargeschwindigkeit,*
$\omega = \dot{\varphi}$ *Winkelgeschwindigkeit* (vgl. S. 70 und S. 157).

Durch Weiterdifferenzieren folgt für die Beschleunigungen

$$\ddot{x} = \ddot{r}\cos\varphi - \dot{r}\sin\varphi\cdot\dot{\varphi} - \dot{r}\sin\varphi\cdot\dot{\varphi} - r\cos\varphi\cdot\dot{\varphi}^2 - r\sin\varphi\cdot\ddot{\varphi}\,,$$
$$\ddot{y} = \ddot{r}\sin\varphi + \dot{r}\cos\varphi\cdot\dot{\varphi} + \dot{r}\cos\varphi\cdot\dot{\varphi} - r\sin\varphi\cdot\dot{\varphi}^2 + r\cos\varphi\cdot\ddot{\varphi}$$

oder

$$\ddot{x} = (\ddot{r} - r\dot{\varphi}^2)\cos\varphi - (2\dot{r}\dot{\varphi} + r\ddot{\varphi})\sin\varphi\,,$$
$$\ddot{y} = (\ddot{r} - r\dot{\varphi}^2)\sin\varphi + (2\dot{r}\dot{\varphi} + r\ddot{\varphi})\cos\varphi\,, \quad \text{d. h.:}$$

Die Beschleunigungen $b_x = \ddot{x}$ und $b_y = \ddot{y}$ in der x- und y-Richtung werden durch Projektion der

Radialbeschleunigung $b_r = \ddot{r} - r\dot{\varphi}^2$ in Richtung des Radiusvektors,
Zirkularbeschleunigung $b_c = 2\dot{r}\dot{\varphi} + r\ddot{\varphi}$ senkrecht zum Radiusvektor

erzeugt. Es ist demnach nicht etwa so, daß die Beschleunigung im Radiusvektor die zweite Ab-leitung $\ddot{r}$ von r wäre. Sondern zu $\ddot{r}$, das die Beschleunigung infolge der *Größen*änderung von r gibt, tritt noch der Bestandteil $- r\dot{\varphi}^2$, der von der *Richtungs*änderung von r herkommt. Z. B. ist für gleichförmige Umlaufsbewegung auf einem Kreise $r = $ konst, $\dot{r} = 0$, $\ddot{r} = 0$; $\dot{\varphi} = \omega = $ konst, $\ddot{\varphi} = 0$ und $b_r = - r\omega^2$, $b_c = 0$. Um die gleichförmige Umlaufsbewegung zu erzwingen, muß demnach in Richtung des Radiusvektors nach innen (negatives Vorzeichen) die „*Zentripetalbeschleunigung*" $- r\omega^2$ wirken.

Die Zirkularbeschleunigung b_c läßt sich auch in die Gestalt $b_c = \dfrac{1}{r}\dfrac{d(r^2\dot{\varphi})}{dt}$ bringen. Denn differenziert man das Produkt nach Produktregel und Kettenregel aus, so erscheint als Ableitung $2r\dot{r}\dot{\varphi} + r^2\ddot{\varphi}$. Haben wir es mit einer *Zentralbewegung* zu tun, bei der die ganze Beschleunigung b in Richtung des Radiusvektors fällt, also $b_c = 0$ ist, z. B. mit der Bewegung eines Planeten P um die im Ursprunge stehende Sonne, so fällt hiernach $r^2\dot{\varphi} = $ konst aus, weil die Ableitung davon verschwindet. Nun ist aber $\dfrac{r^2}{2}\dot{\varphi} = \dfrac{r^2}{2}\dfrac{d\varphi}{dt}$ die Flächengeschwindig-keit (S. 136), d. h.: *Bei einer Zentralbewegung ist die Flächengeschwindigkeit konstant* (2. Kep-lersches Gesetz); der Radiusvektor überstreicht in gleichen Zeiten gleiche Flächen.

16. Elastische Schwingungen und ihre Differentialgleichung[1]. Recht häufig begegnen dem Naturwissenschaftler Differentiationen der trigonometrischen Funk-tionen $\sin\omega t$ und $\cos\omega t$ mit konstantem ω, die ebenfalls nach der Kettenregel aus-zuführen sind; t bedeutet die Zeit, ωt heißt die *Phase*. Z. B. führe ein mate-rieller Punkt unter dem Einflusse elastischer Kräfte „*harmonische*" *Schwingungen* um eine Ruhelage aus; man denke an ein Gewicht, das an einer Feder hängt und auf- und abschwingt (Abb. 153). Dann ist der Abstand y von der Ruhelage (der *Aus-schlag*, die *Elongation*) zur Zeit t, wenn der Punkt zur Zeit $t = 0$ aus der Ruhelage fortgestoßen wird, $y = a\sin\omega t$. Er nimmt zunächst nach der Seite der positiven y

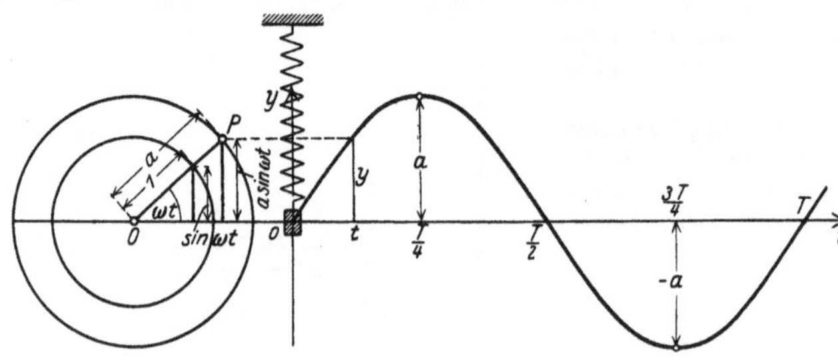

Abb. 153. Elastische Schwingungen.

zu bis zum Maximalwerte (der *Amplitude*, dem *Schei-telwerte*) a, weil der Sinus den Höchstwert 1 hat. Dann geht der Punkt wie-der zurück bis zur Ruhe-lage $y = 0$, darüber hinaus auf die Seite der negativen y bis zu $y = -a$ und nähert sich nachher wiederum der Ruhelage $y = 0$, worauf das Spiel von neuem beginnt. Ein am Gewichte der Abb. 153 befestigter Schreib-stift zeichnet auf einen gleichförmig von rechts nach links vorbeigezogenen Papier-streifen unmittelbar als Zeit-Weg-Schaubild eine Sinuslinie auf.

Es sei T die *Schwingungsdauer* oder *Periode* der Schwingung, so daß der weiteste positive Ausschlag $y = a$ zu $t = \dfrac{T}{4}$, der weiteste negative Ausschlag $y = -a$ zu $t = \dfrac{3T}{4}$, der Durchgang durch die Ruhelage von positiven zu negativen y zu $t = \dfrac{T}{2}$ und die Rückkehr in die Ruhelage vor Wiederholung des ganzen Vorgangs zu $t = T$ gehören. T entspricht offenbar der Periode 2π des Sinus, mit der sich dieser perio-disch wiederholt. D. h. $\omega T = 2\pi$ und $\omega = \dfrac{2\pi}{T}$, womit ω in Verbindung mit einer für die Schwingung charakteristischen Zeit gebracht ist.

Denken wir uns den Sinus als Ordinate eines Punktes auf dem Einheitskreise (S. 50) oder $a\sin\omega t$ als Ordinate eines Punktes P auf einem Kreise vom Radius a (Abb. 153), so ist $\omega = \dfrac{2\pi}{T}$ das Verhältnis des vollen Umfangs 2π des Einheitskreises

---

[1] Die für den Naturwissenschaftler und Ingenieur äußerst wichtige Theorie der Schwin-gungen findet man kurz zusammengefaßt in ZIPPERER, L.: Technische Schwingungslehre, Sammlung Göschen 953.

zur Zeit T, in der er durchlaufen wird. D. h. ω ist die gleichmäßige Wanderungsgeschwindigkeit von P oder die Drehgeschwindigkeit des „Zeitvektors" OP oder die *Winkelgeschwindigkeit* genannte Änderungsgeschwindigkeit des Winkels ωt zwischen OP und der x-Achse. Entfallen ν Perioden, je von der Dauer T sek, auf 1 sek, wobei ν *Periodenzahl, Frequenz* oder *Puls* heißt, so muß $\nu T = 1$ oder $\nu = \dfrac{1}{T}$ und $\omega = 2\pi\nu$ sei; in 1 sek wird der Einheitskreis ν-mal durchlaufen. Deshalb führt ω auch den Namen *Kreisfrequenz* und ist wie ν von der Dimension Zeit $^{-1}$. Das steht in Übereinstimmung damit, daß die Phase ωt als Argument einer trigonometrischen Funktion eine reine Zahl sein muß, die allenfalls in Grade umgerechnet werden kann.

Die *Geschwindigkeit* des schwingenden Punkts wird $\dot{y} = a\omega \cos \omega t$ (der Sinus gibt differenziert den Kosinus und ωt weiterhin den Faktor ω). $a\omega = \dot{y}_0$ ist die Anfangsgeschwindigkeit zur Zeit $t = 0$, mit welchen der Punkt die Ruhelage verläßt. Für $t = \dfrac{T}{4}$, d. h. den Maximalabstand a von der Ruhelage, wird $\dfrac{\omega T}{4} = \dfrac{\pi}{2}$ und daher die Geschwindigkeit $\dot{y} = 0$ (Umkehrpunkt, vgl. S. 81), für $t = \dfrac{T}{2}$, $\dfrac{\omega T}{2} = \pi$ kommt der Punkt mit absolut gleich großer, aber entgegengesetzt gerichteter Geschwindigkeit $\dot{y} = -a\omega = -\dot{y}_0$ wie beim Verlassen der Ruhelage zu ihr zurück. Nach Ablauf der Periode T wiederholt sich auch der Kosinus $\cos \omega t$ und damit die Geschwindigkeit $\dot{y}$ periodisch.

Die *Beschleunigung* $\ddot{y} = -a\omega^2 \sin \omega t = -\omega^2 y$ finden wir *proportional der Elongation y und entgegengesetzt zu ihr gerichtet* (nach der Ruhelage zu). Entsprechend steht es mit der zur Beschleunigung $\ddot{y}$ proportionalen Kraft. Hierin liegt der innere Grund für die Verknüpfung des Sinus $\sin \omega t$ mit der harmonischen Bewegung. Weil bei ihm die zweite Ableitung proportional zur Funktion selbst und von entgegengesetztem Vorzeichen ausfällt, erweist er sich als geeignet zur Beschreibung einer Bewegung, bei welcher die Kraft proportional der Entfernung aus einer Ruhelage und nach ihr gerichtet ist, wie es z. B. für die Kraft elastischer Bindung zutrifft.

Man untersuche entsprechend die harmonische Bewegung mit dem Gesetze $y = b \cos \omega t$. Sie beginnt zur Zeit $t = 0$ in $y_0 = b$ mit der Geschwindigkeit $\dot{y}_0 = 0$ (aus der Ruhelage herausgezogenes und ohne Anstoß losgelassenes Gewicht).

Schließlich zeige man, daß auch $y = A \cos \omega t + B \sin \omega t$ mit beliebigem A und B der „*Schwingungsdifferentialgleichung zweiter Ordnung*"

$$\ddot{y} = -\omega^2 y$$

(Beziehung zwischen einer Funktion und ihren Ableitungen bis zur zweiten Ordnung) genügt, also zur Darstellung harmonischer Bewegungen geeignet ist. Da in der „*Lösung*"

$$y = A \cos \omega t + B \sin \omega t$$

(den Beweis, daß dies die allgemeinste denkbare Lösung ist, führt der Fachmathematiker) *zwei willkürliche Konstanten A und B* (analog der Integrationskonstante beim unbestimmten Integral $\int f(x)\,dx$, der Lösung der „Differentialgleichung erster Ordnung" $F'(x) = f(x)$) verfügbar sind, kann man sie vorgeschriebener Anfangslage y_0 und Anfangsgeschwindigkeit $\dot{y}_0$ für $t = 0$ anpassen durch die Gleichungen

$$A \cdot 1 + B \cdot 0 = y_0 \quad \text{und} \quad -A\omega \cdot 0 + B\omega \cdot 1 = \dot{y}_0,$$

d. h. $A = y_0$, $B = \dot{y}_0 : \omega$. Schreiben wir

$$y = \sqrt{A^2 + B^2}\left\{ \frac{A}{\sqrt{A^2 + B^2}} \sin \omega t + \frac{B}{\sqrt{A^2 + B^2}} \cos \omega t \right\}$$

und setzen $\dfrac{A}{\sqrt{A^2 + B^2}} = \cos \varphi$, $\dfrac{B}{\sqrt{A^2 + B^2}} = \sin \varphi$, so nimmt y die Form an

$$y = \sqrt{A^2 + B^2}\, \sin (\omega t + \varphi).$$

Die Überlagerung zweier Schwingungen $A \sin \omega t$ und $B \cos \omega t$ in derselben Geraden ergibt also eine Sinusschwingung mit der Amplitude $\sqrt{A^2 + B^2}$ und der

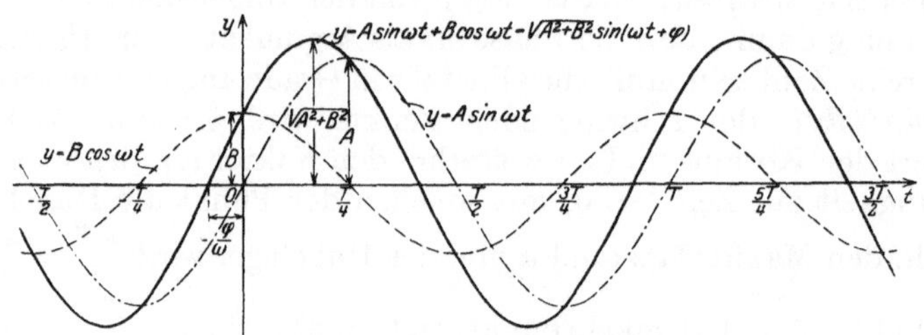

Abb. 154. Zusammensetzen einer Sinusschwingung
und einer Kosinusschwingung.

„*Phasenverschiebung*“ φ (Abb. 154, vgl. S. 164—165). Überlagerung von Schwingungen mit den Kreisfrequenzen ω, 2ω, 3ω, ... führt zur *Fourierschen Reihe* (S. 114).

17. Etwas vom Wechselstrom. Auch beim Wechselstrom, der ja ebenfalls eine Schwingungserscheinung ist, spielen Sinus und Kosinus mit dem Argument ωt eine Rolle. Beispielsweise beträgt die Spannung, genauer der Augenblicks- oder Momentanwert der Spannung für einen „*sinusförmigen*“ *Wechselstrom*

$$e = E_0 \sin \omega t.$$

In der ersten Halbperiode von $t = 0$ bis $t = \dfrac{T}{2}$ nimmt e von 0 bis zum Scheitelwert E_0 zu und dann wieder ab bis 0; in der zweiten Halbperiode von $t = \dfrac{T}{2}$ bis $t = T$ wirkt die Spannung entgegengesetzt (negatives e) und geht über den Minimalwert $-E_0$ zu 0 zurück. Die Periodenzahl ν des üblichen Wechselstroms ist $\nu = 50\,\mathrm{sek}^{-1}$, daher die Kreisfrequenz $\omega = 2\pi\nu \approx 314\,\mathrm{sek}^{-1}$. Die Periode T entspricht der Zeit, in der sich bei der erzeugenden Maschine eine analoge Stellung von Feldmagneten und Anker wiederholt, bei der einfachsten Maschine mit einem im homogenen Magnetfelde rotierenden Drahtviereck also einem vollen Umlaufe (hierbei werden die ωt unmittelbar als Drehwinkel des rotierenden Drahtvierecks deutbar).

Liegt im Stromkreise des Wechselstroms von der Spannung $e = E_0 \sin \omega t$ ein *Kondensator*, so kommt dadurch, daß der Kondensator abwechselnd aufgeladen wird und sich entlädt, ein Strom zustande (anders als bei Anlegen von Gleichspannung an den Kondensator, wobei kein dauernder Strom fließt). Die auf einem Kondensator sitzende Elektrizitätsmenge Q ist bekanntlich proportional der Spannung P; der Proportionalitätsfaktor C in $Q = CP$ heißt die *Kapazität* des Kondensators (gemessen in Farad). In unserem Falle ist daher $Q = Ce = CE_0 \sin \omega t$ auch eine Sinusfunktion der Zeit. Die Stromstärke i ist definitionsgemäß die Änderungsgeschwindigkeit $\dfrac{dQ}{dt}$ der Elektrizitätsmenge (S. 103). Daher

$$i = C E_0\, \omega \cos \omega t = J_0 \cos \omega t = J_0 \sin \left(\omega t + \frac{\pi}{2}\right)$$

mit dem Scheitelwerte $J_0 = C E_0\, \omega$ der Stromstärke. Die Stromstärke i verläuft nach einer gegenüber der angelegten Spannung e um $\dfrac{\pi}{2}$ oder eine Viertelperiode $\dfrac{T}{4}$ vorwärts verschobenen (S. 52) Sinusfunktion der Zeit; man zeichne sich die Schaulinien von Spannung und Stromstärke.

Befindet sich hingegen in einem Wechselstromkreise von der Stromstärke $i = J_0 \sin \omega t$ eine gleichstromwiderstands- und kapazitätsfreie *Spule* vom *Selbstinduktionskoeffizienten* L Henry, so bringt das An- und Abschwellen des Stromes die Gegenspannung $e_s = -L\,\dfrac{di}{dt} = -LJ_0\,\omega \cos \omega t$ der *Selbstinduktion* hervor. Die Spannung $-e_s = LJ_0\,\omega \cos \omega t$ zu ihrer Überwindung, d. h. die angelegte Spannung $e = E_0 \cos \omega t = E_0 \sin \left(\omega t + \dfrac{\pi}{2}\right)$, ist daher gegenüber der Stromstärke um

$\frac{\pi}{2}$ oder eine Viertelperiode nach vorwärts oder die Stromstärke gegenüber der Spannung um $\frac{\pi}{2}$ nach rückwärts verschoben.

Schließlich sind für selbstinduktions- und kapazitätsfreien *Ohmschen Widerstand* R nach dem Ohmschen Gesetze

$$i = \frac{e}{R} = \frac{E_0}{R} \sin \omega t = J_0 \sin \omega t$$

Stromstärke und angelegte Spannung „*in Phase*", d. h. nicht phasenverschoben gegeneinander.

In allen drei Fällen gilt für die Scheitelwerte von Spannung und Stromstärke das Ohmsche Gesetz, wenn wir als „*kapazitiven Widerstand*" des Kondensators die Größe $1 : C\omega$ und als „*induktiven Widerstand*" der Spule die Größe $L\omega$ definieren.

Beim Auftreten zweier oder dreier dieser Widerstandsarten zusammen zerfällt die angelegte Spannung in Bestandteile je zur Überwindung einer Widerstandsart. Dies näher zu studieren kommt der Wechselstromtheorie zu. Die leicht nachprüfbare Haupttatsache dabei ist: Die Überlagerung mehrerer phasenverschobener Sinuslinien vom selben ω kann vorgenommen werden, indem man die erzeugenden, um die Phasenverschiebungen gegeneinander verdrehten Radienvektoren für Kreise vom Radius der Scheitelwerte wie Kräfte nach dem Kräfteparallelogramm oder Kräftedreieck zusammenfügt[1] („*Vektordiagramm*"). Der Gesamtwiderstand (Wirkwiderstand) eines Stromkreises vom Ohmschen Widerstand R, der Selbstinduktion L und Kapazität C wird gleich

$$W = \sqrt{R^2 + \left(L\omega - \frac{1}{C\omega}\right)^2}$$

(vgl. das Nomogramm Abb. 79, S. 66).

18. Differenzieren einer Gleichung. Von S. 13—15 wissen wir, daß eine Gleichung $F(x, y) = 0$ zwischen x und y nur unter Vorsichtsmaßnahmen (Herausgreifen eines eindeutigen Zweiges) „implizit" y als Funktion $y = f(x)$ von x definiert. Wir wollen annehmen, daß dies zutrifft. Dann können wir — die in den Fällen der Praxis fast immer erfüllten Bedingungen dafür genau zu untersuchen ist eine Angelegenheit des Fachmathematikers — die Funktion y folgendermaßen nach x differenzieren. y ist eine Funktion von x, also $F(x, y)$ durch Vermittlung von y eine zusammengesetzte Funktion von x. Wir sind also nach der Kettenregel imstande, die Ableitung von $F(x, y)$ nach x zu bilden. Dabei dürfen wir nur nicht vergessen: wenn wir nach der Zwischenveränderlichen y differenziert haben, müssen wir als Faktor noch die Ableitung y' von y nach x anfügen. Weil $F(x, y)$ dauernd verschwindet, muß auch die Ableitung F' nach x gleich 0 sein. Das gibt eine Gleichung zur Bestimmung von y'.

Noch symmetrischer gestaltet sich die Sache, wenn wir nach dem Satze von der Invarianz des Differentials das ebenfalls verschwindende Differential dF von F aufschreiben; von ihm aus gelangen wir leicht zum Differentialquotienten $\frac{dy}{dx}$.

Einige Beispiele geben die beste Erläuterung. Differenzieren der Kreisgleichung $x^2 + y^2 - a^2 = 0$ liefert

$$2x + 2yy' = 0, \quad \text{also} \quad y' = -\frac{x}{y}.$$

$2x$ ist die Ableitung von x^2, $2y$ die Ableitung von y^2 nach y, sie muß nach der Kettenregel noch mit y' multipliziert werden, weil es sich um Differenzieren nach x handelt.

Mit dem Differential läuft die Rechnung so:

$$2x\,dx + 2y\,dy = 0, \quad \text{hiernach} \quad \frac{dy}{dx} = -\frac{x}{y}.$$

Denn das Differential von y^2 lautet $2y\,dy$, ob nun y eine unabhängige oder abhängige Veränderliche sein mag. $y' = -\frac{x}{y}$ ist gleichwertig damit, daß die Kreisnormale durch den Kreismittelpunkt geht (mit dem Radius zusammenfällt), wie man selbst

---

[1] Vgl. die Lehrbücher der Elektrotechnik, z. B. VIEWEG, V.: Elektrotechnik. Leipzig: G. Thieme 1924.

überlegen möge. Nachträglich können wir in $y' = -\dfrac{x}{y}$ noch $y = \sqrt{a^2 - x^2}$ einsetzen.

Das Ergebnis $y' = - x : \sqrt{a^2 - x^2}$ entsteht auch durch Differenzieren von $y = \sqrt{a^2 - x^2}$ nach der Kettenregel: $y' = \dfrac{-2x}{2\sqrt{a^2 - x^2}} = \dfrac{-x}{\sqrt{a^2 - x^2}}$.

Für die Boyle-Mariottesche Gleichung $pV = p_0 V_0 = RT$ mit konstantem T erhalten wir nach der Produktregel

$$V\,dp + p\,dV = 0\,, \quad p\,dV = -V\,dp \quad \text{und} \quad \frac{dV}{dp} = -\frac{V}{p} = -\frac{p_0 V_0}{p^2}$$

(vgl. S. 146), so daß bei isothermer Ausdehnung das Arbeitsdifferential $p\,dV$ auch in die Gestalt $-V\,dp$ gebracht werden kann (S. 146). Während hier die Kompressibilität $\dfrac{dV}{dp}$ leicht auch aus der nach V aufgelösten Form $V = \dfrac{p_0 V_0}{p}$ der Gleichung folgt, kämen wir auf diesem Wege bei der van der Waalsschen Gleichung

$$\left(p + \frac{a}{V^2}\right)(V - b) = RT$$

nur mit ungeheurer Rechenarbeit zum Ziele; denn für sie wäre V als Wurzel einer kubischen Gleichung mit Buchstabenkoeffizienten auszudrücken. Hingegen gewinnt man durch Differenzieren der Gleichung nach der Produktregel bei konstantem T ohne Mühe

$$\left(dp - \frac{2a}{V^3}\,dV\right)(V - b) + \left(p + \frac{a}{V^2}\right)dV = 0$$

und

$$\frac{dV}{dp} = \frac{V - b}{\dfrac{a}{V^2} - \dfrac{2ab}{V^3} - p}\,.$$

Dem Differenzieren der Gleichung $F(x, y) = 0$ zur Bestimmung von $\dfrac{dy}{dx}$ steht auch dann nichts entgegen, wenn $F(x, y) = 0$ explizit mit Hilfe der gebräuchlichen Funktionen überhaupt nicht nach y auflösbar ist, wie z. B. $x - y + \sin y = 0$. Schon Leibniz hat darum das Differenzieren einer Gleichung mit Recht hochgeschätzt.

Man kann sich das Differenzieren einer Gleichung $F(x, y) = 0$ auch folgendermaßen zurechtlegen. Die Funktion $z = F(x, y)$ der beiden unabhängigen Veränderlichen x und y hat das Differential $dz = F_x\,dx + F_y\,dy$, das einen Annäherungswert an die Funktionsdifferenz $\triangle z$ darstellt. Durchgängiges Verschwinden von z ist nur dadurch möglich, daß x und y in gewisser Weise gekoppelt sind, und zwar läßt sich die Koppelung „im allgemeinen" in der Form $y = f(x)$ beschreiben. Für die Differentiale dx und dy besteht dann, weil durchweg $\triangle z = 0$ und $dz = 0$ sein muß, die Koppelung $F_x\,dx + F_y\,dy = 0$, die gerade unsere Vorschrift zum Differenzieren der Gleichung $F(x, y) = 0$ widerspiegelt und auch zu $\dfrac{dy}{dx} = -\dfrac{F_x}{F_y}$ auflösbar ist.

Die geschilderte Vorgehensart liegt der feineren mathematischen Behandlung des ganzen hier angeschnittenen Fragenkreises zugrunde; insbesondere kommt dabei, wie leicht ersichtlich, die Forderung des Nichtverschwindens der partiellen Ableitung F_y herein.

19. Differenzieren und Integrieren einer Potenz mit gebrochenem Exponenten.

Arbeit bei adiabatischer Ausdehnung eines Gases. Für eine Potenz $y = x^{\frac{p}{q}}$ mit beliebigem gebrochenem Exponenten besteht die Gleichung $y^q - x^p = 0$, durch deren Differenzieren nach der Differenzierregel für Potenzen mit ganzem Exponenten

$$q\,y^{q-1}\,dy - p\,x^{p-1}\,dx = 0\,, \quad \frac{dy}{dx} = \frac{p}{q}\,\frac{x^{p-1}}{y^{q-1}} = \frac{p}{q}\,x^{p-1-\frac{p}{q}(q-1)} = \frac{p}{q}\,x^{\frac{p}{q}-1}$$

die Behauptung von S. 140 bestätigt wird, daß in der Formel $(x^n)' = n\,x^{n-1}$ der Exponent n auch eine gebrochene Zahl sein darf[1] (vgl. auch S. 152).

Als Beispiel für die entsprechende Integration einer Potenz mit gebrochenem Exponenten rechnen wir die Arbeit bei adiabatischer Ausdehnung eines idealen Gases durch. *Adiabatisch* heißt die Ausdehnung bekanntlich, wenn Wärme weder zu- noch abfließt, wenn also das Gasgefäß wärmeundurchlässig eingepackt ist oder der Vorgang sich so schnell abspielt, daß zum Wärmeaustausche keine Zeit bleibt. Es gilt dann zwischen Druck und Volumen die *Poissonsche Gleichung* (über die Herleitung vgl. S. 176—177)

$$p\,V^\varkappa = \text{konst} = p_0\,V_0^\varkappa$$

($\varkappa = c_p : c_v$ Verhältnis der spezifischen Wärmen c_p bei konstantem Druck und c_v bei konstantem Volumen, $\varkappa = 1{,}4$ für Luft), und die Arbeit bei Ausdehnung vom Volumen V_1 zum Volumen V_2 wird (S. 125)

$$A = \int_{V_1}^{V_2} p\,dV = \int_{V_1}^{V_2} p_1\,V_1^\varkappa\,V^{-\varkappa}\,dV = p_1\,V_1^\varkappa\,\frac{V_1^{1-\varkappa} - V_2^{1-\varkappa}}{\varkappa - 1}.$$

Nach der aus der Poissonschen Gleichung und der allgemeinen Gasgleichung $p\,V = R\,T$ folgenden Beziehung $T\,V^{\varkappa-1} = T_0\,V_0^{\varkappa-1}$ können wir auch schreiben

$$A = \frac{R}{\varkappa - 1}\,(T_1 - T_2) = c_v(T_1 - T_2).$$

Denn nach einer klassischen Überlegung von Robert Mayer[2] ist $R : (\varkappa - 1)$ gerade die spezifische Wärme c_v bei konstantem Volumen. Damit erscheint aber das Ergebnis als geradezu selbstverständlich. Wegen des adiabatischen Charakters des Vorganges muß ja das Gas alle Energie zur mechanischen Arbeitsleistung aus seinem inneren Wärmevorrate nehmen. Sinkt die Temperatur von T_1 auf T_2, so gibt das Gas die Wärmeenergie $c_v(T_1 - T_2)$ ab, und diese wird restlos in die Arbeit A umgesetzt (vgl. auch S. 176—177).

20. Einführung einer neuen Veränderlichen in einem Integral (Substitutionsregel). Trennung der Veränderlichen in einer Differentialgleichung. Ebenso folgenreich wie für die Differentiation ist der Satz von der Invarianz des Differentials für die Integration. $f(u)$ ist eine einzelne Stammfunktion $\int f'(u)\,du$ zum Differential $f'(u)\,du$ mit der unabhängigen Veränderlichen u, und $f(\varphi(x))$ ist eine einzelne Stammfunktion $\int f'(\varphi(x))\,\varphi'(x)\,dx$ zum Differential $f'(u)\,\varphi'(x)\,dx$ mit der unabhängigen Veränderlichen x. Hiernach besteht die folgende „Substitutionsregel":

Wenn wir in einem Integrale statt der Integrationsveränderlichen u eine neue unabhängige Veränderliche x durch die Beziehung $u = \varphi(x)$ einführen (die „Substitution" oder „Transformation" $u = \varphi(x)$ vornehmen) wollen (um etwa, wie der Erfolg zeigt, das Integral zu vereinfachen), so haben wir erstens im Integranden $\varphi(x)$ statt u einzutragen, zweitens das Differential du der bisherigen unabhängigen Veränderlichen u durch das Differential $du = \varphi'(x)\,dx$ der Funktion $u = \varphi(x)$ zu ersetzen.

Z. B. liegt es bei $\int \cos 3u\,du$ nahe, $3u = x$, also $u = \dfrac{x}{3}$ zu wählen. Dann wird $du = \tfrac{1}{3}dx$ und

$$\int \cos 3u\,du = \tfrac{1}{3}\int \cos x\,dx = \tfrac{1}{3}\sin x + C = \tfrac{1}{3}\sin 3u + C;$$

man prüfe dies durch Differenzieren nach. Noch bequemer erhalten wir du durch Differenzieren der Substitutionsgleichung $3u = x$, nämlich $3\,du = dx$, also $du = \tfrac{1}{3}dx$.

Bei mehr Übung faßt man nur in Gedanken $3u$ zu einer neuen Veränderlichen zusammen. Es wäre alles in schönster Ordnung, wenn statt du das Differential $d(3u)$ der neuen Veränderlichen $3u$ dastände. Stellen wir es also her! Zum Ausgleich müssen wir natürlich durch 3 dividieren und haben damit folgendes Vorgehen:

$$\int \cos 3u\,du = \int \cos(3u)\,d(3u) \cdot \tfrac{1}{3} = \tfrac{1}{3}\sin 3u + C.$$

---

[1] Die Gültigkeit für irrationale Exponenten, z. B. $\sqrt{2} = 1{,}4142\ldots$, folgt daraus, daß die Formel für alle rationalen Näherungswerte, z. B. $1{,}4$; $1{,}41$; $1{,}414$; $\ldots$ besteht.

[2] Vgl. etwa Mosch, E.: Lehrbuch der Physik, Heft 1, S. 56—57, oder Grimsehl, E.: Lehrbuch der Physik, Bd. 1, 4. Aufl., S. 405—431. Leipzig u. Berlin: B. G. Teubner 1920.

Umgekehrt macht es bei einem Integral nichts aus, ob die Integrationsveränderliche wirklich eine unabhängige Veränderliche oder vielleicht eine Funktion einer weiteren Veränderlichen ist. Das haben wir auf S. 96 benutzt, in Vorausnahme folgender Regel über die „*Trennung*" oder „*Separation*" *der Veränderlichen in einer Differentialgleichung:*

Wenn es geht, so setzen wir in einer Differentialgleichung zwischen den Veränderlichen x und y alles, was explizit den Buchstaben x enthält, auf die eine Seite, und alles, was explizit den Buchstaben y enthält, auf die andere Seite. Wir „trennen" also die Veränderlichen und stellen die Gestalt

$$g\,(x)\,d\,x = h\,(y)\,d\,y$$

mit Funktionen g(x) von x allein und h(y) von y allein her. Dann dürfen wir „ausintegrieren", d. h.

$$\int g\,(x)\,d\,x = \int h\,(y)\,d\,y$$

schreiben und die Integrale ausführen, ohne uns darum zu kümmern, was die unabhängige und was die abhängige Veränderliche ist.

Damit die Transformation der Veränderlichen in einem Integral sich überhaupt durchführen läßt und sinnvoll ist, müssen wir natürlich voraussetzen, daß die Werte von $\varphi(x)$ in den Definitionsbereich des Integranden hineinfallen bzw. in den von uns gerade betrachteten Teilbereich davon. Das wird belangreich bei einem bestimmten Integral, sagen wir mit leichtem Wechsel der Bezeichnungen $\int\limits_a^b f(u)\,du$. Den Grenzen a und b bei u mögen durch die Transformation $u = \varphi(x)$ die Grenzen α und β bei x zugeordnet sein, also $a = \varphi(\alpha)$ und $b = \varphi(\beta)$. Soll $\int\limits_\alpha^\beta f(\varphi(x))\,\varphi'(x)\,dx$ unserem Begriffe des bestimmten Integrals entsprechen, so muß die Integrationsstrecke zwischen α und β von x einfach durchlaufen werden, d. h. es muß $u = \varphi(x)$ im Intervall $\alpha < x < \beta$ beständig steigen oder beständig fallen (*monoton* verlaufen) bzw. $\varphi'(x) \neq 0$ sein. Man zeichne sich Bilder und denke daran, daß die Monotonievoraussetzung gerade auch die Umkehrbarkeit der Transformation, d. h. die Darstellung $x = \psi(u)$ von x als Funktion von u gewährleistet. Rechnet man bei der Substitution ohne viel Kritik nur darauf los, so rühren etwaige Unstimmigkeiten und Fehler meist daher, daß entweder die Monotonievoraussetzung verletzt ist oder daß man vergessen hat, *auch die Grenzen des bestimmten Integrals mit zu transformieren.*

21. Beispiele. 1. Bei $\int \dfrac{d\,x}{a^2 + x^2}$ verlockt die Ähnlichkeit des Nenners mit dem Nenner $1 + x^2$ im Integral $\int \dfrac{d\,x}{1 + x^2} = \arctan x + C$ dazu, a^2 auszuheben. Das gibt

$$\int \frac{d\,x}{a^2 + x^2} = \int \frac{1}{a^2}\,\frac{d\,x}{1 + \left(\dfrac{x}{a}\right)^2}.$$

Um $\dfrac{x}{a}$ als neue Veränderliche zu haben, schreiben wir $d\,x = a\,d\left(\dfrac{x}{a}\right)$ und erhalten

$$\int \frac{d\,x}{a^2 + x^2} = \int \frac{1}{a}\,\frac{d\left(\dfrac{x}{a}\right)}{1 + \left(\dfrac{x}{a}\right)^2} = \frac{1}{a}\,\arctan \frac{x}{a} + C.$$

2. Man rechne entsprechend aus

$$\int \frac{d\,x}{\sqrt{a^2 - x^2}} = \arcsin \frac{x}{a} + C.$$

3. In $\int \dfrac{d\,x}{\sqrt{a + b\,x}}$ nehmen wir $a + b\,x$ als neue Veränderliche. Statt $d\,x$ kann $d(a + b\,x)\cdot\dfrac{1}{b}$ geschrieben werden. Mithin

$$\int \frac{d\,x}{\sqrt{a + b\,x}} = \frac{1}{b}\int \frac{d(a + b\,x)}{\sqrt{a + b\,x}} = \frac{2}{b}\,\sqrt{a + b\,x} + C.$$

Wer nicht durchsieht, verwende den neuen Buchstaben z statt $a + bx$ (die Substitution $a + bx = z$).

4. Das Integral $\int \dfrac{x\,dx}{\sqrt{1 - x^2}}$ läßt sich auf verschiedene Weisen behandeln. Z. B. $1 - x^2 = z$ und $-2\,x\,dx = dz$, daher

$$\int \frac{x\,dx}{\sqrt{1 - x^2}} = -\int \frac{dz}{2\sqrt{z}} = -\sqrt{z} = -\sqrt{1 - x^2} + C\,.$$

Oder man erkennt $x\,dx$ als Differential $\tfrac{1}{2}\,d(x^2)$ oder $-\tfrac{1}{2}\,d(-x^2)$ oder $-\tfrac{1}{2}\,d(1 - x^2)$ und rechnet

$$\int \frac{x\,dx}{\sqrt{1 - x^2}} = -\int \frac{d(1 - x^2)}{2\sqrt{1 - x^2}} = -\sqrt{1 - x^2} + C\,.$$

Oder:

$$\sqrt{1 - x^2} = z\,, \qquad -\frac{2\,x\,dx}{2\sqrt{1 - x^2}} = dz\,,$$

$$\int \frac{x\,dx}{\sqrt{1 - x^2}} = -\int dz = -z + C = -\sqrt{1 - x^2} + C\,.$$

Um den goniometrischen Pythagoras (S. 50) auszunutzen, nach dem $1 - \sin^2\varphi = \cos^2\varphi$ ist, können wir auch die *„trigonometrische Substitution"* $x = \sin\varphi$ verwenden. Sie ermöglicht die Wurzel $\sqrt{1 - x^2}$ als $\sqrt{1 - \sin^2\varphi} = \cos\varphi$ zu ziehen. An die Stelle von $d\,x$ tritt $\cos\varphi\,d\varphi$, also

$$\int \frac{x\,dx}{\sqrt{1 - x^2}} = \int \frac{\sin\varphi \cdot \cos\varphi\,d\varphi}{\sqrt{1 - \sin^2\varphi}} = \int \frac{\sin\varphi \cdot \cos\varphi\,d\varphi}{\cos\varphi} = \int \sin\varphi\,d\varphi$$

$$= -\cos\varphi + C = -\sqrt{1 - \sin^2\varphi} + C = -\sqrt{1 - x^2} + C\,.$$

5. Das Integral $\int \arcsin x\,d\,x$ geht durch die Substitution $\arcsin x = z$, $x = \sin z$, $d\,x = \cos z\,dz$ über in $\int z \cos z\,dz$, wofür wir von S. 144 durch Teilintegration den Ausdruck $z \sin z + \cos z + C$ kennen. Somit[1]

$$\int \arcsin x\,d\,x = x \arcsin x + \sqrt{1 - x^2} + C\,.$$

6. Die Fläche des oberen halben Einheitskreises $y = \sqrt{1 - x^2}$ zwischen $x = -1$ und $x = +1$ findet sich durch die trigonometrische Substitution $x = \sin\varphi$, wobei die Grenzen $\varphi = -\dfrac{\pi}{2}$ und $\varphi = +\dfrac{\pi}{2}$ werden, zu (vgl. S. 144—145)

$$\int\limits_{-1}^{1} \sqrt{1 - x^2}\,dx = \int\limits_{-\frac{\pi}{2}}^{\frac{\pi}{2}} \sqrt{1 - \sin^2\varphi}\,\cos\varphi\,d\varphi = \int\limits_{-\frac{\pi}{2}}^{\frac{\pi}{2}} \cos^2\varphi\,d\varphi = \tfrac{1}{2}(\varphi + \sin\varphi\,\cos\varphi)\,\Big|_{-\frac{\pi}{2}}^{\frac{\pi}{2}} = \frac{\pi}{2}\,.$$

7. Die Differentialgleichung $y' = \dfrac{dy}{dx} = -\dfrac{x}{y}$ liefert durch Trennung der Veränderlichen $y\,dy = -x\,dx$ und durch Integration

$$\int y\,dy = -\int x\,dx \quad \text{oder} \quad \frac{y^2}{2} = -\frac{x^2}{2} + C \quad \text{oder} \quad x^2 + y^2 = a^2\,;$$

ihr genügen also alle konzentrischen Kreise um den Nullpunkt mit beliebigem Radius a (vgl. S. 159—160).

22. Anwendung: Arbeit eines elektrischen Stromes. Die von einem Gleichstrome mit konstanter Spannung e und konstanter Stromstärke i während der Zeitspanne $t_2 - t_1$ geleistete Arbeit A beträgt bekanntlich $e\,i\,(t_2 - t_1)$ (gemessen in Volt-Ampere-Sekunden = Wattsekunden = Joule); sie macht sich z. B. als Joulesche Wärme bemerkbar. Daher gilt für einen nicht konstanten Strom nach dem Integrationsprinzip S. 124

$$A = \int\limits_{t_1}^{t_2} e\,i\,dt\,.$$

---

[1] Man versäume nicht, die Auswertung von Integralen durch Substitution wie auch die anderen Differenzier- und Integrierregeln noch durch zahlreiche weitere Beispiele zu üben, etwa an Hand von JUNKER, F.: Repetitorium und Aufgabensammlung zur Differential- und Integralrechnung, Sammlung Göschen 146 und 147 oder von LINDOW, M.: Differential- und Integralrechnung, Aus Natur und Geisteswelt 387 und 673.

Z. B. tritt beim Schließen eines Stromes die Gegenspannung $-L\dfrac{di}{dt}$ der Selbstinduktion auf (L Selbstinduktionskoeffizient), welche der Änderungsgeschwindigkeit $\dfrac{di}{dt}$ der Stromstärke proportional ist (vgl. auch S. 191—192). Zu ihrer Überwindung muß der Strom von der Zeit $t = 0$ bis zur Zeit $t = T$ die Arbeit

$$A = \int\limits_0^T L\frac{di}{dt}\cdot i\,dt = \int\limits_0^J L\,i\,di = L\frac{J^2}{2}$$

leisten. J bezeichnet den zur Zeit T vorhandenen Wert der Stromstärke; wir müssen natürlich bei Einführung der neuen Integrationsveränderlichen i statt t auch die Grenzen des Integrals sinngemäß abändern.

Da i die Geschwindigkeit $i = \dfrac{dQ}{dt}$ der Änderung der Elektrizitätsmenge Q ist, können wir allgemein auch schreiben

$$A = \int\limits_{t_1}^{t_2} e\frac{dQ}{dt}\,dt = \int\limits_{Q_1}^{Q_2} e\,dQ.$$

Laden wir z. B. einen Kondensator von der Ladung 0 bis zur Ladung $\bar Q$, so haben wir die Spannung e allmählich zu steigern, gemäß der Beziehung $Q = Ce$ (C Kapazität), weil die schon auf den Kondensator gebrachte Elektrizität den Zutritt weiterer erschwert. Bedeutet $\bar E$ den Endwert der Spannung, so hat man

$$A = \int\limits_0^{\bar Q} e\,dQ = \int\limits_0^{\bar E} e\,C\,de = C\frac{\bar E^2}{2} = \frac{\bar Q\,\bar E}{2}.$$

So groß ist offenbar auch die nach dem Laden auf dem Kondensator sitzende elektrische Energie, sie ist das halbe Produkt aus Ladung und Spannung. Die gleiche Arbeit wäre zu leisten, wenn beim Aufladen gleichmäßig die Spannung $\dfrac{\bar E}{2}$ herrschte.

Ein sinusförmiger Wechselstrom (S. 158), der durch Ohmschen Widerstand ohne Selbstinduktion und Kapazität fließt, bei dem sich also Spannung $e = E_0\sin\omega t$ und Stromstärke $i = J_0\sin\omega t$ in Phase befinden, leistet während einer Periode T die Arbeit (vgl. S. 144—145)

$$A = \int\limits_0^T E_0 J_0 \sin^2\omega t\,dt = \frac{E_0 J_0}{\omega}\int\limits_0^T \sin^2\omega t\,d(\omega t)$$

$$= \frac{E_0 J_0}{\omega}\frac{1}{2}(\omega t - \sin\omega t\cos\omega t)\Big|_0^T = \frac{E_0 J_0}{2}\,T.$$

Denselben Wert hat die Arbeit eines Gleichstroms, dessen Spannung $\dfrac{E_0}{\sqrt2}\approx 0{,}7071\,E_0$ und Stromstärke $\dfrac{J_0}{\sqrt2}\approx 0{,}7071\,J_0$ das $\dfrac{1}{\sqrt2}\approx 0{,}7071$-fache der entsprechenden Scheitelwerte E_0 und J_0 des Wechselstroms sind. Man nennt $0{,}7071\,E_0$ und $0{,}7071\,J_0$ die *Effektivwerte* von Spannung und Stromstärke des Wechselstroms. Sie sind z. B. an Hitzdrahtinstrumenten ablesbar, weil diese auf der Arbeitsleistung (Wärmeentwicklung) des Stromes beruhen.

Sind allgemeiner Spannung und Stromstärke des Wechselstroms um die Phasenverschiebung φ gegeneinander verschoben, ist etwa $e = E_0\sin(\omega t + \varphi)$ und

$i = J_0 \sin \omega t$ (z. B. $\varphi = \dfrac{\pi}{2}$ für rein induktiven Widerstand, S. 158—159), so beträgt die Arbeit während einer Periode

$$A = \int\limits_0^T E_0 J_0 \sin(\omega t + \varphi) \sin \omega t\, dt$$

$$= E_0 J_0 \left(\cos \varphi \int\limits_0^T \sin^2 \omega t\, dt + \sin \varphi \int\limits_0^T \sin \omega t \cos \omega t\, dt \right) = \frac{E_0 J_0}{2} \cos \varphi \cdot T\,,$$

wie man selbst genauer nachrechnen möge. Das Produkt der Effektivwerte $\dfrac{E_0}{\sqrt{2}}$ und $\dfrac{J_0}{\sqrt{2}}$ von Spannung und Stromstärke ist also noch mit dem „*Leistungsfaktor*" oder „*Phasenfaktor*" $\cos \varphi$ zu multiplizieren. Für $\varphi = \pm \dfrac{\pi}{2}$, bei rein induktivem oder rein kapazitivem Widerstand, wird $\cos \varphi = 0$ und $A = 0$. Ein Wechselstrom mit Verschiebung von Spannung und Stromstärke gegeneinander um $\pm 90^0$ (eine Viertelperiode) leistet keine Arbeit (*wattloser Strom*).

F. Natürlicher Logarithmus und Exponentialfunktion.

1. Problem der Integration von $\dfrac{1}{x}$. Beim Differenzieren der Potenz $y = x^n$ tritt für keinen Exponenten n im Schlußergebnisse die (-1)-te Potenz $x^{-1} = \dfrac{1}{x}$ auf. Denn für $n = 0$, wobei an sich in der Ableitung $y' = n x^{n-1}$ der Exponent $n - 1$ gleich -1 wird, bewirkt der Faktor n in Wirklichkeit das Verschwinden[1] von y', übereinstimmend damit, daß die Konstante $x^0 = 1$ differenziert durchweg 0 liefern muß. Geometrisch gesprochen: Keine Potenzkurve hat zur abgeleiteten Kurve eine gleichseitige Hyperbel $y' = \dfrac{k}{x}$ mit konstantem $k \neq 0$.

n	$y = x^n$	$y' = n x^{n-1}$
2	x^2	$2x$
1	x	1
$\tfrac{1}{2}$	$x^{\frac{1}{2}}$	$\tfrac{1}{2} x^{-\frac{1}{2}}$
0,1	$x^{0,1}$	$0,1\ x^{-0,9}$
0,01	$x^{0,01}$	$0,01\ x^{-0,99}$
0	$x^0 = 1$	0
—0,01	$x^{-0,01}$	$-0,01\ x^{-1,01}$
—0,1	$x^{-0,1}$	$-0,1\ x^{-1,1}$
$-\tfrac{1}{2}$	$x^{-\frac{1}{2}}$	$-\tfrac{1}{2} x^{-\frac{3}{2}}$
—1	x^{-1}	$-\ x^{-2}$

Die beistehende kleine Tabelle beleuchtet die Verhältnisse näher. Man veranschauliche sich durch eine Zeichnung, wie für verschiedene positive und negative, der Null näherkommende n die abgeleitete Kurve $y' = n x^{n-1}$ an die x-Achse $y' = 0$ herangezwungen wird, die man allenfalls als Grenzfall einer gleichseitigen Hyperbel $y' = \dfrac{k}{x}$ für $k \to 0$ ansehen mag (unter passender Verabredung für den Punkt $x = 0$).

Auch anderweit ist uns $\dfrac{1}{x}$ in einer Ableitung bisher nicht begegnet.

Umgekehrt versagt naturgemäß die Integrationsformel $\int x^n dx = \dfrac{x^{n+1}}{n+1} + C$ der Potenz x^n für $n = -1$; rechnerisch gibt sich dies darin kund, daß für $n = -1$ rechts der Nenner 0 erscheint. Das Integral $\int \dfrac{dx}{x}$ (es stellte sich z. B. S. 125 bei der mechanischen Arbeit eines sich isotherm ausdehnenden Gases ein) ist nicht als Potenz ausdrückbar; die Stammkurven zur gleichseitigen Hyperbel $y' = \dfrac{1}{x}$ sind keine Potenzkurven. Ebensowenig läßt sich $\int \dfrac{dx}{x}$ (etwa durch Teilintegration, Substitution oder sonstwie) mit anderen in der Differential- und In-

---

[1] Ohne weiteres allerdings nur bei $x \neq 0$. Bei $x = 0$ müssen wir besonders verabreden, daß unter $n x^{n-1}$ mit $n = 0$ der Wert 0 verstanden werden soll.

tegralrechnung bisher besprochenen Funktionen in Verbindung bringen. Vielmehr führt das Problem der Integration von $\frac{1}{x}$ zu ganz neuen Dingen (vgl. die allgemeinen Bemerkungen über Integration S. 74, S. 134—135 und S. 144), welche der Naturwissenschaftler im Laufe seiner Bekanntschaft mit ihnen mit Recht immer höher zu bewerten pflegt, zum *natürlichen Logarithmus* und zur *natürlichen Exponentialfunktion*.

2. Hyperbeltrapez ln x als Stammfunktion zu $\frac{1}{x}$. Es genügt, eine einzelne Stammfunktion $y = f(x)$ zu $y' = \frac{1}{x}$ zu studieren, weil alle Stammfunktionen zu $\frac{1}{x}$ aus $f(x)$ durch Abändern in $f(x) + C$ um willkürliche additive Konstanten C hervorgehen (S. 71). Als solche einzelne Stammfunktion nehmen wir (S. 135) die *Fläche* $y = \int\limits_{1}^{x} \frac{dt}{t}$ der *gleichseitigen Hyperbel* $y' = \frac{1}{x}$ (Abb. 155) von der festen Anfangsabszisse 1 bis zur veränderlichen Endabszisse x (das bestimmte Integral $\int\limits_{1}^{x} \frac{dt}{t}$ als Funktion der oberen Grenze x).

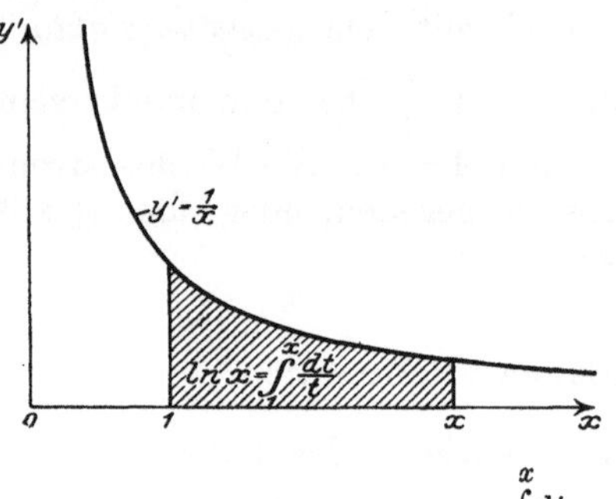

Abb. 155. Hyperbeltrapez $\ln x = \int\limits_{1}^{x} \frac{dt}{t}$

$\left(\text{Fläche der gleichseitigen Hyperbel } y' = \frac{1}{x}\right)$.

Diese Fläche wird wegen ihrer trapezähnlichen Gestalt (sie ist nur oben statt durch eine geradlinige Strecke durch einen Hyperbelbogen begrenzt) oft als „*Hyperbeltrapez*" bezeichnet. Wir schreiben für sie statt des farblosen $f(x)$ aus einem bald ersichtlichen Grunde $\ln x$ und wissen (S. 135), daß die Ableitung $y' = (\ln x)'$ wirklich gleich dem Werte $\frac{1}{x}$ des Integranden $\frac{1}{t}$ an der oberen Grenze x, ferner $\ln 1 = 0$ ist (die Fläche $\ln x$ schrumpft für $x \to 1$ zu Null zusammen). In formelmäßiger Zusammenfassung

$$\boxed{\quad y = \ln x = \int\limits_{1}^{x} \frac{dt}{t}, \qquad y' = (\ln x)' = \frac{1}{x}, \qquad \ln 1 = 0 \quad}.$$

Die Integrationsveränderliche ist t genannt, um sie nicht mit der oberen Grenze x zu verwechseln (S. 135—137); bei dieser aber wünschen wir gerade x, um y als Funktion von x zu haben. Die feste untere Grenze brauchte nicht 1 zu sein; 1 zu wählen erweist sich jedoch als besonders zweckmäßig.

Die zunächst vielleicht am nächsten liegende Wahl von 0 als unterer Grenze scheidet deshalb aus, weil für $x = 0$ die gleichseitige Hyperbel eine Unendlichkeitsstelle hat (S. 35). Die Fläche $\int\limits_{a}^{x} \frac{dt}{t}$ von einem beliebigen festen $a > 0$ an unterscheidet sich von $\ln x = \int\limits_{1}^{x} \frac{dt}{t}$ nur um die konstante Zusatzfläche (für $a < 1$) oder Abzugsfläche (für $a > 1$) $\int\limits_{a}^{1} \frac{dt}{t}$, in Formel

$$\int\limits_{a}^{x} \frac{dt}{t} = \int\limits_{1}^{x} \frac{dt}{t} + \int\limits_{a}^{1} \frac{dt}{t} \text{ (vgl. S. 126)}; \quad \int\limits_{a}^{x} \frac{dt}{t} \text{ ist die Stammfunktion } \ln x + C \text{ zu } \frac{1}{x} \text{ mit } C = \int\limits_{a}^{1} \frac{dt}{t}.$$

(Durch passendes a erhält man, wie anschaulich klar, *jedes* C.)

3. Zeichnerische und numerische Untersuchung von $y = \ln x$. Die Stammfunktion $y = \ln x = \int_{1}^{x} \frac{dt}{t}$ zu $y' = \frac{1}{x}$ untersuchen wir mit den zeichnerischen und numerischen Verfahren, die bei jedem Integrale anwendbar sind.

Zunächst ist in Abb. 156 durch graphische Integration (S. 133) die gewünschte Stammkurve $y = \ln x$ zur gleichseitigen Hyperbel $y' = \frac{1}{x}$ hergestellt, deren Ordinate y die Fläche des Hyperbeltrapezes zwischen 1 und x mißt. Sie schneidet definitionsgemäß die x-Achse im Abstande 1 vom Nullpunkte (dort beginnen wir

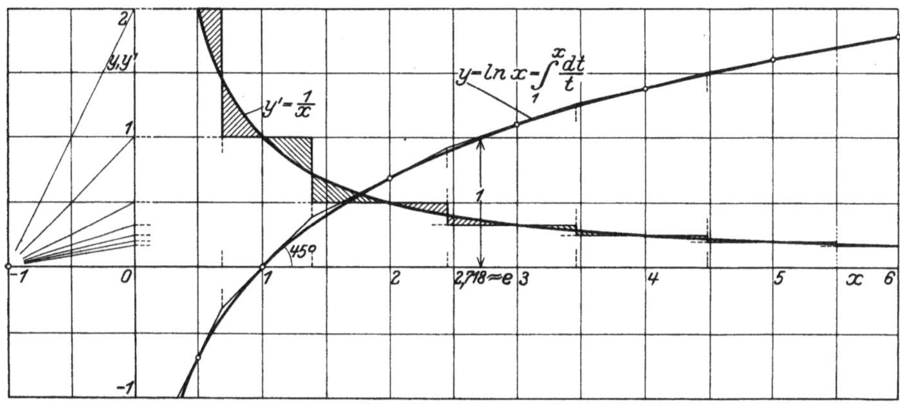

Abb. 156. Graphische Integration der gleichseitigen Hyperbel $y' = \frac{1}{x}$. Stammkurve $y = \ln x$ für den Flächeninhalt des Hyperbeltrapezes zwischen 1 und x.

ihre Konstruktion). Rechts von $x = 1$ verläuft sie oberhalb, links von $x = 1$ unterhalb der x-Achse, weil die Fläche der gleichseitigen Hyperbel oberhalb der x-Achse liegt und sich für $x > 1$ von links nach rechts, für $x < 1$ von rechts nach links erstreckt, also positiv bzw. negativ ist. Insgesamt

$$\ln x \gtreqless 0 \quad \text{für} \quad x \gtreqless 1 \quad (x > 0).$$

Außerdem steigt die Kurve $y = \ln x$ bei zunehmendem x monoton an, weil $y' = \frac{1}{x}$ für alle $x > 0$ positiv ist. Der Durchtritt durch die x-Achse in $x = 1$ geschieht wegen $y' = 1$ für $x = 1$ bei gleichem Maßstabe auf den Achsen unter 45° Steigung. Für $x \to 0$ (wir wandern auf der x-Achse ausnahmsweise von rechts nach links) fällt die Kurve immer mehr in die Tiefe,

$$\ln x \to -\infty \quad \text{für} \quad x \to 0.$$

Für negative x links von $x = 0$ ist $\ln x$ nicht definiert, weil wir nicht über die Unendlichkeitsstelle $x = 0$ der gleichseitigen Hyperbel hinwegkommen können.

An Zahlenwerten lesen wir aus Abb. 156 z. B. die im beistehenden Täfelchen vereinigten ab. Eine gute Probe besteht darin, die Quadratmillimeter für die Fläche der gleichseitigen Hyperbel auf Millimeterpapier von der Ordinate für die Abszisse 1 bis zu den Ordinaten für die x der Tabelle unmittelbar auszuzählen.

x	$\ln x$
0,5	—0,69
1	0
1,5	0,41
2	0,69
2,5	0,92
2,72	1
3	1,10
3,5	1,25
4	1,39
4,5	1,50
5	1,61
5,5	1,70
6	1,79

Die Abszisse mit $\ln x = 1$, für welche die Kurve $y = \ln x$ die Höhe 1 über der x-Achse erreicht oder das Hyperbeltrapez von der Abszisse 1 an den Flächeninhalt 1 erhält, wird üblicherweise mit e bezeichnet. Nach Abb. 156 gilt $e \approx 2{,}718$. Genauer werden wir auf S. 183 sehen

$$\boxed{\ln e = 1 \quad \text{für} \quad e \approx 2{,}71828}\,.$$

Diese Zahl e bildet die Grundzahl der natürlichen Exponentialfunktion und des natürlichen Logarithmensystems (S. 173).

Die Genauigkeit der Ermittlung von $\ln x$ läßt sich sehr bequem steigern durch numerische Integration (S. 137, S. 128—131) nach der Trapezregel oder Simpsonschen Regel. Wir brauchen nur das Integrationsintervall recht fein einzuteilen, also viele eng aufeinanderfolgende Zwischenordinaten der gleichseitigen Hyperbel zu verwenden. Gehen wir darin genügend weit, so erhalten wir $\ln x$ so genau, wie wir wollen.

Als Beispiel rechnen wir an Hand der nachstehenden Kehrwerttafel mit der Trapezregel die Werte von $\ln x$ zwischen $x = 1$ und $x = 2$ für die Zehntel in durchlaufendem Zuge aus. Die Trapezregel für eine Funktion $y = f(x)$ lautet (S. 129)

$$\int_a^b f(x)\,dx \approx h\left(\tfrac{1}{2}y_0 + y_1 + y_2 + \cdots + y_{n-1} + \tfrac{1}{2}y_n\right).$$

Wollen wir von b zu $b + h$ übergehen, so ist rechts nur noch einmal die Hälfte $\tfrac{1}{2}y_n$ des bisher letzten berücksichtigten Funktionswertes y_n und außerdem die Hälfte $\tfrac{1}{2}y_{n+1}$ des neu hinzukommenden Funktionswertes y_{n+1} zur Abszisse $b + h$ hinzuzufügen. So ist im folgenden verfahren, nachdem die Ordinaten $\dfrac{1}{x}$ der gleichseitigen Hyperbel von vornherein mit der Spanne $h = 0{,}1$ multipliziert sind. Z. B. stehen unter dem Näherungswerte von $\ln 1{,}6$ die halben Zehntel der Werte von $\dfrac{1}{x}$ für $x = 1{,}6$ und $x = 1{,}7$; addieren wir sie hinzu, so entsteht ein Näherungswert für $\ln 1{,}7$.

x	$\dfrac{1}{x}$			
		0,05		
		0,0455		
1	1	$0{,}0955 \approx \ln 1{,}1$	$0{,}3368 \approx \ln 1{,}4$	$0{,}5311 \approx \ln 1{,}7$
1,1	0,90909	0,0454	0,0357	0,0294
1,2	0,83333	0,0417	0,0334	0,0278
1,3	0,76923	$0{,}1826 \approx \ln 1{,}2$	$0{,}4059 \approx \ln 1{,}5$	$0{,}5883 \approx \ln 1{,}8$
1,4	0,71429	0,0416	0,0333	0,0278
1,5	0,66667	0,0385	0,0313	0,0263
1,6	0,625	$0{,}2627 \approx \ln 1{,}3$	$0{,}4705 \approx \ln 1{,}6$	$0{,}6424 \approx \ln 1{,}9$
1,7	0,58824	0,0384	0,0312	0,0263
1,8	0,55556	0,0357	0,0294	0,025
1,9	0,52632	$0{,}3368 \approx \ln 1{,}4$	$0{,}5311 \approx \ln 1{,}7$	$0{,}6937 \approx \ln 2$
2	0,5			

Wiederholen der Berechnung mit doppelt so feiner Einteilung (mit Zwanzigsteln statt Zehnteln) würde zeigen, daß sich die ersten drei Dezimalen nach dem Komma bei den gefundenen Zahlen nicht ändern. Sie weisen sich dadurch als die ersten drei Dezimalen von $\ln x$ für $x = 1{,}1$ bis $x = 2$ aus.

Alles in allem beherrschen wir hiernach zeichnerisch und numerisch die Funktion $y = \ln x$ in jeder wünschenswerten Weise. Die Kurve Abb. 156 gibt ein anschauliches und deutliches Bild des Verlaufes von $y = \ln x$, das auch in das Nomogramm Abb. 157 umgesetzt werden kann, und bei genügender Geduld vermögen wir so reichhaltige Tafeln für $\ln x$ anzulegen, daß ihnen alle praktisch jemals erforderlichen Aufschlüsse entnehmbar sind.

Mehr ist eigentlich nicht zu verlangen, und bei einem weniger einfachen Integranden als $\frac{1}{x}$ müßten wir uns im allgemeinen auch mit der so erzielten Einsicht in den Verlauf der Stammfunktion bescheiden. Hier aber können wir noch wesentlich weiterkommen und sozusagen in das innerste Wesen von $\ln x$ eindringen.

4. $\ln x$ als Logarithmus. Addieren wir die Zahlen $\ln 2 \approx 0{,}69$ und $\ln 3 \approx 1{,}10$ der Tabelle S. 167 von $\ln x$. Die Summe beträgt $1{,}79 = \ln 6$. Ähnlich

$$\ln 1{,}5 + \ln 3 \approx \quad 0{,}41 + 1{,}10 = \quad 1{,}51 \approx \ln 4{,}5 \,,$$
$$\ln 2{,}5 + \ln 2 \approx \quad 0{,}92 + 0{,}69 = \quad 1{,}61 \approx \ln 5 \,,$$
$$\ln 0{,}5 + \ln 3 \approx -0{,}69 + 1{,}10 = \quad 0{,}41 \approx \ln 1{,}5 \,.$$

Weiter

$$\ln 6 - \ln 1{,}5 \approx \quad 1{,}79 - 0{,}41 = \quad 1{,}38 \approx \ln 4 \,,$$
$$\ln 1 - \ln 2 \approx \quad 0 \quad - 0{,}69 = -0{,}69 \approx \ln 0{,}5$$

und schließlich

$$2 \ln 2 \approx \quad 2 \cdot 0{,}69 = \quad 1{,}38 \approx \ln 4 = \ln 2^2 \,.$$

Die Zahlen $\ln x$ *verhalten sich wie Logarithmen: es ist*

$$\text{\textit{für ein Produkt} } x_1 \cdot x_2 \qquad \ln(x_1 \cdot x_2) = \quad \ln x_1 + \ln x_2,$$
$$\text{\textit{für einen Quotienten} } \frac{x_1}{x_2} \qquad \ln \frac{x_1}{x_2} = \quad \ln x_1 - \ln x_2,$$

insbesondere

$$\text{\textit{für den Kehrwert}}[1] \; \frac{1}{x} \qquad \ln \frac{1}{x} = -\ln x,$$
$$\text{\textit{für eine Potenz} } x^n \qquad \ln x^n = n \ln x.$$

Dies finden wir immer bestätigt, wenn wir über ausgedehnteren Zahlenstoff für $y = \ln x$ verfügen. Es ist empfehlenswert, sich ihn aus dem Nomogramm Abb. 157 oder durch graphische oder numerische Integration oder durch Auszählen von Quadratmillimetern für Hyperbeltrapeze auf Millimeterpapier zu verschaffen und weitere Beispiele zu rechnen.

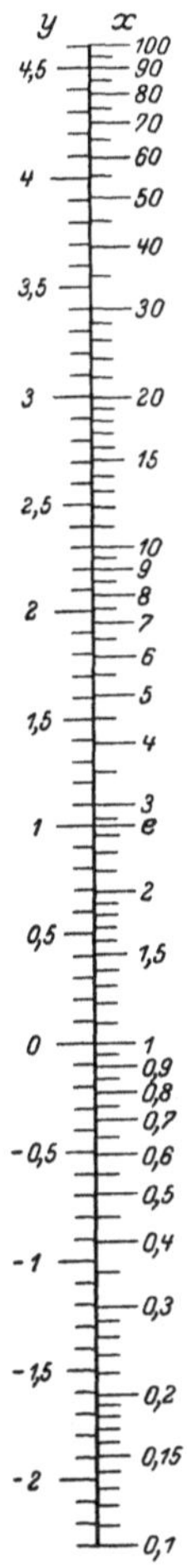

Der Mathematiker führt den Beweis für die hier zahlenmäßig erschlossenen Tatsachen folgendermaßen. Mit $c > 0$, $x > 0$ soll $\ln c x = \ln c + \ln x$ sein. $\ln c x$ ist das Hyperbeltrapez $\int_1^{cx} \frac{dt}{t}$ von 1 bis cx, $\ln c$ das Hyperbeltrapez $\int_1^{c} \frac{dt}{t}$ von 1 bis c und $\ln x$ das Hyperbeltrapez $\int_1^{x} \frac{dt}{t}$ von 1 bis x. Wir sind am Ziele, wenn wir zeigen, daß sich

das letzte Hyperbeltrapez $\int_1^{x} \frac{dt}{t}$ unter der Hyperbel hin flächengleich auf das Hyperbeltrapez

von c bis cx verschieben läßt, wobei sich die frühere Grundlinie von 1 bis x auf ihr c-faches von c bis cx ausdehnt oder zusammenzieht; denn dann fügen sich, wie gewünscht,

$$\int_1^{c} \frac{dt}{t} \text{ und } \int_1^{x} \frac{dt}{t} = \int_c^{cx} \frac{dt}{t} \text{ zu } \int_1^{cx} \frac{dt}{t} \text{ zusammen (Abb. 158). Nun ist}$$

$$\ln x = \int_1^{x} \frac{dt}{t} = \lim_{\substack{h \to 0 \\ n \to \infty}} \sum_{\nu=0}^{n-1} \frac{h}{t_\nu}$$

Abb. 157.
Leiter für den natürlichen Logarithmus $y = \ln x$.

---

[1] Hier zeigt sich der Vorteil der Definition $\ln 1 = 0$.

der Grenzwert einer Rechteckssumme, wobei die t_ν äquidistante Abszissen im Abstande h voneinander zwischen $t_0 = 1$ und $t_n = x$ sind. Das Verpflanzen des Intervalls von 1 bis x nach dem Intervalle von c bis cx erreichen wir dadurch, daß wir jeden Bruch $\dfrac{h}{t_\nu}$ mit c zu $\dfrac{ch}{ct_\nu}$ erweitern.

Denn dadurch rückt $t_0 = 1$ nach c und $t_n = x$ nach cx. Die Punkte ct_ν teilen das Intervall von c bis cx in n Teile von der Spanne ch, und die $\sum\limits_{\nu=0}^{n-1} \dfrac{h}{t_\nu}$ gleiche Rechteckssumme $\sum\limits_{\nu=0}^{n-1} \dfrac{ch}{ct_\nu}$ gibt eine Näherung an das Hyperbeltrapez zwischen c und cx. Verkleinerung von h, welche die Rechteckssumme $\sum\limits_{\nu=0}^{n-1} \dfrac{h}{t_\nu}$ nach dem Hyperbeltrapeze $\displaystyle\int_1^x \dfrac{dt}{t}$ streben läßt, führt die Rechteckssumme $\sum\limits_{\nu=0}^{n-1} \dfrac{ch}{ct_\nu}$

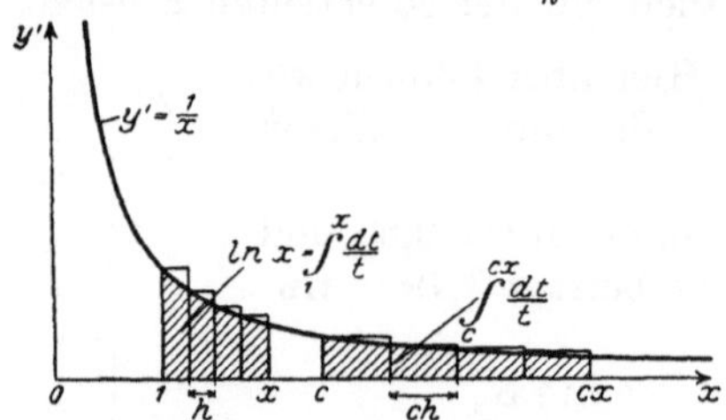

Abb. 158. Flächenbewahrendes Verschieben eines Hyperbeltrapezes unter der gleichseitigen Hyperbel hin.

Rechenregeln für $\ln x$:
$\ln c$ = Hyperbeltrapez zwischen 1 und c ,
$\ln x$ = Hyperbeltrapez zwischen 1 und x
　　　　= Hyperbeltrapez zwischen c und cx
———————————————————————————————
$\ln c + \ln x$ = Hyperbeltrapez zwischen 1 und cx
　　　　　= $\ln cx$.

nach dem Hyperbeltrapeze $\displaystyle\int_c^{cx} \dfrac{dt}{t}$; denn mit $h \longrightarrow 0$ haben wir bei festem c auch $ch \longrightarrow 0$. Somit

$$\ln x = \int_1^x \frac{dt}{t} = \lim_{\substack{h \to 0 \\ n \to \infty}} \sum_{\nu=0}^{n-1} \frac{h}{t_\nu} = \lim_{\substack{ch \to 0 \\ n \to \infty}} \sum_{\nu=0}^{n-1} \frac{ch}{ct_\nu} = \int_c^{cx} \frac{dt}{t}$$

und

$$\ln c + \ln x = \int_1^c \frac{dt}{t} + \int_c^{cx} \frac{dt}{t} = \int_1^{cx} \frac{dt}{t} = \ln cx ,$$

womit für $c = x_1$ und $x = x_2$ die Produktregel bewiesen ist. Man durchdenke insbesondere den Fall von echtgebrochenem c oder x mit negativen Hyperbeltrapezen. Für $x = \dfrac{x_1}{x_2}$ und $c = x_2$ folgt die Quotientenregel, für Produkte aus lauter gleichen Faktoren die Potenzregel zunächst für positive ganze Exponenten, durch Umkehrung für gebrochene positive Exponenten und durch Verbindung mit der Quotientenregel auch für negative Exponenten. Irrationale Exponenten werden bewältigt, indem man sie durch rationale Brüche immer feiner annähert.

Die Beziehung $\displaystyle\int_x^x \frac{dt}{t}$... $= \displaystyle\int_c^{cx} \frac{dt}{t}$ kann auch dadurch gewonnen werden, daß man auf das Integral $\displaystyle\int_1^x \frac{dt}{t}$ die Transformation (S. 161—162) $t = \dfrac{\tau}{c}$, $dt = \dfrac{d\tau}{c}$ mit einer neuen Veränderlichen τ anwendet. Dabei entsprechen wegen $\tau = ct$ den Grenzen 1 und x bei t die Grenzen c und cx bei τ, und wir erhalten $\displaystyle\int_1^x \frac{dt}{t} = \displaystyle\int_c^{cx} \frac{d\tau}{\tau}$. Wird statt τ wieder t geschrieben (der Buchstabe für die Integrationsveränderliche im bestimmten Integral spielt keine Rolle, es ist gleichgültig, ob wir ein und dieselbe Fläche über einer t- oder τ-Abszissenachse bestimmen), so haben wir das gesuchte Ergebnis.

Weil für die Funktion $y = \ln x$ alle Logarithmengesetze gelten, wird sie als *Logarithmus* bezeichnet, und zwar zum Unterschiede von dem gewöhnlichen Zehnerlogarithmus, dekadischen Logarithmus oder Briggsschen Logarithmus als *natürlicher Logarithmus*, auch als *hyperbolischer* Logarithmus wegen des Auftretens an der gleichseitigen Hyperbel oder als *Neperscher* Logarithmus nach dem Engländer Neper, der um 1615, als man den Logarithmus systematisch zu studieren begann, zuerst auf $\ln x$ stieß. *Natürlich* heißt der Logarithmus $\ln x$, weil er sich auf natürliche Weise darbietet und die Formeln mit ihm den natürlichsten, von erschwerenden Zahlenfaktoren freien Ausdruck annehmen. Statt ln (von den Anfangsbuchstaben von logarithmus naturalis) wird auch log nat oder lg oder log oder l geschrieben.

Als Differenzierregel des natürlichen Logarithmus $\ln x$ und als Integrierregel von $\dfrac{1}{x}$ wollen wir, freilich in Wirklichkeit nur unsere Definition wiederholend, ausdrücklich aufschreiben:

$$\boxed{\;Der\ natürliche\ Logarithmus\ y = \ln x\ hat\ die\ Ableitung \\ y' = (\ln x)' = \frac{1}{x}\ und\ das\ Differential\ dy = \frac{dx}{x}\;}$$

und

$$\boxed{\;\int \frac{dx}{x} = \ln x + C\;}.$$

Man bestätige außerdem die folgenden, für die Praxis nützlichen Differenzier- und Integrierformeln, wobei die Kettenregel gebraucht wird:

$$\left(\ln \sqrt{\frac{1+x}{1-x}}\right)' = \left(\frac{1}{2}\ln\frac{1+x}{1-x}\right)' = \frac{1}{1-x^2}\,,$$

umgekehrt

$$\int \frac{dx}{1-x^2} = \frac{1}{2}\ln\frac{1+x}{1-x} + C,$$

und

$$\left(\ln\left(x+\sqrt{1+x^2}\right)\right)' = \frac{1}{\sqrt{1+x^2}}\,,$$

umgekehrt

$$\int \frac{dx}{\sqrt{1+x^2}} = \ln\left(x+\sqrt{1+x^2}\right) + C.$$

5. Anwendung: Arbeit bei isothermer Ausdehnung eines Gases. Carnotscher Kreisprozeß. Auf S. 125 haben wir für die mechanische Arbeit eines sich isotherm ausdehnenden idealen Gases den Ausdruck

$$A = \int\limits_{V_a}^{V_b} p\,dV = \int\limits_{V_a}^{V_b} \frac{RT}{V}\,dV = \int\limits_{V_a}^{V_b} \frac{p_0 V_0}{V}\,dV$$

gefunden; V_a ist das Anfangs-, V_b das Endvolumen, T die konstante absolute Temperatur, p_0 und V_0 sind beliebige Bezugswerte von Druck und Volumen bei der Temperatur T. Durch Benutzung des natürlichen Logarithmus können wir uns vom Integralzeichen freimachen und einen viel handlicheren Ausdruck für A gewinnen. Es wird

$$A = RT\ln V\,\Big|_{V_a}^{V_b} = RT\,(\ln V_b - \ln V_a) = RT\ln\frac{V_b}{V_a} = p_0 V_0 \ln\frac{V_b}{V_a}.$$

z. B. für $V_b = 2\,V_a$ (Ausdehnung auf das doppelte Volumen) $A = RT\ln 2 = p_0 V_0 \ln 2 \approx 0{,}693\,p_0 V_0$, etwa $A = 6{,}93\ \mathrm{mkg}_s$ für $p_0 = 1\ \mathrm{at} = 1\ \mathrm{kg}_s\,\mathrm{cm}^{-2}$ und $V_0 = 1\ \mathrm{l}$.

Damit das Gas Arbeit leisten und doch seine Temperatur bewahren kann, muß ihm von außen her Wärme zugeführt werden (etwa durch Verbrennen von Brennstoff wie im Dieselmotor), und zwar eine äquivalente Menge Wärmeenergie, wie sie das Gas als mechanische Energie hergibt. Denn die innere Energie des Gases (die Bewegungsenergie seiner Molekeln), welche durch seine Temperatur angezeigt wird, ändert sich gar nicht; das Gas dient bei isothermer Ausdehnung nur als Energiewandler der zugeführten Wärmeenergie in abnehmbare mechanische Energie.

Zusammen mit dem S. 161 gewonnenen Ausdrucke $A = c_v(T_1 - T_2)$ für die Arbeit eines sich adiabatisch ausdehnenden Gases, wobei die gesamte Energie aus dem inneren Energievorrate des Gases genommen wird (die Temperatur sinkt), ermöglicht unser Ergebnis die Durchrechnung des für das Verständnis von Wärmekraftmaschinen (Dampfmaschine, Explosionsmotor, Dieselmotor) grundlegenden, die Vorgänge der Praxis idealisierenden *„Carnotschen Kreisprozesses"*, worüber man die physikalische Literatur einsehen möge[1]. Dieser Kreisprozeß besteht in einer Aufeinanderfolge einer isothermen und einer adiabatischen Ausdehnung und einer isothermen und einer adiabatischen Kompression eines Gases, wonach wieder der Anfangszustand erreicht wird.

Nach Pfeffer und van t'Hoff gilt das Gasgesetz bekanntlich auch für den osmotischen Druck p in Lösungen. Der natürliche Logarithmus tritt daher auch bei der *osmotischen Arbeit* zum *Konzentrationsausgleich* in Lösungen mit konstanter Temperatur und in den anschließenden Formeln der Elektrochemie (Konzentrationsketten, Lösungstension, galvanische Elemente usw.) immer wieder auf.

6. Logarithmisches Differenzieren. Die Ableitung des natürlichen Logarithmus $\ln y = \ln f(x)$ einer (positiven) Funktion $y = f(x)$ von x lautet nach der Kettenregel

$$(\ln y)' = \frac{y'}{y};$$

zuerst ist der Logarithmus $\ln y$ nach y differenziert, was y im Nenner gibt, dann y nach x zu y'. Andererseits läßt sich die Ableitung von $\ln y$ nach x oft auch unmittelbar bilden, weil das Logarithmieren Produkte zu Summen, Quotienten zu Differenzen, Potenzen zu Produkten vereinfacht. Multiplikation mit y liefert dann die Ableitung y' von y. Dieses Verfahren zur Bestimmung von $y' = f'(x)$ heißt *„logarithmisches Diffenzieren"*. Einige Beispiele dafür sind:

a) $y = a^x$,   logarithmiert $\ln y = x \ln a$,   differenziert $\dfrac{y'}{y} = \ln a$,

hieraus

$$y' = y \ln a \quad \text{oder} \quad (a^x)' = a^x \ln a.$$

Die Exponentialfunktion $y = a^x$ hat die Ableitung $y' = (a^x)' = a^x \ln a$, welche ihr selbst proportional ist, mit dem natürlichen Logarithmus $\ln a$ der Grundzahl a als Proportionalitätsfaktor. Insbesondere wird $(e^x)' = e^x$ für $a = e$ wegen $\ln e = 1$ (S. 168 und S. 179).

b) $y = x^x$, also $\ln y = x \ln x$ und unter Anwendung des Produktdifferenzierens bei $x \ln x$

$$\frac{y'}{y} = 1 \cdot \ln x + x \cdot \frac{1}{x} = \ln x + 1,$$

hieraus

$$y' = y(\ln x + 1) = x^x (\ln x + 1).$$

Man überlege sich, daß $\ln y$ für $x \rightarrow 0$ nach 0, also $y = x^x$ nach 1 strebt (unbestimmter Ausdruck $0 \cdot (-\infty)$ für $x \ln x$ oder $\dfrac{-\infty}{\infty}$ für $\ln x : \dfrac{1}{x}$ bei $x = 0$, dessen natürlicher Wert 0 durch Differenzieren festgelegt wird, S. 106—107), und zeichne die Kurve $y = x^x$ (Minimum für $\ln x + 1 = 0$, $x = 1 : e \approx 0{,}368$).

c) Durch logarithmisches Differenzieren des Produktes $y = uv$ und des Quotienten $y = \dfrac{u}{v}$ von zwei Funktionen u und v gewinnen wir auf neue Weise die Regeln vom Differenzieren eines Produktes (S. 139) und eines Quotienten (S. 145), z. B. $y = uv$, $\ln y = \ln u + \ln v$,

$$\frac{y'}{y} = \frac{u'}{u} + \frac{v'}{v}, \quad y' = (uv)' = y\left(\frac{u'}{u} + \frac{v'}{v}\right) = uv\left(\frac{u'}{u} + \frac{v'}{v}\right) = u'v + v'u.$$

Benutzt sind bei dieser Herleitung die Regel vom Differenzieren einer Summe, die Kettenregel und die Differenzierregel des Logarithmus.

7. Umkehrfunktion des natürlichen Logarithmus: natürliche Exponentialfunktion. Der Logarithmuscharakter der Funktion $y = \ln x$ tritt noch deutlicher als bisher hervor, wenn wir ihre Umkehrfunktion (x in Abhängigkeit von y, S. 15—16) betrachten. Sie heiße für den Augenblick $x = \varphi(y)$ und liefert zu jedem y dasjenige x, dessen natürlicher Logarithmus den Wert y hat. Die Kurve $x = \varphi(y)$ ergibt sich in einem yx-Linkssystem durch Anschauen der Logarithmuskurve $y = \ln x$ (Abb. 156)

---

[1] Vgl. z. B. Mosch, E.: Lehrbuch der Physik, Oberstufe, Heft 1, S. 70—80 und 107. Leipzig: G. Freytag.

von links seitlich (Abb. 159). Sie schneidet wegen $\ln 1 = 0$, also $\varphi(0) = 1$ die senkrechte x-Achse in der Höhe $x = 1$, und zwar (bei gleichem Maßstabe' auf den Achsen) unter 45^0 Steigung, wegen der analogen Tatsache für $y = \ln x$ an der Stelle $x = 1$ (Abb. 156). Ferner haben wir die Zahl, deren natürlicher Logarithmus gleich 1 ist, auf S. 168 mit e bezeichnet, so daß $\varphi(1) = e \approx 2{,}718$ gilt.

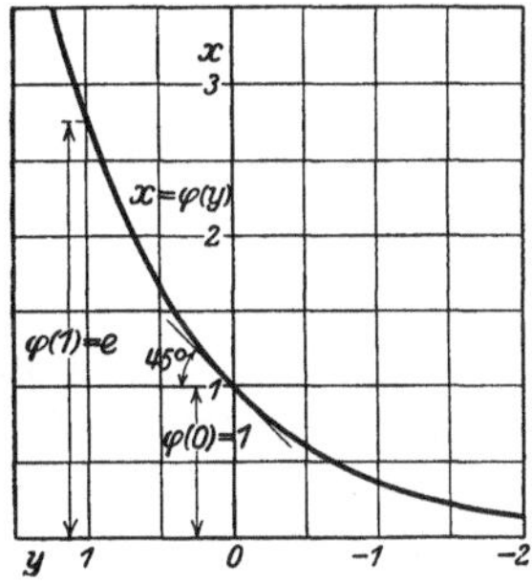

Abb. 159. Umkehrfunktion $x = \varphi(y)$ des natürlichen Logarithmus $y = \ln x$.

Ausdrücklich sei noch darauf hingewiesen, daß die Umkehrung von $y = \ln x$ deshalb keine Schwierigkeiten bereitet, weil $y = \ln x$ monoton verläuft. Ferner merken wir an, daß die Umkehrfunktion $x = \varphi(y)$ für alle y definiert ist und immer positiv ausfällt. Denn in $y = \ln x$ dürfen nur positive x auftreten, für sie nimmt aber auch y schon alle Werte zwischen absolut beliebig großen negativen und positiven Schranken an.

In der Schulmathematik wird als Logarithmus $y = {}^a\!\log x$ einer Zahl x zur Basis oder Grundzahl a diejenige Zahl erklärt, mit der man a potenzieren muß, damit x herauskommt; es soll also $a^y = a^{{}^a\!\log x} = x$ sein. Nun verhält sich $y = \ln x$ ganz wie ein solcher Logarithmus der Schulmathematik (S. 169). Es fragt sich daher, ob man nicht auch $\ln x$ als Exponenten einer x liefernden Potenz auffassen oder mit anderen Worten die Umkehrfunktion $x = \varphi(y)$ von $y = \ln x$ in der Gestalt $x = a^y$ einer „*Exponentialfunktion*" (so genannt, weil die unabhängige Veränderliche im Exponenten steht, S. 40) mit einem gewissen a schreiben kann. Das trifft in der Tat zu.

Zum Beweise sehen wir zunächst nach, was bei der Umkehrfunktion $x = \varphi(y)$ den Logarithmengesetzen entspricht. Mit $\ln x_1 = y_1$ und $\ln x_2 = y_2$, also $x_1 = \varphi(y_1)$ und $x_2 = \varphi(y_2)$ folgt aus dem Produktgesetze $\ln x_1 x_2 = \ln x_1 + \ln x_2$ die Beziehung $\ln \varphi(y_1)\varphi(y_2) = y_1 + y_2$ oder, wenn wir auf die Umkehrfunktion zu beiden Seiten achten, $\varphi(y_1)\varphi(y_2) = \varphi(y_1 + y_2)$; denn $\varphi(y_1)\varphi(y_2)$ und $\varphi(y_1 + y_2)$ sind die Zahlen, deren natürlicher Logarithmus den Wert $\ln \varphi(y_1)\varphi(y_2)$ bzw. $y_1 + y_2$ hat. D. h. zwei Werte $\varphi(y_1)$ und $\varphi(y_2)$ der Umkehrfunktion können multipliziert werden, indem man ihre Argumente y_1 und y_2 addiert, gerade so, wie man, statt zwei Werte a^{y_1} und a^{y_2} der Exponentialfunktion (zwei Potenzen mit gleicher Grundzahl) zu multiplizieren, auch die Exponenten addieren, also die Exponentialfunktion $a^{y_1 + y_2}$ bilden darf (S. 36). Zusammen mit den weiteren Beziehungen $\varphi(y_1) : \varphi(y_2) = \varphi(y_1 - y_2)$ analog $a^{y_1} : a^{y_2} = a^{y_1 - y_2}$ und $(\varphi(y))^n = \varphi(ny)$ analog $(a^y)^n = a^{ny}$, die durch Umkehrung der weiteren Logarithmengesetze für $y = \ln x$ gewonnen werden, lehrt dies zunächst, daß wir jedenfalls keine Verwirrung zu befürchten brauchen, wenn wir a^y statt $\varphi(y)$ schreiben.

Aber noch mehr. Die Grundzahl a der Exponentialfunktion muß wegen der Potenzformel $a = a^1$ die Zahl $\varphi(1) = e \approx 2{,}718$ mit dem natürlichen Logarithmus $\ln e = 1$ sein. Nach dem für $\varphi(y)$ gültigen Gesetze $\varphi(y_1 + y_2) = \varphi(y_1)\varphi(y_2)$ erhalten wir dann weiter $\varphi(2) = \varphi(1)\,\varphi(1) = e \cdot e = e^2$, $\varphi(3) = \varphi(2)\varphi(1) = e^2 \cdot e = e^3$ usw. und nach dem für beliebige (ganze, gebrochene, sogar irrationale) n gültigen Gesetze $\varphi(ny) = (\varphi(y))^n$ bei $y = 1$ allgemeiner $\varphi(n) = e^n$. D. h. $\varphi(n)$ stimmt wirklich für alle n mit der durch gewöhnliches Potenzieren mit beliebigem Exponenten n erklärten Exponentialfunktion e^n überein. Insgesamt:

Der natürliche Logarithmus $y = \ln x$, *definiert als Fläche des Hyperbeltrapezes unter der gleichseitigen Hyperbel* $y' = \dfrac{1}{x}$ *zwischen* 1 *und* x *bzw. als Stammfunktion zu* $y' = \dfrac{1}{x}$ *mit* $\ln 1 = 0$, *hat zur Umkehrfunktion die „natürliche Exponentialfunktion"* $x = e^y$ *mit der Grundzahl* $e \approx 2{,}71828$; *er ist auffaßbar als die Zahl* y, *mit der man* e *potenzieren muß, um* x *zu erhalten.*

8. Natürlicher Logarithmus und Zehnerlogarithmus. Dieses Ergebnis verleiht uns zunächst eine viel größere Beweglichkeit beim Gebrauche des natürlichen Logarithmus. Z. B. erkennen wir den *natürlichen Logarithmus* $\ln x$ als *proportional zum gewöhnlichen Zehnerlogarithmus* $\log x$ wie folgt. Im natürlichen Logarithmensystem ist $x = e^{\ln x}$ und im Zehnerlogarithmensystem definitionsgemäß

$x = 10^{\log x}$ ($\log x$ ist die Zahl, mit der 10 potenziert werden muß, damit x erscheint, z. B. $\log 100 = 2$ wegen $100 = 10^2$). Nun läßt sich e im Zehnerlogarithmensystem als $10^{\log e}$ und 10 im natürlichen Logarithmensystem als $e^{\ln 10}$ darstellen; es ist übrigens

$$\log e \approx 0{,}43429 , \qquad \ln 10 \approx 2{,}30259 .$$

Daher

$$x = e^{\ln x} = (10^{\log e})^{\ln x} = 10^{\log e \, \cdot \, \ln x}$$

und

$$x = 10^{\log x} = (e^{\ln 10})^{\log x} = e^{\ln 10 \, \cdot \, \log x} .$$

Vergleichen der Potenzen mit derselben Grundzahl e bzw. 10 in der ersten und zweiten Zeile liefert

$$\ln x = \ln 10 \cdot \log x = \frac{1}{\log e} \log x = \frac{1}{M} \log x ,$$

$$\log x = \log e \cdot \ln x = \frac{1}{\ln 10} \ln x = M \ln x ,$$

indem wie üblich $\log e = 1 : \ln 10 = M \approx 0{,}43429$ gesetzt ist; M heißt der *Modul* der gewöhnlichen (oder gemeinen oder dekadischen) Logarithmen.

Da die natürlichen Logarithmen so einfach aus den Zehnerlogarithmen durch Multiplikation mit dem konstanten Faktor $\frac{1}{M} \approx 2{,}30259$ hervorgehen, bedarf man für die Praxis neben der gewöhnlichen Logarithmentafel nicht unbedingt einer besonderen Tafel der natürlichen Logarithmen; sehr angenehm ist sie freilich.

9. Potenzreihe für $\ln(1 + x)$. Umgekehrt haben die Mathematiker zur Herstellung der gewöhnlichen Logarithmentafeln zunächst Tafeln der natürlichen Logarithmen berechnet und in ihnen nachträglich alle Zahlen mit $M \approx 0{,}43429$ multipliziert. Der natürliche Logarithmus läßt sich nämlich sehr bequem berechnen, und zwar bei Forderung großer Genauigkeit noch bequemer als durch numerische Integration (S. 168) mit Hilfe von *Reihen* (S. 110—113). Die bekannteste von diesen ist die Taylorsche Reihe der Funktion $\ln(1 + x)$. Die Ableitungen von $y = \ln(1 + x)$ heißen

$$y' = \frac{1}{1 + x}, \quad y'' = - \frac{1}{(1 + x)^2}, \quad y''' = \frac{2}{(1 + x)^3}, \quad y^{\mathrm{IV}} = - \frac{2 \cdot 3}{(1 + x)^4}, \ldots .$$

Setzt man $x = 0$ und verwendet die allgemeine Reihenentwicklung

$$f(x) = f(0) + \frac{x}{1!} f'(0) + \frac{x^2}{2!} f''(0) + \frac{x^3}{3!} f'''(0) + \cdots$$

von S. 112, so entsteht die Potenzreihe

$$\ln(1 + x) = x - \frac{x^2}{2} + \frac{x^3}{3} - \frac{x^4}{4} + \cdots .$$

Der Mathematiker beweist, daß sie konvergiert (S. 112) und $\ln(1 + x)$ liefert, wenn x ein positiver oder negativer echter Bruch (einschl. $x = +1$) ist.

Für die Praxis ist oft die bei kleinem x gültige Näherungsformel (nur das erste Glied rechts wird berücksichtigt)

$$\ln(1 + x) \approx x$$

von Nutzen. Sie folgt auch aus $\triangle y \approx dy = h y'$ (vgl. S. 97, S. 99, S. 102 und S. 141). Wir brauchen nur $y = \ln(1 + x)$, also $\triangle y = \ln(1 + x + h) - \ln(1 + x)$ und $dy = \dfrac{h}{1 + x}$ zu nehmen, $x = 0$ zu setzen und nachträglich statt h wieder x zu schreiben.

10. Barometrische Höhenformel. Als naturwissenschaftliches Beispiel, bei dem der Übergang von natürlichen Logarithmen zu Zehnerlogarithmen in Frage kommt (freilich nur als etwas an sich recht Unwesentliches), kann die „*barometrische Höhenformel*" dienen. Erheben wir uns von der Höhe h_0 über dem Meeresspiegel in die Höhe H (Abb. 160), so sinkt erfahrungsgemäß der Barometerstand b (Luftdruck p)

von b_0 auf B (von p_0 auf P). Das muß auch so sein; denn der Luftdruck ist zahlenmäßig gleich dem Gewichte einer Luftsäule von 1 cm² Querschnitt, die senkrecht über der Flächeneinheit 1 cm² steht und auf ihr lastet; diese Luftsäule aber ist in der größeren Höhe H weniger lang als in der Höhe h_0. Die Druckverminderung $p_0 - P$ entspricht zahlenmäßig dem Gewichte der zwischen h_0 und H fortfallenden Luftsäule vom Volumen $(H - h_0)$ cm · 1 cm². Bei konstantem spezifischem Gewichte σ der Luft wäre ihr Gewicht gleich $(H - h_0)\,\sigma$. In Wirklichkeit ist aber σ nicht konstant, sondern eine Funktion $\sigma = \sigma(h)$ der Höhe h; wird doch die Luft nach oben hin dünner (gerade infolge der Druckabnahme). Nach dem allgemeinen Integrationsprinzip (S. 124) gilt daher[1]

$$p_0 - P = -\int_{p_0}^{P} dp = \int_{h_0}^{H} \sigma(h)\, dh \ . \qquad (*)$$

Als Funktion von h können wir σ nicht ohne weiteres mit einleuchtenden und stichhaltigen Annahmen angeben. Wohl aber hängt σ nach dem Gasgesetze $pV = RT$ mit Druck und Temperatur zusammen. Denn das Volumen ein und derselben Gasmasse ist umgekehrt proportional dem spezifischen Gewicht σ, also

$$\frac{p}{\sigma T} = \text{konst} = \frac{p_0}{\sigma_0 T_0} \quad \text{und} \quad \sigma = \frac{p}{p_0}\frac{T_0}{T}\sigma_0 \ .$$

Hierin haben wir σ als Funktion von zwei Veränderlichen p und T. Um weiterzukommen, muß man daher eine weitere Voraussetzung machen. Meist wählt man $T = \text{konst}$ (Aufsteigen bei konstanter Temperatur). Tragen wir dann den Ausdruck für σ in die aus $(*)$ folgende Differentialbeziehung[2]

$$\sigma\,dh = -dp$$

ein, so ergibt sich

$$dh = -\frac{T}{T_0}\frac{p_0}{\sigma_0}\frac{dp}{p}$$

und durch beiderseitige Integration[3]

$$\int_{h_0}^{H} dh = -\frac{T}{T_0}\frac{p_0}{\sigma_0}\int_{p_0}^{P}\frac{dp}{p}$$

oder

$$H - h_0 = \frac{T}{T_0}\frac{p_0}{\sigma_0}\ln\frac{p_0}{P} \ .$$

Wir wählen $h_0 = 0$ (Meeresspiegel), $T_0 = 273$ (0° C) und $T = 273 + t$ (t Celsiustemperatur), $p_0 = 760$ mm Hg bei 0° C ≈ 1033 g cm⁻², $\sigma_0 \approx 1{,}2928 \cdot 10^{-3}$ g cm⁻³ und schreiben der Bequemlichkeit wegen h statt H, p statt P. Dann kommt

$$h \text{ in Metern} \approx 8000\left(1 + \frac{t}{273}\right)\ln\frac{p_0}{p}$$

Abb. 160.
Zur barometrischen Höhenformel.

---

[1] Man zerschneidet die Gesamterhebung $H - h_0$ in kleine Teilerhebungen, für deren jede σ näherungsweise konstant ist, nähert die tatsächliche Druckabnahme $p_0 - P$ durch die Summe der fortfallenden Gewichte je cm² für die niedrigen Teilluftsäulen an und teilt immer feiner ein.

[2] Diese kann auch unmittelbar gewonnen werden, indem man von der Höhe h um ein kleines Stück dh aufwärts geht und $-\sigma dh$ (negatives Näherungsgewicht der niedrigen Luftsäule von der Höhe dh) als Differentialbestandteil dp der (negativen) Druckzunahme $\triangle p$ erkennt (Differentialmethode, vgl. S. 104 und S. 137—138).

[3] Die unabhängige Veränderliche ist h, die abhängige p. Nach dem Satze von der Invarianz des Differentials darf $\dfrac{dp}{p}$ zu $\ln p + C$ integriert werden (S. 162).

oder durch Übergang zu Zehnerlogarithmen als *barometrische Höhenformel*

$$h \text{ in Metern} \approx 18\,400\left(1 + \frac{t}{273}\right)\log\frac{p_0}{p}$$

$$= 18\,400\left(1 + \frac{t}{273}\right)\log\frac{b_0}{b} \approx 18\,400\left(1 + \frac{t}{273}\right)(2{,}8808 - \log b)\,.$$

Dabei ist statt des Druckverhältnisses $p_0 : p$ das Verhältnis $b_0 : b$ der Barometerstände und $\log b_0 \approx 2{,}8808$ mit $b_0 = 760$ mm eingetragen. Die Formel gestattet, aus dem Barometerstande b (in mm) auf die Höhe h über dem Meeresspiegel zu schließen (*barometrische Höhenmessung*)[1]. Z. B. wird für $b = 759$ mm und die mäßigen t der Praxis $\log b \approx 2{,}8802$ und $h \approx 11$ m. Daher die bekannte Regel, daß bei Erhebung um 11 m der Barometerstand etwa um 1 mm sinkt.

In rasch aufsteigenden erwärmten Luftmassen ist die Annahme konstanter Temperatur sicher nicht erfüllt. Solche Luftmassen geben keine Wärme in die umgebende Luft ab und empfangen keine. Daher sind die Beziehungen für *adiabatische* Zustandsänderung (S. 38 und

S. 161) $Vp^{\varkappa} = \text{konst}$ ($\varkappa = 1{,}4 = \dfrac{7}{5}$ für Luft) und $T : p^{\frac{\varkappa-1}{\varkappa}} = \text{konst}$ am Platze. Man rechne nach: $\sigma = \sigma_0\, p^{\frac{1}{\varkappa}} : p_0^{\frac{1}{\varkappa}}$ und

$$h \text{ in Metern} \approx 4200\left(6{,}6541 - b^{\frac{2}{7}}\right) \approx 28\,000\left(1 - \frac{T}{T_0}\right) \approx 100(T_0 - T)$$

(*adiabatische Höhenformel*). Für 100 m Erhebung nimmt die Temperatur um rund 1^0 ab (adiabatische Höhenstufe), erfahrungsmäßig übrigens weniger (bis zu etwa 3000 m nur um rund $\frac{1}{2}^0$ auf 100 m), da in Wirklichkeit durch Luftströmungen, Kondensation des mitgeführten Wasserdampfes u. dgl. Störungen des adiabatischen Verlaufes unvermeidlich sind.

11. Poissonsches Gesetz für adiabatische Ausdehnung eines Gases. Im Anschluß an das letzte eine Zwischenfrage: Wie wird das Poissonsche Gesetz $pV^{\varkappa} = \text{konst}$ für adiabatische Zustandsänderung eines idealen Gases gewonnen? Pressen wir ein Gas vom Volumen V_1 auf das Volumen V_2 zusammen, so leisten wir die Arbeit $-\int_{V_1}^{V_2} p\,dV$ (sie ist trotz dem scheinbar entgegenstehenden Minuszeichen wegen $V_2 < V_1$ in Wahrheit positiv). Sie wird bei adiabatischem Verlauf des Vorgangs restlos zur Erhöhung der Temperatur von T_1 auf T_2 verwandt, d. h. in die Wärmeenergie $c_v(T_2 - T_1) = c_v\int_{T_1}^{T_2} dT$ umgesetzt[2] (c_v spezifische Wärme des Gases, und zwar, so widersinnig das klingt, „bei konstantem Volumen"; c_v ist immer zu wählen, wenn alle zugeführte Wärme der Temperatursteigerung zugute kommt, wie z. B. bei konstantem Volumen). Aus

$$-\int_{V_1}^{V_2} p\,dV = c_v\int_{T_1}^{T_2} dT$$

folgt

$$-p\,dV = c_v\,dT\,.$$

Man leite dies auch unmittelbar her, indem man die gegen das Gas bei einer kleinen (negativen) Volumenänderung $\triangle V$ geleistete Arbeit mit dem Differential $-p\,dV$ und die entsprechende Wärmeenergiezunahme $c_v \triangle T$ ins Auge faßt (Differentialmethode, vgl. S. 104 und S. 137—138).

In der Differentialgleichung $-p\,dV = c_v\,dT$ treten drei Veränderliche p, V und T auf. Wir machen uns von einer von ihnen frei, indem wir durch die immer gültige Gasgleichung $pV = RT$ dividieren:

$$-\frac{dV}{V} = \frac{c_v}{R}\frac{dT}{T}\,.$$

---

[1] Näheres darüber etwa bei WERKMEISTER, P.: Vermessungskunde III, Sammlung Göschen 862, S. 36—59.

[2] Auf S. 161 trat dies als Folgerung auf. Naturwissenschaftlich ist aber nicht die dortige, sondern die jetzige Betrachtungsweise das Ursprüngliche.

Durch beiderseitige Integration bekommen wir

$$-\int_{V_1}^{V_2}\frac{dV}{V} = \frac{c_v}{R}\int_{T_1}^{T_2}\frac{dT}{T} \qquad \text{oder} \qquad -\ln\frac{V_2}{V_1} = \frac{c_v}{R}\ln\frac{T_2}{T_1}$$

und durch Übergang zur Exponentialfunktion

$$\frac{V_1}{V_2} = \left(\frac{T_2}{T_1}\right)^{\frac{c_v}{R}}.$$

Da $\dfrac{c_v}{R}$ mit dem Verhältnis $\varkappa = \dfrac{c_p}{c_v}$ der spezifischen Wärmen bei konstantem Druck und konstantem Volumen durch die Beziehung $\dfrac{c_v}{R} = \dfrac{1}{\varkappa - 1}$ zusammenhängt, können wir auch

$$T_1 V_1^{\varkappa - 1} = T_2 V_2^{\varkappa - 1} \qquad \text{oder} \qquad T V^{\varkappa - 1} = \text{konst}$$

schreiben, womit wir wesentlich am Ziele sind; für die weiteren Gleichungen $T : p^{\frac{\varkappa - 1}{\varkappa}} = \text{konst}$ und $p V^\varkappa = \text{konst}$ braucht nur noch mit Hilfe der Gasgleichung $p V = R T$ entweder V oder T entfernt zu werden.

12. Ableitung des Zehnerlogarithmus. Genauigkeit des Rechenschiebers. Wegen $\log x = \log e \cdot \ln x = M \ln x$ und $(\ln x)' = \dfrac{1}{x}$ hat der Zehnerlogarithmus $y = \log x$ die Ableitung

$$y' = (\log x)' = \log e\,(\ln x)' = \frac{M}{x} \approx \frac{0{,}43429}{x}$$

und das Differential

$$dy = d\log x = \frac{M}{x}\,dx.$$

Hiernach weist die Tangente im Schnittpunkte $x = 1$ der Kurve $y = \log x$ (Abb. 10) mit der x-Achse das Steigungsmaß $M \approx 0{,}43$ auf.

Für die logarithmische Leiter der Abb. 23, S. 23 oder des Rechenschiebers können wir die Formel

$$dy = \frac{M}{x}\,dx \qquad \text{oder} \qquad \frac{dx}{x} \approx \frac{\triangle y}{M} \approx 2{,}30\,\triangle y$$

folgendermaßen ausdeuten. $\triangle y$ ist die Genauigkeit, mit der die Abstände y auf der Leiter aufgetragen oder abgelesen werden können. Ist sie konstant — praktisch beträgt sie durchweg etwa 0,1 mm oder bei der Maßstabseinheit 12,5 cm = 125 mm der oberen Leitern eines Rechenschiebers $1000 \cdot 0{,}1 : 125\,{}^0\!/_{00} = 0{,}8\,{}^0\!/_{00}$ —, so fällt *für die an der Leiter wirklich daranstehenden Zahlen x die relative Genauigkeit* $\dfrac{dx}{x}$ *überall gleich aus,* z. B. beim Rechenschieber gleich $2{,}30 \cdot 0{,}8\,{}^0\!/_{00} = 1{,}84\,{}^0\!/_{00} = \text{knapp}$ $2\,{}^0\!/_{00}$. Bei einer Multiplikation oder Division sind im allgemeinen drei Ablesungen zu machen. Der Gesamtfehler wird dann, wie die Fehlertheorie lehrt, als Wurzel $\sqrt{1{,}84^2 + 1{,}84^2 + 1{,}84^2}\,{}^0\!/_{00} \approx 3{,}2\,{}^0\!/_{00} = \text{reichlich } 3\,{}^0\!/_{00}$ aus der Summe der Quadrate der Einzelfehler gefunden. $3\,{}^0\!/_{00}$ gibt man gewöhnlich als Genauigkeit des Rechenschiebers an; für die unteren Leitern mit 25 cm Maßstabseinheit ist sie doppelt so groß.

13. Beliebige Logarithmen. Ähnlich wie für den Zehnerlogarithmus $\log x = {}^{10}\!\log x$ gilt für den Logarithmus $y = {}^a\!\log x$ in einem Logarithmensystem mit der Grundzahl a (wobei also $a^y = x$ sein soll)

$${}^a\!\log x = {}^a\!\log e \cdot \ln x = \frac{1}{\ln a}\ln x.$$

Die Ableitung

$$({}^a\!\log x)' = \frac{1}{\ln a}(\ln x)' = \frac{1}{\ln a}\cdot\frac{1}{x}$$

ist daher proportional zu $\dfrac{1}{x}$ mit dem Proportionalitätsfaktor $\dfrac{1}{\ln a}$. Dieser wird am einfachsten, nämlich gleich 1, für $a = e$ und $^a\log x = \ln x$. Beim natürlichen Logarithmus sparen wir zum

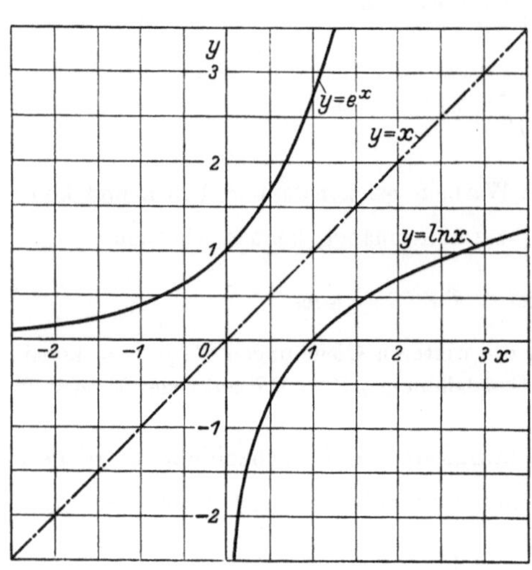

Abb. 161. Natürlicher Logarithmus und Exponentialfunktion.

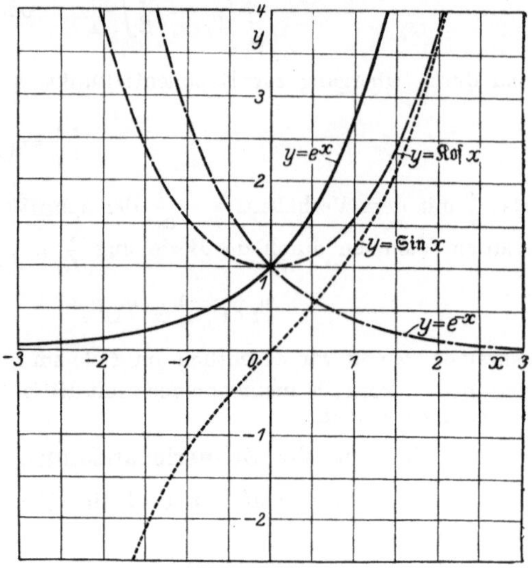

Abb. 162. Exponentialfunktion und Hyperbelfunktionen.

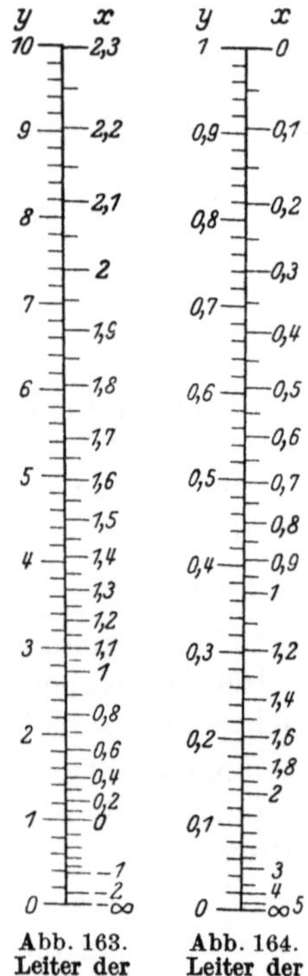

Abb. 163.
Leiter der
Exponential-
funktion
$y = e^x$.

Abb. 164.
Leiter der
Exponential-
funktion
$y = e^{-x}$.

Ausgleiche für die merkwürdige, nicht ganzzahlige (sogar, wie der Mathematiker zeigt, irrationale) Grundzahl e bei der Ableitung den Faktor $\dfrac{1}{\ln a}$. Der natürliche Logarithmus hat die einfachste bei einem Logarithmus mögliche Ableitung. Hierin liegt eine Rechtfertigung des Eigenschaftswortes „natürlich" (S. 171).

14. Anschauliches zur Exponentialfunktion. Wenden wir uns jetzt dem vertieften Studium der natürlichen Exponentialfunktion — auch *Exponentialfunktion* schlechthin genannt — zu! Mit Vertauschung von x und y ist ihre Kurve aus dem yx-Linkssystem der Abb. 159 in Abb. 161 in das gewöhnliche xy-Rechtssystem umgezeichnet; es handelt sich also um die Kurve $y = e^x$. Sie geht aus der Logarithmuskurve $y = \ln x$ durch Spiegelung an der Geraden $y = x$ hervor und schneidet für $x = 0$ die y-Achse in der Höhe $e^0 = 1$ unter 45^0 gegen die Wagerechte. Für positive x steigt sie jäh an ($e^3 > 20$, $e^4 > 50$) und fällt für negative $x = -z$ wegen $e^{-z} = \dfrac{1}{e^z}$ nach links hin so stark ab, daß sie bei mäßigem Zeichnungsmaßstabe schon für $x = -3$ oder $x = -4$ praktisch nicht mehr von der x-Achse zu unterscheiden ist. Auch der Theorie nach schmiegt sie sich der negativen x-Halbachse bei zunehmendem Absolutbetrage z von x immer mehr an, weil $e^{-z} = \dfrac{1}{e^z}$ für $z \to \infty$ gegen 0 strebt. Die x-Achse stellt, wie man zu sagen pflegt (S. 35), eine *Asymptote* der Kurve $y = e^x$ dar, und zwar nach links hin.

In Abb. 162 ist außer $y = e^x$ die Kurve $y = e^{-x}$ zu sehen, die aus $y = e^x$ durch Spiegelung an der y-Achse hervorgeht. Sie führt für positive wachsende x an die x-Achse heran, y „*klingt (exponentiell) ab*" bei wachsendem x.

Die Schaubilder und den allgemeinen Charakter des Verlaufes der Funktionen $y = e^x$ und $y = e^{-x}$ muß man sich gut einprägen, um für die zahlreichen naturwissenschaftlichen Erscheinungen, bei denen die Exponentialfunktion auftritt, sofort die wesentlichen Züge im großen umreißen zu können. Zahlenmäßige Aufschlüsse liefern die beiden Nomogramme Abb. 163 und 164 (erzeugbar durch wagerechte Projektion der Kurvenpunkte von $y = e^x$ und $y = e^{-x}$ auf die y-Achse, S. 22) oder die gedruckten Tafeln der Exponentialfunktion[1].

Auf halblogarithmischem Papier (Exponentialpapier) strecken sich die Kurven $y = e^x$ und $y = e^{-x}$ als Exponentialkurven nach S. 40 in gerade Linien aus, Abb. 165.

15. Differenzieren und Integrieren der Exponentialfunktion. Die Grundeigenschaft des natürlichen Logarithmus $y = \ln x$ besteht darin, daß seine Ableitung $y' = (\ln x)' = \dfrac{1}{x}$ ist. Auch bei der Exponentialfunktion $y = e^x$ kommt es namentlich für den Naturwissenschaftler meist auf das Differenziergesetz an. Nach der Regel vom Differenzieren der Umkehrfunktion ergibt sich zunächst als Differentialquotient $\dfrac{dx}{dy}$ der Umkehrfunktion $x = e^y$ zu $y = \ln x$

$$\frac{dx}{dy} = 1 : \frac{dy}{dx} = 1 : \frac{1}{x} = x = e^y,$$

woraus wir durch Vertauschen von x und y schließen:

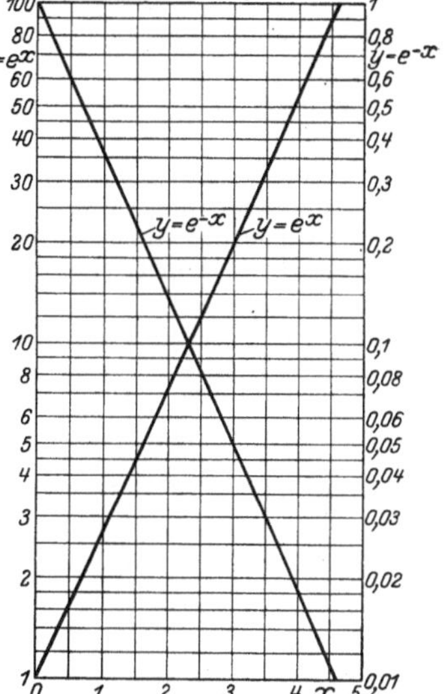

Abb. 165. $y = e^x$ und $y = e^{-x}$ auf Exponentialpapier.

> *Die Ableitung $y' = (e^x)' = e^x$ der Exponentialfunktion $y = e^x$ ist gleich dieser selbst, das Differential $dy = y\,dx = e^x\,dx$ ihr proportional.*

Dies haben wir schon auf S. 172 aus der durch logarithmisches Differenzieren gefundenen Formel $(a^x)' = a^x \ln a$ für das Differenzieren einer beliebigen Exponentialfunktion a^x mit der Grundzahl a entnommen, indem wir $a = e$ setzten. Für die natürliche Exponentialfunktion wird die Ableitung nicht nur proportional dem Funktionswerte wie allgemein bei a^x, sondern ihm genau gleich. Das stützt das Zusatzwort „natürlich".

Übrigens läßt sich auch umgekehrt die Beziehung $(a^x)' = a^x \ln a$ aus $(e^x)' = e^x$ herleiten, indem wir $a^x = (e^{\ln a})^x = e^{x \ln a}$ schreiben. Nach der Kettenregel gibt die natürliche Exponentialfunktion $e^{x \ln a} = e^u$ nach der Zwischenveränderlichen $u = x \ln a$ differenziert zunächst sich selbst; dann tritt noch multiplikativ die Ableitung $\ln a$ von u nach x hinzu.

Integrierformeln für die Exponentialfunktion sind

$$\int e^x dx = e^x + C, \qquad \int a^x dx = \frac{a^x}{\ln a} + C.$$

16. Beispiele: Gedämpfte Schwingungen, Gaußsche Fehlerkurve, Plancksches Strahlungsgesetz. Man rechne nach (Teilintegration und Transformation; $\beta \neq 0$ vorausgesetzt)

$$\int e^{\alpha x} \cos \beta x\, dx = \frac{1}{\beta} \int e^{\alpha x} d(\sin \beta x) = \frac{1}{\beta} e^{\alpha x} \sin \beta x - \frac{\alpha}{\beta} \int e^{\alpha x} \sin \beta x\, dx,$$

$$\int e^{\alpha x} \sin \beta x\, dx = -\frac{1}{\beta} \int e^{\alpha x} d(\cos \beta x) = -\frac{1}{\beta} e^{\alpha x} \cos \beta x + \frac{\alpha}{\beta} \int e^{\alpha x} \cos \beta x\, dx.$$

---

[1] Z. B.: HAYASHI, K.: Fünfstellige Tafeln der Kreis- und Hyperbelfunktionen sowie der Funktionen e^x und e^{-x}. Berlin u. Leipzig: W. de Gruyter 1921; Sieben- und mehrstellige Tafeln der Kreis- und Hyperbelfunktionen und deren Produkte sowie der Gammafunktion. Berlin: Julius Springer 1926.

Durch Vereinigen beider Zeilen entsteht

$$\int e^{\alpha x} \cos \beta x \, dx = \frac{\alpha}{\alpha^2 + \beta^2} e^{\alpha x} \cos \beta x + \frac{\beta}{\alpha^2 + \beta^2} e^{\alpha x} \sin \beta x + C,$$

$$\int e^{\alpha x} \sin \beta x \, dx = \frac{\alpha}{\alpha^2 + \beta^2} e^{\alpha x} \sin \beta x - \frac{\alpha}{\alpha^2 + \beta^2} e^{\alpha x} \cos \beta x + C.$$

Die Funktionen $e^{\alpha x} \cos \beta x$ und $e^{\alpha x} \sin \beta x$ sind wichtig für elastische Schwingungen mit einer Reibung proportional der Geschwindigkeit (z. B. Luftreibung an den Dämpfungsflügeln in einem Quadrantelektrometer). Beide genügen, wie man sich durch Differenzieren überzeugen möge, der Differentialgleichung 2. Ordnung

$$y'' - 2\alpha y' + (\alpha^2 + \beta^2)y = 0.$$

Die Gesamtbeschleunigung y'' (x Zeit) ist also gleich $-(\alpha^2 + \beta^2)y + 2\alpha y'$. Das erste Glied gibt die Beschleunigung durch die elastische Kraft proportional dem Abstande y von der Ruhelage und nach ihr hingerichtet, das zweite bei negativem $\alpha = -\lambda$ die Verzögerung durch die Reibungskraft proportional der Geschwindigkeit y' und entgegengesetzt gerichtet. Man zeichne die Kurven $y = e^{-\lambda x} \cos \beta x$ und $y = e^{-\lambda x} \sin \beta x$ mit positivem λ, die geeignet sind zur Darstellung des Abstandes von der Ruhelage bei einer „*gedämpften Schwingung*" (exponentielles Abklingen der Elongation). Bedeutet T die Periode der entsprechenden ungedämpften Schwingung (S. 156—158) mit $\lambda = 0$, so stehen bei der gedämpften Schwingung aufeinanderfolgende Maximalausschläge nach einer Seite im Verhältnis $e^{-\lambda T}$. Hierdurch ist λ experimentell bestimmbar; λT oder $\frac{\lambda T}{2}$ heißt das *logarithmische Dekrement*.

In Abb. 166 ist die „*Glockenkurve*" oder *Gaußsche Fehlerkurve* $y = \frac{h}{\sqrt{\pi}} e^{-h^2 x^2}$ mit konstantem h für $h = \frac{1}{2}$, $h = 1$ und $h = 2$ gezeichnet. Es gilt (Kettenregel)

$$y' = -\frac{2h^3 x}{\sqrt{\pi}} e^{-h^2 x^2},$$

$$y'' = -\frac{2h^3(1 - 2h^2 x^2)}{\sqrt{\pi}} e^{-h^2 x^2}.$$

Die Kurve fällt daher von der Höhe $\frac{h}{\sqrt{\pi}}$ für $x = 0$ nach rechts und links monoton ab. In $x = \pm \frac{1}{h\sqrt{2}}$ liegen Wendepunkte; zwischen ihnen ist die Kurve hohl, außerhalb erhaben nach unten.

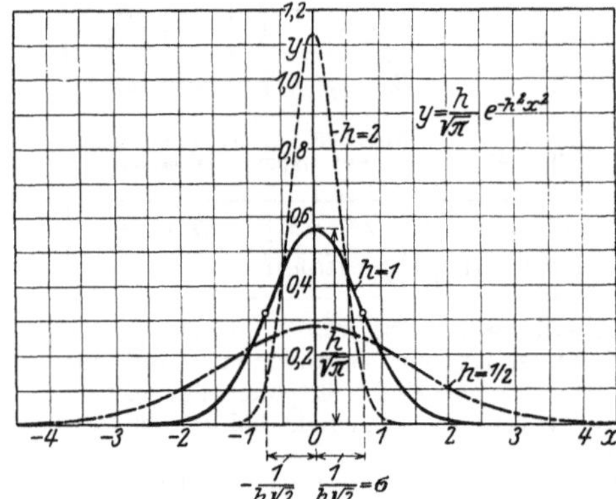

Abb. 166. Gaußsche Fehlerkurven $y = \frac{h}{\sqrt{\pi}} e^{-h^2 x^2}$ für $h = \frac{1}{2}$, $h = 1$ und $h = 2$.

Die Glockenkurve spielt eine große Rolle in der Fehlertheorie als „*Verteilungskurve*" von Beobachtungsfehlern. Die Fläche $\int\limits_{x_1}^{x_2} \frac{h}{\sqrt{\pi}} e^{-h^2 x^2} dx$ gibt die Wahrscheinlichkeit, daß ein Beobachtungsfehler zwischen den Grenzen x_1 und x_2 enthalten ist; bei kleinem $x_2 - x_1 = dx$ kann man dafür näherungsweise auch $\frac{h}{\sqrt{\pi}} e^{-h^2 x^2} dx$ schreiben (Ersatz des Kurvenstreifens durch den Rechecksstreifen). Die Symmetrie der Kurve zur y-Achse besagt: positive und negative Beobachtungsfehler sind gleich wahrscheinlich, der beiderseitige Abfall nach der x-Achse: große Beobachtungsfehler sind weniger wahrscheinlich als kleine. Bei großem h drängen sich ersichtlich die Beobachtungsfehler mehr um den Fehler 0 zusammen als bei kleinem h; deshalb wird h die *Präzision* genannt. Zur Erleichterung numerischer Rechnungen haben die Mathematiker Tafeln des Integrals $\int\limits_{0}^{x} \frac{2h}{\sqrt{\pi}} e^{-h^2 t^2} dt$ (der Wahrscheinlichkeit eines Beobachtungsfehlers zwischen $-x$ und $+x$) hergestellt. Die Wendepunktsabszisse $\sigma = \frac{1}{h\sqrt{2}}$ heißt in der Theorie der Beobachtungsfehler *Streuung*, auch *mittlerer Fehler* oder *standard deviation*. Tritt bei einer beliebigen „*Verteilung*", wobei x ein „*Merkmal*", z. B. die Länge, und y die zugehörige relative „*Häufigkeit*", d. h. die Anzahl der Individuen mit dem betreffenden Merkmal, gerechnet in Bruchteilen aller untersuchten Individuen, angibt, als Verteilungsfunktion $y = \dfrac{h}{\sqrt{\pi}}\, e^{-h^2 x^2}$ auf, so spricht man von *Gaußscher, normaler oder exponentieller Verteilung.* Das Studium dieser Dinge ist Aufgabe der *Kollektivtheorie.*

Nach Planck gilt für die Energieverteilung im Spektrum eines absolut schwarzen Strahlers von der absoluten Temperatur T das folgende *Plancksche Strahlungsgesetz,* dessen Aufstellung den Beginn der Quantentheorie bildete: Die spezifische Strahlungsintensität für die Wellenlänge λ ist

$$J = \frac{c_1\, \lambda^{-5}}{e^{\frac{c_2}{\lambda T}} - 1},$$

d. h. die Energie, welche von $1\ \mathrm{cm}^2$ je Sekunde ausgestrahlt wird, beträgt $\int\limits_{\lambda_1}^{\lambda_2} J\, d\lambda$ für den Spektralbezirk von λ_1 bis λ_2 und näherungsweise $J\, d\lambda$ für den kleinen Spektralbezirk von λ bis $\lambda + d\lambda$. Dabei ist

$$c_1 = c^2 h \approx 5{,}87 \cdot 10^{-6}\ \mathrm{erg\, cm}^2\, \mathrm{sek}^{-1}$$

(c Lichtgeschwindigkeit $3 \cdot 10^{10}\ \mathrm{cm\, sek}^{-1}$, h Plancksches Wirkungsquantum $6{,}525 \cdot 10^{-27}\ \mathrm{erg\, sek}$),

$$c_2 = \frac{ch}{k} \approx 1{,}430\ \mathrm{cm\, grad} \quad (k\ \text{Boltzmannsche Konstante } 1{,}369 \cdot 10^{-16}\ \mathrm{erg\, grad}^{-1}).$$

Man zeichne[1] die Kurven $J = J(\lambda)$ für verschiedene T und bestimme bei konstantem T durch Nullsetzen von $\dfrac{dJ}{d\lambda}$ die Wellenlänge λ_m für das *Maximum der Strahlungsintensität.* Mit $\dfrac{c_2}{\lambda T} = x$ ist dafür die Gleichung $e^{-x} + \dfrac{x}{5} - 1 = 0$ numerisch aufzulösen. Nach den Verfahren von S. 90—91 wird $x \approx 4{,}965$ gefunden, d. h.

$$\lambda_m\, T = \frac{c_2}{4{,}965}\ \mathrm{cm\, grad} \approx 2880\ \mu\ \mathrm{grad}:$$

Das Produkt aus der Wellenlänge maximaler Strahlungsintensität und der absoluten Temperatur ist konstant (*Wiensches Verschiebungsgesetz*). Z. B. findet man für das Sonnenspektrum experimentell $\lambda_m \approx 500\ \mu\mu$ (Rot) $= 0{,}5\ \mu$, daher als Celsiustemperatur der Sonne, wenn diese als schwarzer Strahler angesehen wird, $T \approx 5500^0\ \mathrm{C}$.

Wenn $\dfrac{c_2}{\lambda T}$ groß ist (niedrige Temperaturen oder kleine Wellenlängen), darf im Nenner von J die Abzugs-Eins gegen das große $e^{\frac{c_2}{\lambda T}}$ näherungsweise vernachlässigt werden. Wir stoßen damit auf das von Wien vor Schöpfung der Quantentheorie gefundene Strahlungsgesetz $J = c_1 \lambda^{-5}\, e^{-\frac{c_2}{\lambda T}}$, das aber für kleines $\dfrac{c_2}{\lambda T}$ nicht zur Erfahrung paßt — erst Planck beseitigte durch die Quantentheorie und sein Strahlungsgesetz die Unstimmigkeit.

17. Hyperbelfunktionen. In der Praxis treten e^x und e^{-x} häufig in gewissen Verbindungen auf, für die man besondere Namen eingeführt hat. Man bezeichnet

$$\frac{e^x + e^{-x}}{2} = \mathfrak{Kof}\, x = \mathrm{ch}\, x, \qquad \frac{e^x - e^{-x}}{2} = \mathfrak{Sin}\, x = \mathrm{sh}\, x,$$

$$\frac{e^x - e^{-x}}{e^x + e^{-x}} = \mathfrak{Tan}\, x = \mathrm{th}\, x, \qquad \frac{e^x + e^{-x}}{e^x - e^{-x}} = \mathfrak{Kot}\, x = \mathrm{cth}\, x$$

als *hyperbolischen Kosinus* (cosinus hyperbolicus, daher $\mathrm{ch}\, x$), *hyperbolischen Sinus, Tangens* und *Kotangens* von x, zusammen als *Hyperbelfunktionen.* Diese Funktionen (die Kurven $y = \mathfrak{Kof}\, x$ und $y = \mathfrak{Sin}\, x$ zeigt Abb. 162) haben viele Ähnlichkeiten mit den *Kreisfunktionen* $\cos x$, $\sin x$, $\tan x$ und $\cot x$. Z. B. rechnet man leicht nach

$$\mathfrak{Kof}^2\, x - \mathfrak{Sin}^2\, x = 1 \quad \text{analog } \cos^2 x + \sin^2 x = 1.$$

Wie sich am Einheitskreise $x^2 + y^2 = 1$ die Koordinaten x und y als $\cos t$ und $\sin t$ für einen „Parameter" t auffassen lassen, nämlich für den Winkel des Radiusvektors nach dem

---

[1] Vgl. KOHLRAUSCH, F.: Lehrbuch der praktischen Physik, 12. Aufl., S. 377. Leipzig und Berlin: B. G. Teubner 1914.

Punkte $P(x, y)$ gegen die x-Achse oder für den Inhalt eines zur x-Achse symmetrischen Kreissektors (Abb. 167 links), so ist es an der Einheitshyperbel[1] $x^2 - y^2 = 1$ mit $\mathfrak{Cof}\,t$ und $\mathfrak{Sin}\,t$ und dem Inhalte t eines Hyperbelsektors (Abb. 167 rechts). Zum Nachprüfen ist etwas Rechengeschick erforderlich; man gebe z. B. der Einheitshyperbel in Polarkoordinaten die Gleichung $r^2 = 1 : \cos 2\varphi$ und verwende die Formel für den Sektor in Polarkoordinaten von S. 125.

Einige weitere Beziehungen für die Hyperbelfunktionen sind z. B.

$$\mathfrak{Sin}(x + y) = \mathfrak{Sin}\,x\,\mathfrak{Cof}\,y + \mathfrak{Cof}\,x\,\mathfrak{Sin}\,y,$$
$$\mathfrak{Cof}(x + y) = \mathfrak{Cof}\,x\,\mathfrak{Cof}\,y + \mathfrak{Sin}\,x\,\mathfrak{Sin}\,y,$$

insbesondere

$$\mathfrak{Sin}\,2x = 2\,\mathfrak{Sin}\,x\,\mathfrak{Cof}\,x,$$
$$\mathfrak{Cof}\,2x = \mathfrak{Cof}^2 x + \mathfrak{Sin}^2 x = 2\,\mathfrak{Cof}^2 x - 1 = 2\,\mathfrak{Sin}^2 x + 1,$$

ferner

$$(\mathfrak{Cof}\,x)' = \mathfrak{Sin}\,x \quad \text{und} \quad (\mathfrak{Sin}\,x)' = \mathfrak{Cof}\,x,$$

schließlich

$$\mathfrak{Cof}\,x = 1 + \frac{x^2}{2!} + \frac{x^4}{4!} + \cdots \quad \text{und} \quad \mathfrak{Sin}\,x = x + \frac{x^3}{3!} + \frac{x^5}{5!} + \cdots.$$

Alle diese Beziehungen gehen aus den entsprechenden für $\cos x$ und $\sin x$ hervor, wenn man formal

$$\mathfrak{Cof}\,x = \cos i x, \quad \mathfrak{Sin}\,x = \frac{1}{i}\sin i x \quad \text{mit } i^2 = -1$$

setzt; dann müßte folgerichtigerweise

$$\cos x = \frac{e^{i x} + e^{-i x}}{2}, \quad \sin x = \frac{e^{i x} - e^{-i x}}{2i}$$

und

$$e^x = \cos x + i \sin x$$

sein. Dem inneren Gehalte dieser durch das Hereinkommen des Imaginären den Unbefangenen zunächst geheimnisvoll und zauberhaft anmutenden Formeln nachzuspüren, ist Sache des Mathematikers, dem dadurch ganz neue Welten (z. B. die Theorie der „*Funktionen komplexer Veränderlicher*") erschlossen werden.

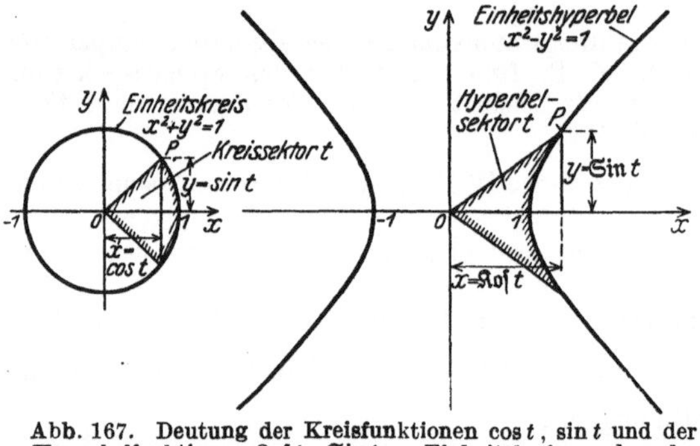

Von den Hyperbelfunktionen ist beispielsweise der hyperbolische Kosinus in den Anwendungen bei der „*Kettenlinie*" (S. 88, Abb. 101) zu finden, d. h. bei der Kurve, die eine in zwei Punkten aufgehängte Kette unter dem Einflusse der Schwere bildet. Ihre Gleichung lautet $y = a\,\mathfrak{Cof}\,\dfrac{x}{a}$; die Konstante a ist die Höhe des tiefsten Punktes der Kette über der x-Achse. Mancherlei Rechnungen über den Durchhang von Telegraphendrähten, Kettenbrücken u. dgl. schließen sich hier für den Fachmann an.

Abb. 167. Deutung der Kreisfunktionen $\cos t$, $\sin t$ und der Hyperbelfunktionen $\mathfrak{Cof}\,t$, $\mathfrak{Sin}\,t$ am Einheitskreise und an der Einheitshyperbel.

Die Umkehrfunktionen der Hyperbelfunktionen werden durch Vorsetzen von $\mathfrak{Ar}$ (von area, Fläche [des Hyperbelsektors], analog arc von arcus, Bogen bei den Kreisfunktionen) charakterisiert. Diese Umkehrfunktionen gestalten gewisse Integrationen sehr bequem. Z. B. soll der hyperbolische Tangens von $\mathfrak{Ar\,Tan}\,x$ gleich x sein. Es besteht die Formel

$$\int \frac{dx}{1 - x^2} = \mathfrak{Ar\,Tan}\,x + C,$$

die aus $\displaystyle\int \frac{dx}{1 + x^2} = \arctan x + C$ für $i x$ statt x entsteht. Andererseits kennen wir $\displaystyle\int \frac{dx}{1 - x^2}$ als $\dfrac{1}{2}\ln\dfrac{1 + x}{1 - x} + C$ (S. 171). Das führt auf

$$\mathfrak{Ar\,Tan}\,x = \frac{1}{2}\ln\frac{1 + x}{1 - x}$$

---

[1] Sie entsteht aus der sonst von uns betrachteten gleichseitigen Hyperbel $x y = 1$ durch Drehung um -45^0.

und bei unbedenklichem Umspringen mit i auf

$$\arctan x = \frac{1}{2i} \ln \frac{1 + i x}{1 - i x}.$$

Diese Formel übt erfahrungsgemäß auf den, der ihr zum ersten Male begegnet, einen eigentümlichen Reiz aus und hat schon manchen zu tieferem Eindringen in die Mathematik verlockt. Man beschäftige sich analog mit der Beziehung (vgl. S. 171)

$$\int \frac{dx}{\sqrt{1 + x^2}} = \mathfrak{Ar}\mathfrak{Sin}\, x + C = \ln(x + \sqrt{1 + x^2}) + C.$$

18. Potenzreihe für e^x. Berechnung von e. Durch Weiterdifferenzieren erkennt man: Nicht nur die erste, sondern auch alle höheren Ableitungen von e^x sind gleich e^x selbst. Für $x = 0$ wird daher e^x samt allen Ableitungen gleich 1. Als *Taylorsche Reihe* (S. 112) für e^x können wir hiernach aufschreiben

$$e^x = 1 + \frac{x}{1!} + \frac{x^2}{2!} + \frac{x^3}{3!} + \cdots.$$

Der Mathematiker beweist, daß diese Potenzreihe von e^x für alle endlichen x konvergiert (S. 112) und bei Berücksichtigung von genügend vielen Gliedern e^x mit jeder gewünschten Genauigkeit liefert. Z. B. ist für $x = 1$ die Zahl e selbst $e = 1 + \frac{1}{1!} + \frac{1}{2!} + \frac{1}{3!} + \cdots$, zahlenmäßig

$$
\begin{aligned}
e \approx \;\; & 1 \\
+ \;& 1 \\
+ \;& 0{,}5 \\
+ \;& 0{,}166\,6667 \\
+ \;& 0{,}041\,6667 \\
+ \;& 0{,}008\,3333 \\
+ \;& 0{,}001\,3889 \\
+ \;& 0{,}000\,1984 \\
+ \;& 0{,}000\,0248 \\
+ \;& 0{,}000\,0028 \\
+ \;& 0{,}000\,0003 \\
\hline
e \approx \;& 2{,}718\,2819.
\end{aligned}
$$

Jedes Glied ist aus dem vorangehenden durch Division mit der nächsten in Betracht kommenden ganzen Zahl gebildet. 6 Stellen nach dem Komma ergeben sich richtig, die 7. Stelle heißt in Wirklichkeit 8 statt 9.

19. Grenzwertdarstellungen für e und e^x. Außer der Reihenentwicklung $e = 1 + \frac{1}{1!} + \frac{1}{2!} + \frac{1}{3!} + \cdots$ ist noch ein anderer merkwürdiger Ausdruck für e erwähnenswert. Betrachten wir die Kurve $y = \ln x$ an der Stelle $x = 1$. Sie hat dort das Steigungsmaß $(\ln x)' = \frac{1}{x} = 1$. Dieses Steigungsmaß, d. h. die Ableitung des natürlichen Logarithmus für $x = 1$, läßt sich als Grenzwert $\lim\limits_{h \to 0} \dfrac{\ln(1 + h) - \ln 1}{h}$ $= \lim\limits_{h \to 0} \dfrac{1}{h} \ln(1 + h)$ des Differenzenquotienten von $\ln x$ für $x = 1$ bei $h \to 0$ schreiben. Also

$$\lim_{h \to 0} \frac{1}{h} \ln(1 + h) = \lim_{h \to 0} \ln(1 + h)^{\frac{1}{h}} = 1.$$

D. h. $(1 + h)^{\frac{1}{h}}$ ist eine Zahl, deren natürlicher Logarithmus für $h \to 0$ gegen 1 strebt. $(1 + h)^{\frac{1}{h}}$ selbst muß sich daher der Zahl mit dem natürlichen Logarithmus 1, d. h. der Zahl e, nähern:

$$\lim_{h \to 0} (1 + h)^{\frac{1}{h}} = e \qquad \text{oder} \qquad (1 + h)^{\frac{1}{h}} \to e \qquad \text{für} \qquad h \to 0.$$

Auf S. 100 haben wir bei Gelegenheit des Rechnens mit kleinen Größen für $h = 0,1$; $0,01$ $0,001$ und $0,0001$ vermerkt

$$(1 + 0,1)^{10} \approx 2,5937\,,$$
$$(1 + 0,01)^{100} \approx 2,7048\,,$$
$$(1 + 0,001)^{1000} \approx 2,7169\,,$$
$$(1 + 0,0001)^{10000} \approx 2,7181\,.$$

Diese dort nur zur Warnung gegen die Anwendung der Regel $(1 + \varepsilon)^m \approx 1 + m\varepsilon$ (ε klein) bei einem im Vergleich zu ε allzu großen m dienenden Zahlen erscheinen jetzt in einem höheren Lichte als Annäherungswerte für e, die Grundzahl der natürlichen Logarithmen und der natürlichen Exponentialfunktion[1].

Beim Heranrückenlassen von h an 0 beschränkt man sich gewöhnlich darauf, h die Werte $\dfrac{1}{n}$ mit positivem ganzem wachsendem n zu geben, wie z. B. vorhin $\dfrac{1}{10}$, $\dfrac{1}{100}$, $\dfrac{1}{1000}$, $\dfrac{1}{10000}$. Dann kann man auch schreiben

$$\lim_{n \to \infty} \left(1 + \frac{1}{n}\right)^n = e \quad \text{oder} \quad \left(1 + \frac{1}{n}\right)^n \to e \ \text{für} \ n \to \infty\,;$$

allgemeiner darf hierin n eine beliebige Zahl mit $|n| \to \infty$ sein.

Diese Grenzwertdarstellung von e wird in vielen Mathematikbüchern, namentlich für Naturwissenschaftler, dogmatisch als Definition für e an die Spitze der Erörterungen über Exponentialfunktion und natürlichen Logarithmus gestellt. Hierbei ist allerdings von vornherein gar nicht einzusehen, warum man sich eigentlich für eine so sonderbare Zahl interessiert und sie noch dazu als Basis einer Exponentialfunktion und eines Logarithmensystems wählt.

Multiplizieren wir in $\dfrac{1}{h} \ln(1 + h) \to 1$ beiderseits mit einem festen x, so finden wir

$$(1 + h)^{\frac{x}{h}} \to e^x \quad \text{für} \quad h \to 0 \quad \text{oder} \quad \left(1 + \frac{1}{n}\right)^{nx} \to e^x \ \text{für} \ n \to \infty\,.$$

Vom Ausdrucke der Ableitung $1 : \dfrac{1}{x} = x$ von $\ln x$ an der Stelle $\dfrac{1}{x}$ als Grenzwert

$$\lim_{h \to 0} \frac{\ln\left(\frac{1}{x} + h\right) - \ln \frac{1}{x}}{h} = \lim_{h \to 0} \ln(1 + hx)^{\frac{1}{h}}$$

aus ergibt sich weiter

$$(1 + hx)^{\frac{1}{h}} \to e^x \quad \text{für} \quad h \to 0 \quad \text{oder} \quad \left(1 + \frac{x}{n}\right)^n \to e^x \ \text{für} \ n \to \infty\,.$$

20. Anwachsen eines Kapitals. Organisches Wachstum. Die letzten Formeln sind folgendermaßen ausdeutbar. Legen wir das Kapital 1 auf Zinseszinsen zu $p\,^0/_0$ jährlich bei jährlichem Zinszuschlag, so ist es am Ende des ersten, zweiten, . . ., x-ten Jahres angewachsen auf[2]

$$1 + \frac{p}{100}, \quad 1 + \frac{p}{100} + \left(1 + \frac{p}{100}\right)\frac{p}{100} = \left(1 + \frac{p}{100}\right)^2, \ \ldots, \quad y = \left(1 + \frac{p}{100}\right)^x.$$

Die Vermehrung im $(x + 1)$-ten Jahre beträgt

$$\triangle y = \left(1 + \frac{p}{100}\right)^x \frac{p}{100} = \frac{p}{100}\,y\,,$$

ist also dem nach x Jahren erreichten Bestande $y = \left(1 + \dfrac{p}{100}\right)^x$ proportional.

---

[1] Wenn man die Zahlen nicht unmittelbar durch fortgesetztes Multiplizieren (etwa mit der Rechenmaschine), sondern mit Hilfe der Logarithmentafel ausrechnet, dreht man sich bei der Feststellung, daß sie Annäherungswerte an e sind, bis zu einem gewissen Grade im Kreise, weil bei der Berechnung der Zehnerlogarithmen (der gewöhnlichen Logarithmentafel) $\log e$, also mittelbar auch e verwandt ist (S. 174).

[2] Auf Exponentialpapier wird die entsprechende Exponentialkurve $y = \left(1 + \dfrac{p}{100}\right)^x$ in eine gerade Linie ausgestreckt, vgl. Abb. 48, S. 41.

Werden die Zinsen statt am Ende aller ganzen Jahre am Ende aller m-tel Jahre (z. B. Vierteljahre für $m = 4$) zugeschlagen (Jahreszinsfuß immer noch $p\ {}^0/_0$), so haben wir nach $\frac{1}{m}, \frac{2}{m}, \ldots, \frac{m}{m} = 1, \ldots, x$ Jahren das Kapital

$$1 + \frac{\frac{p}{100}}{m}, \quad 1 + \frac{\frac{p}{100}}{m} + \left(1 + \frac{\frac{p}{100}}{m}\right)\frac{\frac{p}{100}}{m} = \left(1 + \frac{\frac{p}{100}}{m}\right)^2, \ldots, \left(1 + \frac{\frac{p}{100}}{m}\right)^m, \ldots, \left(1 + \frac{\frac{p}{100}}{m}\right)^{mx};$$

hierbei braucht x nicht mehr eine ganze Zahl, sondern nur noch ein Vielfaches von $\frac{1}{m}$ zu sein. In der Zeitspanne $\triangle x = \frac{1}{m}$ von x bis zu $x + \frac{1}{m}$ Jahren vermehrt sich das Kapital $y = \left(1 + \frac{\frac{p}{100}}{m}\right)^{mx}$ um die zu y proportionale Größe

$$\triangle y = \left(1 + \frac{\frac{p}{100}}{m}\right)^{mx}\frac{\frac{p}{100}}{m} = \frac{p}{100}\,y\,\triangle x\,.$$

Bei Vergrößerung von m, wenn also die Zinsen in immer kürzeren Zwischenräumen zum Kapital geschlagen werden (bei konstantem Jahreszinsfuße $p\ {}^0/_0$), strebt der Wert des Kapitals nach x Jahren (x nicht nur ganzzahlig) gegen

$$y = \lim_{m \to \infty}\left\{\left(1 + \frac{\frac{p}{100}}{m}\right)^m\right\}^x = \left(e^{\frac{p}{100}}\right)^x = e^{\frac{p}{100}x}.$$

Man redet in diesem (praktisch natürlich nicht zu verwirklichenden) Grenzfalle der bisherigen sprungweisen Verzinsung von *stetiger* Verzinsung. $e^{cx} = e^{\frac{p}{100}x}$ *mit* $\frac{p}{100} = c$ *ist der Wert des Kapitals 1 nach x Jahren bei stetiger Verzinsung zum Jahreszinsfuße $p\ {}^0/_0 = 100\,c\ {}^0/_0$; insbesondere erscheint e^x selbst für $p = 100$, d. h. wenn man als Zinsen das Kapital selbst zufügt.*

Die Vermehrungsgeschwindigkeit y' ist wegen

$$y' = \lim_{\triangle x \to 0}\frac{\triangle y}{\triangle x} = cy = \frac{p}{100}\,y$$

proportional zum Werte $y = e^{cx}$ des Kapitals selbst, und zwar mit dem Proportionalitätsfaktor $c = \frac{p}{100}$, der den Faktor von x im Exponenten von e^{cx} bildet[1].

Das trifft allgemeiner zu, wenn wir statt vom Anfangskapital 1 vom Anfangskapital $y_0 = C$ ausgehen. Dieses vermehrt sich bei stetiger Verzinsung in x Jahren auf

$$y = C e^{cx} = y_0 e^{cx}$$

mit der Geschwindigkeit

$$y' = c\,C e^{cx} = cy\,,$$

die wieder proportional zu y mit dem Proportionalitätsfaktor c ausfällt. Außer durch Grenzübergang von sprungweiser Verzinsung in m-tel Jahren zur stetigen Verzinsung (der also auf neue Weise die Differenzierregel der Exponentialfunktion liefert) läßt sich das auch durch Differenzieren von $y = C e^{cx}$ nach der Kettenregel einsehen: in der Ableitung kommt zuerst die Konstante C, dann reproduziert sich e^{cx} beim Differenzieren nach dem Exponenten cx selbst, und schließlich stellt sich durch

---

[1] Das Kapital nimmt also immer rascher zu, je höher es schon angewachsen ist.

Differenzieren dieses Exponenten cx nach x der Faktor c ein. Hierbei wird ohne weiteres auch der Fall eines negativen c mit erledigt, wobei y abnimmt und y' dementsprechend negativ ist.

Die Änderung $\triangle y$ von $y = Ce^{cx}$ in der Zeitspanne $h = dx$ von x bis $x + h$ ist angenähert proportional der Größe y selbst, in folgendem Sinne: ihr (bei Verkleinerung von h immer besserer) Näherungswert dy, das Differential von y, hat den zu y genau proportionalen Wert $c \cdot hy = cy\,dx$. Für positives c stellt $\triangle y$ eine Zunahme, für negatives c eine Abnahme dar.

Man spricht dann, wenn die Änderungsgeschwindigkeit y' proportional y und die Änderung $\triangle y$ in der eben geschilderten Weise angenähert proportional y ist, von *organischem Wachstum*, weil diese Änderungsart für ein wenigstens angenähertes oder ähnliches Vorkommen in der organischen Welt geeignet erscheint (zur Kritik vgl. S. 189). Z. B. wächst vielleicht ein Bestand von Spaltpilzen unter passenden Umständen organisch; denn die neu entstehenden Spaltpilze vermehren sich ihrerseits, so daß mit dem Größerwerden des Bestandes y auch ein proportionales Größerwerden seiner Zunahme $\triangle y$ einhergeht. Oder für eine junge Pflanze darf man annähernd organisches Wachstum erwarten, weil die größer werdenden Wurzeln und Blätter mehr Nahrung aufnehmen und Kohlensäure assimilieren können und daher mit der Wachstumsgröße auch die Wachstumsgeschwindigkeit steigt. *Die Exponentialfunktion stellt für den Naturwissenschaftler die Funktion des organischen Wachstums dar.*

21. Differentialgleichung der Exponentialfunktion. Zur Abrundung unserer Betrachtungen müssen wir noch zeigen: Die Funktion $y = Ce^{cx}$ ist bei willkürlichem konstantem C die allgemeinste Funktion mit den Differentialeigenschaften

$$(*) \quad y' = cy \quad \text{und} \quad (**) \quad dy = cy\,dx$$

oder, wie man auch sagt: die allgemeinste Lösung der Differentialgleichung $(*)$ oder $(**)$; diese Differentialgleichung charakterisiert den Verlauf von y als „*exponentiell*". Aus $(**)$ folgt $\dfrac{dy}{y} = c\,dx$, hieraus durch beiderseitiges Aufsuchen der Stammfunktion

$$\int \frac{dy}{y} = \int c\,dx \quad \text{oder} \quad \ln y = cx + K,$$

indem wir $\displaystyle\int \frac{dy}{y}$ nach dem Satze von der Invarianz des Differentials zu $\ln y$ auswerten und die willkürliche Integrationskonstante auf der rechten Seite schreiben. Übergang zur Exponentialfunktion liefert nun wirklich

$$y = e^{cx+K} = e^{K}e^{cx} = Ce^{cx} \text{ mit } e^{K} = C.$$

Für $x = 0$ folgt $y = C$, also ist C der *Anfangswert* y_0 von y für $x = 0$. Wird für $x = x_1$ der Wert $y = y_1$ angenommen, so gilt $y_1 = Ce^{cx_1}$ und vermöge Division

$$\frac{y}{y_1} = \frac{e^{cx}}{e^{cx_1}}, \quad \text{daher} \quad y = y_1 e^{c(x-x_1)}.$$

Wir sind hiernach beim Exponentialgesetze im wesentlichen unabhängig von der Wahl des Anfangspunktes der x-Zählung; nur die multiplikative Konstante (der Anfangswert) ändert sich.

Logarithmiert:

$$\ln y = \ln y_0 + cx \quad \text{oder} \quad \log y \approx \log y_0 + 0{,}43429\,cx,$$

der Logarithmus $\ln y$ oder $\log y$ ist eine lineare Funktion von x. Und:

$$\frac{\ln y - \ln y_1}{x - x_1} = c \quad \text{oder} \quad \frac{\log y - \log y_1}{x - x_1} \approx 0{,}43429\,c,$$

das Verhältnis der Differenz der Logarithmen zweier y zur Differenz der entsprechenden x ist konstant. Diese logarithmierten Fassungen sind nützlich zur Prüfung, ob bei einer Anzahl von (etwa beobachteten) Wertepaaren x, y wirklich exponentielle Abhängigkeit des y von x vorliegt.

Sehr häufig findet man statt $y = C e^{c x}$ auch die Ausdrucksweise: Wenn x „*arithmetisch*" („in arithmetischer Progression") fortschreitet, d. h. von x aus immer *additiv* um h zu $x + h$, $x + 2 h$, ..., so ändert sich y „*geometrisch*" („in geometrischer Progression"), d. h. von y aus *multiplikativ* um $e^{ch} = q$ zu $y q$, $y q^2$, ...

Alles in allem:

Wenn dem Naturwissenschaftler die Differentialgleichung

$$(*) \quad y' = c y \qquad oder \qquad (**) \quad dy = c y\, dx$$

des organischen Wachstums begegnet (Wachstumsgeschwindigkeit y' proportional der erreichten Größe y, Änderung $\triangle y$ angenähert proportional y „im Sinne des Differentials"), so nimmt er den Proportionalitätsfaktor c von y als Faktor von x im Exponenten der Exponentialfunktion e^{cx} und schreibt

$$y = C e^{c x}$$

auf. y nimmt exponentiell zu bei positivem c oder klingt exponentiell ab bei negativem c; C ist der Anfangswert y_0 von y für $x = 0$, $c C$ das Steigungsmaß y' der Kurve $y = C e^{cx}$ für $x = 0$. Die Kurve für $y = C e^{cx}$ entspricht, je nachdem c positiv oder negativ ist, ganz der Schaulinie für $y = e^x$ oder $y = e^{-x}$ (Abb. 162), nur daß die y-Achse im Punkte C statt im Punkte 1 geschnitten wird und der Anstieg und Abfall, je nachdem $|c| \gtrless 1$ ist, jäher oder flacher als bei $y = e^x$ und $y = e^{-x}$ erfolgt.

Statt $y = C e^{cx}$ kann man auch

$$y = C \cdot 10^{\gamma x} \qquad mit \qquad \gamma = c \log e \approx 0{,}43429\, c$$

oder

$$y = b a^x \qquad mit \qquad a = e^c = 10^{\gamma} \qquad und \qquad b = C$$

schreiben (S. 40, S. 173—174, S. 177—178).

Geprüft wird der exponentielle Verlauf so: Entweder man trägt auf gewöhnlichem Millimeterpapier zusammengehörige Werte von x und $\log y$ oder auf halblogarithmischem Papier (Exponentialpapier) zusammengehörige Werte von x und y auf; die erhaltenen Punkte müssen auf einer Geraden liegen. Oder man sieht nach, ob das Verhältnis der Differenz der Logarithmen zweier y zur Differenz der zugehörigen x konstant ist.

22. Beispiele: Lichtabsorption, Kolorimetrie, Radiumzerfall, langsame Entladung einer Leidener Flasche, barometrische Höhenformel, Seilreibung. Die Differentialgleichung der *Lichtabsorption*

$$dJ = -\alpha J\, dx \qquad (\alpha \text{ Absorptionskoeffizient})$$

von S. 104 liefert jetzt

$$J = J_0 e^{-\alpha x}.$$

J_0 ist die Anfangsintensität, mit der das Licht für $x = 0$ in die Platte eintritt, J die Intensität nach Durchlaufen der Strecke x in der Platte; sie nimmt exponentiell mit x ab. Die Intensität beim Verlassen einer Platte von der Dicke p beträgt $J_p = J_0 e^{-\alpha p}$. Oft schreibt man unter Übergang zur Zehnerexponentialfunktion $J = J_0 \cdot 10^{-0{,}4343\, \alpha x} = J_0 \cdot 10^{-\varepsilon x}$; ε wird *Extinktionskoeffizient* genannt.

Bei Durchgang von Licht durch eine Flüssigkeit besteht dasselbe Gesetz. Dies findet Anwendung in der *Kolorimetrie*, der Bestimmung der Konzentration einer Lösung aus ihrer Farbe bzw. ihrem Absorptionsvermögen. Unter sonst gleichen Umständen hängt der Absorptionskoeffizient α von der Konzentration c der Lösung (der Menge der in der Volumeneinheit des Lösungsmittels gelösten Substanz) ab. Treten bei Konzentrationsänderung keine Zwischenfälle, wie Hydratbildung u. dgl.,

ein, so gilt das sog. Beersche Gesetz: α proportional c, etwa $\alpha = A c$. Zwei Flüssigkeits-
schichten von den Konzentrationen c_1 und c_2 und den Dicken p_1 und p_2 schwächen
dann dieselbe Anfangsintensität J_0 auf $J_{p_1} = J_0 e^{-A c_1 p_1}$ und $J_{p_2} = J_0 e^{-A c_2 p_2}$.
Ist durch passendes Zufüllen von Flüssigkeit $J_{p_1} = J_{p_2}$ erreicht — das stellt man
mit dem Auge durch gleichzeitiges Betrachten der beiden etwa in zwei Röhren
nebeneinander aufgestellten Flüssigkeiten von oben her fest —, so muß $c_1 p_1 = c_2 p_2$
sein. Hieraus ergibt sich c_2, wenn c_1 für eine Vergleichslösung bekannt ist.

Beim *Zerfall einer radioaktiven Substanz* erscheint die Differentialannahme

$$d y = - \lambda y\, dt$$

einleuchtend (zerfallende Menge $\triangle y$ angenähert proportional der noch vorhandenen
Menge y und der Zeitspanne dt; Minuszeichen, weil die Zunahme $\triangle y$ von y negativ
ist). Oder auch

$$\dot{y} = - \lambda y,$$

Zerfallsgeschwindigkeit proportional dem noch vorhandenen Bestande. Gerecht-
fertigt wird diese Annahme durch die experimentelle Bestätigung der aus ihr folgenden
Gleichung

$$y = y_0 e^{-\lambda t} \qquad (y_0 \text{ Anfangsmenge für } t = 0).$$

Die Zeit T, für welche $y = \dfrac{y_0}{2}$ wird, die radioaktive Substanz also auf die Hälfte
zusammengeschrumpft, heißt *Halbwertzeit*. Sie hängt mit der *Zerfallskonstanten* λ
durch die Beziehungen

$$\frac{y_0}{2} = y_0 e^{-\lambda T}, \qquad \lambda T = \ln 2 \approx 0{,}69315$$

zusammen. Durch diese ist aus dem experimentell gefundenen T das mathematisch
belangreiche, die Stärke des *Abklingens* der Exponentialfunktion messende λ
bestimmbar.

Man überlege sich analog das Abklingen der Spannung Φ einer (etwa durch einen feuchten
Bindfaden) langsam entladenen Leidener Flasche mit der Differentialgleichung

$$d\Phi = - \lambda \Phi\, dt.$$

Die *barometrische Höhenformel* (S. 174—176)

$$h = l\left(1 + \frac{t}{273}\right)(\ln b_0 - \ln b)$$

(h Höhe über dem Meeresspiegel, Konstante $l \approx 8000$ m, t Celsiustemperatur) läßt sich auch schreiben

$$b = b_0 e^{-\dfrac{h}{l\left(1 + \dfrac{t}{273}\right)}};$$

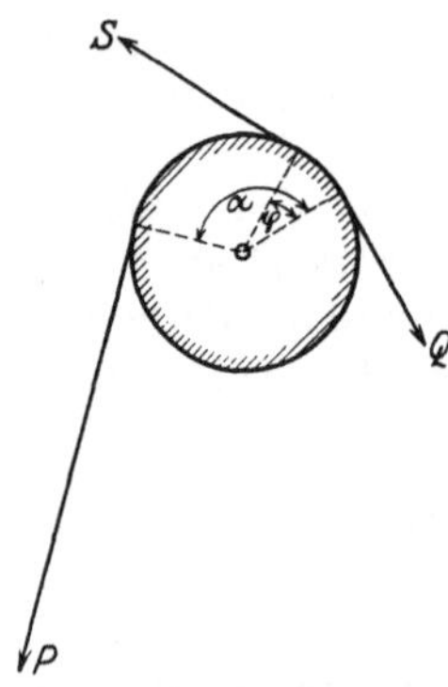

Abb. 168. Zur Seilreibung.

der Barometerstand (Druck) klingt exponentiell ab; wächst die
Höhe arithmetisch (etwa immer um 100 m), so fällt der Barometerstand geometrisch. Bei $t = 0^0$ C ist er in der Höhe $h = l \approx 8000$ m
von $b_0 = 760$ mm auf den e-ten Teil $b_0 : e \approx 279$ mm gesunken.

Seilreibung: Über eine feste Kreisscheibe (ein festes Rundholz)
führe ein (vielleicht mehrmals herumgeschlungenes) Seil, an dessen
Enden die Kraft P und die Last Q angreifen (Abb. 168). f sei der Koeffizient der gleitenden
Reibung des Seils auf seiner Unterlage (etwa 0,5 für Hanfseil auf Holz) und φ der aus Abb. 168
ersichtliche Winkel. Dann findet man durch mechanische Überlegungen[1] für die Zugkraft S
im Seile die Differentialgleichung

$$dS = f S\, d\varphi \quad \text{und hieraus} \quad S = C e^{f \varphi}.$$

Für $\varphi = 0$ muß die Zugkraft der Last Gleichgewicht halten, also (bis auf die Richtung)
$S = Q$ und $C = Q$ sein, und für $\varphi = \alpha$ (mit $\alpha > 2\pi$, wenn sich das Seil mehrmals herum-

---

[1] Vgl. z. B. Mosch, E.: Lehrbuch der Physik, Oberstufe, Heft 2, S. 27—28. Leipzig:
G. Freytag 1925.

schlingt) fällt $S = P$ aus, so daß insgesamt $P = Q e^{f\alpha}$ wird (Eulersche Seilformel). Da die Exponentialfunktion mit α sehr stark wächst, braucht man wegen der Seilreibung auch gegen eine kleine Last Q eine außerordentlich große Kraft P (Seilbremse, Befestigung der Schiffe), z. B. für $f = 0{,}5$ und $\alpha = 3\pi$ (anderthalbmalige Umschlingung) $P \approx 110\,Q$.

23. Exponentielle Annäherung an einen Grenzwert. Ertragsgesetz von Mitscherlich.

Die Funktion $y = C e^{cx}$ des organischen Wachstums nimmt für positives c mit zunehmendem x selbst unbegrenzt zu. Das führt bei praktischen Anwendungen einleuchtenderweise oft zu Schwierigkeiten; $y = C e^{cx}$ wird sich im allgemeinen nur für nicht zu große x dem wirklichen Verlaufe anschließen können; vermag doch y bei diesem in der Regel einen Höchstwert nicht zu überschreiten. Hieraus erklärt es sich, warum man für naturwissenschaftliche wachsende Größen, so verlockend der Differentialansatz $dy = c\,y\,dx$ (Zunahme $\triangle y$ angenähert proportional der erreichten Größe y) zunächst erscheint, doch bei weitem nicht so häufig auf das Gesetz $y = C e^{cx}$ mit positivem c stößt, wie man für abnehmende, genauer gegen Null abnehmende Größen das Abklingungsgesetz $y = C e^{cx} = C e^{-\lambda x}$ mit negativem $c = -\lambda$ findet.

Viel häufiger stellt sich — nach dem Gesagten wohl verständlich — für eine wachsende Größe y die Beziehung

$$y = A\,(1 - e^{-kx}) \quad \text{oder} \quad A - y = A e^{-kx} \qquad\qquad (k > 0)$$

ein. Bei ihr nimmt der *Unterschied* $A - y$ von y gegen eine feste Zahl A mit wachsendem x *exponentiell* ab und nähert sich der Null. y selbst strebt also bei $x \to \infty$ *asymptotisch* (S. 35) dem *Grenzwerte* oder „Höchstwerte" A zu, ohne ihn freilich theoretisch für noch so großes x zu erreichen[1]; praktisch ist natürlich y von einem gewissen x an nicht mehr von A zu unterscheiden. In der Praxis schreibt man oft y_∞ statt A.

Der halbe Höchstwert $\dfrac{A}{2}$ wird erreicht für das durch die Gleichung

$$\frac{A}{2} = A\,(1 - e^{-kX}) \quad \text{oder} \quad e^{-kX} = \frac{1}{2} \quad \text{oder} \quad kX = \ln 2 \approx 0{,}69315$$

festgelegte „*Halbwertargument*" X, der Höchstwert bis auf $1\,^0/_{00}$, also der Wert $0{,}999\,A$, für das x aus

$$0{,}999\,A = A\,(1 - e^{-kx}) \quad \text{oder aus} \quad e^{-kx} = \frac{1}{1000} \approx \frac{1}{1024} = \left(\frac{1}{2}\right)^{10};$$

dieses x ist nach

$$k\,x \approx 10\ln 2 \quad \text{oder} \quad x \approx 10\,X$$

rund das 10fache Halbwertargument[2]. Man muß also x nach Erreichung von $y = \dfrac{A}{2}$ noch rund auf das 10fache steigern, um bis auf $1\,^0/_{00}$ an den Höchstwert A heranzukommen, z. B., wenn x die Zeit bedeutet, noch 10mal solange warten, damit der Vorgang bis auf $1\,^0/_{00}$ beendet ist — eine praktisch wichtige Bemerkung!

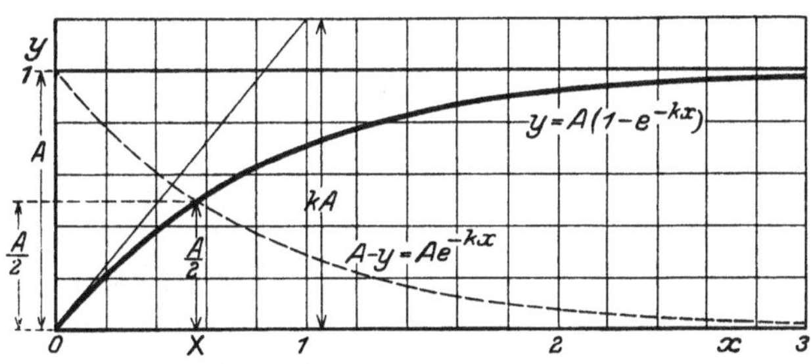

Abb. 169. Exponentielle Annäherung an einen Grenzwert A nach dem „Ertragsgesetze" $y = A\,(1 - e^{-kx})$.

Der Anfangswert y_0 von y für $x = 0$ fällt gleich 0 aus wegen $e^{-kx} = 1$ für $x = 0$. Die Kurve für y ist mit den Annahmen $A = 1$, $k = 0{,}8$ in Abb. 169 gezeichnet, punktiert außerdem die fallende Kurve für den Unterschied $A - y$ von y gegen

---

[1] Deshalb sagt man besser „Grenzwert" statt des freilich üblichen „Höchstwert".

[2] Allgemeiner läßt Steigerung des Arguments x von X aus auf das Doppelte $2X$, Dreifache $3X$, ... den Unterschied von y gegen den Höchstwert A von der Hälfte auf $(\frac{1}{2})^2 = \frac{1}{4}$, $(\frac{1}{2})^3 = \frac{1}{8}$, ... von A abnehmen.

den Höchstwert A. In der Praxis setzt man oft willkürlich $A = 1$ oder $A = 100$, d. h. man drückt y in Bruchteilen oder in Prozenten von A aus.

Statt $y = A(1 - e^{-kx})$ kann auch

$$y = A(1 - 10^{-Mkx}) \text{ mit } M \approx 0{,}43429$$

oder

$$y = b(1 - a^x) \text{ mit } b = A \text{ und dem echten Bruche } a = e^{-k} = 10^{-Mk}$$

oder

$$\ln(A - y) = \ln A - kx$$

geschrieben werden. Subtrahieren wir von der letzten Gleichung die entsprechende für ein beliebiges Wertepaar x_1, y_1 und gehen durch Multiplikation mit M zu Zehnerlogarithmen über, so ergibt sich

$$\frac{1}{x - x_1}[\log(A - y_1) - \log(A - y)] = k.$$

Hierdurch ist ein gebräuchliches Verfahren zur Nachprüfung, ob die Formel $y = A(1 - e^{-kx})$ obwaltet, vorgezeichnet: man untersucht die linke Seite der aufgeschriebenen Gleichung auf ihre Konstanz.

Für die Beziehung $y = b(1 - a^x)$ haben wir S. 43, Abb. 51 ein Beispiel kennengelernt beim Längenwachstum des isländischen Herings (Länge y in cm in Funktion des Lebensalters x in Jahren). Dort ergaben sich nach dem Augenschein der Beobachtungszahlen die Höchstlänge $b = 37$ cm und durch Ausstrecken der Exponentialkurve $b - y = ba^x$ auf Exponentialpapier in eine Gerade (Abb. 52) der Bruch $a \approx 0{,}725 \approx 10^{-0{,}14}$; jetzt vermerken wir noch $k \approx \dfrac{0{,}14}{M} \approx 0{,}32$.

Der Funktionszusammenhang $y = A(1 - e^{-kx})$ wird häufig als *Ertragsgesetz* von Mitscherlich, y als *Ertragsfunktion*, die Schaulinie als *Ertragskurve* bezeichnet. Denn nach Mitscherlich (und Baule) gehorcht in der Pflanzen- und Tierphysiologie der *Ertrag* y (an Trockensubstanz, an Lebendgewicht u. dgl.) als Funktion eines *Wachstumsfaktors* x (einer Düngergabe, der Temperatur, der Bestrahlungsintensität, der verabfolgten verdaulichen Kalorien o. dgl., auch der Zeit) bei Konstanthaltung aller übrigen Wachstumsfaktoren diesem Gesetze. Hierüber wird S. 193—195 noch weiter die Rede sein. Die Konstante k, welche die Stärke des Abklingens von e^{-kx} oder die „Wirkung" des Wachstumsfaktors x bestimmt, nennt Mitscherlich den *Wirkungsfaktor* und spricht von $y = A(1 - e^{-kx})$ auch als vom *Wirkungsgesetze der Wachstumsfaktoren*. Für das Halbwertargument X hat Baule die Bezeichnung *Wirkungsmenge* oder *Nährstoffeinheit*.

Für den Anfangsteil der Ertragkurve steigt nach Abb. 169 der Ertrag y annähernd proportional zum Wachstumsfaktor (zur Nährstoffgabe) x. Damit haben wir Liebigs (nicht einwandfreies) „Gesetz vom Minimum" (S. 81): erstens sei, was uns hier nicht interessiert, für das Wachstum der von allen erforderlichen Nährstoffen relativ am meisten im Minimum befindliche Nährstoff maßgebend, zweitens nehme der Ertrag proportional der Konzentration dieses Nährstoffs zu (bis ein anderer Nährstoff relativ ins Minimum gerät).

Die Ableitung von y lautet nach der Kettenregel

$$y' = kAe^{-kx} = k(A - y).$$

Die *Geschwindigkeit* y', mit der sich y bei wachsendem x seinem Höchstwerte A nähert, ist also *proportional dem Unterschiede $A - y$ von y gegen den Höchstwert A* mit dem Wirkungsfaktor k als Proportionalitätsfaktor. Sie ist am größten für $x = 0$ und $y = 0$, nämlich gleich kA (Abb. 169), und nimmt dann mit wachsendem x immer mehr gegen Null ab[1].

---

[1] Im wesentlichen, nämlich bis auf den Faktor k, wird die Geschwindigkeit y' durch die punktierte Kurve in Abb. 169 veranschaulicht.

Das Differential

$$dy = k(A - y)\,dx$$

lehrt[1]: *Die Ertragssteigerung*

$$\triangle y \approx k(A - y)\,dx$$

auf Grund einer Steigerung des Wachstumsfaktors x um dx (einer Nährstoffzugabe dx) ist angenähert proportional erstens zu dx (wie selbstverständlich), zweitens zu dem am Höchstertrage (Grenzertrage) A noch fehlenden Ertrage A — y; dieselbe Nährstoffzugabe dx treibt bei kleinem Ertrage den Ertrag verhältnismäßig viel mehr in die Höhe als dann, wenn schon beinahe der überhaupt mögliche Spitzenertrag erreicht ist.

Umgekehrt folgt, wenn man sich den Ansatz $\triangle y \approx k(A - y)\,dx$ als einleuchtend zurechtlegt und von ihm ausgeht, als das, was man eigentlich meint (S. 103—104), die Differentialgleichung

$$dy = k(A - y)\,dx \quad \text{oder} \quad \frac{dy}{A - y} = kdx.$$

Integriert

$$\int \frac{dy}{A - y} = -\int \frac{d(A - y)}{A - y} = \int kdx, \quad \text{also} \quad -\ln(A - y) = kx + K$$

mit $A - y$ als Zwischenveränderlicher und K als willkürlicher Integrationskonstante. Soll für $x = 0$ auch $y = 0$ sein, so muß $K = -\ln A$ gewählt werden, und wir erhalten

$$\ln(A - y) = \ln A - kx, \quad y = A(1 - e^{-kx}),$$

d. h. gerade unser Gesetz für y.

Die allgemeinste Lösung $y = A - Ce^{-kx}$ der Differentialgleichung mit willkürlichem konstantem positivem $C = e^{-K}$ strebt für $x \to \infty$ ebenfalls gegen den Höchstwert A, beginnt aber für $x = 0$ nicht mit dem Werte $y_0 = 0$, sondern mit dem Werte $y_0 = A - C$. Sie kann daher auch $y = A - (A - y_0)e^{-kx}$ oder $y = y_0 + (A - y_0)(1 - e^{-kx})$ geschrieben werden. Zusammenfassend:
Durch die Differentialgleichung

$$y' = k(A - y) \quad \text{oder} \quad dy = k(A - y)\,dx \quad \textit{mit konstantem A und k}$$

ist die Funktion y dahin gekennzeichnet, daß sie sich bei wachsendem x exponentiell dem Grenzwerte A nähert. Beginnt sie für x = 0 mit dem Werte y_0, so gilt

$$y = A - (A - y_0)e^{-kx} \quad \text{oder} \quad \ln \frac{A - y_0}{A - y} = kx,$$

insbesondere für $y_0 = 0$

$$y = A(1 - e^{-kx}) \quad \text{oder} \quad \ln \frac{A}{A - y} = kx.$$

Der Faktor k im Exponenten von e ist gerade der Proportionalitätsfaktor aus der Differentialgleichung.

24. Beispiele: Einschalten eines elektrischen Stromes. Fall mit Luftwiderstand. Abkühlungsgesetz von Newton. Weber-Fechnersches Gesetz der Psychologie. Noch einmal Mitscherlichs Ertraggesetz. Beim *Einschalten eines elektrischen Stromes* wird die plötzlich angelegte konstante Spannung E zur Überwindung einmal

---

[1] Für $y = 0$ und kleines dx haben wir $\triangle y_0 \approx dy_0 = kAdx$ oder $y \approx kAx$, d. h. es bestätigt sich rechnerisch die aus Abb. 169 abgelesene Tatsache, daß zu Beginn y angenähert proportional zu x verläuft mit dem Proportionalitätsfaktor kA.

des Ohmschen Widerstandes, zum anderen der Selbstinduktion gebraucht. Beträgt die (veränderliche, wachsende) Stromstärke i, so muß also

$$E = iR + L\frac{di}{dt}$$

sein; iR ist der Bestandteil von E für den Ohmschen Widerstand R und $-L\frac{di}{dt}$ (L Selbstinduktionskoeffizient) die zur Geschwindigkeit $\frac{di}{dt}$ (t Zeit) der Stromstärkenzunahme proportionale Gegenspannung der Selbstinduktion (Minuszeichen, weil sie den Strom hemmt). Aus der umgeschriebenen Differentialgleichung

$$\frac{di}{dt} = \frac{R}{L}\left(\frac{E}{R} - i\right)$$

folgt: der Grenzwert der Stromstärke i ist gleich $\frac{E}{R}$ (denn $\frac{E}{R}$ entspricht in der Differentialgleichung dem A des allgemeinen Falles), wie nach dem Ohmschen Gesetze zu erwarten, und i steigt von $i = 0$ für $t = 0$ exponentiell nach dem Gesetze[1]

$$i = \frac{E}{R}\left(1 - e^{-\frac{R}{L}t}\right)$$

gegen $\frac{E}{R}$ an. Wenn $\frac{R}{L}$ einen großen Wert hat (z. B. infolge eines kleinen Selbstinduktionskoeffizienten L), erreicht i in sehr kurzer Zeit praktisch seinen Grenzwert $\frac{E}{R}$. Haben wir hingegen eine Spule mit vielen Windungen dicken Drahtes, also kleinem R, großem L und kleinem $\frac{R}{L}$, so steigt der Strom gegen die Selbstinduktion nur langsam an.

Ganz entsprechend besteht für den *Fall eines Körpers entgegen dem Luftwiderstande* unter gewissen Umständen die Differentialgleichung (t Zeit)

$$m\frac{dv}{dt} = mg - av.$$

Links haben wir die gesamte beschleunigende Kraft: Masse m mal Beschleunigung $\frac{dv}{dt}$, rechts die nach unten ziehende Schwerkraft mg und den entgegengesetzt zur Fallrichtung nach oben wirkenden Luftwiderstand $-av$; er ist, wie für Regentropfen, Staubteilchen u. dgl. erlaubt, proportional der Geschwindigkeit v angenommen. Gemäß

$$\frac{dv}{dt} = g - \frac{a}{m}v = \frac{a}{m}\left(\frac{mg}{a} - v\right)$$

strebt die Geschwindigkeit dem Grenzwerte $\frac{mg}{a}$ zu, und zwar nach dem Exponentialgesetze

$$v = \frac{mg}{a}\left(1 - e^{-\frac{a}{m}t}\right),$$

wenn der fallende Körper zur Zeit $t = 0$ mit der Geschwindigkeit $v = 0$ losgelassen wird.

Nach der *Newtonschen Abkühlungshypothese* ist bei konstant gehaltener Temperatur θ der Umgebung die Abkühlungsgeschwindigkeit $\frac{d\vartheta}{dt}$ (t Zeit) eines Körpers dem Überschusse $\vartheta - \theta$ seiner Temperatur ϑ über die Temperatur θ der Umgebung proportional. In Formel

$$\frac{d\vartheta}{dt} = -k(\vartheta - \theta) = k(\theta - \vartheta);$$

---

[1] Man führe hier wie in allen folgenden Beispielen die allgemein mit x und y gezeigte Integration der Differentialgleichung im einzelnen mit den Buchstaben des Sonderfalles durch und zeichne sich Schaubilder nach dem Muster der Abb. 169.

der Proportionalitätsfaktor $-k$ mit $k > 0$ an dem positiven $\vartheta - \theta$ ist negativ, weil ϑ abnimmt, also $\dfrac{d\vartheta}{dt}$ negativ ist. Hieraus folgt nach unserer allgemeinen Regel, wenn für $t = 0$ die Anfangstemperatur ϑ_0 beträgt,

$$\vartheta = \theta - (\theta - \vartheta_0)\, e^{-kt} \qquad \text{oder} \qquad \vartheta - \theta = (\vartheta_0 - \theta)\, e^{-kt}$$

oder

$$\frac{1}{t}\ln\frac{\vartheta_0 - \theta}{\vartheta - \theta} = k. \tag{*}$$

Der Temperaturüberschuß über die Umgebung klingt exponentiell ab; die Grenztemperatur (Tiefsttemperatur) ist naturgemäß die Temperatur θ der Umgebung. Das Ergebnis hat praktische Bedeutung für feine kalorimetrische Messungen; ein frisch eingetauchtes Thermometer nimmt nur allmählich die Kalorimetertemperatur an. Die Abkühlungskonstante k bestimmt man experimentell-rechnerisch[1] an Hand von (*).

Als *Ertragsgesetz* ist die Beziehung $y = A(1 - e^{-kx})$ oder allgemeiner $y = A - (A - y_0)\, e^{-kx}$ an zahlreichen Beispielen aus der Pflanzen- und Tierwelt mit mehr oder minder gutem Anschlusse an die Wirklichkeit geprüft worden. Z. B. hat man den Pflanzenertrag y an Frischsubstanz oder Trockensubstanz für höhere Pflanzen (Hafer, Erbsen, Senf u. dgl.) und niedere Pflanzen (Pilze, wie Aspergillus niger) untersucht in Abhängigkeit von folgenden Wachstumsfaktoren x: Kohlensäure, Zucker, Stickstoff, Phosphorsäure, Kalium, Natrium, Magnesium, Wassergehalt des Bodens, Bodentemperatur, Bodenvolumen, Belichtung, Aussaatmenge, den Sauerstoffverbrauch y vor Tieren in Abhängigkeit von Sauerstoffdruck x, das Lebendgewicht y von Schweinen als Funktion der verabfolgten verdaulichen Kalorien x usw. usw.[2].

In die physiologische Psychologie bzw. in die allgemeine Physiologie gehört das bekannte *Weber-Fechnersche Gesetz* über die Beziehung zwischen *Reiz* (*Reizintensität, Reizstärke*) R und *Empfindung* (*Empfindungsstärke, Erregung, Reizwirkung*) E. Formelmäßig lautet es nach Pütter[3]

$$E = H(1 - e^{-kR}).$$

Dabei bedeutet H den Grenzwert („Höchstwert") der Empfindung, die sog. *Empfindungshöhe* (*Höhenempfindung*) oder *Erregungshöhe*; zu ihr klimmt die Empfindung von $E = 0$ für fehlenden Reiz $R = 0$ an bei wachsender Reizstärke mehr und mehr empor.

Der eigentliche Inhalt des Gesetzes liegt in der Differentialaussage

$$dE = k(H - E)\, dR = kH e^{-kR}\, dR:$$

Durch den Zuwachs dR der Reizstärke erfährt die Empfindung einen Zuwachs $\triangle E$, der im Sinne des Differentials proportional ist zum Unterschiede der jeweiligen Empfindung von der Empfindungshöhe. Oder: Die „*Reizunterschiedsschwelle*" oder „*Unterschiedsschwelle*" dR, um die man den Reiz steigern muß, um einen eben merkbaren Unterschied $\triangle E$ in der Empfindung zu erzielen, nimmt wegen $dR \approx \dfrac{e^{kR}}{kH}\triangle E$ exponentiell mit der Reizstärke zu.

---

[1] Vgl. ROTH, W. A.: Physikalisch-chemische Übungen, 2. Aufl., S. 141—142. Leipzig: L. Voss 1916. Dort auch die analogen Exponentialgesetze für den Konzentrationsausgleich in Lösungen durch Diffusion und für die Auflösung von Gasen in Flüssigkeiten.

[2] Reichhaltigen Zahlenstoff und Zusammenstellungen des recht ausgedehnten Schrifttums geben MITSCHERLICH, E. A.: Über allgemeine Naturgesetze, Schriften Königsb. Gel. Gesellsch., Naturw. Klasse, 1. Jahr (1924), Heft 3, S. 119—158. Berlin: Deutsche Verl.-Ges. f. Politik u. Geschichte, und RIPPEL, A.: Wachstumsgesetze bei höheren und niederen Pflanzen, Naturwissenschaft und Landwirtschaft, Heft 3. Freising-München: F. P. Datterer 1925.

[3] PÜTTER, A.: Studien zur Theorie der Reizvorgänge, Pflügers Arch. f. d. ges. Physiol., Bd. 171, S. 201—261. 1918. Man vergleiche von PÜTTER außerdem vor allem noch: Sauerstoffverbrauch und Sauerstoffdruck, ebenda Bd. 168, S. 491—532. 1917; Studien über physiologische Ähnlichkeit, ebenda Bd. 180, S. 298—340. 1920; Ein Wachstumsgesetz, Die Naturwissenschaften, Bd. 8, S. 402—407. 1920 (dort finden sich die Zahlen über das Längenwachstum des isländischen Herings von S. 43).

Weber und Fechner selbst stellen sich vor, die Reizunterschiedsschwelle dR wachse proportional mit der Reizstärke R, es sei also $dR \approx \frac{1}{k} R \triangle E$ oder $\triangle E \approx dE = k \frac{dR}{R}$ mit konstantem k (Empfindungszuwachs $\triangle E$ angenähert proportional relativem Reizzuwachs $\frac{dR}{R}$, bzw. bei eben merkbarem $\triangle E$: relative Reizunterschiedsschwelle $\frac{dR}{R}$ konstant). Hieraus folgt die Fechnersche „Maßformel"

$$E = k \ln \frac{R}{R_0},$$

wenn wir noch voraussetzen, daß die Empfindung $E = 0$ ist für den „*Schwellenreiz*" oder die „*Reizschwelle*" R_0, daß also erst für Reize größer als der Schwellenreiz R_0 überhaupt etwas empfunden wird. Hier offenbart sich auch sogleich eine Schwäche des Weber-Fechnerschen Ansatzes: Für $R < R_0$ liefert die Formel $E = k \ln \frac{R}{R_0}$ negatives E, während nach den Beobachtungen durchweg $E = 0$ erwartet wird. Auch das unbegrenzte Anwachsen $E \rightarrow \infty$ der Empfindung bei unbegrenzt wachsender Reizstärke $R \rightarrow \infty$ paßt schlecht zur Erfahrung (in der Tat wird beim Weber-Fechnerschen Ansatze in der Regel einschränkend hinzugefügt, er beziehe sich nur auf „gewisse Breiten der Reizintensität"). All dies veranlaßt Pütter zu seiner Abänderung des Weber-Fechnerschen Gesetzes, die er durch eine Modellvorstellung von den physiologischen Vorgängen und durch Prüfen von Beobachtungsstoff weiter zu stützen sucht.

Über den ganzen Fragenkreis des Weber-Fechnerschen Gesetzes bestand schon immer und besteht auch heute noch ein ziemliches Hin und Her der Meinungen. Herzurühren scheint dies zum Teil daher, daß der Vorrat an zuverlässigen experimentellen Erfahrungen erheblich zurücksteht hinter der Menge physiologischer „Erklärungs"-Versuche und bloßer theoretischer Spekulationen. Von allen anerkannt sein dürfte nur, daß bei zunehmender Reizstärke die Kurve der Empfindung erst schnell, dann immer langsamer ansteigt, daß also eine Kurve vom Typus $y = \ln x$ oder $y = A(1 - e^{-kx})$ vorliegt[1].

Mitscherlich sieht seine Fassung des Ertragsgesetzes mit der verlokkenden Differentialgleichung als ein allgemeines, streng gültiges Naturgesetz an. Diese Ansicht dürfte kaum zutreffen; man vergleiche die ausführliche Kritik von A. Rippel[2] und von R. Meyer[3], oder man betrachte eine Ertragskurve mit absteigendem Ast wie in Abb. 170.

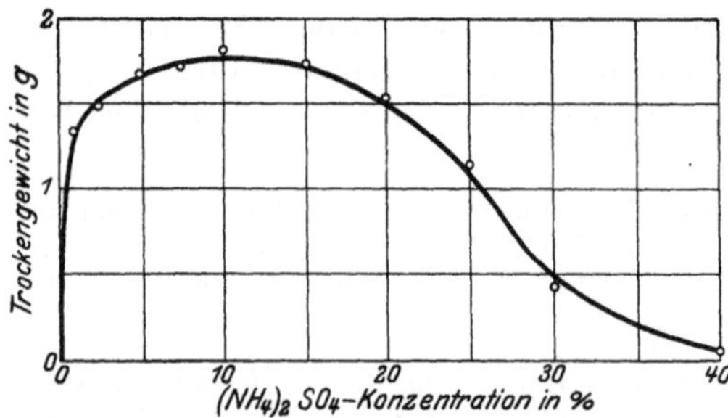

Abb. 170. Ertrag an Trockensubstanz bei Aspergillus niger in Abhängigkeit vom Ammonsulfat- (Stickstoff-) Gehalt der Nährlösung (nach R. Meyer). Nährlösung: Aqua dest. 2500, Zucker 500, KH_2PO_4 3,13, $MgSO_4$ 1,56, $FeSO_4$ 0,75, $ZnSO_4$ 0,01 g; Temperatur im Mittel 27° C, Wachstumsdauer 7 Tage.

Über all diese Dinge sind die Akten noch keineswegs geschlossen; als Arbeitshypothese hat das Mitscherlichsche Ertragsgesetz jedenfalls einen beträchtlichen Wert.

---

[1] Zum tieferen Eindringen greife man vor allem zu Pauli, R., und Wenzl, A.: Experimentelle und theoretische Untersuchungen zum Weber-Fechnerschen Gesetz, Arch. f. d. ges. Psychol., Bd. 51, S. 399—494. 1925 und den Vorgängern dieses Aufsatzes: Pauli, R.: Über psychische Gesetzmäßigkeit, insbesondere über das Webersche Gesetz. Jena 1920, und Dingler, H., und Pauli, R.: Untersuchungen zu dem Weber-Fechnerschen Gesetze und dem Relativitätssatz (dieser ist wesentlich Pütters Formel), Arch. f. d. ges. Psychol., Bd. 44, S. 325—370. 1923. Dort finden sich reichhaltige Literaturverzeichnisse, es werden die Ansätze anderer Forscher besprochen und das mathematische Werkzeug in leichtverständlicher Weise prüfend durchmustert.

[2] Rippel, A.: a. a. O., ferner z. B.: Die Regel der Konstantenverschiebung in der Ertragskurve und ihre Ursachen, Zeitschr. f. Pflanzenernährung u. Düngung, Teil A, Bd. 7, H. 1, S. 1—12. 1926; Zur experimentellen Widerlegung des Mitscherlich-Bauleschen Wirkungsgesetzes der Wachstumsfaktoren, ebenda Bd. 8, H. 2, S. 65—80. 1927.

[3] Meyer, R.: Die Abhängigkeit der Wachstumsgröße von der Quantität der Ernährungsfaktoren bei Pilzen, Zeitschr. f. Pflanzenernährung u. Düngung, Teil A, Bd. 8. H. 6, S. 121 bis 163, 1927. = Diss. Göttingen 1926.

Sehr angegriffen wird Mitscherlich vor allem in folgendem Punkte. Er behauptet, der Wirkungsfaktor k für einen Wachstumsfaktor x sei absolut konstant und ganz unabhängig davon, in welcher Weise andere Wachstumsfaktoren vorhanden sind. Es soll sich z. B. beim Haferertrag in Abhängigkeit vom Stickstoff x dasselbe k einstellen, ob nun viel oder wenig Wasser gegeben wird, ob die Pflanze stark oder schwach belichtet wird usw.[1]. Diese „*Konstanz der Wirkungsfaktoren*" hätte, wenn $k_1, k_2, \ldots, k_m$ die Wirkungsfaktoren für die verschiedenen Wachstumsfaktoren $x_1, x_2, \ldots, x_m$ sind, zur Folge das „Produktgesetz"

$$y = A\,(1 - e^{-k_1 x_1})\,(1 - e^{-k_2 x_2}) \cdots (1 - e^{-k_m x_m})\,.$$

Sie steht aber im Widerspruch zu gewissen experimentellen Befunden Rippels. Nach Rippel wird der Wirkungsfaktor (die Konstante im Exponenten) für einen

Wachstumsfaktor um so größer, je geringer der Höchstertrag ist („Regel von der Richtung der Konstantenverschiebung"). Z. B. nimmt bei Hafer der Wirkungsfaktor für Kaliumsulfat zu, wenn man durch Verringern der Stickstoffdüngung den Höchstertrag herunterdrückt. Zeichnet man die Ertragskurven alle für denselben Höchstertrag 100, so heißt das: Die Kurve des Haferertrages in Abhängigkeit von der Kaligabe krümmt sich bei geringerer Stickstoffdüngung stärker und drängt sich demgemäß mehr nach der linken oberen Ecke des Schaubildes (Abb. 171).

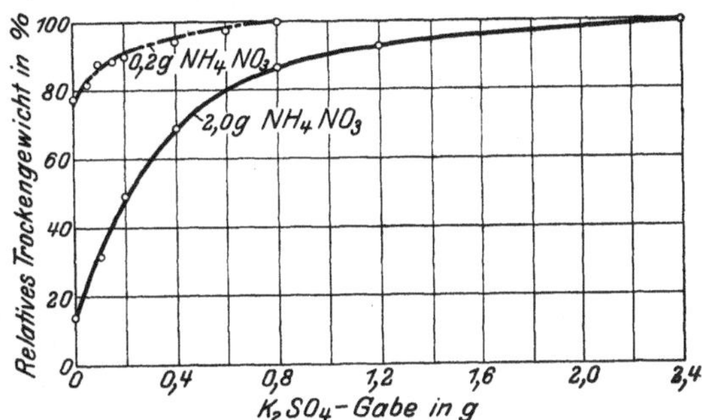

Abb. 171. Ertrag an Trockensubstanz bei Hafer in Abhängigkeit von der Kalidüngung bei zwei verschiedenen Stickstoff- (Ammoniumnitrat-) Gaben (nach A. Rippel). Relatives Trockengewicht = Trockengewicht : Höchstwert des Trockengewichts (62,7 g bei 2,0 g NH_4NO_3 und 10,9 g bei 0,2 g NH_4NO_3).

Nicht angebracht erscheint die von Mitscherlich vorgenommene Anwendung des Produktgesetzes auf chemische Mehrmolekülreaktionen (vgl. S. 196—202). Denn dabei wird das ordnende Grundprinzip der chemischen Kinetik, das Massenwirkungsgesetz, ganz außer acht gelassen. Mitscherlich stellt zwar durch seinen Ansatz die Kurven der chemischen Versuche befriedigend dar. Das allein aber kann nicht das Ziel sein. Denn solch eine Darstellung oder Interpolation vermag man durch eine Unzahl von Formeln zu erreichen; man muß in sie nur genügend viele verfügbare Konstanten hineinnehmen.

25. Zuckerinversion. Als klassisches Beispiel für eine Beziehung von der Form $y = A(1 - e^{-kx})$ sei schließlich noch die *Inversion des Rohrzuckers* angeführt. (Diese chemische Reaktion ist bekanntlich u. a. für die Physiologie bedeutsam.) *Rohrzucker*, in Wasser gelöst — die Lösung dreht die Polarisationsebene des Lichtes nach rechts — geht durch katalytische Wirkung anwesender Säure unter Aufnahme eines Wassermoleküls über in ein linksdrehendes Gemisch aus Traubenzucker (Dextrose) und Fruchtzucker (Lävulose), den *Invertzucker*, nach der Gleichung $C_{12}H_{22}O_{11} + H_2O = C_6H_{12}O_6 + C_6H_{12}O_6$. Vom veränderten optischen Verhalten des Reaktionserzeugnisses gegenüber dem Ausgangsstoffe rührt der Name Inversion her; es ermöglicht, die Reaktion sehr bequem polarimetrisch zu verfolgen. Es sei t die Zeit, x die bis zur Zeit t umgesetzte Menge Rohrzucker, ferner a die anfänglich, für $t = 0$, vorhandene Ausgangsmenge Rohrzucker. Die Ableitung $\dot{x} = \dfrac{d\,x}{d\,t}$ von x nach der Zeit t gibt die *Umsatzgeschwindigkeit* des Rohrzuckers oder die *Reaktions-*

---

[1] Bevor genügend viele und genügend zuverlässige Versuchsergebnisse vorlagen, die allein in diesen naturwissenschaftlichen Dingen die letzte Entscheidung zu liefern vermögen, hatten B. Baule und K. Reidemeister das Mitscherlichsche Ertragsgesetz (die Konstanz der Wirkungsfaktoren) durch mathematische Überlegungen zu stützen versucht; Literaturhinweise bei Rippel.

geschwindigkeit. Sie kann in einleuchtender Annahme proportional der zur Zeit t noch vorhandenen Menge $a - x$ an Rohrzucker gesetzt werden:

$$\dot{x} = \frac{dx}{dt} = k\,(a - x)$$

mit der (übrigens sehr temperaturempfindlichen) *Reaktionskonstanten* k; die Reaktion verläuft rasch im Anfange, wenn noch viel Rohrzucker zur Verfügung steht ($a - x$ groß ist), dann immer langsamer. Für $t = 0$ ist noch gar kein Rohrzucker umgewandelt, also $x = 0$. Daher ergibt die Integration

$$x = a\,(1 - e^{-kt}) \qquad \text{oder} \qquad \frac{1}{t}\,\ln\frac{a}{a - x} = k = \text{konst.}$$

Es wird nach und nach aller Rohrzucker erschöpft (die Reaktion ist „*vollständig*"), und zwar mit exponentieller Annäherung an die überhaupt in Frage kommende Menge a als Grenzwert. Der umgewandelten Menge Rohrzucker entspricht die gebildete Menge Invertzucker; daher steigt die Menge des Invertzuckers nach demselben Gesetze $x = a\,(1 - e^{-kt})$ an.

Hierbei setzen wir stillschweigend die Anfangsmenge Rohrzucker gleich dem Grenzwerte der Menge des Invertzuckers. Wir sehen also davon ab, daß dieser Grenzwert in Wahrheit, wenn wir auf die Gesamtmassen achten, etwas größer ist; denn zur Rohrzuckermasse tritt die Masse des bei der Inversion aufgenommenen Wassers hinzu. Oder wenn wir mit Konzentrationen (üblicherweise von *Mol* [Grammolekülen] je Volumeneinheit Wasser) rechnen, so vernachlässigen wir das Sinken der Wassermenge, von der ja bei der Inversion Moleküle zum Rohrzucker fortwandern.

Zur polarimetrischen Verfolgung der Inversion sei α_0 der (positiv gerechnete) ursprüngliche Drehwinkel der Polarisationsebene nach rechts zur Zeit $t = 0$ und $\bar{\alpha} = -\varepsilon$ der (negative) Drehwinkel nach links am Schlusse der Inversion, α der Drehwinkel zur Zeit t. Dann ordnet sich dem gesamten Umsatze a der Winkelunterschied $\alpha_0 - \bar{\alpha} = \alpha_0 + \varepsilon$, dem Umsatze x der Winkelunterschied $\alpha_0 - \alpha$ und der Größe $a - x$ der Winkelunterschied $\alpha - \bar{\alpha} = \alpha + \varepsilon$ zu. Wir haben daher nur den Ausdruck $\dfrac{1}{t}\,\ln\dfrac{\alpha_0 - \bar{\alpha}}{\alpha - \bar{\alpha}} = \dfrac{1}{t}\,\ln\dfrac{\alpha_0 + \varepsilon}{\alpha + \varepsilon}$ oder wegen der Proportionalität von natürlichen und Zehnerlogarithmen den Ausdruck $\dfrac{1}{t}\,\log\dfrac{\alpha_0 + \varepsilon}{\alpha + \varepsilon}$ auf seine Konstanz zu untersuchen, um unser Exponentialgesetz zu prüfen, vgl. die beistehende Tabelle für 20 prozentige Zuckerlösung bei Gegenwart von 0,5 normaler Milchsäure und 25^0 C (nach Nernst).

Zeit t in min	Drehung α der Polarisationsebene in ^{0}	$\alpha + \varepsilon$	$\log(\alpha + \varepsilon)$	$\log\dfrac{\alpha_0 + \varepsilon}{\alpha + \varepsilon}$	$10^4\,\dfrac{1}{t}\log\dfrac{\alpha_0 + \varepsilon}{\alpha + \varepsilon}$	$\alpha_0 - \alpha$
0	34,50	45,27	1,6558	0	—	0
1 435	31,10	41,87	1,6219	0,0339	0,236	3,40
4 315	25,00	35,77	1,5535	0,1023	0,237	9,50
7 070	20,16	30,93	1,4904	0,1654	0,234	14,34
11 360	13,98	24,75	1,3936	0,2622	0,231	21,52
14 170	10,61	21,38	1,3300	0,3258	0,230	23,89
16 935	7,57	18,34	1,2634	0,3924	0,232	26,93
19 815	5,08	15,85	1,2000	0,4558	0,230	29,42
29 925	— 1,65	9,12	0,9600	0,6958	0,233	36,15
∞	—10,77	0	$-\infty$	$+\infty$	—	45,27

Der Winkelunterschied $\alpha_0 - \alpha$ gegen die Anfangslage vertritt die umgesetzte Rohrzuckermenge (oder gebildete Invertzuckermenge) und ergibt in Abhängigkeit von t auf Millimeterpapier eine Kurve wie in Abb. 169; der Winkelunterschied $\alpha + \varepsilon$ gegen die Endlage entspricht dem Unterschiede $a - x$ zwischen dem Höchstwerte a und x und streckt sich auf Exponentialpapier zu wagerecht aufgetragenem t in eine Gerade wie in Abb. 52, S. 44 aus. Man zeichne sich diese Bilder.

26. Chemische Reaktionen. Massenwirkungsgesetz. Die Zuckerinversion bildet nur ein Einzelbeispiel zur *chemischen Kinetik*, der umfangreichen Lehre vom zeitlichen Verlaufe chemischer Reaktionen[1]. Diese wird beherrscht durch das *Massenwirkungsgesetz von Guldberg und Waage*. Reichlich allgemein gesprochen besagt es, daß für die chemische Einwirkung der Stoffe aufeinander, genauer für die *Reaktionsgeschwindigkeit*, die *wirksamen Massen* oder *Konzentrationen* bzw. deren Produkte maßgebend sind.

Vor der mathematischen Formulierung ein paar allgemeine Bemerkungen! Man unterscheidet *einsinnige und doppelsinnige Reaktionen*. *Einsinnig*, auch *vollständig* oder *nicht umkehrbar*, heißt eine Reaktion, wenn sie nur in einer einzigen Richtung, von den Ausgangsstoffen zu den Erzeugnissen, verläuft und so lange andauert, bis sich „*chemisches Gleichgewicht*" durch völligen Verbrauch mindestens eines Ausgangsstoffes hergestellt hat. Einsinnigkeit einer Reaktion wird in der chemischen Reaktionsgleichung sinnbildlich schärfer als durch ein Gleichheitszeichen durch einen einfachen Pfeil angedeutet, etwa bei 2 Ausgangsstoffen A und B und 2 Erzeugnissen C und D durch $A + B \rightarrow C + D$. Ein Beispiel gibt der Neutralisationsvorgang einer starken Säure mit einer Base: Säure + Base $\rightarrow$ Salz + Wasser oder die Knallgasexplosion: Wasserstoff + Sauerstoff $\rightarrow$ Wasser. Bei einer *doppelsinnigen, unvollständigen* oder *umkehrbaren* Reaktion hingegen bilden sich aus den Erzeugnissen umgekehrt wieder die Ausgangsstoffe (*Gegenreaktion*); schließlich tritt ein Gleichgewichtszustand ein, bei dem alle überhaupt in Betracht kommenden Stoffe vorhanden sind. Zur Veranschaulichung bedient man sich des Doppelpfeils, schreibt also etwa $A + B \rightleftarrows C + D$, z. B. bei der Esterbildung: Alkohol + Essigsäure $\rightleftarrows$ Äthylazetat + Wasser. (Beginnen wir mit 1 Mol (46 g) Alkohol C_2H_5OH und 1 Mol (60 g) Essigsäure CH_3COOH oder mit 1 Mol (88 g) des Esters Äthylazetat $C_2H_5CH_3COO$ und 1 Mol (18 g) Wasser H_2O, so enthält das Endgemisch $^1/_3$ Mol Alkohol, $^1/_3$ Mol Essigsäure, $^2/_3$ Mol Äthylazetat und $^2/_3$ Mol Wasser.) — Eine einsinnige Reaktion kann und muß natürlich als Grenzfall einer doppelsinnigen Reaktion betrachtet werden, bei der die Reaktion in dem einen Sinne viel kräftiger verläuft und die Gegenreaktion sich der Wahrnehmung entzieht. — Durch $A + B \rightarrow C + D$ (oder $A + B \rightleftarrows C + D$) soll nebenbei noch ausgedrückt werden, daß von den Stoffen A, B, C und D je 1 Molekül an der Reaktion beteiligt ist. Verbinden sich hingegen z. B. von A immer 2 Moleküle mit 1 Molekül von B, so wollen wir schreiben: $2A + B \rightarrow C + D$ oder $A + A + B \rightarrow C + D$. Denken wir uns hierin die beiden A für den Augenblick irgendwie unterschieden, so haben wir wieder den Fall von Stoffen, die mit je 1 Molekül an der Reaktion teilnehmen; wir brauchen also im wesentlichen nur diesen Fall zu untersuchen.

Ist bei einer Reaktion von einem Stoffe bis zur Zeit t die Menge x umgesetzt, so liefert die Ableitung $\dot{x} = \dfrac{dx}{dt} = v$ seine *Umsatzgeschwindigkeit*. x nehmen wir passend nicht als Menge schlechthin, sondern als Menge in bezug auf eine gewisse Volumeneinheit, z. B. des Lösungsmittels, des Raumes, in dem reagierende Gase untergebracht sind u. dgl. Man redet dann auch von *wirksamer Masse* oder von *Konzentration*. Außerdem rechnen wir bei x zweckmäßig mit 1 *Mol* (Grammolekül, dem Molekulargewicht in Gramm) als Einheit — dadurch wird nämlich x proportional der umgesetzten Molekülzahl, und es lassen sich die Vorstellungen der Molekulartheorie heranziehen. Z. B. ist dann beim Zusammentreten $A + B$ zweier Stoffe A und B die Umsatzgeschwindigkeit von A gleich der von B, weil von A und B immer zugleich je 1 Molekül fortgeht.

Als *Reaktionsgeschwindigkeit* einer einsinnigen Reaktion $A + B \rightarrow C + D$ erklärt man die Umsatzgeschwindigkeit von A oder von B. Bei einer doppelsinnigen Reaktion $A + B \rightleftarrows C + D$ haben wir zu unterscheiden: erstens die Reaktionsgeschwindigkeit $\overrightarrow{v}$ von *links nach rechts*, mit welcher die durch Zusammentreten von A und B umgesetzte Menge von A bzw. von B anwächst, zweitens die Reaktionsgeschwindigkeit $\overleftarrow{v}$ von *rechts nach links*; sie mißt das Anwachsen der durch Zusammentreten von C und D umgesetzten Menge von C bzw. von D. Offenbar ist $\overleftarrow{v}$ auch die Geschwindigkeit, mit der die aus C und D gebildete Menge von A oder von B zunimmt (*Bildungsgeschwindigkeit*), entsprechend steht es mit $\overrightarrow{v}$ für die aus A und B erzeugte Menge von C oder von D. Die Gesamtänderungsgeschwindigkeit $V = \overrightarrow{v} - \overleftarrow{v}$, mit der sich die Menge von A oder von B infolge des Umsatzes zu C und D und infolge der Neubildung aus C und D insgesamt ändert, heißt *Reaktionsgeschwindigkeit* der doppelsinnigen Reaktion schlechthin.

---

[1] Die chemische Kinetik lernt man am bequemsten aus NERNST, W.: Theoretische Chemie. Stuttgart: F. Enke. Dem Biologen am leichtesten erreichbar ist vielleicht die Zusammenstellung: EICHWALD, E.: Die chemische Kinetik, Abderhaldens Handbuch d. biol. Arbeitsmethoden, Abt. III A, Heft 1.

Für eine einsinnige Reaktion, etwa $A + B \rightarrow C + D$, spricht sich jetzt das Massenwirkungsgesetz so aus: *Die Reaktionsgeschwindigkeit* $v = \dfrac{dx}{dt}$ (x bis zur Zeit t umgesetzte Menge von A oder von B je Volumeneinheit) *ist proportional dem Produkte der Konzentrationen* $[A]$ *und* $[B]$ *von* A *und* B; mit einer „*Geschwindigkeitskonstanten*" oder „*Reaktionskonstanten*" k gilt also

$$v = k\,[A]\,[B]\,,$$

wobei $[A]$ und $[B]$ sich natürlich mit der Zeit t ändern. Dabei sind gleichbleibende äußere Umstände, insbesondere gleichbleibende Temperatur, vorausgesetzt; es darf nicht etwa durch die Reaktion selbst entwickelte oder verzehrte Wärme den isothermen Verlauf stören.

Man kann sich das Gesetz folgendermaßen zurechtlegen. Die Reaktion wird jedenfalls um so rascher vor sich gehen, je mehr „erfolgreiche" Zusammenstöße zwischen Molekülen von A und von B vorkommen. Jedes Molekül von A kann an sich mit jedem Molekül von B zusammentreffen. Das gibt für ein Molekül von A so viel Zusammenstoßmöglichkeiten, als Moleküle von B da sind, und für alle Moleküle von A Zusammenstoßmöglichkeiten, deren Anzahl gleich dem Produkte aus der Zahl aller Moleküle von A mit der Zahl aller Moleküle von B ist. Die Anzahl der „erfolgreichen", zur Umlagerung der Atome führenden Zusammenstöße denken wir uns proportional dieser Anzahl der Zusammenstoßmöglichkeiten, d. h. proportional dem Produkte der Molekülzahlen oder der Konzentrationen von A und B, und damit sind wir beim Massenwirkungsgesetz. (Der Quotient aus der Anzahl der „erfolgreichen" Zusammenstöße durch die Anzahl aller Zusammenstoßmöglichkeiten liefert die „*relative Häufigkeit*" oder „*Wahrscheinlichkeit*" eines erfolgreichen Zusammenstoßes.)

Für eine doppelsinnige Reaktion $A + B \rightleftarrows C + D$ nimmt das Massenwirkungsgesetz *die Reaktionsgeschwindigkeit* $\overrightarrow{v}$ *von links nach rechts proportional dem Produkte der Konzentrationen* $[A]$ *und* $[B]$ *von* A *und* B *und die Reaktionsgeschwindigkeit* $\overleftarrow{v}$ *von rechts nach links proportional dem Produkte der Konzentrationen* $[C]$ *und* $[D]$ *von* C *und* D, setzt also für die *Gesamtreaktionsgeschwindigkeit* (die Gesamtänderungsgeschwindigkeit $\dot{x} = \dfrac{dx}{dt}$ von A oder B)

$$V = \overrightarrow{v} - \overleftarrow{v} = k\,[A]\,[B] - \bar{k}\,[C]\,[D]$$

mit konstantem k und $\bar{k}$.

Bei einer doppelsinnigen Reaktion nach der Gleichung

$$mA + nB + \cdots \rightleftarrows + pC + qD + \cdots$$

haben wir entsprechend für die Reaktionsgeschwindigkeit

$$V = \overrightarrow{v} - \overleftarrow{v} = k\,[A]^m\,[B]^n \cdots - \bar{k}\,[C]^p\,[D]^q \cdots .$$

Insbesondere ergibt sich für $V = 0$, d. h. für Gleichgewicht, das Grundgesetz der *chemischen Statik*:

$$\frac{[A]^m\,[B]^n \cdots}{[C]^p\,[D]^q \cdots} = \frac{\bar{k}}{k} = \text{konst.}$$

27. Zweimolekülreaktion. Bedeuten a und b die Ausgangskonzentrationen von A und B zur Zeit $t = 0$ für eine einsinnige „*Zweimolekülreaktion*" oder „*bimolekulare*" Reaktion $A + B \rightarrow C + D$, so können wir die Differentialgleichung des Massenwirkungsgesetzes schreiben

$$\dot{x} = \frac{dx}{dt} = k\,(a - x)\,(b - x)\,.$$

Man prüfe durch Differenzieren nach, daß für *ungleiche Ausgangskonzentrationen* $a \neq b$

$$x = ab\,\frac{e^{akt} - e^{bkt}}{a\,e^{akt} - b\,e^{bkt}} \qquad \text{oder} \qquad k = \frac{1}{t} \cdot \frac{1}{a - b}\ln\frac{b\,(a - x)}{a\,(b - x)} \tag{*}$$

wird. Für *gleiche Ausgangskonzentrationen* $a = b$ lautet die Differentialgleichung

$$\frac{dx}{dt} = k(a - x)^2$$

mit der Lösung

$$x = a^2 \frac{kt}{1 + akt} \quad \text{oder} \quad k = \frac{1}{t} \frac{x}{a(a-x)} . \tag{**}$$

Hergeleitet werden die Beziehungen (*) und (**) aus den Differentialgleichungen wie folgt. Bei $a \neq b$ wende man nach Trennung der Veränderlichen (S. 96 und S. 162) auf $\dfrac{1}{(a-x)(b-x)}$ die „*Partialbruchzerlegung*"

$$\frac{1}{(a-x)(b-x)} = \frac{1}{a-b}\left(\frac{1}{b-x} - \frac{1}{a-x}\right)$$

an. Denn dadurch werden in

$$\frac{1}{a-b}\left(\int \frac{dx}{b-x} - \int \frac{dx}{a-x}\right) = k\int dt$$

alle Integrale durch geläufige Funktionen darstellbar. Links ist z. B.

$$\int \frac{dx}{b-x} = -\int \frac{d(b-x)}{b-x} = -\ln(b-x) + K$$

mit der Hilfsveränderlichen $b - x$ und konstantem K. So finden wir

$$\frac{1}{a-b} \ln \frac{a-x}{b-x} = kt + C ,$$

hieraus für $t = 0$ und $x = 0$ als Wert der Integrationskonstanten C

$$\frac{1}{a-b} \ln \frac{a}{b} = C$$

und damit (*).

Bei $a = b$ wählen wir in

$$\frac{dx}{(a-x)^2} = k\, dt$$

für die Integration links als Hilfsveränderliche $a - x$. Das gibt

$$\int \frac{dx}{(a-x)^2} = -\int \frac{d(a-x)}{(a-x)^2} = \frac{1}{a-x} + K$$

und

$$\frac{1}{a-x} = kt + C .$$

Für $t = 0$ muß $x = 0$ und deshalb $\dfrac{1}{a} = C$ sein, also insgesamt

$$\frac{1}{a-x} - \frac{1}{a} = \frac{x}{a(a-x)} = kt .$$

Man verschaffe sich (**) auch aus (*), indem man den natürlichen Wert (S. 106) des in (*) für $a = b$ rechts erscheinenden „unbestimmten Ausdrucks" $\dfrac{0}{0}$ bestimmt. Wir setzen etwa $b = a + z$, differenzieren im Zähler und Nenner nach z und nehmen dann $z = 0$.

Um die Zweimolekülreaktion experimentell zu verfolgen, trägt der Chemiker in die in (*) und (**) an zweiter Stelle stehenden Ausdrücke beobachtete Werte von t und x ein und prüft die Konstanz von k nach.

Wie sieht die Kurve für x in Abhängigkeit von t aus? Betrachten wir zunächst (*). Es sei b die größere der beiden Anfangskonzentrationen. Für $t = 0$ ergibt sich wirklich $x = 0$; für zunehmendes $t \to \infty$ strebt $x \to a$, und zwar wegen

$$\dot{x} = \frac{kab(a-b)^2 e^{(a+b)kt}}{(ae^{akt} - be^{bkt})^2}$$

beständig wachsend. D. h. wir haben für positives t eine Kurve von ganz ähnlichem Aussehen wie in Abb. 169, S. 189, nach unten hohl und ohne Wendepunkt. Ebenso ist es bei (**) mit $x = 0$ für $t = 0$, mit $x \rightarrow a$ für $t \rightarrow \infty$ und mit

$$\dot{x} = \frac{a^2 k}{(1 + a k t)^2} > 0 \, .$$

Das Bild der Zweimolekülreaktion Abb. 172 bzw. Abb. 173 gewährt demnach äußerlich denselben Anblick wie das Bild der gewöhnlichen exponentiellen Annäherung an einen Grenzwert Abb. 169. Es ist lohnend, sich den Kurvenverlauf auch für negative t zu überlegen. Dabei tritt bei $b > a$ für $t = -\dfrac{1}{k(b-a)} \ln \dfrac{b}{a}$ und bei $b = a$ für $t = -\dfrac{1}{ak}$ eine Asymptote auf, an der die Kurve rechts hinab enteilt,

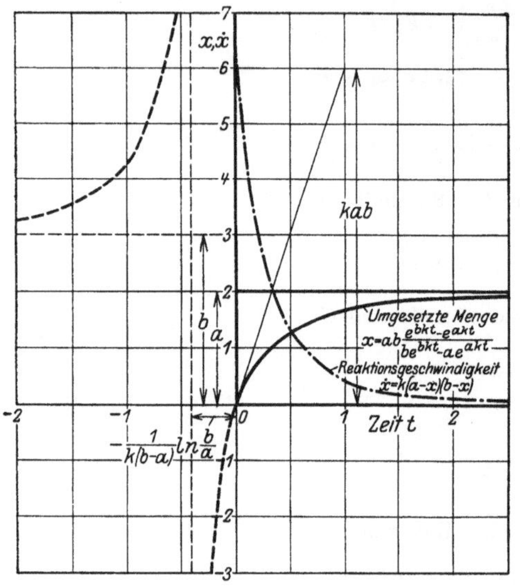

Abb. 172. Zweimolekülreaktion bei verschiedenen Anfangskonzentrationen, $b > a$.

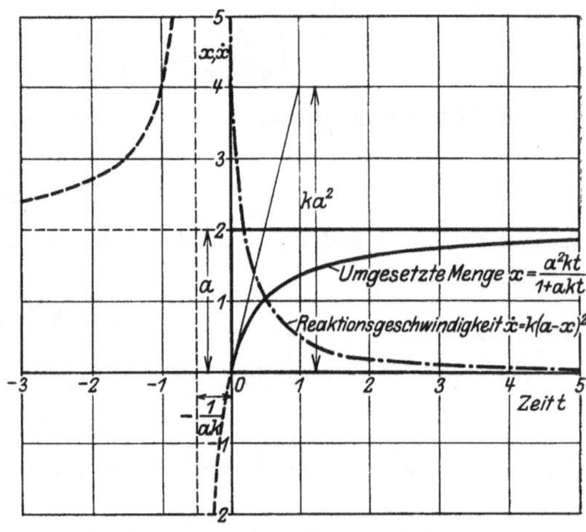

Abb. 173. Zweimolekülreaktion bei gleichen Anfangskonzentrationen, $b = a$.

um links wieder von oben hereinzukommen und für $t \rightarrow -\infty$ von oben her gegen b abzufallen (Abb. 172 und 173).

Denken wir uns b größer und größer, doch so, daß kb endlich bleibt (wozu notwendig $k \rightarrow 0$) und für $b \rightarrow \infty$ einem Grenzwert k^* zustrebt, dann rückt die Asymptote mehr und mehr nach links, und die Formel für x geht über in

$$x = \lim_{\substack{b \rightarrow \infty \\ k \rightarrow 0}} ab \frac{e^{akt} - e^{bkt}}{a e^{akt} - b e^{bkt}} = a \lim_{\substack{b \rightarrow \infty \\ k \rightarrow 0}} \frac{e^{akt} - e^{bkt}}{\dfrac{a}{b} e^{akt} - e^{bkt}} = a \frac{1 - e^{k^*t}}{-e^{k^*t}} = a(1 - e^{-k^*t}) \, ,$$

d. h. in das Gesetz der „*Einmolekülreaktion*" oder „*unimolekularen*" („*monomolekularen*") Reaktion, wie wir sie bei der Zuckerinversion kennengelernt haben. In der Tat lautet dann die Differentialgleichung

$$\dot{x} = \lim_{\substack{b \rightarrow \infty \\ k \rightarrow 0}} k(a - x)(b - x) = k^*(a - x) \, ;$$

die Konzentration des Stoffes B (auf S. 195—196 des Wassers) überwiegt so sehr, daß scheinbar nur der Stoff A eine Reaktion durchmacht.

Man übe sich selbst an der einsinnigen *Dreimolekülreaktion* oder *trimolekularen* Reaktion $\dot{x} = \dfrac{dx}{dt} = k(a - x)(b - x)(c - x)$ oder lese im theoretisch-chemischen Schrifttum über die doppelsinnige Zweimolekülreaktion $\dot{x} = k(a - x)(b - x) - \bar{k}(\bar{a} + x)(\bar{b} + x)$, über die Bestimmung der Anzahl der an der Reaktion beteiligten Moleküle aus dem Verhalten der Reaktionskonstanten bei Verdünnung u. dgl. nach.

Wenn die reagierenden Stoffe selbst beschleunigend oder verzögernd auf die Reaktion wirken, spricht man von *Autokatalyse*. Man sucht ihr Rechnung zu tragen, indem man den Reaktionsfaktor k statt konstant passend veränderlich nimmt. Z. B. bei einer Einmolekülreaktion mit Autokatalyse des Reaktionserzeugnisses setzt man an $k = k_1 + k_2 x$ mit konstantem k_1 und k_2: es soll k linear mit der entstehenden, gerade die Katalyse verursachenden Menge oder, was beinahe dasselbe ist, mit der umgesetzten Menge x ansteigen. Die Reaktionsgeschwindigkeit

$$\dot{x} = (k_1 + k_2 x)(a - x)$$

hat dann ein Maximum für

$$\ddot{x} = \big[k_2(a - x) - (k_1 + k_2 x)\big]\,\dot{x} = 0\,,$$

d. h. für

$$x = \frac{a k_2 - k_1}{2 k_2} = \frac{a - \dfrac{k_1}{k_2}}{2} \text{ oder für } x \approx \frac{a}{2}\,,$$

wenn k_2 viel größer als k_1 ist (vgl. II B 14, S. 85—86). Die S-förmige Kurve für x selbst weist in dieser halben Höhe des Höchstwertes a einen Wendepunkt auf; die Maximalgeschwindigkeit beträgt $\dot{x}_{\max} = \dfrac{(k_1 + a k_2)^2}{4 k_2} \approx \dfrac{a^2 k_2}{4}$.

28. Wachstumsgesetz von Robertson.

Dem Biologen begegnet eine Differentialgleichung von ähnlichem Bau wie die der Zweimolekülreaktion oder der Einmolekülreaktion mit Autokatalyse beim *Wachstumsgesetz von Robertson*. Für die Wachstumsgeschwindigkeit $\dot{x} = \dfrac{dx}{dt}$ einer wachsenden biologischen Größe ist die Hypothese verlockend, sie sei zu Beginn des Wachstums, für $x = 0$, selbst 0 und ebenso, wenn x bei seinem Höchstwerte a angelangt ist, es sei also

$$\dot{x} = \frac{dx}{dt} = k x (a - x)\,.$$

Integration mittels der Partialbruchzerlegung $\dfrac{1}{x(a - x)} = \dfrac{1}{a}\left(\dfrac{1}{x} + \dfrac{1}{a - x}\right)$ liefert

$$\frac{1}{a}\ln\frac{x}{a - x} = kt + C\,.$$

Bei der Festlegung der Integrationskonstanten C zeigt sich eine eigentümliche Schwierigkeit. Wir nähern uns $x = 0$ erst, wenn wir mit $t \to -\infty$ gehen, ähnlich wie $x = a$ erst für $t \to +\infty$ angestrebt wird. Für die endlichen Zeitintervalle der Praxis kann also das Robertsonsche Gesetz höchstens eine Annäherung geben.

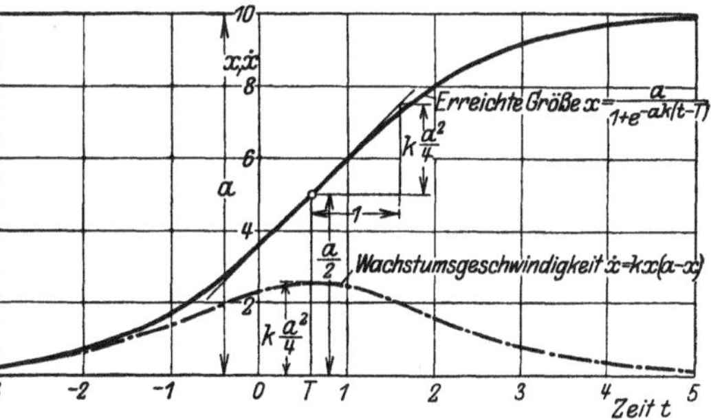

Abb. 174. Robertsonsches Wachstumsgesetz.

Und um C fortzubringen, läßt sich $x = 0$ nicht heranziehen. Statt dessen führen wir als Ausgangspunkt der Zeitzählung die Zeit T ein, zu welcher der halbe Höchstwert $\dfrac{a}{2}$ erreicht ist. Dann findet sich $C = -kT$ und

$$\frac{1}{a}\ln\frac{x}{a - x} = k(t - T)\,, \quad \text{also} \quad x = a\,\frac{e^{ak(t - T)}}{e^{ak(t - T)} + 1} = \frac{a}{1 + e^{-ak(t - T)}}\,.$$

Den positiven Zeitunterschieden $t - T$ von T entsprechen Werte $x > \dfrac{a}{2}$ und den negativen Werte $x < \dfrac{a}{2}$. Wegen $\ddot{x} = k(a - 2x)\,\dot{x}$ liegt für $x = \dfrac{a}{2}$, $t = T$ ein Wendepunkt der S-förmigen tx-Kurve[1] und ein Maximum $k\dfrac{a^2}{4}$ der Geschwindigkeit vor (Abb. 174, vgl. S. 85—86 und Abb. 5, S. 8). Zur Prüfung des Gesetzes sieht man nach, ob der Quotient $\dfrac{1}{a\,(t - T)}\ln\dfrac{x}{a - x}$ für verschiedene beobachtete t und x wirklich konstant ausfällt, nachdem $\dfrac{a}{2}$ und damit T durch Schätzung bestimmt sind[2].

In Abb. 174 ist außer x selbst auch die Geschwindigkeit $\dot{x}$ zur Zeit t eingezeichnet. Diese abgeleitete Kurve für $\dot{x}$ kommt offenbar näherungsweise zustande, wenn man die Zunahme $\triangle x$ von x für eine konstante, als Zeiteinheit gewählte Zeitzunahme $\triangle t$ als Ordinate zur Ausgangszeit t, von der wir um $\triangle t$ fortschreiten, aufträgt. Die Botaniker sprechen von der „*Kurve der großen Periode des Pflanzenwachstums*"[3].

Schlußbemerkung.

Der Leser wird vielleicht — oder besser hoffentlich — den Wunsch empfinden, nach dem Studium unserer in vielen Punkten naturgemäß nur bruchstückhaften „Einführung" oder ähnlich eingestellter Werke, deren es in der deutschen und ausländischen Literatur eine ganze Anzahl gibt, noch ein tiefer angelegtes und weiterführendes mathematisches Buch kennenzulernen, das doch auch dem Standpunkte und der Denkweise des Naturwissenschaftlers Rechnung trägt. Er sei da nachdrücklich auf die „Vorlesungen über Differential- und Integralrechnung" von R. Courant, Berlin: Julius Springer 1927, hingewiesen.

---

[1] Wie sehen die Kurven für x und für $a - x$ auf Exponentialpapier aus? (Bei absolut großem negativem $t - T$ ergibt x, bei großem positivem $t - T$ hingegen $a - x$ näherungsweise eine gerade Linie.)

[2] Als Beispiel bearbeite man das Längenwachstum des isländischen Herings, das auf S. 43—44 unter der Annahme exponentieller Annäherung an einen Grenzwert behandelt ist, auch mit dem Robertsonschen Wachstumsgesetze. — Auf Exponentialpapier prüft man das Robertsonsche Gesetz nach, indem man beobachtete Wertepaare $t - T$, x und $t - T$, $a - x$ einträgt: sie müssen bei absolut großem negativem bzw. positivem $t - T$ näherungsweise auf einer Geraden liegen. — Man schließe auch die Differentialgleichung des Robertsonschen Gesetzes an die der Autokatalyse unmittelbar an dadurch, daß man $-\dfrac{k_1}{k_2} + x$ statt x einführt.

[3] Genaueres über Theorie und Praxis des Robertsonschen Gesetzes bei Rippel, A.: Wachstumsgesetze bei höheren und niederen Pflanzen, Naturwissenschaft und Landwirtschaft, Heft 3. Freising-München: F. P. Datterer 1925.

Namen- und Sachverzeichnis.

Abbildung vermittelt durch Funktion 23.

Abfallen s. Ansteigen.

abgekürztes Rechnen 27.
s. a. Fehlerrechnung.

abgeleitete Funktion (Kurve, Gerade) s. Ableitung, zweite Ableitung, Fläche der abgeleiteten Kurve.

abhängige Veränderliche 3.

Abhängigkeit s. Funktion.

Abhängigkeitsgesetz 11.
s. a. Funktion.

Abklingen (exponentielles) 178, 180, 184—187, 188.

Abkühlung 192—193.

Abkürzung s. Zeichen.

ableiten 70.

Ableitung und abgeleitete Kurve
allgemeine anschauliche Definition 69—70.
als Differentialquotient 93.
als Geschwindigkeit 70.
der Exponentialfunktion 172.
der Hyperbelfunktionen 182.
der Potenz 140, 146—147, 150, 160—161, 165.
der Quadratwurzel 94, 140.
der Umkehrfunktion 93, 149.
der zyklometrischen Funktionen 94, 149.
des Arkussinus usw. 94, 149.
des Kehrwertes 146.
des Kubus 140—141.
des natürlichen Logarithmus 166, 171.
des Quadrates (der Parabel) 72, 78, 105, 140.
des Sinus 72—73, 105.
des Tangens 148.
des Zehnerlogarithmus 177.
einer Konstanten 68.
einer linearen Funktion (geraden Linie) 29—30, 68—69, 73, 74.
einer Summe 74, 138.
einer zusammengesetzten Funktion 150—152.
eines beliebigen Logarithmus 177—178.

Ableitung und abgeleitete Kurve
eines Produkts 139—140, 172.
eines Quotienten 145, 172.
Existenz 76—77, 105, 108.
höhere 86, 109.
Index als Zeichen 79.
konstanter Faktor 75.
logarithmische 172.
negativ 79.
Nichtdifferenzierbarkeit 76—77.
n-te als Grenzwert 110.
positiv 79.
proportional dem Unterschiede gegen den Höchstwert 190.
proportional der Funktion 187.
rechnerische Erklärung 104 bis 105, 110.
umgekehrt proportional der Funktion 95.
und Differentialquotient 91.
von $\sin^2 x$ 152.
Zeichen D 70, 78—79, 108 bis 109.
Zeichen ′ 69, 78—79.
Zeichen · 70.
s. a. Fläche der abgeleiteten Kurve, partielle Ableitungen, zweite Ableitung.

Abschnitt(e)
einer Geraden 29, 31.
einer Potenzreihe 114.

Abschnittsform der Gleichung einer Geraden 31.

absoluter Betrag 12.

absolutes Maximum und Minimum 82.

absolute Temperatur 31.
s. a. ideales Gas.

Absorption(skoeffizient) 104, 187.

Absterbeordnung 7—8.

Abstoßungskraft s. Gravitation.

Abszisse(nachse) 5.

Abweichung 84.

Achsen s. Koordinatenachsen.

Addiermaschine 26.

Additionstheorem
der Hyperbelfunktionen 182.
der trigonometrischen Funktionen 52, 113.
des Logarithmus 169.

adiabatische Höhenformel 176.

adiabatische Zustandsänderung 38, 161, 176—177.
auf Logarithmenpapier 41.
Definition 161.
Differentialgleichung 176.

AgJ-Bildung 38, 95—96, 137.

d'Alembert 1.

algebraische Gleichung s. Gleichung.

Amplitude
einer Schwingung 156.
= Polarwinkel 18.

Analysator, harmonischer 115.

Analyse, harmonische 114 bis 115.

analytische Mechanik 112.

analytischer Ausdruck 11.

Anamorphose 62.

Änderungsgeschwindigkeit s. Geschwindigkeit, Gradient.

Änderungstendenz 70, 79, 116.

Anfangsbedingung 72.

Anfangspunkt 5.

angenähert gleich, Zeichen 11.

Anlaufen von Metallen 38, 95 bis 96, 137.

Annäherung an einen Grenzwert, exponentielle 189 bis 196.

Anschmiegungsgerade s. Ausgleichungsgerade, Schmiegungspolynom.

Ansteigen
des elektrischen Stromes 43, 191—192.
einer beliebigen Kurve 67 bis 70.
einer Geraden 28—29, 68 bis 69.
einer Schnittkurve 78—79.
maximales (minimales) einer Kurve 85—86, 201—202.
Vorzeichen der Ableitung 79.

Anwachsen eines Kapitals 40 bis 41, 184—185.

Anwachsen, exponentielles 178, 184—187.
Anziehungskraft s. Gravitation.
äquidistant 46.
Äquipotentialflächen 61, 147.
Arbeit
  bei adiabatischer Ausdehnung 161, 172, 176—177.
  bei isothermer Ausdehnung 125, 171.
  beim Spannen einer Feder 124.
  der Schwerkraft 122.
  einer Kraft 37, 122—124.
  eines elektrischen Stromes 163—165.
  gegen die Selbstinduktion 164.
  geleistet 127.
  im Gravitations- oder elektrischen Felde 124, 147.
  mechanische 122—124.
  verzehrt 127.
Arbeitsdifferential
  beim idealen Gas 116, 124 bis 125, 146, 160.
  mechanisch 124.
Archimedes 122, 143.
Archimedisches Prinzip 145.
Areafunktionen 182.
Argument
  = Polarwinkel 18.
  stetig od. unstetig veränderliches 11.
  = unabhängige Veränderliche 3.
Argumentdifferenz 32.
arithmetisches Mittel
  und geometrisches Mittel 102.
  und Mittellinie im Trapez 65.
  von Beobachtungen 84.
arithmetische Progression 187.
Arkus
  = Bogen 21.
  = Polarwinkel 18.
Arkusfunktionen, Arkussinus usw. s. zyklometrische Funktionen.
Aspergillus niger 193, 194.
a-strebig 106.
Asymptote 35, 178, 200.
asymptotisch 189.
Atmosphäre 59.
Atwoodsche Fallmaschine 70.
Auerbach 5.
Aufladen eines Kondensators 164.
Auflösung
  in Grund- und Oberschwingungen 115.
  von Gasen in Flüssigkeiten 193.
Auftrieb der Luft 102.
Auftriebsmethode, Fehlerrechnung 145—146.

Auge des Sturms 81.
augenblickliche Geschwindigkeit s. Geschwindigkeit.
Ausdehnung
  beim Zugversuch 10.
  des Wassers 47—49.
  eines Gases 124—125.
  eines Stabes durch die Wärme 28—29, 32, 102.
  kubische und lineare 100.
  s. a. ideales Gas.
Ausdruck, unbestimmter s. unbestimmter Ausdruck.
Ausfallswinkel 154.
Ausflußgeschwindigkeit 38.
Ausgleich(ung)sgerade
  auf Logarithmenpapier 42 bis 44.
  rechnerisch 87—88.
  zeichnerisch 32—33.
Ausgleich(ung)srechnung 13, 32—33, 42—44, 84, 87—88.
ausintegrieren 96, 162.
Ausschlag 156.
Ausströmungszeit eines Gases 98.
Autokatalyse 201.
Azimut 18.

Bahnkurve 69, 70.
Balkenverhältnis einer Wage 102.
Bake 64.
Barlow 63.
Barometerstand s. Luftdruck.
barometrische Höhenformel 174—176, 188.
barometrisches Tief 81.
Barrow 122.
Basis e des natürlichen Logarithmus und der Exponentialfunktion s. e.
Baule 190, 195.
Bedingung des vollständigen Differentials 116.
Beersches Gesetz 187—188.
Befestigung der Schiffe 189.
Beiwert = Koeffizient 27.
Beobachtungen
  direkte 84.
  indirekte 88.
  vermittelnde 88.
Beobachtungsfehler 32—33, 84, 87—88, 98.
  Gaußsche Verteilung 180 bis 181.
Berechnung
  von e 183.
  von π 130—131, 149.
Beschleunigung 82—83.
  als Subnormale 152.
  bei Schwingungen 157.
  in Polarkoordinaten 155 bis 156.

Besselsche Interpolation 49.
beständig s. monoton.
bester Annäherungswert 84.
bestimmtes Integral
  als Flächeninhalt 121.
  als Funktion der oberen Grenze 135—137, 166.
  ausgewertet durch unbestimmtes Integral 121.
  Beispiele und Anwendungen 122—127.
  Bezeichnung 120, 121.
  Definition 120.
  Integrationsprinzip 124.
  liefert unbestimmtes Integral 135—137.
  Rechenregeln 126, 127.
  Transformation 162.
  s. a. Cavalierisches Prinzip, Fundamentalsatz der Differential- und Integralrechnung, graphische Integration, numerische Integration.
Bestimmungsgleichung 3.
  s. a. Gleichung.
Betrag, absoluter 12.
Bewegung
  beliebige 70.
  gleichförmige 28—29, 36, 69.
  harmonische 84.
  s. a. Schwingungen.
Bezeichnung s. Zeichen.
Bild s. graphische Darstellung.
Bildungsgeschwindigkeit 197.
bimolekulare Reaktion 198 bis 201.
Binomialkoeffizient 47, 141.
Binomialformel und -reihe, binomische Reihe, binomischer Satz 113, 141—142.
Bogen eines Kreises 20—21.
  und Sehne 54.
Bogenmaß eines Winkels 20 bis 21.
  Übergang zum Gradmaß 20 bis 21.
Bohnenkoordinatensystem 58.
Boltzmann 71.
Boltzmannsche Konstante 181.
Boyle-Mariottesches Gesetz 13 bis 14, 37, 125, 146.
  auf Logarithmenpapier 41.
  Behandlung mit Rechenschieber 26.
  s. a. ideales Gas.
Brechungsgesetz
  Herleitung 153—154.
  Nomogramm 23.
Briggsscher Logarithmus s. Zehnerlogarithmus.
Buchstabe s. Zeichen.
Bunsen 98.
Burkhardt 27.

Carnotscher Kreisprozeß 172.
Cavalierisches Prinzip 137, 143.
ch s. Hyperbelfunktionen.
chemische Kinetik s. Reaktion.
chemisches Gleichgewicht 197.
chemische Statik 198.
$\mathfrak{Cof}$, $\mathfrak{Cot}$ s. Hyperbelfunktionen.
Cosinus s. Sinus, Hyperbelfunktionen.
Cotangens s. Tangens, Sinus, Hyperbelfunktionen.
Coulombsches Gesetz s. Gravitation.
Courant 202.
Crantz 36, 49, 85.
cth s. Hyperbelfunktionen.

D für Differenzieren 70.
Dampfdichte 101.
Dampfmaschine 125—127, 152, 172.
Dämpfung 180.
Definitionsbereich einer Funktion 3.
dekadischer Logarithmus s. Zehnerlogarithmus.
Dekrement, logarithmisches 180.
demonstrative 130.
derivieren 70.
  s. a. Ableitung.
Derivierte s. Ableitung.
Descartes 122.
Dextrose 195.
Diagramm s. graphische Darstellung.
Dichte
  als Funktion des Ortes 60.
  s. a. spezifisches Gewicht.
Dieselmotor 172.
Differential
  als Rechtecksstreifen 117, 136, 138.
  als senkrechte Strecke 92, 117, 138.
  an der abgeleiteten Kurve 117, 138.
  an der Urkurve 92, 117, 138.
  bei Funktionen mehrerer Veränderlicher 115—117.
  beim Integrieren 93, 144.
  Definition 92.
  der Differentialrechnung 92, 117, 136.
  der Integralrechnung 117, 136.
  der unabhängigen Veränderlichen 92, 115.
  einer zusammengesetzten Funktion 150—152.
  Fehlerrechnung 98—102, 145 bis 146.
  für $y = x$ 92.
  Gleichsetzen der Differentiale 96.

Differential
  geometrische Deutung 92, 117, 138.
  Grundformel 103, 117.
  höhere Differentiale 109.
  im Sinne des Differentials 104, 116, 137, 187.
  Invarianz 93, 96, 150—152, 161—162.
  Mittelwertsatz 110, 117.
  naturwissenschaftliche Bedeutung 103—104, 115 bis 117.
  Sektordifferential 136.
  und Funktionsdifferenz 96 bis 97, 103, 115—116.
  s. a. Ableitung, Arbeitsdifferential.
Differentialgleichung
  bei AgJ-Bildung 96.
  bei einer rotierenden Flüssigkeit 76.
  der Abkühlung 192—193.
  der adiabatischen Zustandsänderung 176.
  der barometrischen Höhenformel 175.
  der Exponentialfunktion 186 bis 187.
  der gedämpften Schwingungen 180.
  der Zuckerinversion 196.
  des Ertragsgesetzes 190—191.
  des Lichtdurchgangs durch eine Platte 104, 187.
  des Robertsonschen Wachstumsgesetzes 201.
  für Ansteigen eines Stromes 192.
  für Fall gegen Luftwiderstand 193.
  Grundsätzliches 137.
  einer Kreisschar 163.
  Separation der Veränderlichen 162.
  systematisches Studium 112.
  Trennung der Veränderlichen 162.
Differentialhypothese 96, 137.
Differentialmethode 137—138, 175, 176.
Differentialquotient 93.
  bei Funktionen mehrerer Veränderlicher 115.
  -en, höhere 109.
  s. a. Ableitung.
Differentialrechnung
  Differential der Differentialrechnung s. d.
  Fundamentalsatz s. d.
  Grundbegriff Ableitung 69.
  Grundformel 103.
  Mittelwertsatz 110, 132.
  Problemstellung 67—68.
  s. a. Ableitung.

Differentialsumme 118—120, 122.
Differentiation 70.
  s. a. Ableitung, Differenzieren, graphische Differentiation.
Differentiationsreihenfolge 86, 116—117.
Differenz 47.
  Argumentdifferenz 32.
  der unabhängigen Veränderlichen 97, 120.
  dividierte s. Differenzenquotient.
  -enschema 47.
  Fehlerrechnung 101.
  Zeichen $\triangle$ 47.
  s. a. Funktionsdifferenz.
Differenzenquotient 45—46, 91.
  einer linearen Funktion 106.
  -enschema 46.
  und Ableitung 91, 105, 113.
Differenzierbarkeit 76—77, 105, 108.
  einseitige 82.
  gleichmäßige 119.
  s. a. nichtdifferenzierbar.
Differenzieren 70.
  einer Gleichung 159—160.
  logarithmisches 172.
  s. a. Ableitung.
Differenzierregeln s. Ableitung.
Diffusion 114, 193.
dimolekulare Reaktion 198 bis 201.
Dingler 194.
direkte Beobachtungen 84.
direkte Proportionalität s. Proportionalität.
diskrete Argumente 11.
dividierte Differenz s. Differenzenquotient.
Doppelleiter und Doppelskala s. Leiter, Nomogramm.
Doppelnullstelle s. mehrfache Wurzel.
Doppelpfeil 197.
doppelsinnige Reaktion 197, 198, 201.
Doppelwägung 101.
Doppelwurzel s. mehrfache Wurzel.
Drehkegel 142—143.
Drehkörper, Volumen 125.
Drehparaboloid
  als Oberfläche einer rotierenden Flüssigkeit 76.
  Differenzieren und Erzeugung 78—79.
  Minimum 87.
  Volumen 76, 126.
Drehung
  einer Flüssigkeit 76.
  gemessen durch den Winkel 20—21.

Drehung
  Geschwindigkeit bei einer Drehung 37, 70.
  positive oder negative 15, 18.
  Sinn einer Drehung 15, 18.
Dreieck
  Abstände von den Seiten 62 bis 63.
  Fehlerrechnung 98.
  sphärisches 11.
  Winkelhalbierende 65.
Dreieckspapier 62—64.
Dreimolekülreaktion 200.
Durchhang 182.

e als Grenzwert 100, 183—184.
  Berechnung 183.
  graphische Definition 168.
  und organisches Wachstum 185—187.
  und Zinseszinsen 184—185.
  s. a. Exponentialfunktion, natürlicher Logarithmus.
ebene Schnittkurve 59, 61, 78 bis 79.
ebenes Koordinatensystem s. Koordinatensystem.
Ecke einer Kurve 76—77, 81, 82, 108.
  beim Mittelwertsatz 110.
  beim Integrieren 127.
Effektivwert 164.
Eichkurve und Eichnomogramm eines Spektralapparates 22—23.
Eichwald 197.
eindeutige Funktion 6.
eindeutiger Zweig 6, 159.
  bei der Quadratwurzel 11 bis 12, 16—17.
  bei impliziter Definition 15.
Einfallswinkel 154.
Einfluchten 64.
Einheitshyperbel 182.
Einheitskreis 20, 182.
Einheitsstrecke 5.
Einheitswert 27.
Einmolekülreaktion 43, 200.
  s. a. Zuckerinversion.
Einschalten eines elektrischen Stromes 43, 191—192.
einseitige Differenzierbarkeit 76—77, 82, 108.
einsinnig s. monoton.
einsinnige Reaktion 197, 198.
elastische Feder 124.
elastische Schwingungen s. Schwingungen.
Elastizität 10.
Elastizitätsmodul 37.
elektrische Ladung s. Kondensator, Stromstärke.
elektrischer Strom
  Arbeit 163—165.
  Einschalten 191—192.

elektrischer Strom
  Wärmeentwicklung 164.
  wattloser 165.
Elektrizitätsmenge s. Gravitation, Kondensator, Stromstärke.
Elektrizitätsströmung 114.
  Stromstärke 105.
Elektrochemie 172.
Elektrometer 180.
Elektrotechnik 66—67, 158 bis 159.
Elementararbeit 137.
Elemente
  galvanische 172.
  Zerschneidung in Elemente 137.
Elongation 156, 180.
Emde 115.
Empfindung(sstärke) 193.
Empfindungshöhe 193.
Energie
  elektrische 164.
  innere 171.
  potentielle und kinetische 37, 88.
  s. a. Arbeit.
Energieverteilung im Spektrum 181.
Energiewandler 171.
Entladung einer Leidener Flasche 188.
Entropie 117.
entsprechend, Zeichen 8.
Entwicklung, Taylorsche, s. Taylorsche Entwicklung.
erhaben 83.
Erhebungssumme 118.
Erregung(sstärke) 193.
Erregungshöhe 193.
Ersatz
  der Funktionsdifferenz durch das Differential 97—98, 103—104.
  der Kurve durch die Tangente 97, 103.
Erstarrungstemperatur einer Legierung 63—64.
Ertragsfunktion, -gesetz, -kurve 43—44, 189—196.
Esterbildung 197.
Eulerscher Multiplikator 116.
Eulersche Seilformel 189.
Existenz der Ableitung 76 bis 77, 105, 108.
Expansions-Kolbendampfmaschine 127.
explizite Definition einer Funktion 2—3, 13.
Explosionsmotor 172.
Exponentialfunktion (natürliche und allgemeine) 40, 172, 173.
  Abklingen 178.
  Ableitung 172, 179.

Exponentialfunktion
  als Umkehrfunktion des Logarithmus 42, 172 bis 173.
  Anschauliches 178—179.
  Asymptote 178.
  auf Logarithmenpapier eine Gerade 40, 179.
  bei Lichtabsorption 104, 187 bis 188.
  Beispiele 187—189.
  Differentialgleichung 186 bis 187.
  Grenzwertdarstellung 183 bis 184.
  Grundzahl e 100, 168, 173.
  Integration 179.
  Leiter 178.
  Name natürlich 179.
  Nomogramm 178.
  Schaubild 178.
  Tafeln 179.
  Taylorsche Reihe 183.
  und organisches Wachstum 185—187.
  und Zinseszinsen 184—185.
  s. a. Ertragsgesetz, Gaußsche Fehlerkurve, Hyperbelfunktionen, Logarithmus, natürlicher Logarithmus.
Exponentialpapier 40—41, 43 bis 44.
Exponentialreihe 183.
Exponentialverteilung 180 bis 181.
exponentielle Annäherung an einen Grenzwert 189—196.
exponentielles Abklingen 178, 180, 188.
exponentielles Anwachsen 178, 184—187.
exponentielle Verteilung 180 bis 181.
Extinktionskoeffizient 187.
Extremum s. Maximum und Minimum.
Exzeß, sphärischer 11.

Fahrstrahl 18.
Faktor, integrierender 116.
Fakultät $n!$ 47, 111.
Fall mit Luftwiderstand 191.
Fallformeln 11, 36, 37, 38, 75, 83, 191.
Fallinie 61.
Farben dünner Blättchen 95 bis 96.
Fechner s. Weber-Fechnersches Gesetz.
Feder, Spannen 124.
Fehler 84.
  beim Rechenschieber 177.
  mittlerer 180.
  relativer 101.

Fehlerintegral 180.
Fehlerkurve 180.
Fehlerrechnung 97—102, 145 bis 146.
  bei der Tangentenbussole 148—149.
  beim Rechenschieber 177.
Fehlerverteilung 180.
Fehlinglösung 88.
Feldstärke 147.
Fermat 153.
Festwert 11, 27.
  s. a. Konstante.
Fischer 36, 85.
Fläche = Flächeninhalt
  eines Kreises aus Durchmesser mit Rechenschieber 25—26.
  eines sphärischen Dreiecks 11.
  eines Rechtecks 56.
Fläche = Oberfläche 58.
  Darstellung durch Höhenlinien 61.
  in kotierter Projektion 61.
  Schnittkurve mit einer Ebene 59, 61, 78—79.
Fläche der abgeleiteten Kurve 117.
  angenähert durch Rechteckssumme 118.
  gleich Höhenunterschied der Urkurve 119—120.
Fläche einer Kurve 120, 128.
  als unbestimmtes Integral 135—137.
  bei Sprüngen 127.
  der geraden Linie 122.
  der gleichseitigen Hyperbel 166.
  der Kosinuslinie 126—127.
  der Kraftkurve 123.
  der Parabel 142.
  der Volumen-Druckkurve 125.
  der Zustandskurve 125.
  eines Hyperbelsektors 182.
  eines Kreises durch Integration 134—135, 163.
  eines Kreissektors 182.
  durch Auszählen 123, 135, 167.
  durch graphische Integration 134—135.
  durch Planimeter 123—124, 135.
  in Polarkoordinaten 125 bis 126.
  positive und negative 126 bis 127.
Flächengeschwindigkeit 136, 156.
Fließbelastung, Fließverlängerung 10.
Fluchtentafel 64—67.
  s. a. Nomogramm.

Flüssigkeit.
  Lichtdurchgang 104, 187 bis 188.
  rotierende 76, 137.
  Strömung 114.
  s. a. van der Waalssche Gleichung.
Folge von Differenzenquotienten 105.
Formänderung beim Zugversuch 10.
Formwandlung 62.
Formel für eine Funktion 11.
  Grundsätzliches 12—13.
Fortschreitungsstück 116.
Fourier 115.
Fourierkoeffizient 115.
Fouriersche Reihe 114—115, 157.
freier Fall 11, 36, 37, 38, 75, 83.
Frequenz 67, 114, 157.
Fruchtzucker 195.
Friesecke 105.
Fundamentalsatz der Differential- und Integralrechnung
  1. Fassung 120.
  2. Fassung 121.
  3. Fassung 135—136.
  Beispiele und Anwendungen 122—124.
  Gültigkeit 127.
Funktion (einer Veränderlichen)
  Ansteigen 67—70.
  Beispiele 2, 4—5, 11—12.
  Bezeichnungen 3—4.
  Darstellung durch eine Kurve s. graphische Darstellung.
  Darstellung durch eine Leiter 21—22.
  Darstellung in Polarkoordinaten 18—19.
  Definition 2—3, 13—15.
  des organischen Wachstums 186.
  eindeutige 6.
  einer komplexen Veränderlichen 182.
  explizite Definition 2—3, 13.
  fällt 79.
  Festlegung durch eine Formel 11.
  Formel für eine Funktion 11.
  Fouriersche Reihe 114—115.
  Funktion von Funktion s. zusammengesetzte Funktion.
  ganze rationale 44.
  gerade 51.
  graphische Darstellung s. d.
  größter und kleinster Wert 82.
  Hilfsfunktion 17—18.
  hyperbolische 178, 181—183.
  implizite Definition 13—15.
  inverse 15—17.
  Leiter einer Funktion 21—22.

Funktion (einer Veränderlichen).
  lineare s. d.
  mehrdeutige 6.
  mittelbare s. zusammengesetzte Funktion.
  natürlicher Wert 54.
  Nullstelle 44—45.
  pathologische 9.
  periodische 50—52, 114—115.
  primitive s. Integral, unbestimmtes.
  Proportionalität s. d.
  quadratische 84—85.
  Skala einer Funktion 21—22.
  steigt 79.
  stetig, Stetigkeit 9—10.
  Tabelle od. Tafel 4.
  Taylorsche Entwicklung 110—114.
  trigonometrische s. d.
  Umkehrfunktion 15—17.
  unentwickelte 13—15.
  ungerade 51.
  Unstetigkeit s. d.
  vernünftige 9.
  zusammengesetzte s. d.
  Zwischenfunktion 17—18.
  zyklometrische 55.
  $\dfrac{h}{\sqrt{\pi}}\, e^{-h^2 x^2}$ 180.
  $\dfrac{1}{x}$ 34—35.
  $\dfrac{1}{x^2}$ 35.
  s. a. Kehrwert, Kubikwurzel, Kubus, lineare Funktion, Logarithmus, Potenz, Quadrat, Quadratwurzel.
Funktion von zwei und mehr Veränderlichen.
  Beispiele 56.
  Darstellung durch eine Fläche 58.
  Definition 55.
  des Ortes 60—61.
  Differential 115—117.
  Differenzieren 78—79.
  Funktionsdifferenz 115—117.
  Konstanthalten von Veränderlichen 56, 79.
  Leitertafel 64—67.
  Maximum und Minimum 86 bis 88.
  Mittelwertsatz 117.
  Netztafel 61—64.
  Niveauflächen und -linien 60—61.
  Stetigkeit 58.
  tabellarische Darstellung 56 bis 57.
  Taylorsche Entwicklung 117.
  s. a. Nomogramm, partielle Ableitungen.

funktional s. Funktion.
Funktionsdifferenz
  bei Funktionen mehrerer
    Veränderlicher 115—116.
  eines Produktes 139.
  höhere 109.
  Mittelwertsatz 110.
  Taylorsche Entwicklung 110
    bis 114.
  und Differential 96—97,
    103, 115—117.
  von $\sin x$ 110.
  von $y = x$ 97.
Funktionsdifferenzensumme
  118.
Funktionsgleichung 3.
Funktionsleiter s.Leiter, Nomogramm.
Funktionstabelle, -tafel 4, 56
  bis 57.
Funktionszweig s. eindeutiger
  Zweig.

Galvanische Elemente 172.
ganze rationale Funktion 44.
ganze Zahlen, Summe 122.
ganzlogarithmisches Papier 40
  bis 41, 43—44.
Gas
  Auflösung in Flüssigkeiten
    193.
  Ausströmungszeit 98.
  s. a. ideales Gas, van der
    Waalssche Gleichung.
Gasdichte 98.
Gasgesetz, -gleichung
  s. ideales Gas, van der
    Waalssche Gleichung.
Gaskonstante 59.
  und spezifische Wärme 161,
    177.
Gauß 84, 101, 148.
Gaußsche Fehlerkurve, Gaußsche Verteilung 180—181.
Gay-Lussacsches Gesetz 37.
gedämpfte Schwingungen 179
  bis 180.
Gefällinien 61.
Gegenreaktion 197.
gegensinnige Leitern 24.
Gemisch 56, 62—64.
Genauigkeitsschätzung beim
  Rechenschieber 177.
  s. a. Fehlerrechnung.
geographische Länge und
  Breite 60.
geometrische Progression 187.
geometrische Reihe 142.
geometrisches Mittel 102.
geothermische Tiefenstufe 32
  bis 33.
Gerade s. gerade Linie.
gerade Funktion 51.

gerade Linie
  Abschnitt auf der y-Achse
    29.
  Abschnittsform 31.
  als Bild der linearen Funk-
    tion 28.
  als Bild gleichförmiger Vor-
    gänge 28—29.
  auf Logarithmenpapier 40
    bis 44.
  Flächeninhalt 122.
  Geradenbüschel 29.
  Gleichung 28—33.
  graphische Integration 133.
  Integralgerade 69.
  Integration 122.
  parallel der x-Achse 27, 68.
  parallel der y-Achse 30.
  Parallelverschiebung 68 bis
    69.
  Parameter 29.
  Richtungsform 30.
  Richtungskoeffizient 30.
  Schar paralleler Geraden 68
    bis 69.
  Stammgerade 69.
  Steigungsmaß 29, 68.
  zwei gerade Linien 30—31.
  s. a. Ausgleich(ung)sgerade.
Geradenbüschel 29.
gerades Verhältnis s. Proportionalität.
Gerippe einer Kurve 89.
Gesamtstrahlung eines schwarzen Strahlers 38.
gesättigter Wasserdampf 43.
Geschwindigkeit
  allgemein 69.
  als Grenzwert 108—109.
  bei beliebiger Bewegung 70.
  bei gleichförmiger Bewegung
    29, 69.
  bei gleichförmiger Drehung
    37.
  bei Schwingungen 157.
  in Polarkoordinaten 155.
  mittlere 108.
  negativ 79—80.
  positiv 79—80.
  proportional dem Unter-
    schiede gegen den Höchst-
    wert 190.
  proportional der Größe
    selbst 187.
  Stromstärke 109.
  umgekehrt proportional der
    Größe selbst 95.
  s. a. Ableitung, Reaktions-
    geschwindigkeit, Wachs-
    tumsgeschwindigkeit, Win-
    kelgeschwindigkeit.
Geschwindigkeitskonstante
  198.
Geschwindigkeits-Wegschau-
  bild 152.

Geschwindigkeits-Zeitschau-
  bild 69, 70.
Gewicht, spezifisches s. spezifisches Gewicht.
Gipfelpunkt s. Maximum und
  Minimum.
Gitterspektrum 33.
gleichförmige Bewegung   28
  bis 29, 36, 69.
gleichförmige Vorgänge 28—29.
  s. a. proportional.
Gleichförmigkeit im Kleinen
  31, 103, 137.
Gleichgewicht, chemisches 197,
  198.
Gleichgewichtslagen 88.
gleichmäßige Leiter 21—23.
  beim Rechenschieber 25.
gleichmäßiges Ansteigen einer
  Geraden 28—29, 68—69.
gleichseitige Hyperbel 34—35.
  als abgeleitete Kurve 165.
  als pV-Kurve 125.
  Asymptoten 35.
  Fläche 166.
  graphische Integration 167.
  Hyperbelfunktionen 178, 181
    bis 183.
  in Polarkoordinaten 182.
  Sektor 182.
  Stammfunktion natürlicher
    Logarithmus 166—168.
  Unendlichkeitsstelle 34 bis
    35, 166.
  Zustandsgleichung 61—62,
    125.
gleichsinnige Leitern 23—24.
Gleichung 3.
  allgemeine lineare 30.
  Boyle-Mariottesche 13—14,
    37, 125.
  der geraden Linie 28, 30—31.
  Differenzieren einer Glei-
    chung 159—160.
  einer Kurve 6.
  eines idealen Gases 13—14,
    59, 125.
  eines Kreises 14—15.
  Gay-Lussacsche 37.
  graphische Auflösung 30 bis
    31, 44—45, 90.
  Newtonsches Verfahren 90 bis
    91.
  numerische Auflösung 90
    bis 91.
  Poissonsche 38, 161.
  Regula falsi 90—91.
  van der Waalssche 14, 60, 160.
Gleichungssystem 3.
  graphische Lösung 30—31.
Glied erster, zweiter, ... Ordnung 111—112.
gliedweises Differenzieren und
  Integrieren 74—75, 138 bis
    139.

Glockenkurve 180.
Glühelektronenstrom 38.
Glühlampe 42—43.
goniometrisch s. trigono-
    metrisch.
goniometrischer Pythagoras
    50, 163.
Gradient des Luftdrucks 81.
Gradmaß eines Winkels 19—21.
    Übergang zum Bogenmaß
    20—21.
graphische Ausgleichung 32
    bis 33.
    auf Logarithmenpapier 40
    bis 44.
graphische Darstellung
    Beispiele 7—8.
    durch Niveauflächen und
    -linien 60—61.
    Grundlagen 5—6.
    im Raume 57—60.
    in Polarkoordinaten 18—19.
    Netztafeln 61.
    praktische Winke 7.
    schützt vor Fehlern 77.
graphische Differentiation 69
    bis 70, 77—78.
graphische harmonische Ana-
    lyse 115.
graphische Integration 133 bis
    135, 149.
    der geraden Linie 133.
    der gleichseitigen Hyperbel
    167.
    des Kreises 134—135.
    Grundsätzliches 134.
graphische Lösung
    eines Gleichungssystems 30
    bis 31.
    von Gleichungen 30—31, 44
    bis 45, 90.
graphische Verfahren 13.
Gravitation 38, 124, 137, 147
    bis 148.
Green 148.
Grenzen eines bestimmten In-
    tegrals 120.
    Transformation 162.
Grenzfall, -gebilde, -lage 108.
Grenzübergang 106, 108, 119
    bis 122.
Grenzwert 53.
    als natürlicher Wert 106 bis
    107.
    des Differenzenquotienten
    105.
    einer Rechteckssumme 120,
    123, 127—128.
    exponentielle Annäherung an
    einen Grenzwert 189—191.
    für e 100, 183—184.
    und unendlich klein 107.
    von $\dfrac{\sin x}{x}$ 53—55, 105, 107,
    113.

Grenzwertrechnung 136.
Grimsehl 96, 161.
große Periode des Pflanzen-
    wachstums 202.
im Großen 31, 103.
Größen, unendlich kleine 107
    bis 108, 120.
Größenordnung 99, 103.
Grundformel der Differential-
    rechnung 103, 104—105,
    109.
    bei Funktionen mehrerer
    Veränderlicher 117.
    Taylorsche Entwicklung 110
    bis 114.
    und Mittelwertsatz 110.
    s. a. Fehlerrechnung, Nähe-
    rungsrechnen.
Grundschwingung, -ton 115.
Grundzahl e des natürlichen
    Logarithmus und der Ex-
    ponentialfunktion s. e.
Guldberg 197.

Halblogarithmisches Papier 41
    bis 43.
Halbwertargument 189.
Halbwertzeit 188.
Hamann 27.
Happach 13.
harmonischer Analysator 115.
harmonische Analyse 114 bis
    115.
harmonische Bewegung s.
    Schwingungen.
harmonische Schwingungen s.
    Schwingungen.
Häufigkeit 180, 198.
Hauptglied 103.
Hayashi 179.
hebbare Unstetigkeit 54.
Hegemann 13.
Hering, Wachstum 43—44, 193,
    202.
Hermann 115.
Hilfsfunktion, -veränderliche
    17—18.
hintere Tangente 76—77, 108.
Höchstwert 43, 189.
van t'Hoff 172.
Höhe, mittlere 136.
Höhenempfindung 193.
Höhenformel
    adiabatische 176.
    barometrische 174—176.
Höhenlinien, Höhenschichten-
    karte 61.
höhere Ableitungen 86.
höhere Differentiale und Diffe-
    rentialquotienten 109.
hohl 83.
Hookesches Gesetz 10, 37.
Hopfenkoordinatensystem 58.
Huygens 122.
Hydratbildung 187.

Hyperbel s. gleichseitige Hy-
    perbel.
Hyperbelfunktionen 178, 181
    bis 183.
Hyperbelsektor 182.
Hyperbeltrapez 166.
    Verschieben 170.
hyperbolischer Logarithmus s.
    natürlicher Logarithmus.
hyperbolisches Paraboloid 59.
hyperbolische Funktionen 178,
    181—183.
Hypotenuse im rechtwinkligen
    Dreieck 14—15, 50, 56.

Ideales Gas
    adiabatische Zustandsände-
    rung 38, 41, 161, 176—177.
    Arbeit bei adiabatischer Aus-
    dehnung 161.
    Arbeit bei isothermer Aus-
    dehnung 124—125, 171.
    Arbeitsdifferential 116, 125,
    146, 160.
    Boyle-Mariottesches Gesetz
    13—14, 26, 37, 41, 125.
    Drucksteigerung 79.
    Entropie 117.
    Gay-Lussacsches Gesetz 37.
    innere Energie 171.
    Kompressibilität 146, 160.
    Netztafel 61—62.
    Poissonsches Gesetz 38, 161,
    176—177.
    spezifisches Gewicht 37.
    Temperaturänderung 79, 116.
    Verhältnis $\varkappa$ der spezifischen
    Wärmen 38, 41, 161, 177.
    Zustandsgleichung und Zu-
    standsfläche 59, 125.
imaginär 182.
im Großen 31, 103.
im Kleinen 31, 103, 137.
implizite Definition einer
    Funktion 13—15, 58—59,
    159.
    bei der linearen Funktion 30.
    bei der Quadratwurzel 17.
    bei mehreren Veränderlichen
    59.
    im Sinne des Differentials 104,
    116, 137, 187.
Index
    als unabhängige Verän-
    derliche 4.
    beim partiellen Differenzie-
    ren 78—79.
    zum Konstanthalten einer
    Veränderlichen 79.
Indikatordiagramm 125, 127.
indirekte Beobachtungen 88.
indirekte Proportionalität s.
    umgekehrte Proportiona-
    lität.
induktiver Widerstand 159, 165.

Inhalt s. Fläche, Volumen.
infinitesimal 107.
innere Energie 171.
Instrumente
  harmonischer Analysator 115.
  Integraph 134.
  Koordinatograph 7.
  Planimeter 123.
  Rechenmaschinen 26—27.
  Rechenschieber 25—26.
Integrabilitätsbedingung 116.
Integral, bestimmtes s. bestimmtes Integral.
Integral, unbestimmtes
  bestimmtes Integral als unbestimmtes Integral 135 bis 137.
  Definition 71.
  Flächeninhalt als unbestimmtes Integral 135 bis 137.
  Transformationsregel 161.
  zur Auswertung des bestimmten Integrals 121.
  s. a. Fundamentalsatz der Differential- und Integralrechnung, Integration.
Integralgerade 69.
Integralgesetz 36, 137.
Integralkurve 71.
Integralzeichen 71, 93, 120, 121.
Integralrechnung
  Differential der Integralrechnung s. d.
  Fundamentalsatz s. d.
  s. a. Integration.
Integrand 71.
Integraph 134.
Integration
  anschauliche Deutung 120 bis 122, 135—136.
  auf beiden Seiten 76, 96.
  Definition 71.
  der Potenz 142, 161, 165.
  der reziproken Quadratwurzel 94.
  des Kehrwertes 165.
  einer Differentialgleichung 76, 96, 162.
  einer Konstanten 73.
  einer Summe 75.
  graphische s. graphische Integration.
  Grundsätzliches 74, 144.
  konstanter Faktor 75.
  partielle 143—145.
  Produktintegration 143–145.
  Rechenregeln für das bestimmte Integral 126—127.
  Substitutionsregel 161.
  Teilintegration 143—145.
  über Sprünge hinweg 127.

Integration
  Umkehrung zur Differentiation 71—72, 93.
  von x 76.
  von $2x$ 72.
  von $\cos x$ 73, 126—127.
  von $-\sin x$ 73.
  von $\sin x$ 75—76.
  von $\dfrac{1}{x}$ 165.
  von $\sin^2 x$ und $\cos^2 x$ 144 bis 145, 163.
  von $\dfrac{1}{1+x^2}$ 149.
  von $\dfrac{1}{1-x^2}$ 171, 182.
  von $\dfrac{1}{\sqrt{1+x^2}}$ 171, 183.
  von $\dfrac{1}{\sqrt{1-x^2}}$ 95.
  s. a. bestimmtes Integral, Integral, unbestimmtes.
Integrationskonstante, willkürliche 71, 121.
  Festlegung 72, 76, 96, 186, 187, 191, 196, 199, 201.
  Integrationskonstanten bei Schwingungen 157.
  naturwissenschaftliche Gesichtspunkte 71—72.
Integrationsprinzip 124, 175.
Integrationsproblem 134.
Integrationsveränderliche 135 bis 137, 166, 170.
Integrieren s. Integration.
integrierender Faktor 116.
Integrierregeln s. Integration.
Interpolation
  bei äquidistanten Interpolationsstellen 46—47.
  Beispiel 47—49.
  Besselsche 49.
  einer Funktion durch eine Kurve 6, 8—9.
  Grenzfall Taylorsche Entwicklung 113—114.
  in die Mitte 49.
  lineare 31—32, 46.
  mittels Differenzenrechnung 45—49.
  mittels Zentraldifferenzen 48—49.
  nach Augenmaß 61, 63—64.
  Newtonsche 45—46.
  Stirlingsche 48—49.
Interpolationsparabel 45.
  und Schmiegungsparabel 113—114.
Interpolationspolynom 45.
  und Schmiegungspolynom 113—114.
Interpolationsrechnung 13, 31 bis 32, 45—49, 113—114.

Interpolationsstellen 45.
  zusammenrückende 113 bis 114.
Intervall 10.
  Rand 82.
Invarianz des Differentials 93, 96, 150—152, 161—162, 165.
inverse Funktion s. Umkehrfunktion.
Inversion des Rohrzuckers 43, 195—196.
Joddampfeinwirkung auf Silber 137, 95—96, 38.
Joulesche Wärme 163.
Isohypsen 61.
isoperimetrisches Problem 89.
isotherme Zustandsänderung eines Gases s. ideales Gas.
Iteration 90—91.
Junker 163.

Kalorimetrische Messungen 193.
Kapazität 158, 164.
kapazitiver Widerstand 159, 165.
Katalyse 86, 201.
Katenoid 88—89.
Kegel 142—143.
Kehrwert $\dfrac{1}{x}$
  Ableitung 146.
  graphische Integration 167.
  Integration 165.
  Leiter 24.
  Näherungsrechnen 99.
  numerische Integration 168.
  Schaubild gleichseitige Hyperbel 34.
  Unendlichkeitsstelle 34—35.
  s. a. natürlicher Logarithmus.
Keplersches Gesetz 136, 137, 156.
Kettenbrücke 182.
Kettenlinie 88, 182.
Kettenregel 150—153.
Kinematik 152.
Kinetik, chemische s. Reaktion.
kinetische Energie 37.
Kirchhoff 71.
kleine Größen 99—102.
im Kleinen 31, 103, 137.
kleinere Ordnung 99, 103.
Kleistsche Flasche 188.
Knallgasexplosion 197.
Knick s. Ecke.
Koeffizient 27.
Kohleverbrennung 4—5, 8, 85.
Kohlrausch 88, 181.
Kollektivtheorie 181.
Kolorimetrie 187—188.

kommunizierende Röhren 37.
komplexe Veränderliche 182.
komplexe Wurzeln 85.
Kompressibilität 146, 160.
Kompression 172.
  s. a. ideales Gas.
Kondensator 158.
  Aufladen 164.
konkav 83.
Konstante 11, 27, 68.
  dargestellt durch wagerechte Gerade 27, 68.
  Integration 73.
  liefert differenziert Null 68.
  s. a. Integrationskonstante.
Konstantenänderung, -verschiebung 195.
konstanter Faktor beim Differenzieren und Integrieren 75, 139.
Konstanthalten einer Veränderlichen 56, 79.
Konstanz der Wirkungsfaktoren 195.
Konvergenz, konvergieren 53, 92.
  bei der Binomialreihe 141 bis 142.
  bei der Exponentialreihe 183.
  bei der logarithmischen Reihe 174.
  bei der Taylorschen Reihe 112—113.
  beim Newtonschen Verfahren und der Regula falsi 90—91.
konvex 83.
Konzentration 187, 196, 197.
Konzentrationsausgleich 193.
Konzentrationsketten 172.
konzentrische Kreise 163.
Koordinaten s. Koordinatensystem.
Koordinatenachsen 5, 57.
Koordinatenebenen 57.
Koordinatenkreuz 5.
Koordinatenpapier
  Dreieckskoordinatenpapier 62—64.
  Millimeterpapier 7.
  Polarkoordinatenpapier 19 bis 20.
  s. a. Logarithmenpapier.
Koordinatensystem
  Dreieckskoordinatensystem 62—64.
  Kugelkoordinatensystem 60.
  Polarkoordinatensystem 18 bis 19.
  räumliches Polarkoordinatensystem 60.
  Rechts- und Linkssystem 15, 57, 58.
  rechtwinkliges in der Ebene 5, im Raume 57—58.

Koordinatensystem
  schiefwinkliges 18.
  Sinn eines Koordinatensystems 15, 57, 58.
  Zylinderkoordinatensystem 60.
Koordinatograph 7.
Korrelationskoeffizient 87—88.
Korrelationstabelle 57.
Kosinus s. Sinus, Hyperbelfunktionen.
Kosinuslinie, Flächeninhalt 126 bis 127.
Kotangens s. Tangens, Sinus, Hyperbelfunktionen.
Kote, kotierte Projektion 61.
Kraft
  Arbeit 122—124.
Kraftkurve 123.
Kraftlinien 61.
Kraftrichtung 127.
Kraft-Wegschaubild 125, 127.
Kräftefunktion 147.
Kreis
  Bogen 20—21.
  Differenzieren 159.
  Einheitskreis 20.
  Fläche durch Integration 163.
  Gleichung 14—15.
  graphische Integration 134 bis 135.
  isoperimetrisches Problem 89.
  Kreisschar 163.
  Normale 159.
  Umfang 11.
  Umfang und Fläche mit Rechenschieber 25—26.
Kreisfrequenz 67, 157.
Kreisfunktionen s. Sinus, Tangens, zyklometrische Funktionen.
Kreisprozeß 117, 127, 172.
Kreissektor 182.
Krümmung einer Kurve 83, 111.
kubische Parabel 34.
kubische Wärmeausdehnungsziffer 100.
Kubus und Kubikwurzel
  Ableitung 140, 141.
  mit gewöhnlichem Rechenschieber 26.
  mit Rechenschieber System Rietz 25.
  kubische Parabel 34.
Kugel
  Gleichung 59.
  Volumen 143.
Kugelkoordinaten 60.
Kulminationspunkt s. Maximum und Minimum.
Kuppenpunkt s. Maximum und Minimum.

Kurve 5—6.
  abgeleitete s. Ableitung, zweite Ableitung.
  Ansteigen 67—70.
  der großen Periode des Pflanzenwachstums 202.
  Diskussion 89.
  erhaben 83.
  Ersatz durch die Tangente 69—70, 97, 103.
  fällt 79.
  Geradlinigkeit 85.
  Gipfel- und Talpunkte 80.
  Gleichung 6.
  hohl 83.
  konkav 83.
  konvex 83.
  mit Ecke 76—77.
  nicht differenzierbare 76 bis 77.
  pathologische 9.
  periodische 114—115.
  S-förmige 8, 85—86.
  springende 10.
  steigt 79.
  stetige 9—10.
  und Funktion 6.
  unstetige 10, 34—35.
  Untersuchung und Zeichnen 89.
  vernünftige 9.
  Wendepunkte 85—86.
  $\dfrac{1}{x^2}$ 35.
  $\dfrac{\sin x}{x}$ 54, 106—107.
  $x - \cos x$ 89.
  $\dfrac{\cos x - 1}{x^2}$ 107.
  $\dfrac{1}{\sqrt{1 - x^2}}$ 130.
Kurvendiskussion 89.
Kurvenstreifen, Ersatz durch den Rechtecksstreifen 131, 136, 180, 181.
Kurventafel 61—64.
  s. a. Netztafel.

l s. ln
labil 88.
Ladung, elektrische s. Elektrizitätsmenge, Kondensator, Stromstärke.
Lageenergie s. potentielle Energie.
Lagrange 112.
Länge
  des isländischen Herings 43 bis 44, 190.
  eines Normalmaßstabes 32.
langsame Entladung 188.
Läufer beim Rechenschieber 25—26.

Lävulose 195.
Lebende 7—8.
Lebendgewicht von Schweinen 193.
Legierung von Blei, Kadmium, Wismut 63—64.
Leibniz 27, 74, 92, 122, 160.
Leidener Flasche 188.
Leistung
eines Gleichstromes 28, 38, 56.
eines Wechselstromes 56.
Leistungsfaktor 165.
Leiter einer Funktion 21—23.
beim Rechenschieber 25—26.
für den natürlichen Logarithmus 169.
für den Sinus 50.
für den Tangens 50.
für den Zehnerlogarithmus 23.
für die Exponentialfunktion 178.
gegensinnige Leitern 24.
gleichsinnige Leitern 23—24.
Leitertafeln 64—67.
logarithmische 23.
reziproke 24.
zwei Leitern 23—24.
s. a. Nomogramm.
Lenz 27.
lg s. ln.
Lichtabsorption 104, 177, 187.
Lichtdurchgang
durch eine Platte 104, 137, 187.
durch ein Prisma 154—155.
Lichtgeschwindigkeit 153, 154, 181.
Lichtzeit 153.
Liebig 2, 81.
Liebigsches Gesetz vom Minimum 81, 190.
Limes 53.
s. a. Grenzwert.
Lindow 163.
lineare
Gleichung, allgemeine 30.
Interpolation 31—32, 46.
Wärmeausdehnung s. Ausdehnung.
lineare Funktion 28—33.
Ableitung und abgeleitete Kurve 29, 68—69, 73, 74, 106.
dargestellt durch eine gerade Linie 28.
Differenzenquotient 106.
Integration 129.
s. a. gerade Linie, Proportionalität.
Linearisierung, Linearität 103.
s. a. lineare Funktion, Proportionalität.
Linksschraubung 57—58.

linksseitige Tangente 76—77, 108.
Linkssystem 15, 57—58.
Linse
Nomogramm 24, 67.
Linsengesetz 24.
ln 166, 170—171.
s. a. natürlicher Logarithmus.
log s. natürlicher Logarithmus, Zehnerlogarithmus.
log nat s. natürlicher Logarithmus.
Logarithmengesetze 169—170.
Logarithmenpapier
Einrichtung 40.
Exponentialpapier 40—41, 43—44.
Gerade auf Logarithmenpapier 40—44, 179.
Netztafeln auf Logarithmenpapier 62.
Potenzpapier 41—43.
thermodynamisches 40.
Logarithmensysteme, Umrechnung 173—174, 177—178.
logarithmische Ableitung 172, 179.
logarithmische Leiter 23.
Ablesegenauigkeit 177.
beim logarithmischen Papier 40—44.
beim Rechenschieber 25—26.
für den natürlichen Logarithmus 169.
logarithmisches Dekrement 180.
logarithmisches Differenzieren 172, 179.
Logarithmus
Ableitung 177—178.
beim Produktnomogramm 65—66.
Definition 173.
Netztafel 36, 61.
Tafel mit doppeltem Eingang 57.
zur Vereinfachung von Netztafeln 62.
s. a. Exponentialfunktion, Logarithmenpapier, natürlicher Logarithmus, Zehnerlogarithmus.
Lohmann 115.
Lösung
Behandlung mit Dreieckspapier 62.
einer Differentialgleichung 157.
osmotischer Druck 37, 172.
von Gasen in Flüssigkeiten 193.
Lösungstension 172.
Luckey 21, 42.
Luftdruck 8—9.
adiabatische Höhenformel 176.

Luftdruck
barometrische Höhenformel 174—176, 188.
Gradient 81.
Luft
Auftrieb 102.
Gaskonstante 59.
Nomogramm für spezifisches Gewicht 65—66.
Verhältnis $\varkappa$ der spezifischen Wärmen 41.
Zustandsänderung 41.
s. a. ideales Gas, Luftdruck.
Luftreibung 180.
Luftwiderstand 37, 192.

Maclaurinsche Entwicklung s. Taylorsche Entwicklung.
Magnetismus s. Gravitation.
Mariottesches Gesetz s. ideales Gas.
Marke s. Index.
Maßformel von Fechner 194.
Massen, wirksame 197.
Massenwirkungsgesetz 137, 197, 198.
s. a. Reaktion.
Maximum und Minimum
absolutes 82.
barometrisches 81.
bei mehreren Veränderlichen 86—88.
der potentiellen Energie 88.
der Strahlungsintensität 181.
des Kurvenanstiegs 85—86.
Drehparaboloid 87.
Ecken und Spitzen 81.
einer quadratischen Funktion 84—85.
Geschichtliches 122.
Liebigs Gesetz vom Minimum 81.
Minimalablenkung beim Prisma 154—155.
notwendige und hinreichende Bedingungen 80.
relatives 82.
Spiegelungs- und Brechungsgesetz 153—154.
Sprachgebrauch 81.
Tageslänge 81.
und Wendepunkt 86.
Unterscheidung 80, 83.
Mayer 161.
mechanice 130.
Mechanik, analytische 112.
mechanische
Arbeit s. Arbeit.
Quadratur s. numerische Integration.
mehrdeutige Funktion 6.
mehrfache Wurzel
einer Gleichung 44.
einer quadratischen Gleichung 85, 108.

Mehrmolekülreaktion 195, 197, 198.
Merkmal 2, 180.
merkwürdige (= bemerkenswerte) Punkte 89.
Messungsfehler s. Beobachtungsfehler.
Methode der kleinsten Quadrate
  Ausgleichungsgerade 87—88.
  direkte Beobachtungen 84.
  indirekte Beobachtungen 88.
  vermittelnde Beobachtungen 88.
Meyer, R. 194.
Meyer, V. 101.
Millimeterpapier 7.
Minimalablenkung beim Prisma 154—155.
Minimalfläche 88—89.
Minimum s. Maximum und Minimum.
Mitscherlich 190, 193—195.
Mittel
  arithmetisches s. arithmetisches Mittel.
  geometrisches 102.
Mittellinie im Trapez 65.
mittelbare Funktion s. zusammengesetzte Funktion.
Mittelwert
  einer Funktion 124.
  = Zwischenwert 110.
Mittelwertsatz 110, 132.
  bei Funktionen mehrerer Veränderlicher 117.
mittlere Höhe 136.
mittlerer Fehler 180.
Modul 174.
  anschauliche Deutung 177.
Mol 59, 197.
möglichst gut
  im Sinne der Methode der kleinsten Quadrate 84, 87—88.
  zeichnerisch 32.
Momentangeschwindigkeit s. Geschwindigkeit.
monomolekulare Reaktion 43, 200.
  s. a. Zuckerinversion.
monoton, Monotonie 16.
  bei der gewöhnlichen Parabel 16—17.
  bei der kubischen Parabel 34.
  bei Integraltransformation 162.
  bei trigonometrischen und zyklometrischen Funktionen 55.
  des Logarithmus 167, 173.
Mosch 36, 161, 172, 188.
Muldenpunkt s. Maximum und Minimum.
multimolekulare Reaktion 195, 197, 198.

Multiplikator, Eulerscher 116.
Multipliziermaschine 27.

$n!$ 47, 111.
Nachbarschaft 81.
nachher 68.
nach x differenzieren 70.
Näherungsrechnen 99—102, 141, 142, 184.
  beim natürlichen Logarithmus 174.
Nährstoffgabe s. Ertragsgesetz.
Nährstoffeinheit 190.
Naphtalin 101.
Napier (Neper) 170.
Napierscher Logarithmus s. natürlicher Logarithmus.
natürlich s. natürlicher Logarithmus, Exponentialfunktion.
natürlicher Logarithmus
  Ableitung 166.
  als Fläche der gleichseitigen Hyperbel 166.
  als Hyperbeltrapez 166.
  als Logarithmus 169, 173.
  bei isothermer Ausdehnung eines Gases 125, 171.
  Definition 166.
  Grundzahl e 100, 142.
  Kurve 167.
  Logarithmengesetze 169, 170.
  Näherungsformel 174.
  Name 170—171, 178.
  Nomogramm 169.
  Potenzreihe 174.
  proportional zum Zehnerlogarithmus 173—174.
  Schaubild 167, 178.
  Steigung für $x = 1$ 167, 183.
  Umkehrfunktion 172—173.
  Unendlichkeitsstelle 167.
  Zahlenwerte 167, 168.
natürliches Maß eines Winkels 20—21.
  Übergang zum Gradmaß 20 bis 21.
natürlicher Wert
  einer Funktion 54.
  eines unbestimmten Ausdrucks 54, 106—107, 199.
n-dimensionaler Raum 58.
Neper 170.
Neperscher Logarithmus s. natürlicher Logarithmus.
Nernst 196, 197.
Netztafel 61—64.
  für Erstarrungstemperatur einer Legierung 64.
  für Potenz und Logarithmus 33, 36.
  für Zinseszinsen 41.
  für Zustandsgleichung eines Gases 62.
  s. a. Nomogramm.

Neuendorff 13.
Neutralisation 197.
Newton 70, 74, 122.
Newtonsche Interpolation 45 bis 46.
  Grenzfall Taylorsche Entwicklung 113—114.
Newtonsches
  Abkühlungsgesetz 192—193.
  Gravitationsgesetz 38, 147.
  Verfahren 90—91, 108.
  s. a. Gravitation, Potential.
nicht differenzierbar 76—77, 81, 82.
nicht umkehrbare Reaktion 197.
Niveauflächen und -linien 61, 147.
Nomogramm 21—24.
  der Siedetemperatur von Wasser 22.
  eines Spektralapparates 22 bis 23.
  für das Brechungsgesetz 23.
  für das Ohmsche Gesetz 65 bis 66.
  für das Produkt 65—66.
  für das spezifische Gewicht von Luft 65—66.
  für den natürlichen Logarithmus 169.
  für den Wechselstromwiderstand 65—66.
  für den Zehnerlogarithmus 23.
  für die Exponentialfunktion 178.
  für Linsen und Spiegel 24, 67.
  s. a. Leiter, Netztafel.
Nomographie 21.
Normale 76, 95.
normale Verteilung 180—181.
Nullstelle
  einer Funktion 44—45.
  einer quadratischen Funktion 84—85.
nullstrebig 53, 103, 105, 107.
numerische Auflösung von Gleichungen 90—91.
  Beispiel aus der Strahlungstheorie 181.
numerische Integration 137, 149.
  des Kehrwertes 168.
  Simpsonsche Regel 129—131.
  Trapezregel 128—130.
  zur Konstruktion einer Stammfunktion 137.
Numerus s. Logarithmus.

o 103.
Oberfläche einer rotierenden Flüssigkeit 76, 137.
Oberflächenspannung 89.

Oberschwingungen, -töne 114 bis 115.
Odhner 27.
Ohmsches Gesetz 3, 4, 37.
  Behandlung mit Rechenschieber 26.
  Nomogramm 65—66.
  s. a. Stromstärke, Wechselstrom.
Oktant 59.
Ordinate(nachse) 5.
Ordnung
  erste, zweite, . . . 111—112.
  kleinere 99, 103.
organisches Wachstum 184 bis 187.
osmotischer Druck 37, 172.

π
  Berechnung 130, 131, 149.
  Näherungsrechnen 101.
  Zahlenwert 11.
Parabel
  allgemeine 44—45.
  kubische 34.
Parabel, gewöhnliche (quadratische) 16—17, 34.
  abgeleitete Kurve 72, 78.
  als Flüssigkeitsbegrenzungskurve 76.
  bei der Integration 122.
  durch graphische Integration 133.
  erhaben 83.
  Fläche 142.
  Heben und Senken 84—85, 108.
  Minimum 81, 83.
  Parameter 95.
  Steigen und Fallen 79.
  Subtangente und Subnormale 95.
  verschobene 84—85.
  s. a. Drehparaboloid.
Parabelregel s. Simpsonsche Regel.
Parabelsegment 142.
Paraboloid, hyperbolisches 59.
  s. a. Drehparaboloid.
Parallele
  zur x-Achse 27.
  zur y-Achse 30.
Parallelkurve 71.
Parallelverschiebung 68—69, 71, 121.
Parameter
  der Parabel 95.
  einer geraden Linie 29.
  für Kreis und Hyperbel 181 bis 182.
Partialbruchzerlegung 199, 201.
partielle Ableitungen
  als Differentialquotienten 115.
  Bezeichnung 79.

partielle Ableitungen
  Definition 78—79.
  naturwissenschaftliche Bedeutung 79.
  Verschwinden 86.
  zweite 86.
partielle Integration 143—145.
pathologische Kurven und Funktionen 9.
Pauli 194.
Pendel
  Pendelformel 18, 38, 97.
  Umkehrpunkte 81.
Periode 50, 156.
  große, des Pflanzenwachstums 202.
Periodenzahl 67, 157.
periodische Erscheinungen 19.
periodische Funktionen 50 bis 52, 114—115.
Pfeffer 172.
Pfeffersches Gesetz 37, 172.
Pfeil 35, 53, 197.
Pfeilhöhe eines Kreisbogens 54.
Pflanzenwachstum, Kurve der großen Periode 202.
Phase(nverschiebung, -winkel, -faktor) 52, 56, 156, 158, 159, 164—165.
Phlogiston 107.
Pirani 5, 67.
Plancksches Strahlungsgesetz 181.
Planetenbewegung 136, 156.
Planimeter 123.
Platte
  Wärmeverteilung 61.
  Lichtdurchgang 104, 137, 187.
Poissonsches Gasgesetz 38, 161, 176—177.
  auf Logarithmenpapier 41.
  s. a. ideales Gas.
Pol s. Unendlichkeitsstelle.
Polarachse 19.
polarimetrisch, Polarisation 195.
Polarkoordinatenpapier 19—20.
Polarkoordinaten 18—19.
  Beschleunigung 155—156.
  Geschwindigkeit 155.
  Hyperbel in Polarkoordinaten 182.
  räumliche 60.
  Sektor 125, 126, 182.
  Umrechnung in rechtwinklige Koordinaten 19.
Polarplanimeter 123.
Polarwinkel 18.
Poldistanz 60.
Polenus 27.
Pollak 115.
Polya 13.
polymolekulare Reaktion 195, 197, 198.

Polynome 44.
positive und negative Flächen 126—127.
Potential 37, 60—61, 124, 147 bis 148.
potentielle Energie 37, 88.
  Extremum 88.
  und Potentialdifferenz 147 bis 148.
Potenz 18.
  Ableitung 140, 146—147, 150, 152, 160—161, 165.
  auf Logarithmenpapier Bild eine Gerade 38, 41—43.
  Auftreten in den Naturwissenschaften 36—38, 42—43.
  Integration 142, 165.
  mit gebrochenem Exponenten 18.
  mit negativem Exponenten 34—35.
  mit positivem Exponenten 33—34.
  Näherungsrechnen 100, 141.
  Rechenregeln 36.
  Schaubilder 16, 33, 34, 35, 36.
Potenzreihe(nentwicklung) 112 bis 114.
  s. a. Taylorsche Reihe.
Potenzpapier 41—43.
  thermodynamisches 40.
praktische harmonische Analyse 115.
Präzision 180.
primitive Funktion s. Integral, unbestimmtes.
Prinzip
  Cavalierisches 137, 143.
  der kürzesten Lichtzeit 153.
Prisma, Lichtdurchgang 154 bis 155.
Problem, isoperimetrisches 89.
Produkt
  Differenz 139.
  Differenzieren 139—140, 172.
  Näherungsrechnen 100.
  Nomogramm 65—66.
Produktgesetz beim Ertrag 195.
Produktintegration 143—145.
Produkttafeln 57.
Profilpapier 7.
Progression, arithmetische und geometrische 187.
Projektion, kotierte 61.
Prölß 13.
proportional, Proportionalität 27—28, 31.
  im Kleinen 31, 103, 137.
  naturwissenschaftliche Beispiele 28, 31, 36—37.
  s. a. lineare Funktion, umgekehrte Proportionalität.
Proportionalhebel 27.

Proportionalitätsfaktor 27.
Prüfung
  der Zuckerinversion 196.
  der Zweimolekülreaktion 199.
  des Ertragsgesetzes 190.
  des exponentiellen Verlaufs 187.
  des Robertsonschen Wachstumsgesetzes 202.
Puls 157.
Punkt für Differenzieren 70.
Punkte, merkwürdige (= bemerkenswerte) 89.
Punkthaufen 87.
Pütter 43, 193, 194.
pV-Kurve 125.
pythagoreischer Lehrsatz 14 bis 15, 50, 56.
  Nomogramm 66.

Quadrat 16—17.
  Ableitung 72, 78, 105, 140.
  am Rechenschieber 25.
  dargestellt durch Parabel 16—17, 34.
  erhaben 83.
  Minimum 81, 83.
  Näherungsrechnen 99.
  naturwissenschaftliche Beispiele 37—38.
  Steigen und Fallen 79.
Quadrate, kleinste s. Methode der kleinsten Quadrate.
quadratische Funktion 84—85.
quadratische Gleichung 3, 84 bis 85, 108.
Quadratur 121—122.
  mechanische Quadratur s. numerische Integration.
Quadratwurzel 11—12.
  Ableitung 94, 140.
  am Rechenschieber 25.
  Näherungsrechnen 99, 142.
  naturwissenschaftliche Beispiele 38.
  Reihe 141.
  Schaubild Parabel 16—17, 34.
Quadrant 7.
Quadrantelektrometer 180.
Quantentheorie 9, 181.
Quotient
  Ableitung 145, 172.
  Näherungsrechnen 100.
  s. a. Kehrwert.

Radialgeschwindigkeit und -beschleunigung 155.
Radiumzerfall 13, 188.
Radiusvektor 18.
Rand eines Intervalles 82.
rationale Funktion 44.
Rauminhalt s. Volumen.
räumliche Polarkoordinaten 60.
räumliches Koordinatensystem s. Koordinatensystem.

Rautenpapier 62—64.
Reaktion
  Autokatalyse 201.
  bimolekulare 198—201.
  dimolekulare 198—201.
  doppelsinnige 197, 198, 201.
  Dreimolekülreaktion 200.
  Einmolekülreaktion 43, 200.
  einsinnige 196, 197.
  Gegenreaktion 197.
  Katalyse 86, 201.
  Massenwirkungsgesetz 197, 198.
  Mehrmolekülreaktion 195, 197, 198.
  monomolekulare 43, 200.
  multimolekulare 195, 197, 198.
  nicht umkehrbare 196, 197.
  polymolekulare 195, 197, 198.
  Reaktionsgeschwindigkeit 67, 70, 86, 195—196, 197, 198.
  Reaktionskonstante 196, 198.
  trimolekulare 200.
  umkehrbare 197, 198, 201.
  unimolekulare 43, 200.
  unvollständige 197, 198, 201.
  vollständige 196, 197.
  Zuckerinversion 43, 195 bis 196.
  Zweimolekülreaktion 198 bis 201.
Reaktionsgeschwindigkeit 67, 70, 86, 195—196, 197, 198.
Rechenblatt 61—64.
  s. a. Netztafel, Nomogramm.
Rechenmaschine 26—27.
Rechenschema zur harmonischen Analyse 115.
Rechenschieber, -stab 25—26.
  Genauigkeit 177.
  System Rietz 25—26.
Rechnen mit kleinen Größen 99—102, 141, 142, 184.
  beim Logarithmus 174.
rechnerische Erklärung der Ableitung 104—105, 110.
Rechtecksstreifen für das Differential 117, 136, 138, 180.
  s. a. Kurvenstreifen.
Rechteckstreppe
  beliebige 127—128.
  nach rückwärts 127.
  nach vorwärts 118.
  Sehnentreppe 131—132.
  Tangententreppe 132—133.
  zur graphischen Integration 132—133.
Rechteckssumme 118.
  an der gleichseitigen Hyperbel 169—170.
  s. a. bestimmtes Integral.
Rechtsschraubung 57—58.

rechtsseitige Tangente 76—77, 108.
Rechtssystem 15, 57—58.
rechtwinklige Koordinaten 5, 57—58.
  Umrechnung in Polarkoordinaten 19.
Reduktion 67, 101.
reelle Wurzeln 85.
Regel von der Richtung der Konstantenänderung (-verschiebung) 195.
Regentropfen 192.
Regressionskoeffizient 87.
Regula falsi 90—91, 108.
Reibung 180, 188.
Reihe
  binomische 141—142.
  Exponentialreihe 183.
  Fouriersche 114—115.
  geometrische 142.
  logarithmische 174.
  Taylorsche 110—114.
  unendliche 112—115.
Reihenfolge der Differentiation 86, 116—117.
Reiz(intensität, -stärke) 193.
Reizschwelle 194.
Reizunterschiedsschwelle 193.
Reizwirkung 193.
relative Häufigkeit 180, 198.
relatives Maximum, Minimum, Extremum 82.
relative Verbesserung, relative Genauigkeit, relativer Fehler s. Fehlerrechnung.
Relativitätstheorie 58.
Rest, Restglied der Taylorschen Entwicklung 112.
reziprok s. Kehrwert.
reziproke Leiter 24.
Reziprokum s. Kehrwert.
Richtung der Konstantenänderung (-verschiebung) 195.
Richtungskoeffizient (-faktor) einer Geraden 30.
Richtungsform der Gleichung einer Geraden 30.
Rietz, Rechenschieber System Rietz 25—26.
Rippel 193—195, 202.
Robertsonsches Wachstumsgesetz 201—202.
Rohrberg 26.
Rohrzucker, Inversion 43, 195 bis 196.
Rotationskörper, Volumen 125.
Rotationsparaboloid s. Drehparaboloid.
Roth 36, 193.
rotierende Flüssigkeit 76, 137.
rückwärts verschoben 52, 158 bis 159.
Runge 13, 88, 115.
Ruoß 88.

Sammellinse und -spiegel s. Linse, Spiegel.
Sattelpunkt 86.
Schallgeschwindigkeit 38.
Schar
  paralleler Geraden 68—69.
  paralleler Kurven 71.
  von Kreisen 163.
Schaulinie, -bild s. graphische Darstellung.
Scheitelwert 156, 164.
Schema
  zur harmonischen Analyse 115.
  s. a. Differenz.
Schichtlinien 61.
schiefwinkliges Koordinatensystem 18.
Schiffsbefestigung 189.
Schleicher & Schüll 20, 39, 63.
Schmelztemperatur eines Gemisches 56, 62—64.
Schmiegungsparabel und -polynom 113—114.
Schnittkurve einer Fläche und einer Ebene 59, 61, 78 bis 79.
Schnittpunkt
  mit der x-Achse liefert Nullstelle 44—45, 84—85, 90 bis 91.
  zweier Geraden 30—31.
Schraubung 57—58.
Schubert 36.
Schwein, Lebendgewicht 193.
Schwellenreiz 194.
Schwerdt 21.
Schwerpunkt eines Punkthaufens 87.
Schwingungen 52, 156—159.
  Differentialgleichung 157.
  Fouriersche Reihe 114—115.
  gedämpfte 179—180.
  Superposition 115, 158.
  Umkehrpunkte 157.
Schwingungsdauer, -zeit 18, 38, 97, 156, 159.
Sehne zwischen zwei Kurvenpunkten 31—32, 90—91.
  s. a. Sekante.
Sehnentrapez 129.
Seifenhaut 88—89.
Seilreibung und -bremse 188 bis 189.
Sekante und Tangente 91, 108, 110.
  s. a. Sehne.
Sektor in Polarkoordinaten 125, 126, 182.
Sektordifferential 136.
Sekundenpendel 97.
Selbstinduktion 43, 66, 158 bis 159, 191—192.
  Arbeit gegen die Selbstinduktion 164.

senkrechte Strecke für das Differential 92, 107, 138.
senkrechte Tangente 76—77.
Separation der Veränderlichen 162.
S-förmige Kurve 8, 85—86.
  bei Autokatalyse 201.
  beim Robertsonschen Wachstumsgesetz 201 bis 202.
sh s. Hyperbelfunktionen.
Siedetemperatur des Wassers 22.
Simpsonsche Regel 130—131, 149, 168.
Sinn
  einer Drehung 15, 18.
  eines Koordinatensystems 15, 57—58.
sinnloses Symbol $\dfrac{1}{0}$ 34.
Sinus
  Ableitung 72—73, 105.
  Additionstheorem 52, 113.
  als Flächeninhalt 126—127.
  bei kleinem Argument 53 bis 55.
  bei Schwingungen 52, 84, 156—159.
  Definition 49—50.
  erhaben 83.
  Fehlerrechnung 102.
  Formelzusammenstellung 52 bis 53.
  Fouriersche Reihe 114—115.
  hohl 83.
  Integration 73.
  Leiter 50.
  Maxima und Minima 51 bis 52, 81, 83.
  Nullstellen 52.
  Periode 2π 50.
  Phasenverschiebung 52.
  Potenzreihe 112—113.
  Schmiegungsparabeln 114.
  Sinuslinie 51, 54.
  Sonderwerte 51.
  Tangente 54, 73.
  ungerade 51.
  Wendepunkte 86.
  Zusammenhang mit der Exponentialfunktion 182 bis 183.
  s. a. Hyperbelfunktionen, Wechselstrom.
sinusförmiger Wechselstrom 158.
$\sin^2 x$
  Ableitung 152.
  in der Elektrizitätslehre 164 bis 165.
  Integration 144—145.
  Kurve 140.
  s. a. Leiter.
Snellius 154.

Sonnenspektrum und -temperatur 181.
Spaltpilze 186.
Spanne 28, 46, 68.
  als Differential 92.
  als Differenz 97.
Spannen einer Feder 124.
Spannung s. Ohmsches Gesetz, Stromstärke, Wechselstrom.
Spektralapparat, Eichung 22 bis 23.
Spektroskopie 102.
  Eichung eines Spektralapparates 22—23.
  Plancksches Strahlungsgesetz 181.
  Stefan-Boltzmannsches Strahlungsgesetz 38, 43.
  Wellenlänge im Gitterspektrum 33.
  Wiensches Strahlungsgesetz 181.
  Wiensches Verschiebungsgesetz 14, 37, 181.
spezifisches Gewicht
  Fehlerrechnung 145—146.
  von Flüssigkeiten 37.
  von Gasen 37, 175.
  von Luft, Nomogramm 65 bis 66.
spezifische Strahlungsintensität 181.
spezifische Wärme
  bei konstantem Volumen 116, 176.
  Verhältnis der spezifischen Wärmen 38, 41, 161, 177.
sphärisches Dreieck, sphärischer Exzeß 11.
Spiegel
  Nomogramm 24, 67.
  Spiegelgesetz 24.
Spiegelungsgesetz 153—154.
Spitze einer Kurve 76—77, 81, 82.
Sprossenrad 27.
Sprung 10.
  bei der Fourierschen Reihe 114—115.
  der abgeleiteten Kurve 76 bis 77.
  Integrieren über einen Sprung 127.
Spule 158.
Stab s. Ausdehnung.
stabil 88.
Staffelwalze 27.
Stammfunktion und Stammkurve s. Integral, unbestimmtes.
Stammgerade 69.
standard deviation 180.
Standflächen und -linien 61.
Statik, chemische 198.

Staubteilchen 192.
Stefan-Boltzmannsches Strahlungsgesetz 38, 43.
Steigdauer und -höhe beim
Wurf 37, 38.
Steigen und Fallen einer Kurve
67—68, 79—80.
s. a. Maximum und Minimum.
Steighöhe 38.
Steigung s. Differenzenquotient, Ableitung.
Steigungsdreieck 70, 77—78,
92.
Steigungsmaß (-koeffizient,
-faktor)
einer beliebigen Kurve s. Ableitung.
einer Geraden 29, 68.
und Winkel gegen die x-
Achse 29—30, 69, 76, 108.
stetige Verzinsung 185.
Stetigkeit 9—10, 58.
und Differenzierbarkeit 105.
und Nichtdifferenzierbarkeit
77.
Stirlingsche Interpolation 48
bis 49.
Störungstheorie 130.
Strahlungsgesetz
von Planck 181.
von Stefan-Boltzmann 38,
43.
von Wien 14, 37, 181.
Strammheit des Verbunden-
seins 88.
streben 53, 92.
s. a. Konvergenz.
Streichlinien 61.
Streuung 180.
Strich für Differenzieren 69 bis
70.
Strom, elektrischer s. elektrischer Strom.
Stromstärke
als Ableitung 109, 158, 164.
in einer Glühlampe 42—43.
mit Tangentenbussole 148
bis 149.
s. a. Ohmsches Gesetz, Wechselstrom.
Strömungen 114.
Subnormale und -tangente 95.
und Beschleunigung 152.
Substitution, trigonometrische
163.
Substitutionsregel 161.
beim natürlichen Logarithmus 170.
Beispiele 162—163.
Summe
der ganzen Zahlen 122.
Differenzieren 74, 138.
Fehlerrechnung 101.
Grenzwert einer Summe s. bestimmtes Integral.

Summe
Integration 75, 139.
unendlich vieler unendlich
kleiner Größen 120.
s. a. bestimmtes Integral.
Summenzeichen 84, 112,
stilisiert 120.
Superposition von Schwingungen 115, 157.
Symbol s. sinnloses Symbol,
unbestimmter Ausdruck,
Zeichen.
System von Tabellen 56.

tabellarische Darstellung einer
Funktion
von einer Veränderlichen 43.
von zwei Veränderlichen 56
bis 57.
Tabelle, Tafel
der Exponentialfunktion
179.
des Fehlerintegrals 180.
mit doppeltem Eingang 56
bis 57.
Tafeldifferenz 32.
Tageslänge 81.
Talpunkt s. Maximum und
Minimum.
Tangens
Ableitung 148.
bei kleinem Argument 53
bis 55.
Definition 49—50.
des Winkels einer Geraden
gegen die x-Achse 29—30.
des Winkels einer Kurven-
tangente gegen die x-Achse
69, 76, 108.
Leiter 50.
periodisch mit Periode π 50.
Sonderwerte 51.
Tangenslinie 51.
Unendlichkeitsstellen 51—52.
ungerade 51.
Zusammenhang mit der Ex-
ponentialfunktion 182 bis
183.
s. a. Hyperbelfunktionen.
Tangente
als Ersatz für die Kurve 69
bis 70, 97, 103.
der abgeleiteten Kurve 82,
89.
der geraden Linie 73.
der Sinuslinie 54, 73.
einer Kurve 69.
einseitige 76—77, 82, 108.
hintere 76—77, 108.
linksseitige 76—77, 108.
parallel zur Sekante 110.
Praxis des Tangentenziehens
77—78.

Tangente
rechtsseitige 76—77, 108.
senkrechte 76—77.
Steigungsmaß Ableitung 69,
90.
und Sekante 91, 108.
vordere 76—77, 108.
wagerechte 80—82.
Winkel gegen die x-Achse 69,
76, 108.
s. a. Ableitung, Differential.
Tangentenbussole 148—149.
Tangentenproblem 70, 74, 122.
Taylorsche Entwicklung
(Reihe) 110—114.
bei Funktionen mehrerer
Veränderlicher 117.
Binomialformel 141—142.
der Exponentialfunktion 183.
der Hyperbelfunktionen 182.
des natürlichen Logarithmus
174.
des Sinus 113—114.
Teilintegration 143—145.
Telegraphendrähte 182.
Temperatur.
absolute 31.
in Leningrad 19.
s. a. ideales Gas.
th s. Hyperbelfunktionen.
Thermodynamik
s. Dampfmaschine, Entropie,
ideales Gas, van der Waalssche Gleichung.
thermodynamisches Logarithmenpapier 40.
Thomas 27.
Tief, barometrisches 81.
Tiefenstufe, geothermische 32
bis 33.
Toeplersches Luftdruckvariometer 9.
Träger einer Funktionsleiter 21,
64.
Transformation eines Integrals
161.
beim natürlichen Logarithmus 170.
Trapezformel, -regel 128—130,
137, 149.
beim natürlichen Logarithmus 168.
Beispiel 130—131.
Praxis 168.
zur Konstruktion einer
Stammfunktion 137.
Trapez
Mittellinie 65.
s. a. Hyperbeltrapez.
Traubenzucker 195.
Trennung der Veränderlichen
162.
trigonometrische Funktionen
12.
s. a. Sinus, Tangens.

trigonometrische Reihe 114 bis 115.
trigonometrische Substitution 163.
trigonometrische Leitern
  beim Rechenschieber 25.
  Sinusleiter 50.
  Tangensleiter 50.
trimolekulare Reaktion 200.
Tripel 55.

Über(einander)lagerung
  s. Superposition.
Überlebende 7—8.
Umdrehungskörper, Volumen 125.
Umdrehungsparaboloid
  s. Drehparaboloid.
Umfahren einer Fläche 123, 127.
Umfang des Kreises 11.
  isoperimetrisches Problem 89.
  mit Rechenschieber 26.
umgekehrte Proportionalität 35.
  der Ableitung zur Funktion 95.
  naturwissenschaftliche Beispiele 37.
  Schaubild gleichseitige Hyperbel 34—35.
umgekehrtes Verhältnis s. umgekehrte Proportionalität.
umkehrbare Reaktion 197, 198, 201.
Umkehrfunktion 15—17.
  der Hyperbelfunktionen 182.
  der trigonometrischen Funktionen 55.
  des natürlichen Logarithmus 172—173.
  Differenzieren 93, 149.
Umkehrpunkt 81, 157.
Umrechnung von Logarithmensystemen 173—174, 177 bis 178.
Umsatzgeschwindigkeit 195, 197.
unbestimmter Ausdruck $\frac{0}{0}$ 54, 106—107, 199.
  $\frac{\infty}{\infty}$ 55.
  $0 \cdot \infty$ 55.
unbestimmtes Integral
  s. Integral, unbestimmtes.
unbestimmtes Symbol
  s. unbestimmter Ausdruck.
unabhängige Veränderliche 3.
  als Marke 4.
  Differential 92.
  Differenz 97.
  zwei und mehr unabhängige Veränderliche 55—56.

unentwickelte Funktion 13 bis 15.
unendlich 24, 35.
  Zeichen 35.
unendlich benachbart 108.
unendliche Taylorsche Reihe 112.
Unendlichkeitsstelle 35, 77.
  der abgeleiteten Kurve 76 bis 77.
  der Funktion $\frac{1}{x^2}$ 35.
  der gleichseitigen Hyperbel 34—35, 166.
  des natürlichen Logarithmus 167.
  des Tangens 51—52.
unendlich klein 107—108, 120.
unendlich vieldeutig 121.
ungerade Funktion 51.
ungleich, Zeichen 30.
unimolekulare Reaktion 43, 200.
  s. a. Zuckerinversion.
Unstetigkeit
  bei der Fourierschen Reihe 114—115.
  bei der Integration 127.
  der abgeleiteten Kurve 76 bis 77, 81.
  durch Sprung 10.
  durch Unendlichwerden 34 bis 35.
  hebbare 54.
Unterschied, exponentielle Abnahme 43—44, 189—191.
Unterschiedsschwelle 193.
unvollständige Reaktion 197, 198, 201.
Urfunktion s. Ableitung, Stammfunktion, Umkehrfunktion.
Urgerade 69.
Ursprung eines Koordinatensystems 5.

van t'Hoff 172.
Variable s. Veränderliche.
Variationsrechnung 88—89, 112, 153.
Vektordiagramm 159.
Veränderliche 3, 55—56.
  Hilfsveränderliche 17—18.
  komplexe 182.
  Separation 162.
  Trennung 162.
  Zwischenveränderliche 17 bis 18.
  s. a. Funktion, unabhängige Veränderliche.
Verbesserung, relative 101.
verhältnisgleich 28.
Verhältnis
  der spezifischen Wärmen 38, 41, 161, 177.

Verhältnis
  gerades s. Proportionalität.
  umgekehrtes s. umgekehrte Proportionalität.
Verhältnisgleichheit
  s. Proportionalität.
Verhältniszahl 27.
vermittelnde Beobachtungen 88.
vernünftige Funktionen und Kurven 9.
Verschieben eines Hyperbeltrapezes 170.
verschieden von, Zeichen 30.
verschobene Parabel 84—85.
Verstreckung 62.
Vertauschbarkeit der Differentiationsreihenfolge 86, 116 bis 117.
Verteilung(sfunktion, -kurve) 180—181.
Verzerrung einer gleichmäßigen Leiter 23.
Verzinsung, stetige 185.
vieldeutig, unendlich 121.
  s. a. mehrdeutige Funktion.
Vieweg 159.
vis vitalis 107.
vollständige Reaktion 196, 197.
vollständiges Differential 115 bis 117.
Volumen
  der Kugel 143.
  des Drehkegels 142—143.
  des Drehparaboloids 76, 126.
  des Quaders 56.
  eines Drehkörpers 125.
Volumenänderung eines Würfels 141.
Volumen-Druckkurve 125.
vordere Tangente 76—77, 108.
vorher 68.
vorwärts verschoben 52, 158 bis 159.
Vorzahl = Koeffizient 27.

Waage 197.
van der Waalssche Gleichung 14, 60, 160.
Wachstum
  des Herings 43—44, 190.
  einer Pflanze 186.
  organisches 184—187.
Wachstumsfaktor 43, 67, 190.
Wachstumsgesetz 43—44.
  Liebigs Gesetz vom Minimum 81.
  von Mitscherlich s. Ertragsgesetz.
  von Robertson 201—202.
Wachstumsgeschwindigkeit 67, 70, 201—202.
  proportional dem Unterschiede gegen den Höchstwert 190—191.

Wachstumsgeschwindigkeit
 proportional der erreichten
  Größe 187.
 umgekehrt proportional der
  erreichten Größe 95 bis
  96.
Wage 101.
Wagepunkt 80, 82.
wagerechte Tangente 80—82,
 89.
wahrer Wert s. natürlicher
 Wert.
Wahrscheinlichkeit 180, 198.
wahrscheinlichster Annähe-
 rungswert 84.
Wärme, spezifische s. spezifi-
 sche Wärme.
Wärmeausdehnung s. Aus-
 dehnung.
Wärmeenergie s. Arbeit, En-
 tropie, ideales Gas.
Wärmeleitung 114.
Wärmemenge, Differential 116
 bis 117.
 s. a. Arbeit, Entropie, ide-
 ales Gas.
Wasser
 Ausdehnung 47—49.
 Siedetemperatur 22.
Wasserdampf 43.
wattloser Strom 165.
Weber-Fechnersches Gesetz
 193—194.
Wechselstrom 50, 158—159.
 Arbeit 164—165.
 Kreisfrequenz 67.
 Leistung 56.
 Periodenzahl 67, 158.
 Widerstand 66—67.
Weg-
 Geschwindigkeitsschaubild
  152.
 Kraft-Schaubild 125, 127.
 Zeit-Schaubild 29, 69, 70.
Weinkoordinatensystem miß-
 bräuchlich 58.
Weiser 64.
Weitbrecht 13, 88.
Wellenlänge
 größter Strahlungsintensität
  14, 37, 181.
 im Gitterspektrum 33.
Wellenlinie s. Sinus.
Wendepunkt und Wendetan-
 gente 85—86, 89, 201.
Wenzl 194.
Werkmeister 21, 27, 176.
Wert, natürlicher oder wahrer
 s. natürlicher Wert.
Wetterkarte 81.
Whittaker-Robinson 48—49,
 88.
Widerstand
 gegen Wechselstrom 66—67,
  159.

Widerstand
 induktiver 159, 165.
 kapazitiver 159, 165.
 s. a. Ohmsches Gesetz.
Wiensches
 Strahlungsgesetz 181.
 Verschiebungsgesetz 14, 37,
  181.
Willers 27, 115, 123, 134.
willkürliche Integrationskon-
 stante s. Integrationskon-
 stante.
Winden von Pflanzen 58.
Winkel
 Bogenmaß 19—21.
 der Kurventangente gegen
  die x-Achse 69.
 einer Geraden gegen die
  x-Achse 29—30.
 Gradmaß 19.
 im Kreise 181—182.
 Polarwinkel 18.
 seemännisches Strichmaß 20.
 Zeitmaß 19—20.
Winkelgeschwindigkeit 37, 70,
 76, 155, 157.
Winkelhalbierende
 der Achsen 30.
 im Dreieck 65.
wirksame Massen 197.
Wirkungsfaktor 190.
 Konstanz 195.
Wirkungsgesetz der Wachs-
 tumsfaktoren 190.
Wirkungsmenge 190.
Wirkungsquantum 181.
Wirkwiderstand 159.
Witting 27, 49.
Würfel, Volumenänderung 141.
Wurzel
 einer Gleichung 44—45.
 einer quadratischen Glei-
  chung 84—85.
 = Quadratwurzel 11—12.
 s. a. Gleichung, mehrfache
  Wurzel.

x-Achse 5.
 Gleichung 24.

y-Achse 5.
 Gleichung 30.

z-Achse 57, 60.
Zahl e s. e.
Zahl π
 Berechnung 130—131, 149.
 Näherungsrechnen 101.
 Zahlenwert 11.
Zahnräder 152.
Zeemaneffekt 102.
Zehnerlogarithmus 11—12.
 Ableitung 177.
 Kurve 12.

Zehnerlogarithmus
 Leiter 23.
 lineare Interpolation 32.
 Modul 174.
 proportional zum natürlichen
  Logarithmus 173—174.
 s. a. natürlicher Logarithmus.
Zeichen
 $\mathfrak{Ar}$ 182.
 arc 21, 55.
 ch 181.
 cth 181.
 d 92.
 D 70, 78.
 e 168.
 i 182.
 l s. ln.
 lg s. ln.
 ln 166, 170—171.
 log s. ln, natürlicher
  Logarithmus, Zehnerlogarithmus.
 log nat s. ln.
 $n!$ 47, 111.
 o 103.
 π 11.
 sh 181.
 th 181.
 $\binom{t}{n}$ 47.
 $\triangle$ 29, 47.
 $\widehat{=}$ 8.
 $\sqrt{}$ 12.
 $\mid\ \mid$ 12.
 $\approx$ 11.
 ∞ 35.
 $\longrightarrow$ 35, 53, 197.
 $\rightleftharpoons$ 197.
 $'$ 69, 78.
 $\cdot$ 70.
 $\int$ 71, 93.
 $\int_a^b$ 120, 121.
 Σ 84, 112.
 $\dfrac{0}{0}$ 54, 106—107.
 $\dfrac{\infty}{\infty}$ 107.
 $0 \cdot \infty$ 107.
zeichnerisch s. graphisch.
Zeitvektor 157.
Zeit-Weg- und Zeit-Geschwindigkeits-Schaubild 29, 69,
 70.
Zeiger s. Index.
Zentralbewegung 156.
Zentraldifferenzenformeln 48 bis
 49.
Zentrifugal-
 Beschleunigung 156.
 Kraft 37, 76.
Zentripetalbeschleunigung 156.
Zerfall einer radioaktiven Substanz 13, 188.

Zerfalls-
  Geschwindigkeit 13, 188.
  Konstante 188.
Zerreißversuch 10.
Zerschneidung in Elemente 137.
Zerstreuungslinse und -spiegel
  s. Linse, Spiegel.
Zeunerdiagramm 19, 52.
Zinseszinsen 40—41, 184 bis
  185.
Zipperer 115, 156.
Zirkulargeschwindigkeit und
  -beschleunigung 155 bis
  156.
Zuckerinversion 43, 195—196.
Zuckerlösung 88.
Zugversuch 10.
Zunge beim Rechenschieber 25.

Zusammenfallen, -rücken 44 bis
  45, 84—85, 108.
Zusammensetzen von
  Schwingungen 115, 158.
zusammengesetzte Funktion
  17—18.
  Ableitung 150—153.
Zustandsänderung eines Gases
  s. ideales Gas, van der
  Waalssche Gleichung.
Zustandsfläche und -gleichung
  59—60.
  Netztafel 61—62.
  s. a. ideales Gas, van der
  Waalssche Gleichung.
Zustandskurve 125.
Zweig s. eindeutiger Zweig.
Zweimolekülreaktion 198—201.

zweite Ableitung 82.
  als Beschleunigung 82—83.
  partielle 86.
  proportional zur Funktion 157.
  Verschwinden 85—86.
Zwickelabgleichen 132—133.
Zwickelfehler 119.
Zwischenfunktion, -veränder-
  liche 17—18.
Zwischenwert 110.
zyklometrische Funktionen 55,
  182—183.
  Ableitung 94, 149.
  als Integral 95, 149.
  Beziehungen zwischen zyklometrischen Funktionen 95,
  152.
Zylinderkoordinaten 60.